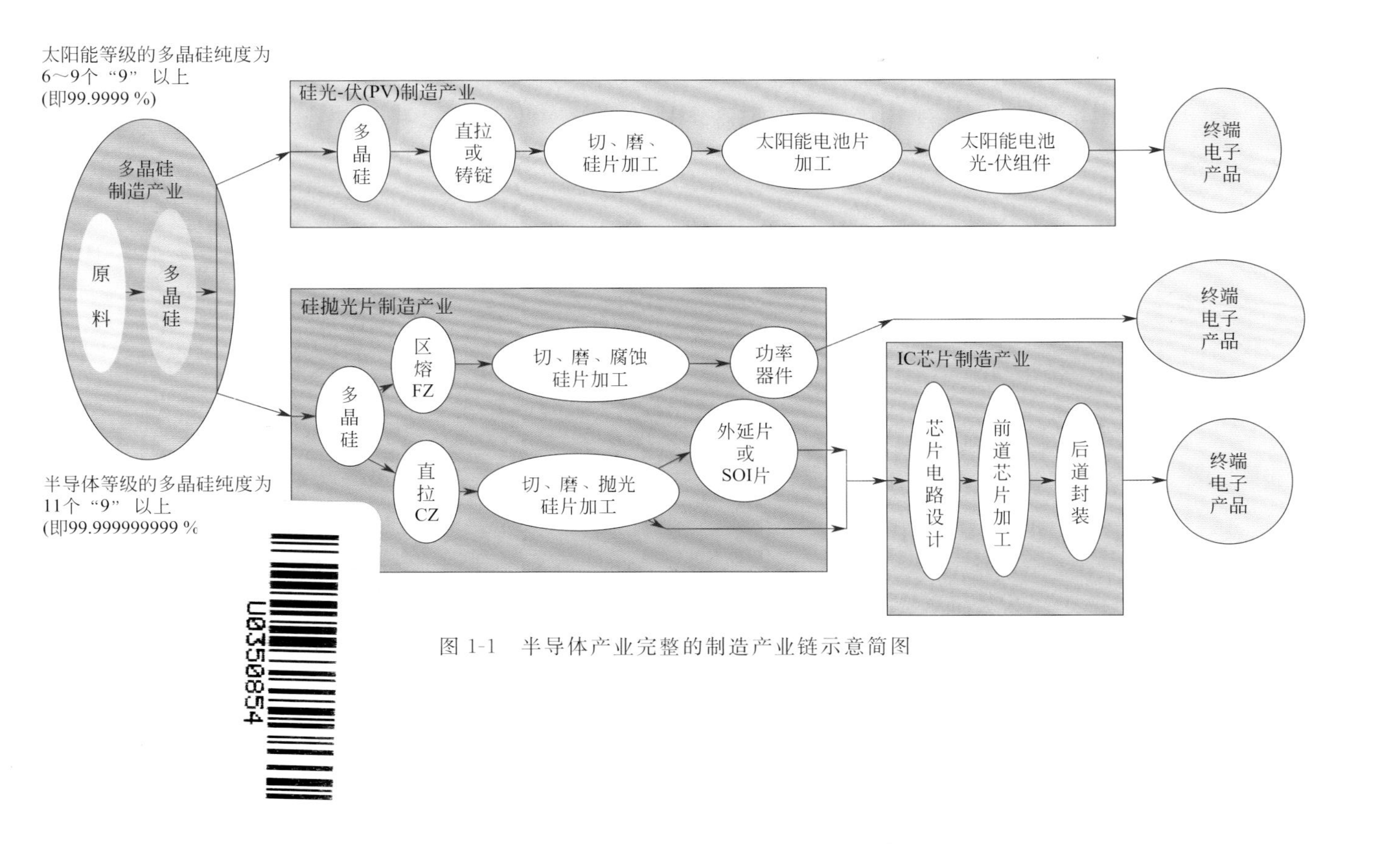

图 1-1 半导体产业完整的制造产业链示意简图

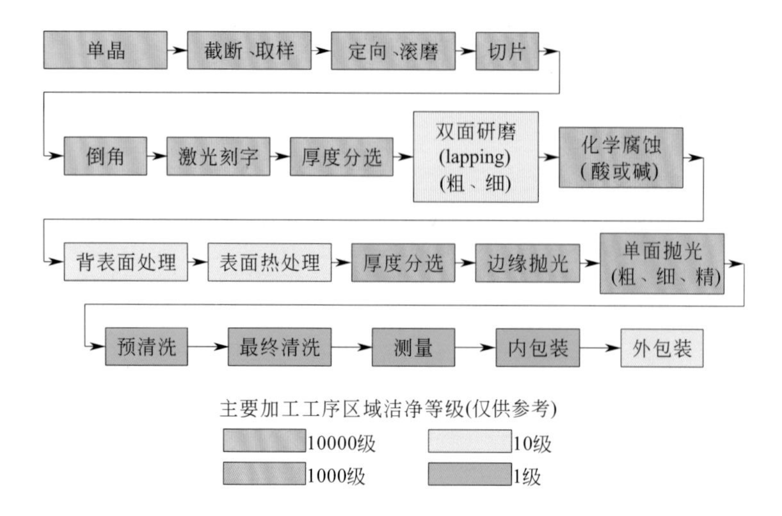

图 3-7 典型的、传统的用于集成电路的大直径 200mm 硅抛光片加工工艺流程（不含各工序间的硅片清洗）示意

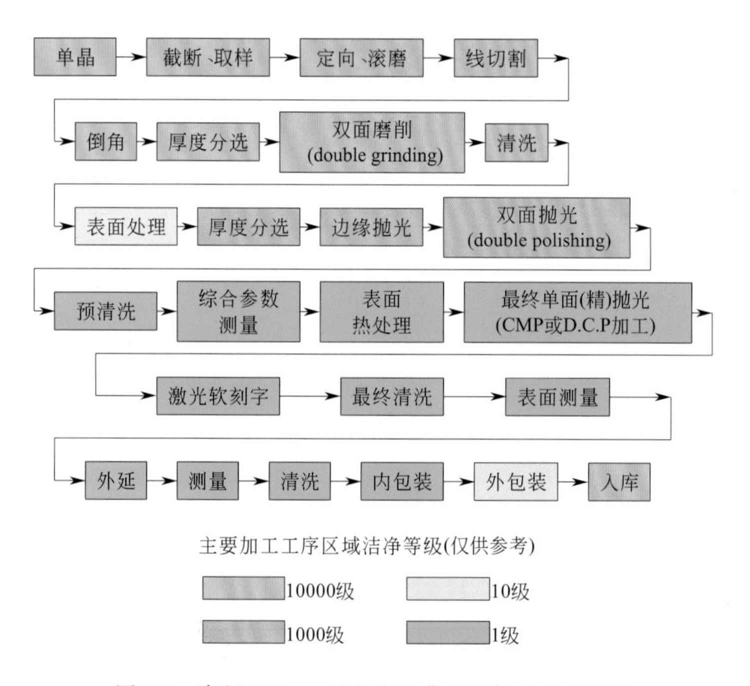

图 3-8 直径 300mm 硅抛光片典型的加工工艺流程（不含各工序间的硅片清洗）示意

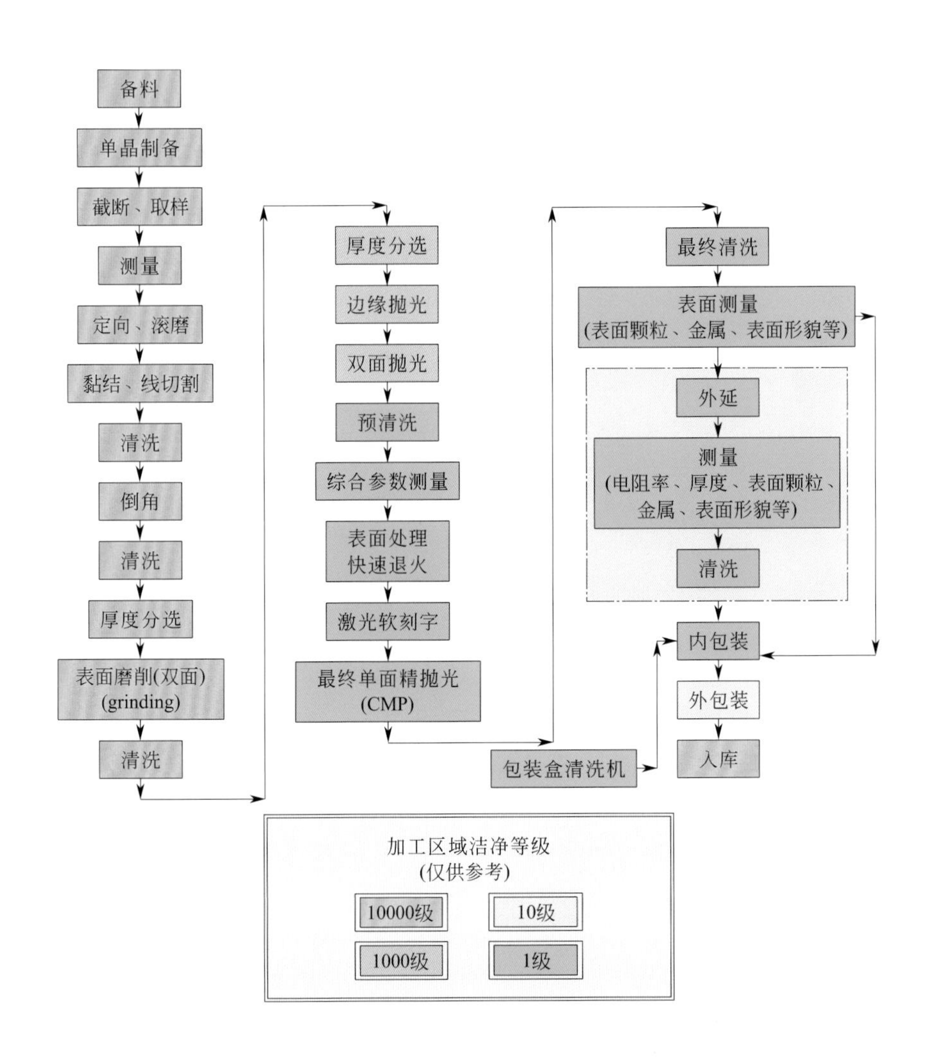

图 3-9 加工满足集成电路工艺技术要求的直径 300mm 硅抛光片和假（陪）片的加工工艺流程示意

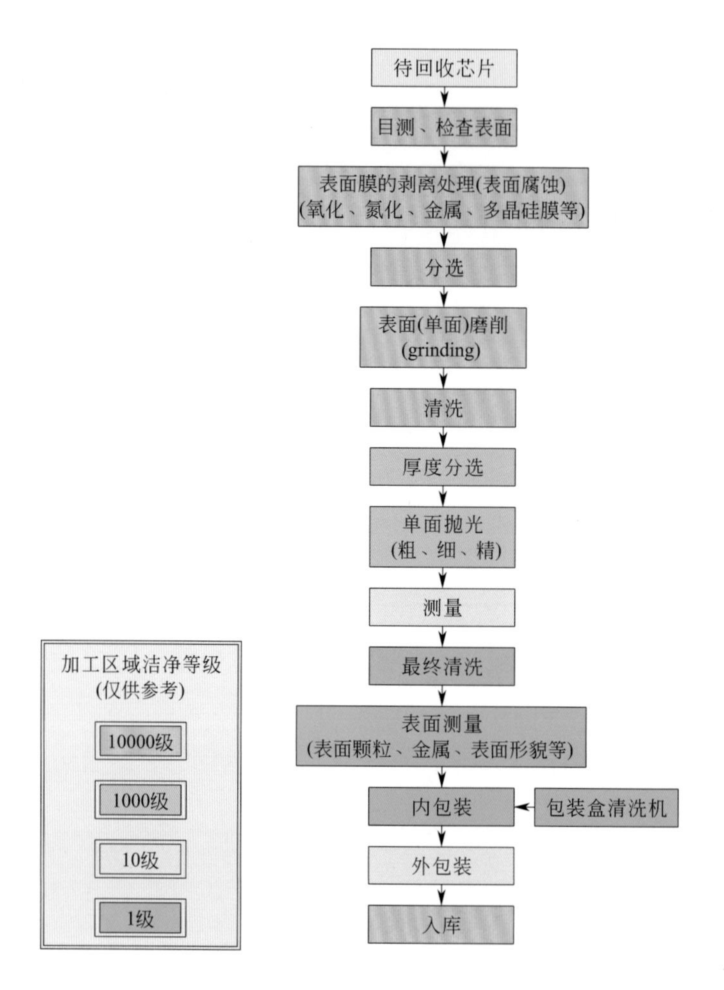

图 3-10　加工满足 IC 工艺、技术要求的直径 300mm 的再生硅片的加工工艺流程示意

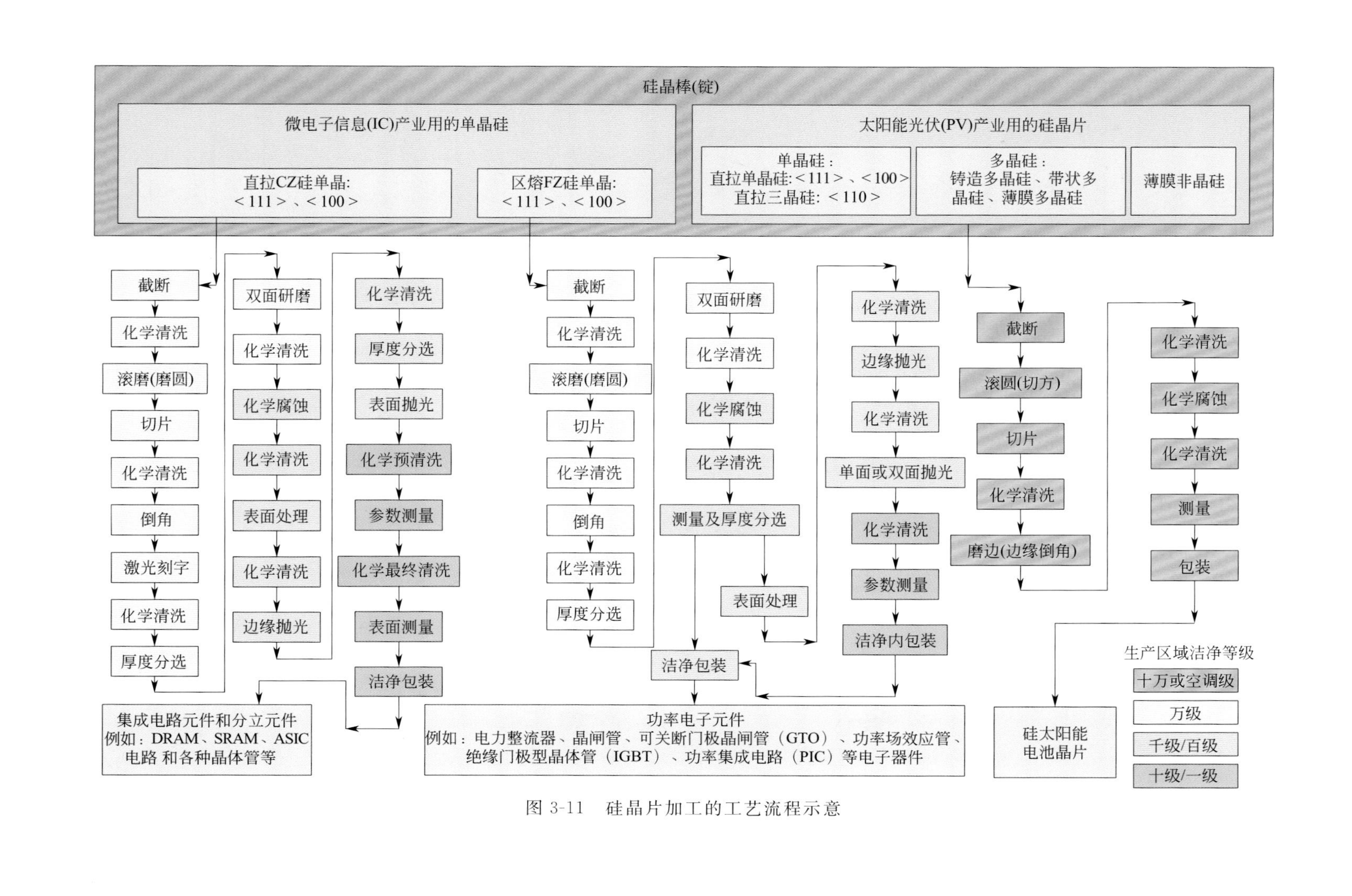

图 3-11　硅晶片加工的工艺流程示意

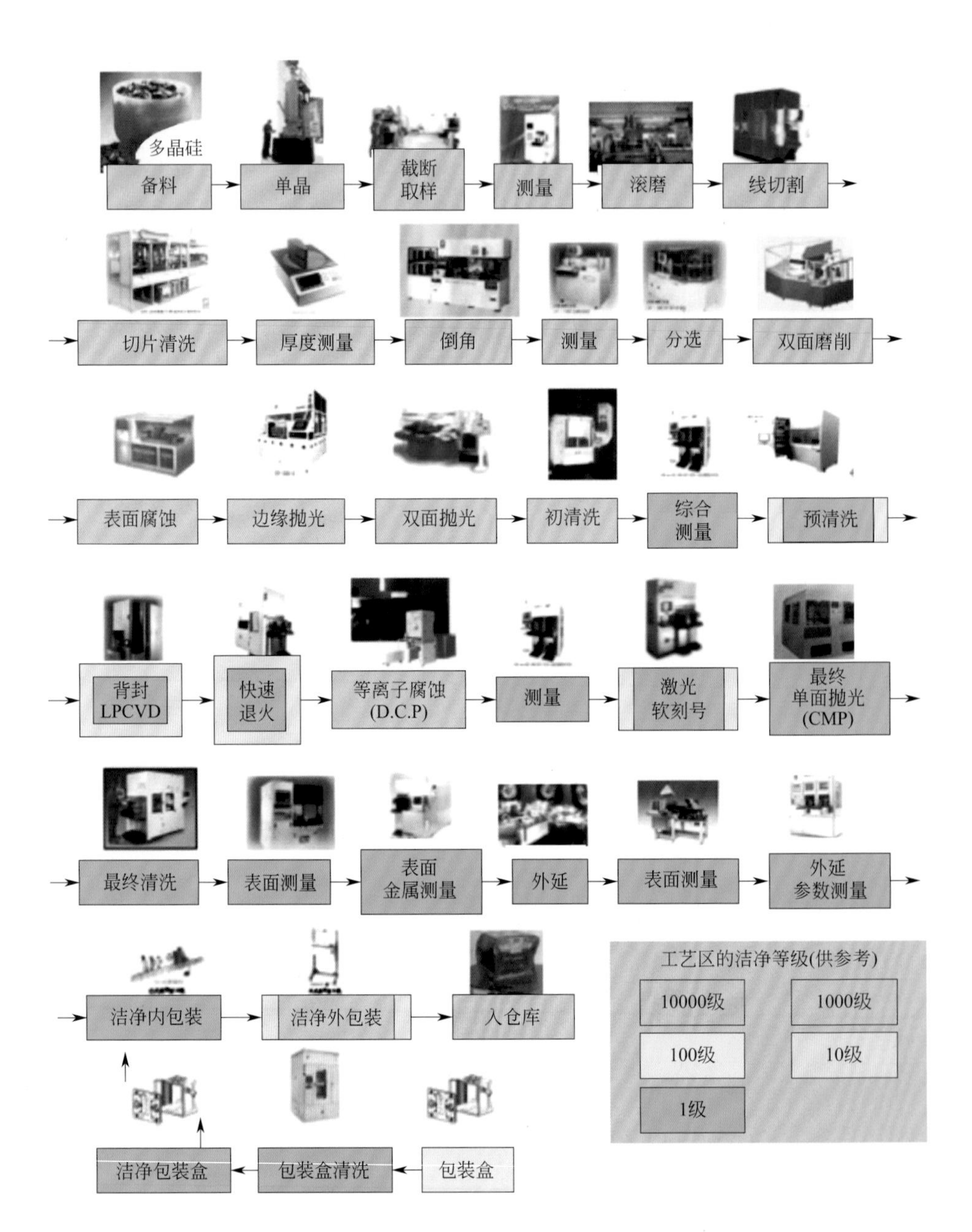

图 3-12　直径 300mm 硅单晶抛光片制备的主要工艺流程及所配置的主要设备示意

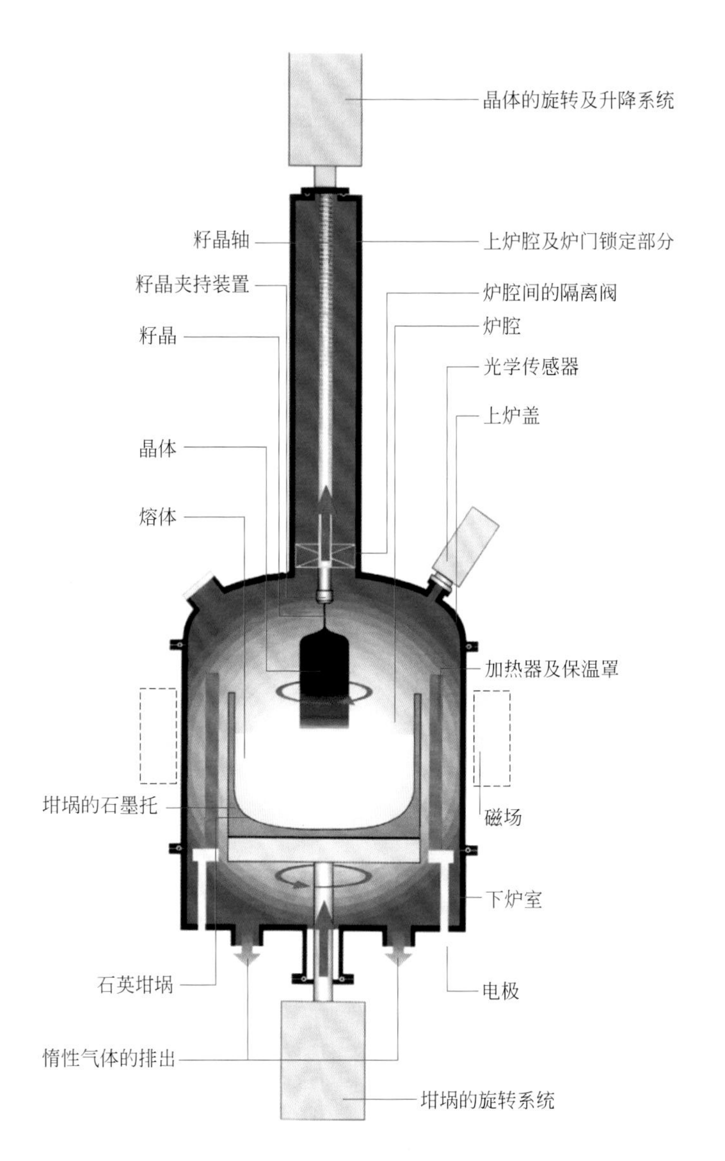

图 3-13　直拉硅单晶炉的结构示意图

资料来源：德国 CGS 公司产品样本

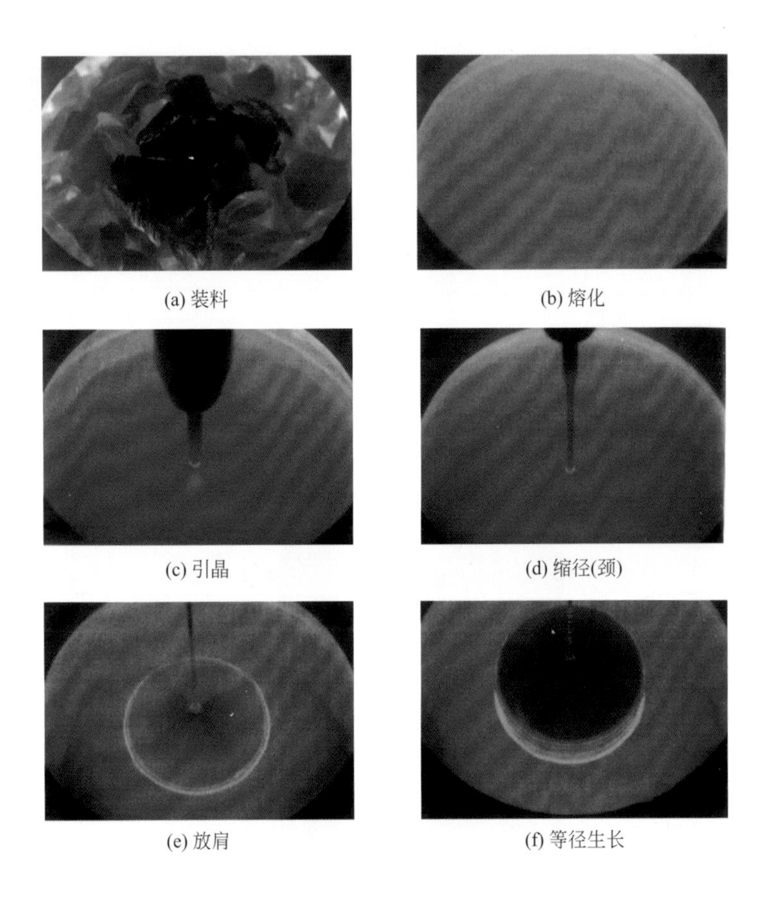

图 3-18 直拉硅单晶生长控制主要过程示意

资料来源：德国 CGS 公司产品样本

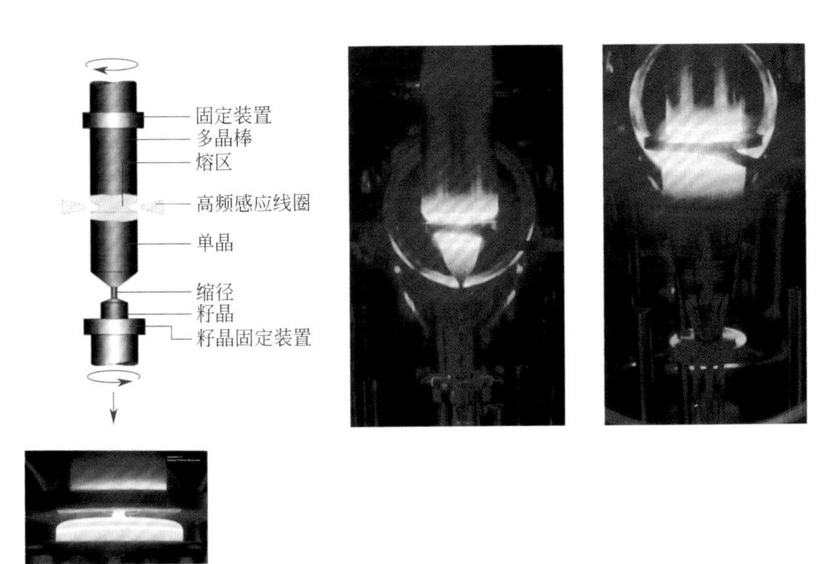

图 3-27　FZ-30 型大直径区熔硅单晶炉的结构及生长示意

资料来源：丹麦 HALDOR TOPSOE 公司产品样本

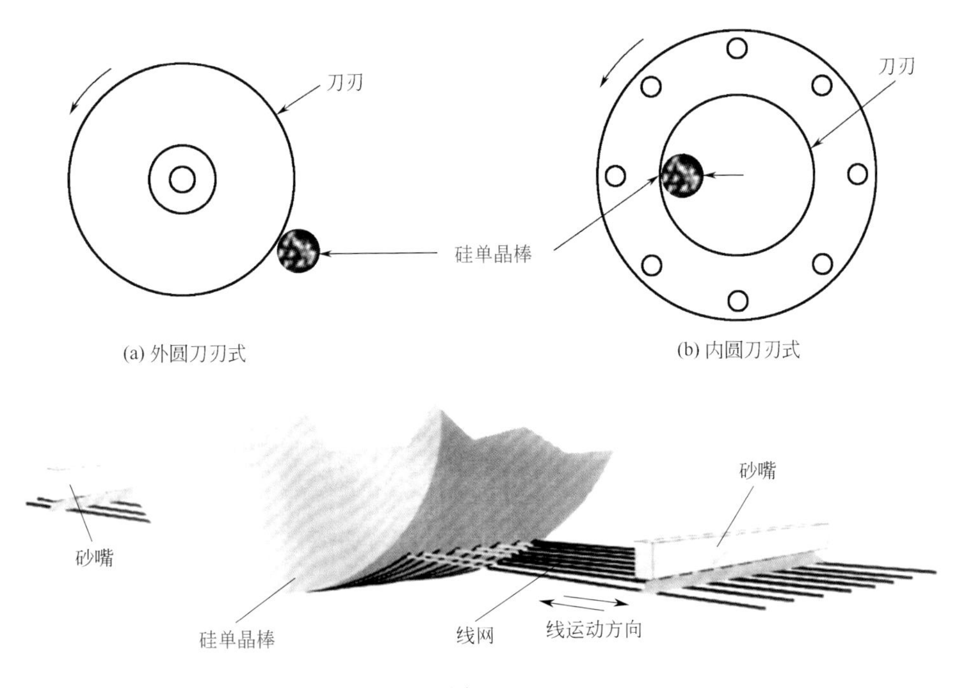

图 3-34

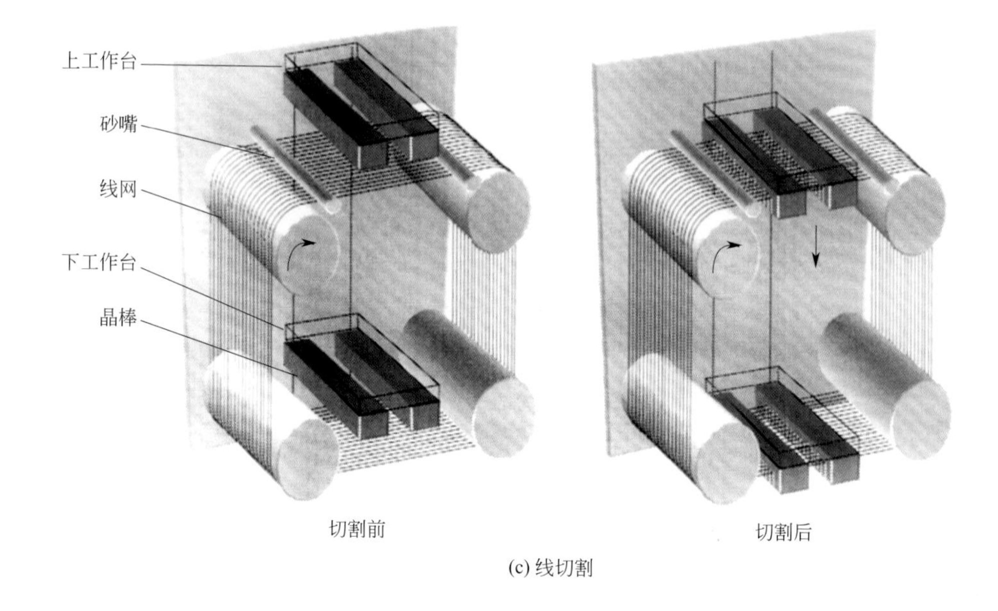

(c) 线切割

图 3-34　硅单晶棒切割时常采用的三种切割形式

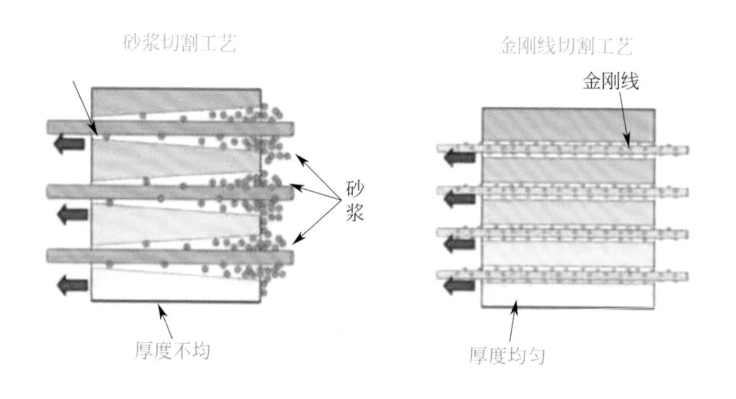

图 3-36　砂浆线切割工艺和金刚线切割工艺对比

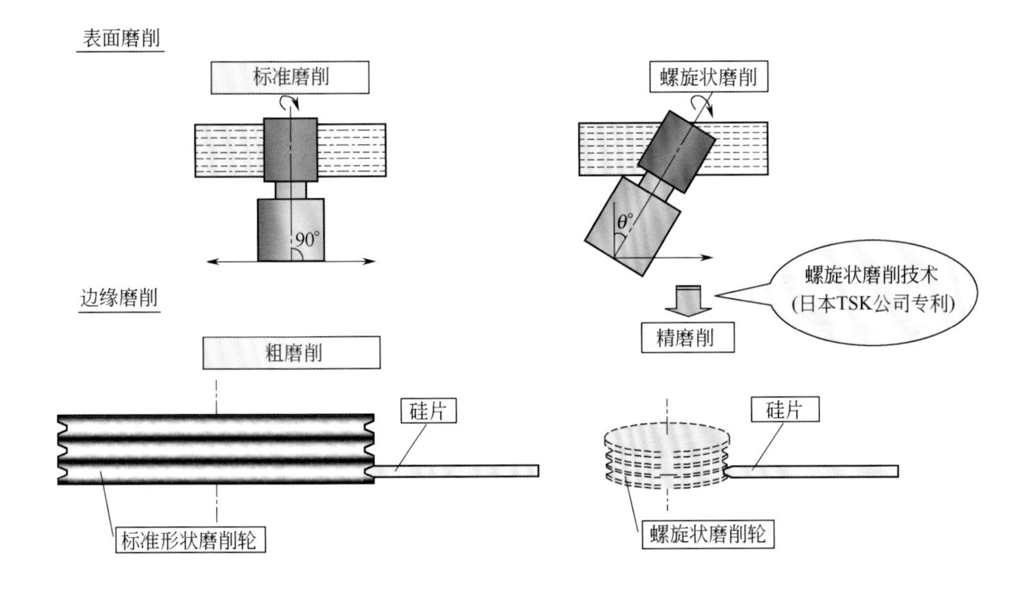

图 3-40　边缘表面磨削加工的方式

资料来源：日本 TSK（东京精密）公司产品技术介绍

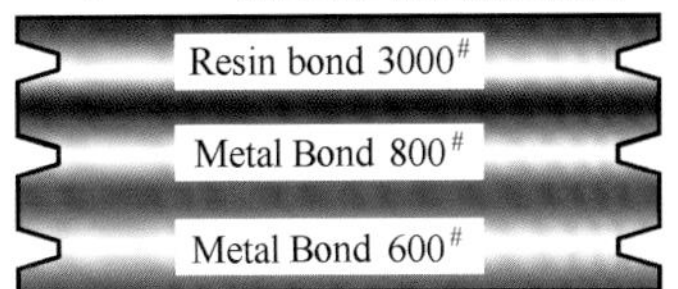

用于硅片圆周表面粗磨削的组合型多槽金刚石倒角磨削轮
粗(粒度常用800#、600#)　细(粒度常用3000#)
组合型多槽倒角磨削轮

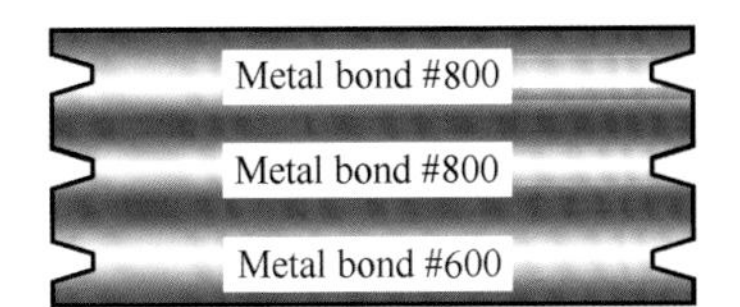

用于硅片带V型槽(Notch缺口)表面磨削的组合型
多槽金刚石倒角磨削轮
粗(粒度常用800#、600#)磨削轮

图 3-45　常用的倒角磨轮边缘轮廓形状

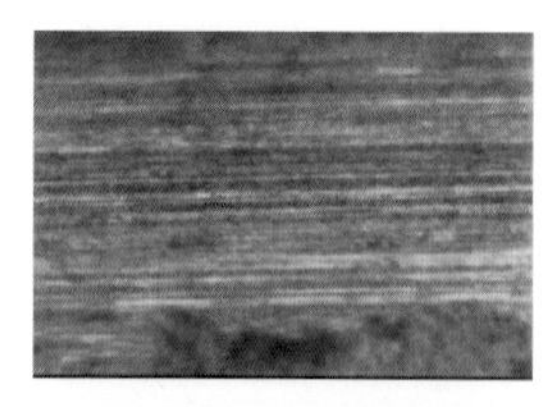

(a) 具有参考平面硅片用800#粗的磨轮进行边缘倒角磨削加工

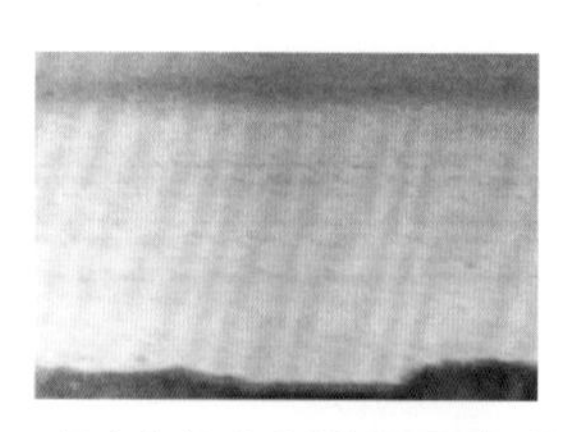

(b) 具有参考平面硅片用3000#细的磨轮进行边缘倒角磨削加工

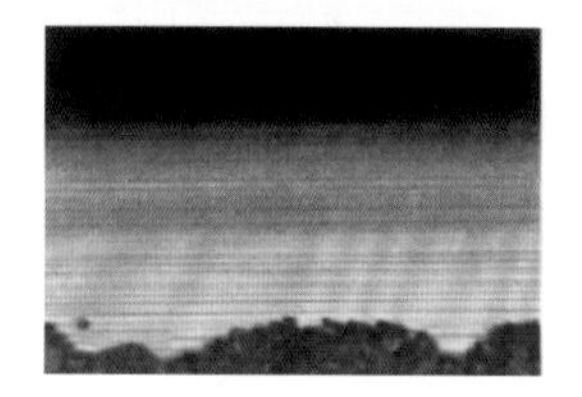

(c) 具有参考平面硅片用3000#细的磨轮进行最终边缘倒角精细磨削加工

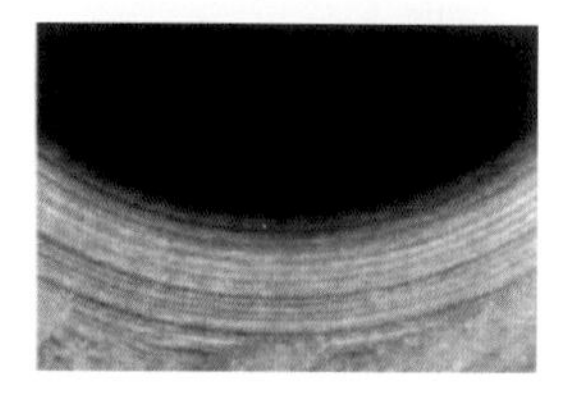

(d) 具有V型槽的硅片用800#粗的磨轮进行边缘倒角磨削加工

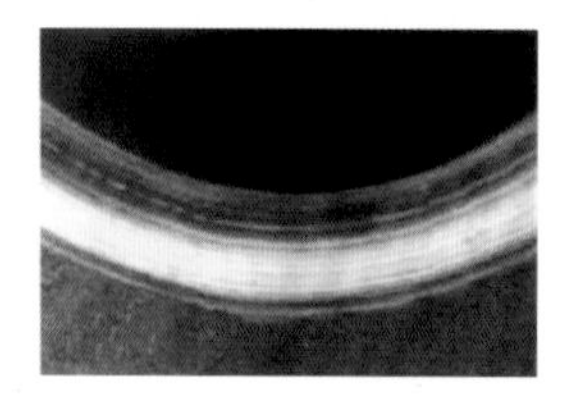

(e) 具有V型槽的硅片用4000#细的磨轮进行边缘倒角磨削加工

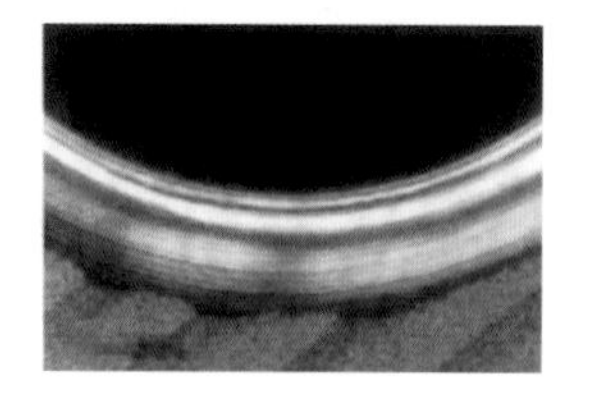

(f) 具有V型槽的硅片用4000#细的磨轮进行边缘倒角磨削加工

图 3-47 硅片边缘倒角磨削加工后的轮廓表面形貌

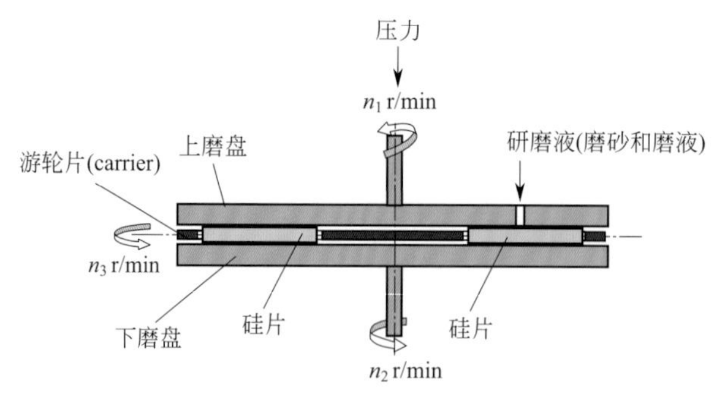

图 3-49 硅片的双面研磨加工示意

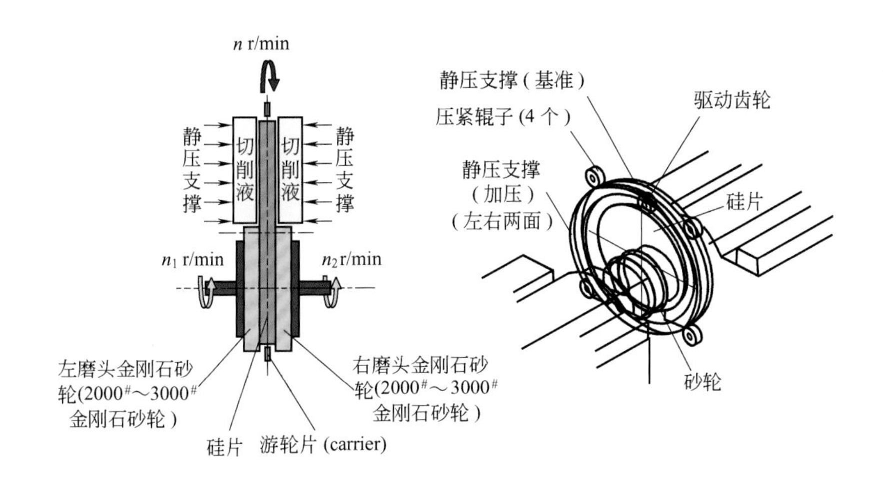

图 3-60　日本 KoYo（光洋机械工业株式会社）
DXSG320 直径 300mm 硅片的双面磨削系统加工形式示意
资料来源：日本 KoYo 产品样本

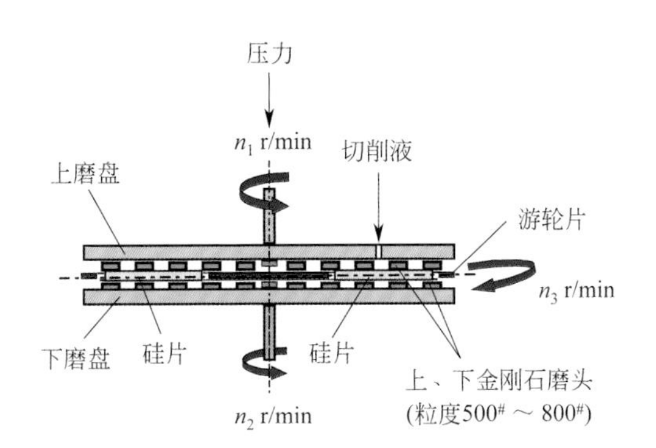

图 3-61　德国 Peter Wolters 公司直径 300mm
硅片的双面磨削系统加工形式示意
资料来源：德国 Peter Wolters 公司产品介绍

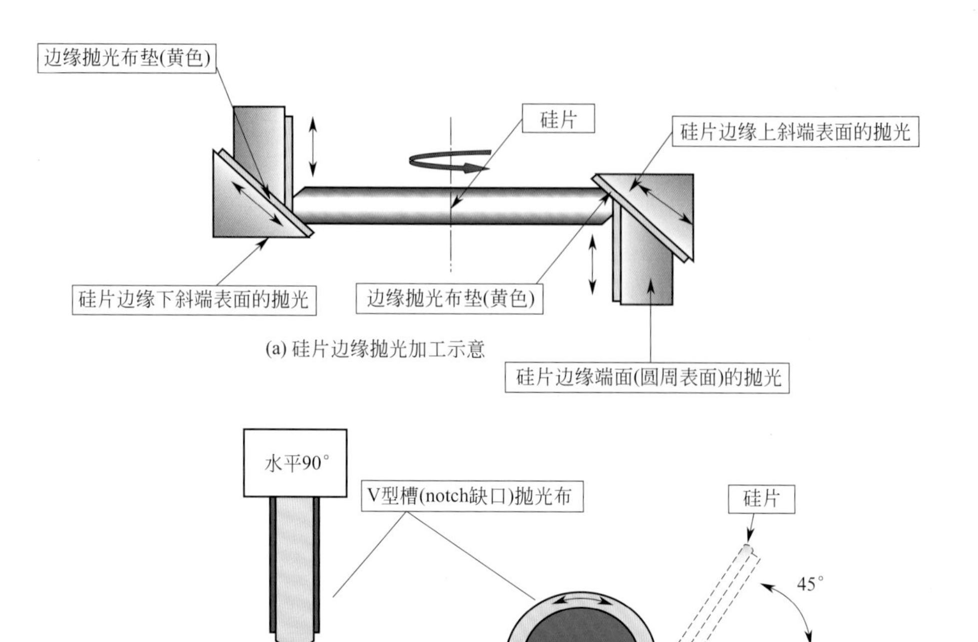

图 3-77　日本 Speed Fam EP-300-X 直径 300mm 硅片的边缘抛光加工示意

资料来源：日本 Speed Fam 公司产品样本

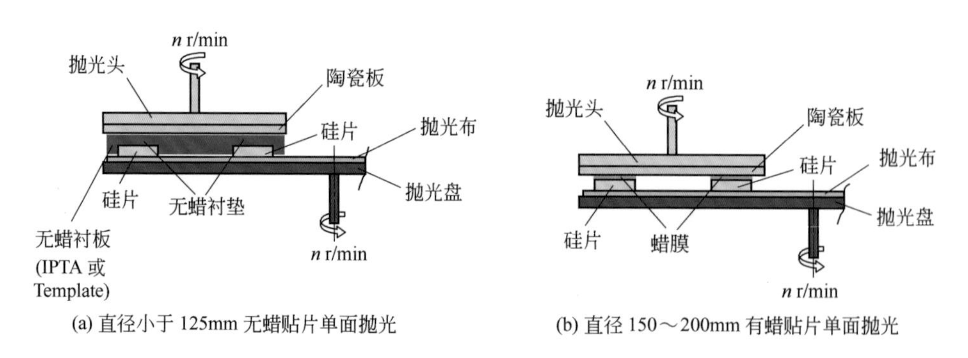

图 3-83　硅片的单面抛光

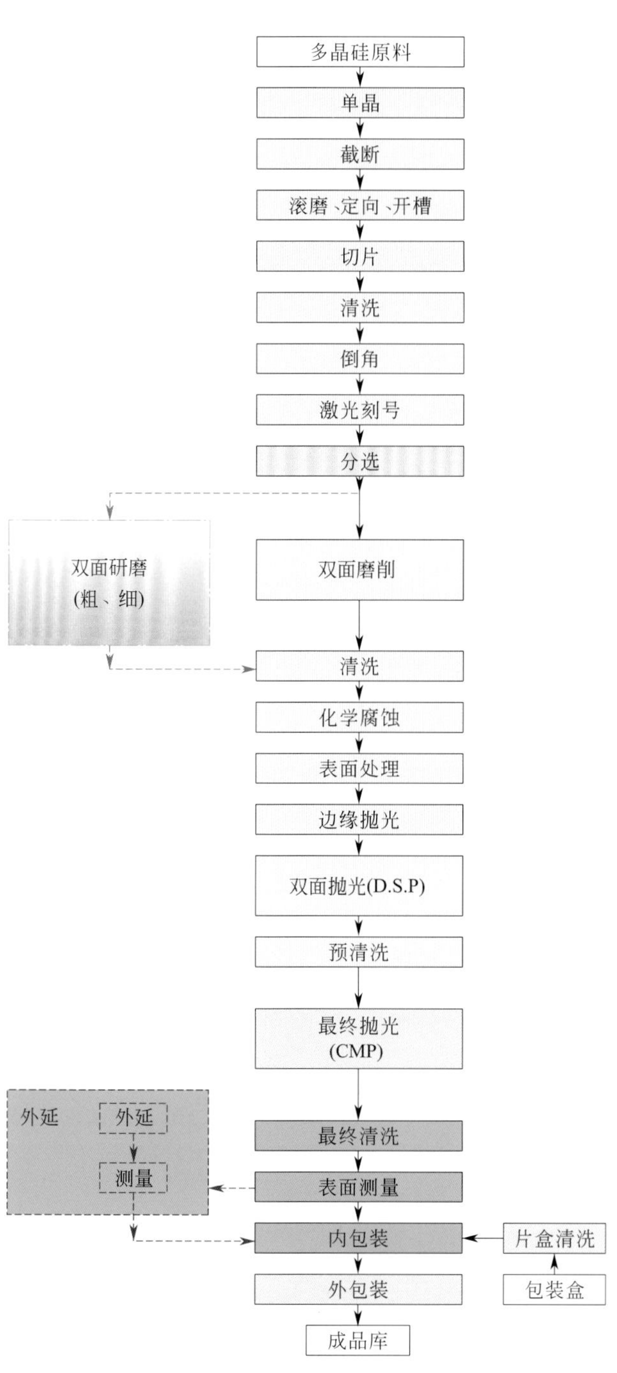

图 3-89　满足线宽 28～40nm IC 芯片电路用直径 300mm 硅单晶抛光、外延片项目生产工艺流程示意框图

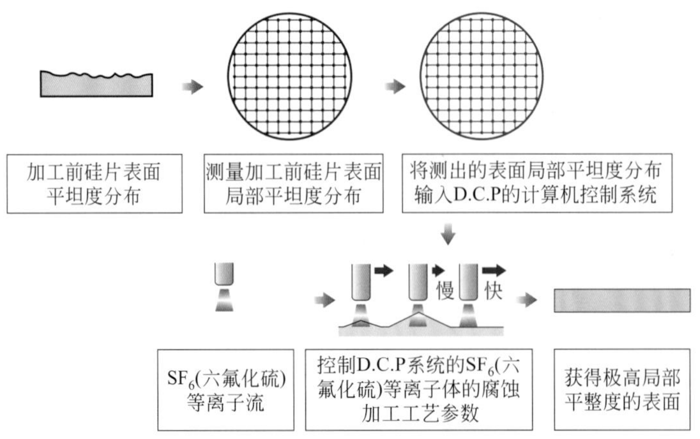

图 3-96　硅片的 D. C. P 加工原理示意
资料来源：日本 Speed Fam 公司产品样本

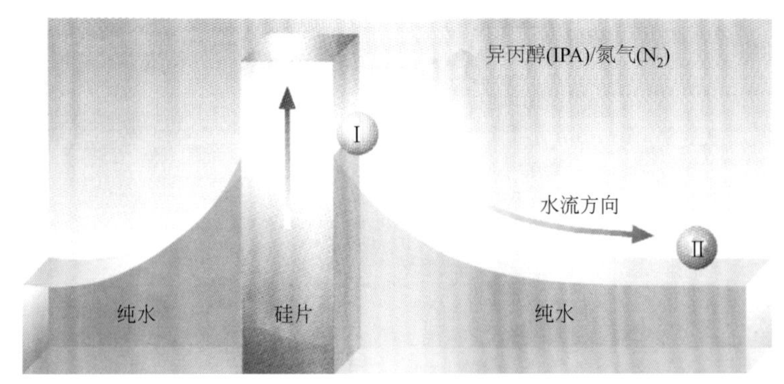

图 3-112　Marangoni Dry 硅片的脱水、干燥原理示意

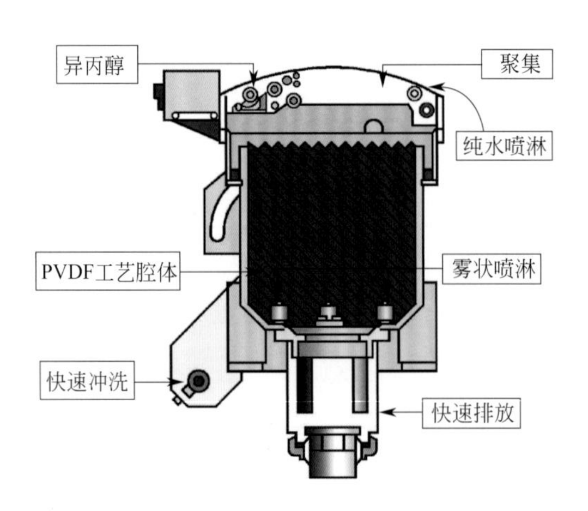

图 3-114　美国 Akrion 公司的 LuCID2/Rinse Dryer 硅片脱水、干燥原理示意
资料来源：美国 Akrion 公司产品样本

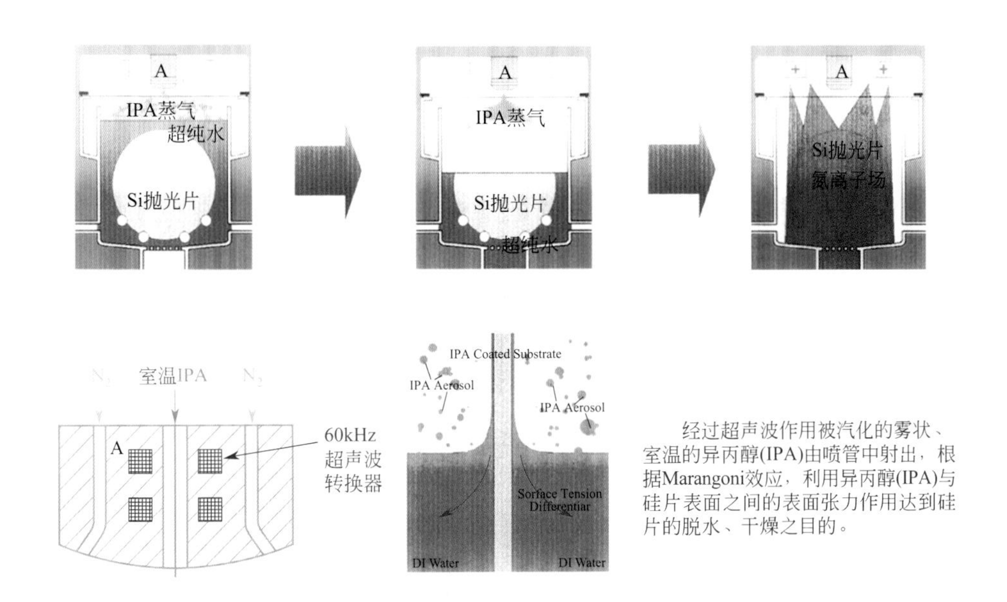

图 3-115 德国 AP&S 公司的硅片脱水、干燥原理示意

资料来源：德国 AP&S 产品样本

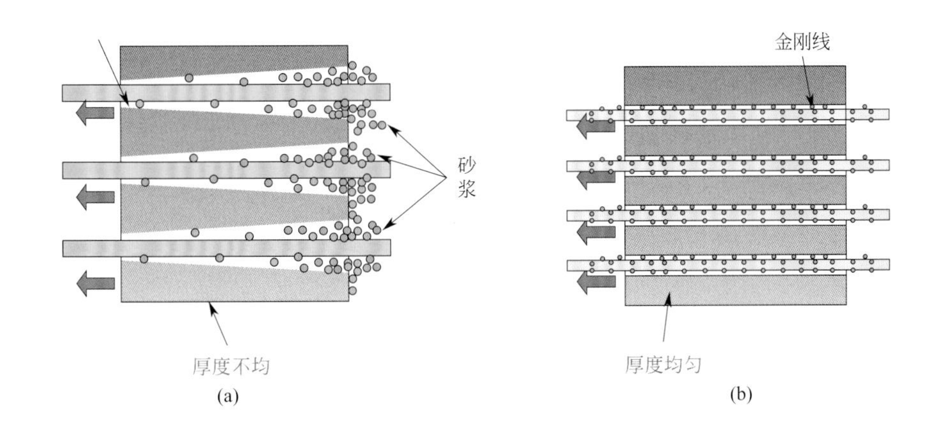

图 7-25 砂浆线切割工艺（a）和金刚线切割工艺（b）对比

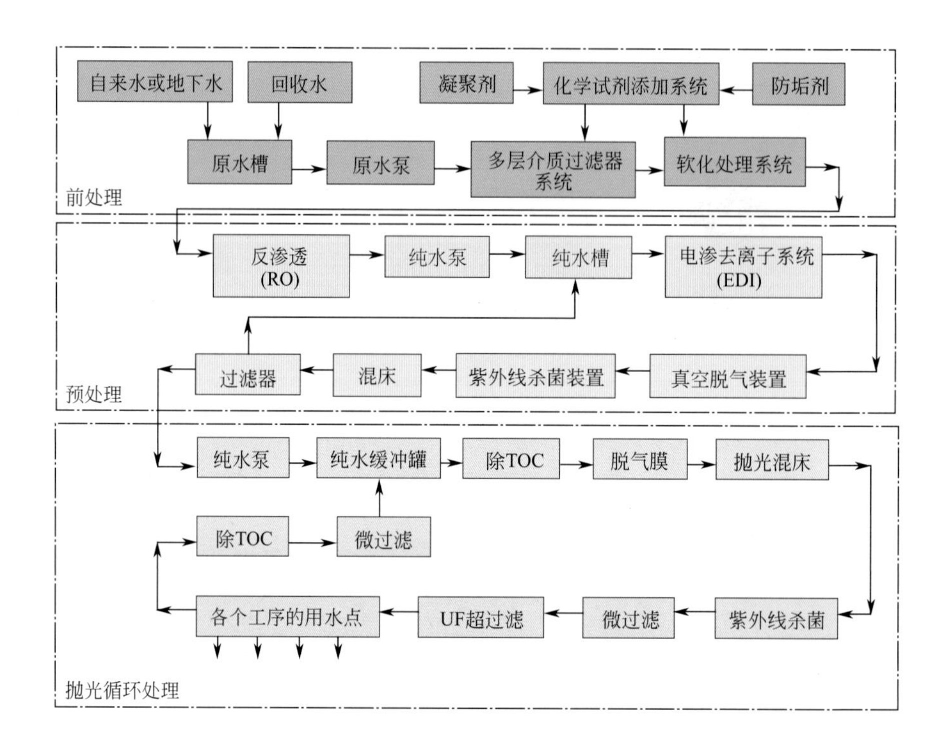

图 9-2　满足线宽小于 0.25μm 工艺用典型的超纯水系统的流程示意

XINPIANYONG GUIJINGPIAN DE JIAGONG JISHU

芯片用硅晶片的加工技术

张厥宗　编著

化学工业出版社

·北京·

内 容 简 介

《芯片用硅晶片的加工技术》由浅入深地介绍了半导体硅及集成电路的有关知识，并着重对满足纳米集成电路用优质大直径300mm硅单晶抛光片和太阳能光伏产业用晶体硅太阳电池晶片的制备工艺、技术，以及对生产工艺厂房的设计要求进行了全面系统的论述。

书中附有大量插图、表格等技术资料，可供致力于半导体硅材料工作的科技人员、企业管理人员和从事硅片加工的专业工程技术人员阅读参考，亦可作为高校及专业培训的教学参考书使用。

图书在版编目（CIP）数据

芯片用硅晶片的加工技术/张厥宗编著.—北京：化学工业出版社，2021.5

ISBN 978-7-122-38743-1

Ⅰ.①芯…　Ⅱ.①张…　Ⅲ.①半导体工艺-研究　Ⅳ.①TN305

中国版本图书馆CIP数据核字（2021）第053253号

责任编辑：李玉峰　丁尚林　　装帧设计：韩　飞

责任校对：田睿涵

出版发行：化学工业出版社（北京市东城区青年湖南街13号　邮政编码100011）

印　　装：三河市延风印装有限公司

710mm×1000mm　1/16　印张23¼　彩插9　字数418千字

2021年8月北京第1版第1次印刷

购书咨询：010-64518888　　售后服务：010-64518899

网　　址：http://www.cip.com.cn

凡购买本书，如有缺损质量问题，本社销售中心负责调换。

定　　价：198.00元

序

半个多世纪以来，集成电路技术颠覆性地改变了人类社会的生产方式和生活方式，开启了信息时代的宏伟篇章。当前，在《国家集成电路产业发展推进纲要》的指导下，我国集成电路产业已进入了一个新的发展时期。

半导体硅材料是支撑集成电路产业发展的基础，从事相关研发和生产的工程技术人员都应深入了解硅材料的基本性质以及硅单晶生长和硅片加工的工艺过程。本书作者从事半导体硅材料开发研究40多年，一直在生产试制一线做技术工作。作者曾将自己的工作体会及在国外学习硅抛光片加工方面的技术资料梳理汇集，先后于2005年8月和2009年10月编著了《硅单晶抛光片的加工技术》和《硅片加工技术》两书，并由化学工业出版社出版。此次作者对上述两书进行了重新整理并补充增加新的内容，编著了《芯片用硅晶片的加工技术》一书，相信本书的出版定能给我国蓬勃发展的集成电路产业添砖加瓦，做出一份贡献。

中国工程院院士

前言

大家都知道工业时代的基石是钢铁，而半导体材料硅（Si）则是信息时代的基石。现代社会已进入信息时代，无论从科技还是经济的角度看，半导体行业的重要性都是非常巨大且难以替代的。集多种高新技术于一体的半导体元件产品——芯片，几乎存在于所有工业部门，是半导体“硅产业生产链”中的重要产品，而硅单晶抛光片（晶圆）则是其基础功能原材料。随着集成电路产业和太阳能光伏产业的深入发展，半导体材料硅晶片的制备加工技术也得到了迅速发展。目前，集成电路芯片和大直径硅抛光片的制备技术已成为当今世界发展最为迅速和竞争最为激烈的高科技技术之一。

整个半导体行业的产业链由上游支撑产业、中游制造产业以及下游应用产业构成，其中上游支撑产业主要由半导体材料和设备构成，中游制造产业核心为集成电路的制造，下游为半导体应用领域。当前全球集成电路产业的核心技术仍掌握在美国和欧洲，生产工艺技术主要在日本，集成电路芯片的高端产品加工在日本和韩国，中端产品加工在我国的台湾地区、马来西亚、新加坡等，低端、大众化的产品加工则大多在我国大陆地区。

半导体产业不同于其他一般的工业产业，是一个“资金密集、技术密集、人才密集”“技术进步极快”“高投入、高风险、慢回报”的产业。国家战略规划《中国制造 2025》中提出，实现我国半导体产业发展目标需要三个基本要素：资金、技术和人才。在当今形势下，还要再加上抢时间和速度，四个基本要素，缺一不可。要发展国家级战略集成电路产业，既要得到国家和地方政府的支持，最重要的是要提升自主研发能力，扶助和发展国内本土的半导体产业，升级扩大重要战略原材料大直径硅单晶抛光片的生产能力。

单晶硅材料是半导体产业的基础，半导体“硅产业生产链”上所有的相关人员，都需了解半导体硅材料的基本性质及其抛光片的加工工艺技术。目前国内外关于半导体硅单晶的制备、性能和质量控制的研究及相关技术文献、资料虽有一些专业报道，但对其有关半导体硅单晶抛光片的加工技术、工艺设备的性能、产品质量的控制等相关技术的综合、系统报道甚少。为此，我结合自己的工作积累，整理了国内外相关领域最新技术内容，编写了本书。

本书采取由浅入深的方式，在介绍半导体硅及集成电路有关知识的同时，重点放在介绍“能满足IC特征尺寸线宽小于65nm～40nm～28nm IC芯片工艺用优质大直径硅单晶抛光片的制备工艺、技术”和“制备晶体硅太阳能电池晶片”的相关知识及所需的相关工艺设备。致力于使从事半导体硅材料技术工作的工程科技人员，从事半导体材料硅单晶、硅抛光片加工领域的专业工程技术人员、企业管理人员、在校学生等各界读者朋友们，对“IC纳米集成电路工艺用半导体硅单晶抛光片”的生产全过程和制备“晶体硅太阳能电池晶片”有一个全面、系统、深刻的了解。

由于知识水平有限，书中难免有疏漏之处，欢迎广大读者批评指正。

張厥宗

于北京

目 录

第一篇 基础篇

第二篇 集成电路产业用硅片

第三篇 太阳能光伏产业用硅片

第四篇　半导体晶片加工厂的厂务系统要求

第一篇

基础篇

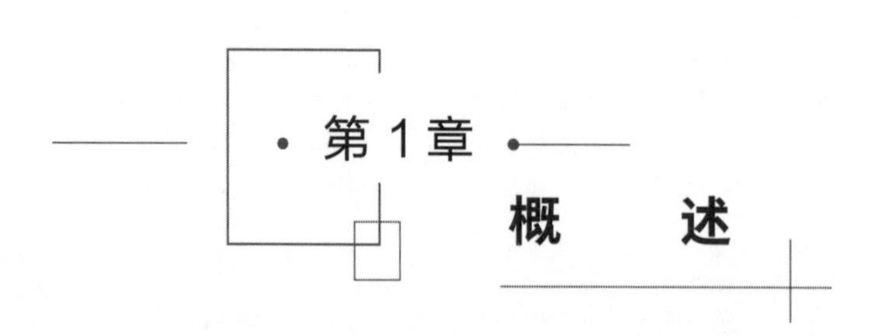

第1章 概 述

1.1 半导体工业的发展概况

现代社会已进入以微电子技术为核心的信息时代，信息产业已成为现代经济的重要支柱产业，而且是一个国家科技水平、工业水平和综合国力的体现。

半导体“硅产业生产链”大体上可以分成：多晶硅的制备、硅单晶抛光片（晶圆）的加工制备、IC芯片的设计、IC芯片电路的前道加工工序（芯片加工制备、代工厂）、后道工序（封装测量）、终端电子产品。IC芯片产业是半导体硅产业链中的一个重要环节。硅单晶抛光片（晶圆）则是制备IC芯片的基础材料。“半导体产业链”各个环节之间产品的质量相互影响，“半导体产业完整的制造产业链”主要包括“多晶硅制造产业”“硅光-伏（PV）制造产业”和“硅抛光片制造产业”及“IC芯片制造产业”，如图1-1所示。

多晶硅是生产硅单晶最关键的原料，全球先进的多晶硅生产工艺技术一直由德国、美国、日本三国的七家公司所垄断。全球能够完全生产“电子级多晶硅”产品，只有德国Wacker（瓦克化学有限公司）、美国Hemlock（黑姆洛克半导体公司）和日本Tokuyama（德山公司）等企业，关键性的工艺技术仍然主要掌握在德国、美国和日本为首的企业公司之中。

我国多晶硅工业研制起步于20世纪50年代，60年代中期实现产业化批量生产。直至70年代末改良的“西门子法”的生产技术、工艺才日臻成熟。

20世纪70年代初由于曾出现了盲目发展，生产厂多达20余家，但是生产规模小、工艺技术落后，环境污染严重，消耗大、成本高等原因，致使大部分企业因亏损而相继停产或转产。到1996年仅剩下四家，即洛阳单晶硅厂、天原化工厂、棱光实业公司和峨嵋半导体材料厂。至2005年国内多晶硅主要

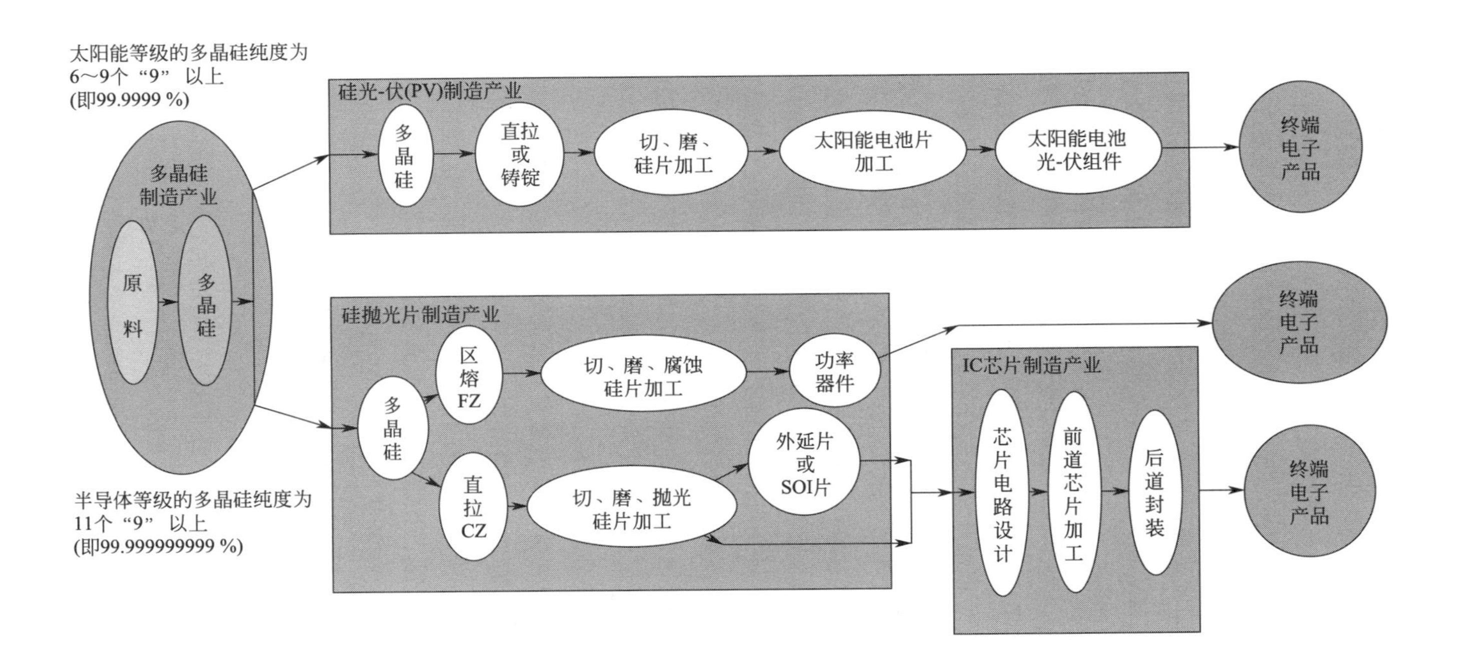

图 1-1　半导体产业完整的制造产业链示意简图(参见文前彩图)

生产厂仅剩下洛阳中硅高科技公司、四川峨嵋半导体厂和四川新光硅业公司。而这些企业和公司也只能生产出“硅太阳能电池等级”的、纯度为6～9个“9”以上（即99.9999%）的、用于“硅光-伏（PV）制造产业”的多晶硅，而无法生产出用于“半导体电路等级”的、纯度为11个“9”以上（即99.999999999%）的、用于“硅单晶抛光硅片及IC芯片制造产业”的多晶硅。

2015年12月，江苏鑫华半导体材料科技有限公司（是江苏中能硅业科技发展有限公司和国家集成电路产业投资基金联手保利协鑫共同投资设立）在徐州投资37.8亿元建设国内首条5000吨半导体“IC集成电路专用电子级”多晶硅生产线。

2017年11月8日保利协鑫旗下的江苏鑫华半导体材料科技有限公司正式发布可生产“IC集成电路专用电子级”多晶硅生产线的产能为5000吨，可保证国内企业3～5年内电子级多晶硅不会缺货，产品质量可满足IC电路芯片线宽40nm及以下超大规模集成电路用直径300mm（12英寸）硅单晶制造的需求。同时，还将规划再上一条5000t生产线，以更好地满足国际国内市场。

江苏鑫华半导体材料科技有限公司的“电子级多晶硅”项目的自主投产，不仅打破了国外技术、市场的垄断，填补国内半导体级原材料生产的空白，鑫华半导体材料科技有限公司也有望成为继美国Hemlock、德国Wacker之后全球第三大半导体“多晶硅”材料的生产商。

单晶硅材料是半导体产业的基础，因此从事半导体硅集成电路和半导体硅单晶、抛光片加工领域的工程技术人员，都必须深入了解半导体硅材料的基本性质与其抛光片的加工工艺技术。

硅是地球地壳中含量仅次于氢和氧的元素，它通常以化合物的形态（例如硅酸盐和氧化硅等）存在于大自然中。

直到20世纪，人们才发现硅具有半导体的性质。这些性质包括其电阻率随着温度的增加而递减、光电效应（经光照后电阻率减小）、热电效应、霍尔（Hall）效应、磁电效应及其与金属接触的整流效应等。

1947年12月23日，Bardeen（巴第恩）、Brattain（布拉顿）及Shockler（肖克利）等人在美国贝尔实验室发明了晶体管（transistor）后，正式拉开了半导体时代的序幕。

在1950年，Teal（蒂尔）及Little（里特尔）两人将Czochralski（乔赫拉斯基）于1917年发明的拉晶方法，应用在锗（Ge）及硅单晶的生长上。这种拉晶技术已经成为现代生产高质量硅单晶的主要方法。后来经Little（里特尔）持续致力于单晶体生长技术的研发，终于证实了单晶体材料的少数载流子寿命要比多晶体材料好。

1952年Pfann（普凡）发明的区熔法（zone melting method）单晶体生长技术大幅度提高了材料纯化的技术水平，使得商用半导体晶体管也跟着于1953年问世。由于锗有较高的纯度与低温特性，故当时大多数半导体公司使用锗作为晶体管的材料。直到1954年，Teal才在美国德州仪器公司（TI）成功地开发出世界上第一个硅晶体管。由于这项技术的突破，使得美国德州仪器公司由当时的一个无名小公司逐渐成为半导体行业的著名大公司。

硅晶体管发明之后，虽然可利用丘克拉斯基（Czochralski）法来制备硅单晶体，但是直拉（CZ）法生长的硅单晶，因使用的石英坩埚受到硅熔体（silicon melt）的侵蚀而会增加氧的沾污。为了获得高纯度的硅单晶体，1956年，Theurer（休里尔）发明了悬浮区熔法（floating-zone melting method）。悬浮区熔法因没有使用石英坩埚容器来盛装硅熔体，故不存在氧污染的问题。

1958年Dash发明了一种无位错（dislocation free）单晶生长法，才使得生长优质大直径硅单晶技术得到了不断发展。

1958年，Kilby（基尔比）在美国德州仪器公司发明了半导体集成电路，奠定了信息时代到来的基础。

半导体主要分为集成电路和半导体分立器件。半导体分立器件包括半导体二极管、三极管等分立器件以及光电子器件和传感器等。集成电路可分为数字电路、模拟电路。所有一切的感知如图像、声音、触感、温度、湿度等都可以归到模拟世界当中。很自然的，工作内容与之相关的芯片被称作模拟芯片。除此之外，一些我们无法感知，但客观存在的模拟信号处理芯片，比如微波、电信号处理芯片等，也被归类到模拟范畴之中。比较经典的模拟电路有射频芯片、指纹识别芯片以及电源管理芯片等。数字芯片可包含微元件（CPU、GPU、MCU、DSP等），存储器（DRAM、NANDFlash、NORFlash）和逻辑IC（手机基带、以太网芯片等）。

自从第一代半导体IC（集成电路）问世后，半导体工业迅速得到了发展，晶片上的电子元器件的密度和复杂性，从小规模集成电路SSI（small scale integrated circuit）中规模集成电路MSI（medium scale integrated circuit）、大规模集成电路LSI（large scale integrated circuit）、超大规模集成电路VLSI（very large scale integrated circuit）、特大规模集成电路ULSI（ultra large scale integrated circuit）和巨大规模集成电路GSI（giga scale integrated circuit）不断地发展。

随着半导体产业的迅速发展，在微电子信息IC芯片产业中，半导体硅集成电路的应用范围相当广泛，按其不同的用途，半导体集成电路的分类如图

1-2 所示。

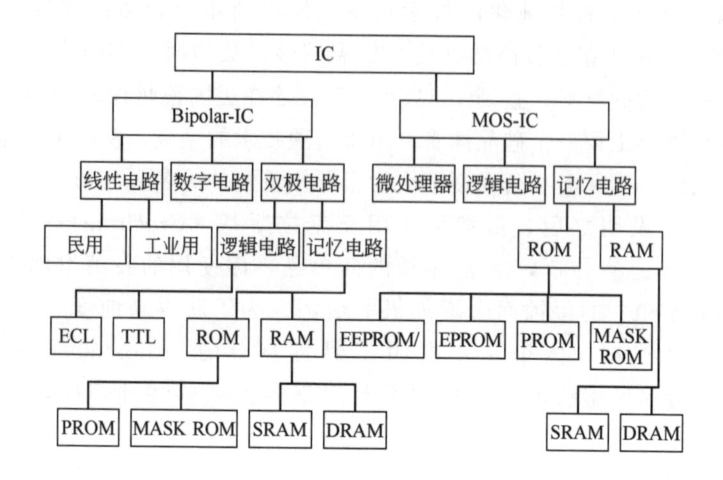

图 1-2 集成电路的分类

资料来源：中信证券研究部整理

如果一个 IC 芯片内包含约 40 万个电子元件，则它可看作是集成电路。小规模集成电路（SSI）内含有的集成组件为 10～100 个电子元件。中规模集成电路（MSI）内含有的集成组件为 100～1000 个电子元件。大规模集成电路（LSI）内含有的集成组件为 10^3～10^5 个电子元件。超大规模集成电路（VLSI）内含有的集成组件为 10^6～10^7 个电子元件。特大规模集成电路（ULSI）内含有的集成组件为 10^7～10^9 个电子元件。巨大规模集成电路（GSI）内含有的集成组件为 10^9 以上个电子元件。

现在半导体集成电路的品种繁多而且其集成度相当高。例如在 1985 年 10 月，美国“Intel（英特尔）公司”研发的“80386 电路”芯片，含有 27.5 万个晶体管。若以“双核的 Core 2 E6700 电路芯片”为例，其内含有的集成组件为 2.91 亿个晶体管。“四核的 Core 2 QX6700 芯片”里面则内含有 5.82 亿个晶体管。现在最大规模的 IC（集成电路）估计每平方厘米内含有的集成组件为至少三亿个以上电子元件。随着 IC 产业的迅速发展，IC 的集成度达到更高水平。例如中国华为公司研发、生产的“kirin（麒麟）970” 10nm 制程芯片在“指甲盖大小”的面积约为 $100mm^2$ 内已经集成有 55 亿颗晶体管，而今华为公司新一代“全球首款 7nm 制程”顶级的人工智能手机芯片——“kirin（麒麟）980”在 IC 电路制程工艺、运算性能等各方面都有了突破性的进展。“kirin（麒麟）980”已经成为全球首款采用 7nm 制程工艺的手机芯片，成功地

在不到 $1cm^2$、指甲盖大小的面积内已经集成有69亿颗晶体管，实现了性能与能效的全面提升，其性能已全面超过美国高通公司的“骁龙845芯片”和苹果公司的“A11 Fusion芯片”。

目前全球“IC芯片”的老霸主美国高通公司的“骁龙835”10nm制程芯片内含有约31颗晶体管，其新型的“骁龙845”内含约55亿颗晶体管。而美国iphone四核“A10 Fusion芯片”在约 $125mm^2$ 的面积内可容纳33亿颗晶体管、iphone 8的六核“A11 Fusion芯片”内亦可容纳43亿颗晶体管。

以硅为主的半导体专用材料已是微电子信息产业和太阳能光伏产业最重要的基础、功能材料。硅单晶片可以制成各种半导体器件，广泛应用于科技、工业和日常生活中，在国民经济和军事工业中占有很重要的地位。全世界的半导体器件中有95%以上是用硅材料制成，其中85%的集成电路也是由硅材料制成。

在太阳能光伏产业中，太阳能光伏发电系统是利用太阳电池半导体材料的光电效应原理（光伏效应），将太阳的辐射能量直接转换为直流电能的一种新型的发电系统，它包括有独立运行和并网运行两种方式。独立运行的光伏发电系统需要用蓄电池作为储能装置，主要用于无电网的边远地区和人口分散地区，整个系统造价很高；在有公共电网的地区，光伏发电系统可与电网连接并网运行，这样可省去蓄电池，不仅可以大幅度降低成本，而且还具有更高的发电效率和更好的环保性能。

太阳是一颗对人类生存有着十分重要意义的恒星。太阳自身蕴藏着巨大的能量，太阳能则是太阳内部连续不断的热核聚变反应过程中产生的能量，是太阳表面源源不断地通过太阳光线以电磁波的形式向宇宙空间及地球等星球辐射的能量（习惯称太阳辐射能量为太阳能）。太阳是一颗能发光、发热的气体星球。其太阳辐射能量主要集中在可见光波段，太阳每秒钟所释放出的总辐射能量大约为 3.865×10^{26}J，相当于每秒钟燃烧 1.32×10^{16} t标准煤所产生的能量，是地球每年耗费总能量的几万倍。资料显示，太阳能每秒钟到达地面的能量约高达80多万kW，假如能够把地球表面0.1%的太阳能转化为电能，其光电转换效率按5%计算，则每年发电量可达到约 5.6×10^{12}kW·h，相当于目前世界上能耗的40倍。照射在地球上的太阳能非常巨大，大约40min照射在地球上的太阳能，便足以供地球人类一年的能量消费。按照目前太阳质量的损耗速率进行推算，太阳的热核聚变反应还可持续进行 6×10^{10} 年。这对于人类的短暂历史而言，太阳能可算是人类“取之不尽、用之不竭”的重要的、可利用的、无污染的、新型的、理想的可再生清洁能源。故太阳能光伏产业（太阳能发电产业即光伏产业）的深入发展和太阳能光伏系统的应用会给人类带来美好的前景，这使该产业成为一个新兴的朝阳产业。

1954 年美国贝尔实验室的 Chapin 等研制出世界上第一个光电转换效率达到 6%左右的太阳电池，其后经过改进，光电转换效率很快达到了 10%。于 1958 年该太阳电池被美国装备于美国的先锋 1 号人造卫星上并成功地运行了 8 年。从此拉开现代太阳能光电（太阳能光伏）研究、开发和应用的序幕。

在 20 世纪 70 年代以前，太阳能光伏发电主要是应用在外层空间领域研究和航天事业中（向人造卫星提供电力能源）。

自 20 世纪 70 年代以来，由于技术、工艺的进步，太阳能电池材料、结构、制备工艺等方面有了不断的改进，降低了生产成本，开始在地面上得到了应用，太阳能光伏发电逐渐推广到许多领域，太阳能电池的全球平均增长率达 30%以上。在 1997 年之前，太阳电池产量的年增长率平均约为 12%，而在 1997 年太阳电池产量的年增长率就达到了约 42%，其电池组件的全球销售达到了约 122MW，2000 年和 2001 年的年销售增长率均超过了 40%，2001 年电池组件全球销售达到约 400MW，2004 年的增长率甚至达到 60%以上，2004 年电池组件全球销售约达 1200MW，2005 年已接近 1800MW，其发展势头相当的迅猛。在 2007 年的产量达到了约 4000MW，在 1997～2007 年的 10 年中其平均年增长率约为 41.3%，而之后的 5 年中其平均年增长率更是达到了 49.5%左右。与此同时太阳电池的生产成本则是以每年 7.5%的平均速度下降，其远远超过了微电子信息产业中集成电路的发展速度。10 年内，太阳能光伏产业仍将会以 20%～30%的速度增长。

在很长的一段时间内，美国“硅太阳电池”的产量基本上居第一位，1999 年开始被日本超过，并且日本长期保持其领先地位，直到 2007 年，被迅速崛起的中国所替代，中国的产量超过了日本而成为世界第一位。

我国自 1958 年开始进行“太阳能光电转换（光伏发电）”的研究、开发，并于 1971 年首次将太阳电池成功地应用在“东方红二号”人造卫星上。且于 1973 年开始将太阳能电池应用到地面上，首先是在天津海港用于航标灯的电源上。1979 年开始用半导体工业的次品单晶硅生产单晶硅太阳电池，使太阳电池成本明显下降，进一步打开了地面应用的市场。

在 1973～1987 年短短的几年内我国先后从美国、加拿大等国引进了七条硅太阳电池生产线，使我国太阳电池的生产能力从 1984 年以前的 200kW 跃升到 1988 年的 4.5MW。尽管在 2008 年国际上受到“金融风暴”的影响，但我国的太阳能电池产业相比 2007 年依旧保持较高的增长速度。2005～2008 年中国太阳能电池产量见图 1-3。

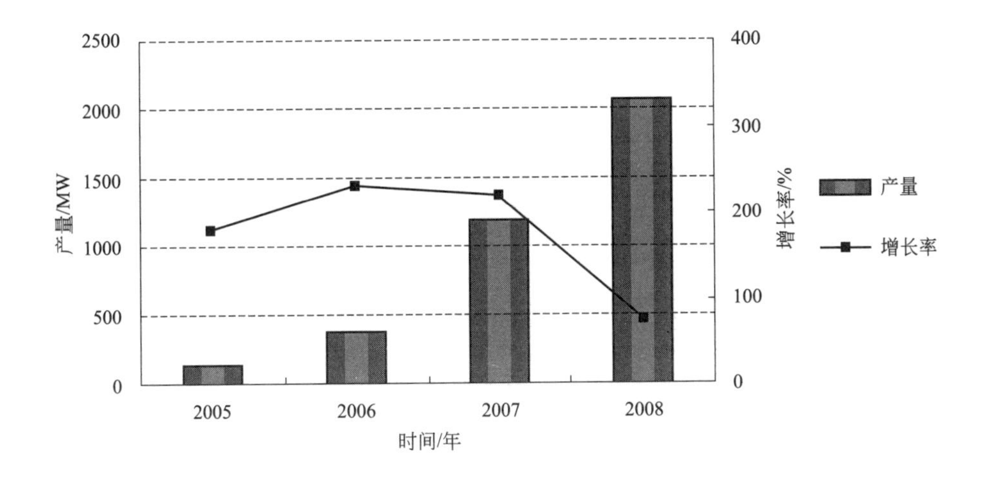

图 1-3 2005～2008 年中国太阳能电池产量

数据来源：赛迪顾问 2008，12

在 2009 年 3 月 26 日，我国财政部、住房和城乡建设部联合颁布《关于加快推进太阳能光电建筑应用的实施意见》，并同时下发《太阳能光电建筑应用财政补助资金管理暂行办法》。这被光伏业内称为“屋顶计划”，该计划颇为重要的一项内容是对于符合条件的太阳能光电建筑应用示范项目给予 20 元/W 的补贴。这是我国政府为推广太阳能的应用实施的措施，标志着我国“光伏产业”市场的大规模启动，带来“太阳能光伏行业性”的投资机会。与 2009 年 3 月出台的“光伏屋顶计划”相呼应，我国财政部将于近期推出“金太阳”工程，补贴并鼓励我国大型地面光伏电站的建设，预计补贴金额可在 100 亿人民币左右，将拉动 500MW 的装机容量。国家发改委把 2020 年光伏总装机容量的目标由之前的 1.8GW 上调至 10～20GW，打开长期增长之门。

随着我国《中华人民共和国可再生能源法 》的颁布实施，我国的太阳能电池产业逐渐走向成熟。包括国内“硅太阳能电池”生产的主要公司(例如无锡尚德、江西赛维 LDK、常州天合光能、江苏林洋新能源、苏州 CSI 阿特斯、南京冠亚等）已将以“1 元/kW · h”光伏发电成本为目标的方案上交给科技部审示。

由于“太阳能光伏发电”是我们可以使用的能源中最经济、最清洁、最环保的可持续新能源。我国的太阳能光伏产业将会得到更加有序的迅速发展。

1.2 中国半导体工业的发展历程

回顾我国半导体产业几十年来艰难的发展及取得的成就，其中饱含我国数代人的辛劳和心血，如今已进入了一个崭新的黄金时代。

我国半导体产业整个的发展历史，基本经历了以下四个不同时期。

（1）“初创、萌芽”期

计划经济指导下的专家主导（1953～1978年，即“一五”～“五五”期间）阶段。

20世纪50年代开始，基本是按照苏联模式，在计划经济指导下，由大批在国外的爱国技术专家回国主导，主持进行建设我国自己的半导体技术和工业体系。

（2）“混乱发展”期

受到外部冲击导致行业失序［1978～2000年，即“五五”（1976～1980年）～“九五”（1996～2000年）期间］阶段。

受到外部冲击（1997年夏之后，亚洲爆发了罕见的金融危机），导致国内半导体行业发展的失序，致使国内好多半导体产业工厂受到严重的影响而被迫停产、下马。

（3）“海归主导”期

海归创业、合资潮和民企的崛起［2000～2015年，即“九五”（1996～2000年）～“十二五（2011～2015年）”期间］阶段。

国内半导体产业（IC芯片产业）可以说是全面进入海归创业潮和民企崛起的新时代。

（4）全面“创芯、造片”期

国家资金入场，开创了创芯、造片的半导体产业建设“热潮”［2015年至今，即“十二五”（2011～2015年）～“十三五”（2016～2020年）］阶段。

自2011年国务院发布《进一步鼓励软件产业和集成电路产业发展的若干政策》（4号文件）之后至今，再次进入了半导体产业——IC芯片产业和大直径300mm（12英寸）硅抛光片产业的创芯、造片全民创业的又一个新时代。

我国半导体产业的发展可以追溯到新中国成立初期的1953年，正值我国第一个五年计划期间，由苏联援建、使用民主德国（东德）的技术在北京成立北京电子管厂（774厂），其是当时亚洲最大的晶体管厂。

1956年，国家制订了《1956～1967年科学技术发展远景规划》，根据国外发展电子器件的情况，提出了我国也要研究半导体科学，把半导体技术列为国家四大紧急措施之一。当时确实已把半导体工业作为一门新兴学科加以建立和发展。半导体工业被列入第一个和第二个五年计划的重点科技攻关项目，这个阶段（1953～1962 年）可以说是我国半导体工业发展的“初创、萌芽”时期。20 世纪 50 年代开始我国基本是参照“苏联经济发展的模式”，即按“高积累，优先发展重工业”的发展模式，建设我国工业体系和半导体技术的。此后由于当时国内和国际形势的剧烈变化，国家几乎停止了对半导体工业的投入。“原子弹之父”钱学森先生曾经这样感慨道：60 年代，我们全力投入“两弹一星”，我们得到很多，70 年代我们没有搞半导体，我们为此失去很多。

1956 年，在我国提出“向科学进军”的号召下，国家制订、发布了发展各门尖端科学的《1956－1967 年科学技术发展远景规划》。“半导体”亦作为国家生产与国防紧急发展的领域。

根据国外发展半导体工业的经验，明确提出我国也要研究、发展半导体科学，把半导体技术列为国家四大紧急措施之一。我国的知识分子、工程技术人员克服外界封锁的困难，在海外回国的一批爱国的半导体学者的带领下，开始建立起我国自己的半导体产业。从研制半导体材料开始，独立自主、自力更生地研究、发展我国的半导体工业。

1956 年，北京有色金属研究总院开始从事半导体材料锗的研究、试制工作。

1957 年，为了落实发展半导体工业规划，中国科学院应用物理所首先举办了半导体器件短期培训班。请回国的半导体专家黄昆、吴锡九、黄敞、林兰英、王守武、成众志等讲授半导体理论、晶体管制造技术和半导体线路等相关知识。当时参加短期培训班的有 100 多人。物理学家、上海复旦大学教授——谢希德先生联合国内五所大学（北京大学、复旦大学、吉林大学、厦门大学和南京大学）在北京大学开办了半导体物理专业，“五校”共同培养我国第一批半导体专业人才。培养出我国第一批著名的教授。之后在他们的带领下，蹒跚起步的半导体行业为国家做出了两大贡献：一是保障了两弹一星等一批重大军事项目的电子和计算配套，二是为我国建立了一套横跨院所和高校的半导体人才培养体系。

1957 年，北京有色金属研究总院开始从事半导体硅材料的研究、试制工作。

1957 年，在北京电子管厂（774 厂）通过氧化锗还原法，拉制出第一根半导体材料锗单晶，由中国科学院应用物理研究所和二机部第十一研究所共同研制出半导体材料锗的点接触晶体二极管和晶体三极管。国外最早是在 1947 年，美国贝尔实验室发明了半导体点接触式晶体管，当时中外差距仅约 10 年。

1957 年，林兰英先生放弃在美国的“优越”生活和工作条件，回国任职于中科院应用物理所，在林兰英先生的努力带领下，该所在国内研制出第一根直拉硅单晶。之后又相继研制出第一台高压单晶炉、第一片单异质结 SOI 外延材料、第一根 GAP 半晶、第一片双异质结 SOI 外延材料，为我国微电子和光电子学的发展奠定了基础。

1958 年，上海组建华东计算技术研究所，相继成立上海元件五厂、上海电子管厂、上海无线电十四厂等企业，使上海和北京，成为我国电子工业的南北两大基地。

1958 年 5 月，在北京有色金属研究总院拉制出冶金系统的第一根半导体材料锗单晶。

1958 年 10 月，在北京有色金属研究总院成立了国内第一个半导体材料硅研究室，系统地开展了多晶硅、单晶硅及其性能测试的研究、开发工作，并在我国冶金系统研制出国内第一根直拉单晶硅。

1959 年，天津 46 所（现中国电子科技集团公司第 46 研究所）在我国电子系统研制出国内第一根硅单晶。仅比美国晚一年拉出了硅单晶。

1959 年，我国也开始了半导体化合物材料的研究、试制工作。同年也开展了多晶硅的研制，李志坚在清华大学利用四氯化硅氢还原法研制出直径 30mm 的高纯度多晶硅棒。

进入 20 世纪 60 年代后，我国第一次掀起半导体自主发展的“热潮”，使得我国半导体工业的生产得到较大的发展。

1960 年，中国科学院在北京建立了半导体研究所，集中了王守武博士、黄昆博士、林兰英博士等著名海外归国专家。同年在河北建立工业性专业化研究所即第十三研究所（现在的中国电子科技集团公司第 13 研究所），使得我国初步建成了半导体工业的研发、生产体系。

1961 年，在北京有色金属研究总院成功地研制了我国国内第一根区熔单晶硅。

1962 年，在“天津 46 所（现中国电子科技集团公司第四十六研究所）”成功地研制出半导体化合物材料砷化镓（GaAs）单晶。为研究制备其他化合物半导体材料打下了基础。

20 世纪 60 年代初期，我国半导体器件开始在工厂中进行生产，半导体硅器件开始生产的只是“合金管”。当时，国内生产半导体器件的已有十几个生产厂。当时在“北方”是以北京电子管厂（774 厂）为代表，生产了Ⅱ-6 低频合金管和Ⅱ401 高频合金扩散管；“南方”则以“上海元件五厂”为代表。

1961 年，我国成立第一个集成电路研制课题组。

1962年由中科院半导体所，组建全国半导体测试中心。

1962年，为解决晶体管制造的难题，中国人民解放军军事工程学院四系四〇四教研室康鹏（25岁）临危受命，成功研发“隔离-阻塞振荡器”（后被命名为康鹏电路），解决了晶体管的稳定性问题，使我国仅比美国晚8年进入晶体管时代。

1962年，我国研究制成硅外延工艺，并开始研究采用照相制版，光刻工艺。

1962～1963年，在有色金属研究总院建成我国第一条半导体材料锗试制生产线。

1963年，河北省半导体研究所研制出硅平面型晶体管。平面工艺技术是半导体元件制作中的一个关键环节，是制作集成电路的基础。国外最早是在1958年，由美国“仙童半导体公司（Fairchild Semiconductor，也译作“飞兆公司”）”首先发展出平面工艺技术。中外差距：仅约5年。

1964年，河北省半导体研究所研制出硅外延平面型晶体管。

1964年，在解决晶体管制造难题后，由“哈军工”（由慈云桂主持设计）成功研制出新中国“第一台全晶体管计算机441B-I”，比美国第一台全晶体管计算机RCA501只晚了6年。该441B计算机在1966年参加北京的计算机展览时恰逢“邢台”大地震，在地震中稳定运行。

1964年，吴几康成功研制119计算机，该计算机运算能力为每秒5万次，运算能力略强于美国于1958年制造的IBM 709计算机，IBM 709计算机的运算能力为每秒4.2万次。119计算机同1965年研制成功的109机，在我国研制氢弹的历程中立下很大功劳，被称为“功勋机”。

1965年，利用自己的成套工艺技术，建成了我国“第一个”半导体硅材料厂——四川峨眉半导体材料厂。

1965年，从日本引进并建成我国“第二个”半导体硅材料厂——洛阳单晶硅厂，使得我国半导体硅材料生产又得到了进一步的发展。

1965年，王守觉在中国科学院上海冶金所，仿造出我国第一块集成电路（内含7个晶体管、1个二极管、7个电阻、6个电容）。

1965年12月，河北半导体研究所召开鉴定会，鉴定了我国第一批半导体管，并在国内首先鉴定了DTL型（二极管——晶体管逻辑）数字逻辑电路。

1966年底，在工厂范围内上海元件五厂鉴定了TTL（晶体管-晶体管逻辑）电路产品。这些DTL和TTL都是“小规模双极型数字集成电路”，主要以与非门为主，还有与非驱动器、与门、或非门、或门以及与或非电路等。标志着我国已经进入了“小规模集成电路”的生产阶段，能够制成自己的“小规模集成电路（SSI）”。国外最早：1958～1959 年，美国德州仪器公司和仙童公司各自研制发明了半导体集成电路，1960 年仙童半导体研发了第一块商用集成电路。中外差距：仅约 5～7 年。

1967 年，有色金属研究总院首次引进建造了国内用于半导体材料研究、生产的第一个洁净实验室，后因故此洁净实验室才被更改用于他用。

1968 年，有了初级小规模的集成电路，就有了制造第三代计算机（中、小规模集成电路）的基础。我国第一台第三代计算机是由位于北京的华北计算技术研究所研制成功的，采用 DTL 型数字电路，与非门是由北京电子管厂生产，与非驱动器是由河北半导体研究所生产，并且于 1968 年对外进行展出。国外最早是在 1961 年，德州仪器为美国空军研发出第一个基于集成电路的计算机，即所谓的分子电子计算机。中外差距：仅约 7 年。

1968 年，我国在北京组建国营东光电工厂（878 厂）、上海组建无线电十九厂，至 1970 年建成投产，形成我国集成电路芯片产业中的南北两霸的生产企业。

1968 年，上海无线电十四厂首家制成 PMOS（P 型金属－氧化物半导体）电路（MOSIC）。与双极型电路相比，MOS（金属氧化物）电路具有电路简单、功耗低、集成度高的优势。上海无线电十四厂首家制成 PMOS（P 型金属氧化物半导体）电路，拉开了我国发展 MOS 电路的序幕，并在 20 世纪 70 年代初，永川半导体研究所（现电子第 24 所）、上海无线电十四厂和北京 878 厂相继研制成功 NMOS 电路，之后又研制成功 CMOS 电路（互补型 MOS 电路）。国外最早于 1960 年，由美国无线电（RCA）制造出金属氧化物半导体晶体管。1962 年，美国无线电（RCA）制造了一个实验性的 MOS 集成电路器件。1963 年，美国仙童实验室研制成功 CMOS 电路。中外差距：仅约 6～7 年。

在 20 世纪 70 年代初期，由于受国外“IC 芯片产业”的迅速发展和国内“电子中心论”的影响，加上当时“IC 芯片”的销售价格偏高（一块与非门电路不变价曾高达 500 元）、利润较大，销售利润率有的厂可高达 40%以上，而且货源又很紧张，故当时又出现在各个地区大量涌现筹建 IC 芯片工厂点的“热潮”。当时，前后共建成有四十多家 IC 芯片工厂。

四机部所属厂有“749 厂”（甘肃天水永红器材厂）、“871 厂”（甘肃天光集成电路厂）、“878 厂”（北京东光电工厂）、“4433 厂”（贵州都匀风光电工厂）、“4435 厂”（湖南长沙韶光电工厂）等。

各省市也相继投资建设了大批电子企业，为以后进行大规模集成电路的研究和生产提供了工业生产的基础，所建厂主要有：

上海元件五厂、上海无线电七厂、上海无线电十四厂、上海无线电十九厂、苏州半导体厂、常州半导体厂、北京半导体器件（二、三、五、六）厂、天津半导体（一）厂、航天部西安691厂等。

1972年，自美国总统尼克松访华后，我国开始从欧美引进技术。对于当时属于高科技领域的半导体产业，我国虽然始终无法从官方渠道大规模引进“半导体设备和技术资料”，但也可通过“特殊渠道”少量购买国外单台工艺设备，并将其消化吸收后，进行大量仿制，推陈出新，故在我国自己组建了三条生产线，以缓解国内制造计算机的迫切需要。

1972年，在“四川永川半导体研究所”成功地研制出我国自主研制的第一块PMOS型大规模集成电路（LSI），实现了从中小集成电路到大规模集成电路的跨越。国外：在1971年，Intel（英特尔）推出1kB动态随机存储器(DRAM)，芯片内包含2000多只晶体管，标志着进入大规模集成电路的产业化。中外差距：仅约1年。

1972年，成立江阴晶体管厂。在改制后成立今天的长电科技公司。

1973年，在中日邦交恢复一周年之际，为了提高IC芯片工艺设备的工艺技术水平，了解国外IC芯片产业发展的状况，我国组织了由14人参加的“电子工业考察团”赴日本考察IC芯片产业，参观了日本当时八大IC芯片公司：日立、NEC、东芝、三菱、富士通、三洋、冲电气和夏普，以及不少工艺设备制造厂。当时曾想与日本NEC公司谈成IC芯片的全线引进，后因政治和资金原因而失败。之后改为由7个单位从国外购买设备，期望建成七条IC芯片工艺生产线。最后建成的生产线亦只有北京878厂、航天部陕西骊山771所和贵州都匀4433厂。

20世纪70年代，由于西方有意遏制我国尖端技术的发展势头，当时我国7个单位分别从国外引进单台工艺设备，以期建成7条直径3英寸晶圆工艺生产线，但又由于欧美技术封锁等各种因素，最终拖了7年之久才得以引进，故引进时已经落后于国际的先进水平。

1975年，我国已经完成了动态随机存储器核心技术的研发工作。北京大学物理系半导体教研室由王阳元领导的课题组，设计出我国第一批三种类型（硅栅NMOS、硅栅PMOS、铝栅NMOS）的1K DRAM动态随机存储器，在当时的中科院109厂生产出我国第一块1024位动态随机存储器。这一成果尽管比美国英特尔公司研制的C1103要晚约5年，但是比韩国要早四五年。

1975年，上海无线电十四厂成功开发出当时属国内最高水平的1024位移位存储器，集成度约达8820个元器件，达到国外同期的水平。到20世纪70年代末，我国又陆续研制出256和1024位ECL高速随机存储器，后者也已达到国际同期的先进水平，可以生产出NMOS256位和4096位、PMOS1024位随机存储器，并且亦掌握了对大规模集成电路制造起着重要作用的无显影光刻技术，可用于制造分子束外延设备。此后，为了加速发展我国的大规模集成电路（LSI），我国接连召开了三次全国性会议：第一次，1974年在北京召开，第二次，1975年在上海召开；第三次，1977年在贵州省召开。

1976年11月，中国科学院计算所研制成功1000万次大型电子计算机，所使用的电路为中国科学院109厂（现中国科学院微电子中心）研制的ECL型（发射极耦合逻辑）电路。这一阶段，从研制小规模集成电路（SSI）到大规模集成电路（LSI），在工艺技术上我国都是依靠自己的力量，只是从国外进口了一些水平较低的工艺设备，与国外差距逐渐减小。在这期间美国和日本已先后进入IC芯片的规模生产的阶段。

1977年7月，全国30位“科技界”代表在人民大会堂召开座谈会，被称为半导体学界的灵魂人物的王守武发言说：“全国共有600多家半导体生产工厂，其一年生产的集成电路总量，只等于日本一家大型工厂月产量的十分之一”。这一句话就把“改革开放”之前我国半导体行业成就和家底，概括得是八九不离十。

1978年，在北京有色金属研究总院内恢复并重新组建半导体硅材料研究室。

70年代末，我国的科研工程技术人员和产业工人发扬“自力更生、自强不息”的精神，建成了我国自己的半导体工业，基本掌握了单晶制备、设备制造、集成电路制造的全过程工艺技术。在当时，也只有美国、苏联掌握从单晶制备、设备制造、集成电路制造的全过程的工艺技术，虽然日本工艺技术很强，但其在个别领域始终被美国限制。在当时我国的IC芯片技术落后于美国仅约六年，不过仍还远远领先于韩国，而那时，韩国的半导体工业也才刚刚起步。

在80年代，我国半导体行业不仅大幅落后于美国和日本，也逐渐被韩国超过。为了解决这种状况，国家部委先后组织了1986年的“531战略”、1990年的“908工程”、1995年的“909工程”三大“战役”。从此我国的半导体工业的生产又得到了“阶段性”的新发展。

1980年初期，国家缩减了对电子工业的直接投入，希望广大电子企业工厂能够到市场中自己去找出路。为了在短期获得效益，大量企业工厂纷纷出国去购买技术、生产线。为此，基于国内自主研发电子工业的思路逐渐被去国外购买、引进所替代。侯为贵（中兴通讯公司创始人）被委派前往美国考察IC芯片生产线，负责相关技术引进事宜，之后在1985年，被派往深圳创办内地与香港的合资公司、即中兴通讯的前身中兴半导体有限公司。于 1993 年，又改组组建深圳市中兴新通讯设备有限公司。并且又于 1997 年，成立中兴通讯股份有限公司。之后于 2004 年 12 月 9 日，中兴通讯股份有限公司在香港特别行政区联交所正式挂牌，标志着中国“第一家 A 股上市公司”在“H 股市场”成功上市。

1982 年之后，有色金属研究总院重新全面恢复、组建半导体硅材料研究室，全面恢复对半导体硅材料的开发、研究、试制、生产的工作。

1982 年 10 月，在国务院电子计算机和大规模集成电路领导小组的领导下，制定了我国的 IC 集成电路的发展规划，提出在“六五”（1981～1985 年）期间要对半导体工业进行技术改造及“七五”（1986～1990 年）期间我国集成电路技术的“531”发展战略方针，即普及推广 IC 芯片工艺的 5μm 技术，开发 IC 芯片工艺的 3μm 技术，并进行 IC 芯片工艺的 1μm 技术科技攻关。

1982 年，江苏无锡的江南无线电器材厂（742 厂）的 IC 芯片生产线建成并验收、投产。这是一条从日本东芝公司全面引进的彩色和黑白电视机集成电路生产线，不仅拥有封装技术，而且还是一条直径 3 英寸硅片全新工艺设备的 IC 芯片制造线，这次不但引进了设备和净化厂房及动力设备等“硬件”，而且还引进了 IC 芯片制造工艺技术的“软件”。这是我国第一次从国外引进 IC 集成电路制造技术。第一期 742 厂共投资 2.7 亿元，项目目标是月投产 10000 片直径 3 英寸硅片的生产能力，年产约达 2648 万块 IC 电路成品，产品为双极型消费类线性电路，包括电视机电路和音响电路。到 1984 年达产，产量可达到 3000 万块，成为我国技术先进、规模最大，具有工业化大生产的专业化工厂。

1983 年，针对当时出现“多头引进，重复布点”的情况，国务院大规模集成电路领导小组提出治散治乱，IC 集成电路芯片产业要建立南北两个基地和一个点的发展战略方针，“南方基地”主要指上海、江苏和浙江，“北方基地”主要指北京、天津和沈阳，“一个点”是指西安，主要是为了给航天工程配套。

1984 年，北京有色金属研究总院首次贷款 200 万美元，建成满足 IC 芯片特征尺寸线宽 5.0～3.0μm IC 芯片工艺用直径 3 英寸硅单晶切、磨、抛生产线。

1985 年，侯为贵选择在深圳成立“中兴半导体有限公司”。

1986 年，北京有色金属研究总院率先研制出我国第一根直径 3 英寸区熔硅单晶。

在 1986 年所提出的“531”发展战略时期，我国集成电路产量出现急剧下滑。按照既定的战略，国家将集中资金建设 2～3 个骨干大厂、扶持一批 10 个左右中型企业、允许存在一批各有特色的一二十个小厂。一时之间，全国各地的 IC 芯片产业链的相关企业都派出考察团奔赴无锡 742 厂取经、学习，而 742 厂也响应国家战略，向全国推广已经掌握的 IC 芯片工艺 5μm 技术。

在当时的客观环境下由于多方面的原因，原本提倡的“引进、消化、吸收、创新”八字方针没有得到全面的贯彻，由此导致一而再、再而三地引进。即便是先行者的无锡 742 厂，此后又相继从日本东芝和德国西门子引进 IC 线宽 2～3μm 数字电路全线设备和技术，后来又从美国朗讯公司引进 IC 线宽 0.9μm 数字电路设备和技术。由此，致使当时所提出的“531”发展战略的目标是以全部从国外引进技术的方式来实现的。

1986 年 3 月启动实施了“高技术研究发展计划（863 计划）”。面对世界高科技的蓬勃发展、国际竞争日趋激烈的严峻挑战，在充分论证的基础上，党中央、国务院果断决策，于 1986 年 3 月启动实施了“高技术研究发展计划（863 计划）”，旨在提高我国自主创新能力，坚持战略性、前沿性和前瞻性，以前沿技术研究发展为重点，统筹部署高科技技术的集成应用和产业化示范，充分发挥高科技技术引领未来发展的先导作用。朱光亚是“863 计划”的总负责人，参与了该计划的制定和实施。国家高技术研究发展计划（“863 计划”）是我国一项高技术发展计划。这个计划是以政府为主导，以一些有限的领域为研究目标的一个基础研究的国家性计划。

1987 年 3 月，“863 计划”正式开始组织实施，上万名科学家在各个不同领域，协同合作，各自攻关，很快就取得了丰硕的成果。“863 计划”的实施，是我党科教兴国的一个重大战略部署，为我国在世界高科技领域占有一席之地奠定了更加坚实的基础。

1987 年，任正非正式注册成立华为技术有限公司。这是一家生产用户交换机（PBX）的香港公司的销售代理公司，华为技术有限公司是一家经营生产销售 IT、无线电、微电子、通信、路由、交换等相关通信设备的民营通信科技公司，总部位于我国深圳市龙岗区坂田华为基地。

1987 年，张忠谋创办台积电。美国媒体评论他为半导体业 50 年历史上最有贡献人士之一，国际媒体称他是“一个让对手发抖的人”，而中国台湾则尊他为“半导体教父”，因为是他开创了“半导体专业代工”的先驱。

1988 年，871 厂绍兴分厂，改名为华越微电子有限公司。

1988 年 9 月，上海无线电十四厂在搞技术引进项目、建设新厂房的基础上，成立了中外合资公司——上海贝岭微电子制造有限公司。

1988年，在上海元件五厂、上海无线电七厂和上海无线电十九厂联合搞技术引进项目的基础上，组建成中外合资公司——上海飞利浦半导体公司（现在的上海先进公司）。该公司属于外商投资的企业，公司占地面积近4万m^2，注册资金逾15亿元。这是一个中国大陆最大的模拟芯片代工厂之一，拥有月产2.8万片的5英寸、月产5.1万片的6英寸、月产1.2万片的8英寸三座工厂。

到了1988年，我国的IC集成电路年产量终于达到1亿片。按照当时国际的通用标准，一个国家的IC集成电路年产量达到1亿片就标志着开始进入工业化大生产。美国是在1966年率先达到，日本随后在1968年达到。我国从1965年造出自己的第一块集成电路以来，经过23年达到了这一标准线。

1989年2月，机械电子工业部在无锡召开“八五”集成电路发展战略研讨会，提出了“加快基地建设，形成规模生产，注重发展专用电路，加强科研和支持条件，振兴集成电路产业”的发展战略方针。

1989年8月8日，江苏无锡的江南无线电器材厂（742厂）和电子工业部四川永川半导体研究所无锡分所（24所）合并成立了无锡微电子联合公司(即中国华晶电子集团公司的前身)。

进入20世纪80年代，在我国实现改革开放之后，国内市场完全对外开放的前提下，包括半导体在内的我国半导体产业开始受到美国、日本等发达国家对我国集成电路产业的挤压和封锁，从与世界先进水平差距不大逐渐演变成与世界水平差距极大的状态。大量的国营电子企业经营困难，无法产生足够的利润来支撑研发，从国外引进的生产线又大多是落后淘汰的二手货。

从1984年到“七五”（1986～1990年）末期，我国已先后共引进了33条IC集成电路生产线，如果按每条生产线花费300万～600万美元推算，共用去约达1.5亿美元。由于当时受到禁运政策影响，引进工艺设备基本上是已属于“落后淘汰”的，有的是不配套并达不到原有设计能力的，引进后也只有约1/3的生产线尚可运行。由于缺乏总体规划，好多企业“急功近利”，只讲生产不重消化，少有明确的消化吸收方案，也缺乏资金保障。由于引进前对企业实际承受能力、环境条件支撑能力分析得不够，再加上管理不善，产品难找销路。结果，呈现出“三天打鱼、两天晒网”的现象，加上我们的“产品”已经失去世界的竞争力。原本发展得比较好的国有集成电路厂家，出现严重亏损的现象。

整个20世纪80年代期间，我国集成电路产业虽有发展，但整个半导体产业的自主研发能力提升缓慢。另一方面，由于技术比较容易掌握，更因为美国、日本在该领域对我们进行封锁力度较小，国内一些厂家在这一时期的技术引进重点，开始转向电视、收音机等生活消费类电子产品的生产技术平台上来，在“六五”“七五”期间，利用改革开放所形成的有利形势，全国直接大量引进电子信息产品（仅1987年达35亿美元），这些生活消费类电子产品生产技术的引进和消化，虽然在短时间内产出了大量的经济效益，但是对整个国产IC集成电路技术的自主研发没有任何益处，却因此占据了大量的国家投资研发资金，甚至一度掩盖了IC集成电路在国防和基础经济建设中极端重要的作用。这种发展是以消费类电子产品为主体，是不能满足国民经济和国防建设的需要的。虽然说相关设备、技术和关键元器件等都可建立在引进技术的基础之上，但西方是视其政治、军事、经济利益的需要，在确保能使我国与国际市场水平保持一定差距的前提下，向我国开放技术，导致在关键技术的发展上我国总是受制于人。

1990年10月，原国家计划委员会和机械电子工业部在北京联合召开了有关领导和专家参加的座谈会，并向党中央进行了汇报，决定实施“九〇工程”。

1990年8月，原国家计划委员会和机械电子工业部在北京联合召开了有关领导和专家参加的座谈会，并向党中央进行了汇报，决定实施“908工程”，从造不如买，到准备引进、消化、吸收、创新，“908工程”迈出了关键的一步，这是我国第一次对微电子产业制定的国家规划。其目标是在“八五”（1991～1995年）期间使半导体技术达到IC芯片工艺线宽1μm技术。“908工程”规划总投资20亿元，其中15亿元用在无锡华晶电子，用于建设月产能1.2万片的晶圆厂，由建设银行给予贷款；另外5亿元投给9家IC集成电路企业设立设计中心。

为了加速我国IC集成电路芯片产业的发展，我国第一次对微电子产业制定国家发展规划，在江苏无锡的江南无线电器材厂（742厂）开始实施以直径6英寸为主的IC特征尺寸线宽0.9μm（0.8～1.2μm）的“908”集成电路芯片生产线的项目建设工程（即“908工程”）。这时期正值美、日两国在IC芯片领域龙争虎斗的时期，韩国则一路高歌猛追。这个经过科研人员与企业家精心设计、反复论证的方案，被寄予厚望，要让我国拉近与世界先进水平的距离，但与“实际结果”相差甚远的“908工程”光是经费的审批就花了足足2年时间，从美国朗讯引进0.9μm（0.8～1.2μm）芯片生产线又花了约3年的时间，中间经历了数次反复论证，加上建厂的2年时间，“908工程”从开始立项到真正投产历时7年之久，华晶6英寸生产线才能投产，当时投产落成后，月产量也仅有800片，远远与巨资投建项目的目的相差甚远，与世界半导体技术差距越拉越大。为此严重亏损的无锡江南无线电器材厂（742厂）只能寻求外部的帮助。当时正在寻找机会想进入大陆发展并曾经创办茂矽电子的中国台湾的陈正宇便与742厂谈判，拿下了委托管理的合同。为了改造742厂，陈正宇求助于老朋友美籍华人张汝京博士。美籍华人张汝京博士当时刚从美国德州仪器退休，他来到无锡后，仅用了约半年的时间（1998年2～8月）就完成任务，改造后的742厂于1999年5月达到盈亏平衡，“908工程”项目才得以达到验收（实际“908工程”并没有真正达到预期的效果，我国的“半导体产业”又失去了约5年的宝贵时间）。

1991年2月，北京有色金属研究总院与国家原材料公司、有色总公司财务公司、香港东方鑫源公司四家合资成立了金鑫半导体材料有限公司，进行直径3、4英寸区熔硅单晶的批量生产。

1991年11月在原国家计划委员会支持下，在北京有色金属研究总院成立半导体材料国家工程研究中心。从事半导体硅和半导体化合物材料的研究、试制工作。

1991年12月，首都钢铁公司和日本NEC公司成立中外合资公司——首钢NEC电子有限公司。

1992年5月，在北京有色金属研究总院研制出国内第一根直径4英寸区熔硅单晶。

1992年9月，在北京有色金属研究总院成功地研制出国内第一根直径6英寸直拉硅单晶。

1993年，组建了华为集成电路设计中心——海思半导体的前身。

1995年8月，在北京有色金属研究总院建成我国第一条满足超大规模集成电路（ULSI）芯片工艺特征尺寸线宽1.2～0.8μm IC工艺用、设计年产60万片/年（约1387万平方英寸）、直径5～6英寸直拉硅单晶及抛光片的生产线。

1995年8月，在北京有色金属研究总院成功地研制出我国第一根直径8英寸直拉硅单晶并研制出我国第一批直径8英寸直拉硅单晶抛光片。

1995年，电子工业部提出“九五”集成电路发展战略方针：以市场为导向，以CAD为突破口，产学研用相结合，以我为主，开展国际合作，强化投资，加强重点工程和技术创新能力的建设，促进IC集成电路芯片产业进入良性的循环。

1995年10月，电子工业部和国家外专局在北京联合召开国内外专家座谈会，献计献策，加速我国集成电路产业发展。由于我国的IC芯片产业大大落后于国际先进水平，党和国家领导人迫切希望提升我国IC集成电路水平，领导同志甚至发出了就是“砸锅卖铁”也要把半导体产业搞上去的指示。在总理办公会议上，正式确定了要实施中国电子工业有史以来投资规模最大、技术最先进的一个国家项目——“909 工程”：欲投资 100 亿元，建设一条直径 8 英寸晶圆、从 IC 芯片工艺 0.5μm 工艺技术起步的 IC 集成电路生产线。

1996 年，“909 工程”上马，合资成立上海华虹 NEC。经历由盈转亏，后向台积电式铸造类转型。

1996 年 7 月，以美国为首的西方 33 个国家在奥地利维也纳签署了《瓦森纳协定》，对我国出口技术进行封锁。为了开辟一条生路，国内提出以市场换技术，大幅降低关税，国内集成电路产业又一次受到了狂风暴雨般的冲击。

1997 年 6 月 4 日，原国家科技领导小组在“第三次会议”上决定要制定和实施《国家重点基础研究发展计划》，随后由科技部组织实施了国家重点基础研究发展计划（亦称“973 计划”）。制定和实施“973 计划”是党中央、国务院为实施科教兴国和可持续发展战略，加强基础研究和科技工作做出的重要决策；是实现 2010 年以至 21 世纪中叶我国经济、科技和社会发展的宏伟目标，提高科技持续创新能力，迎接新世纪挑战的重要举措。“973 计划”始终坚持面向国家重大需求，立足国际科学发展前沿，解决我国经济社会发展和科技自身发展中的重大科学问题，显著提升了我国基础研究创新能力和研究水平，带动了我国基础科学的发展，培养和锻炼了一支优秀的基础研究队伍，形成了一批高水平的研究基地，为经济建设、社会可持续发展提供了科学支撑。

1997 年 7 月 17 日，由上海华虹集团与日本 NEC 公司合资组建成立上海华虹 NEC 电子有限公司。

在“八五”期间的 IC 集成电路发展战略思想的指导下，为了加速我国 IC 集成电路芯片产业的发展，继“908 工程”之后，由上海华虹集团与日本 NEC 公司合资组建成立的上海华虹 NEC 电子有限公司没有重蹈“华晶”7 年漫长建厂的覆辙，于 1999 年 2 月完工，总投资为 12 亿美元，注册资金 7 亿美元，上海华虹 NEC 主要承担“909 工程”的超大规模集成电路（ULSI）电路芯片生产线项目工程的建设。正式开始实施直径 8 英寸的“909 工程”超大规模集成电路（ULSI）IC 电路芯片的生产线项目建设工程。“909 工程”项目注册资本 40 亿元人民币（1996 年国务院决定由中央财政再增加拨款 1 亿美元），由国务院和上海市财政按 6∶4 出资拨款。中央拨付的资金专款专用，即刻到位。“909 工程”在当时国家领导人“砸锅卖铁”的“批复”下启动，顶着巨大压力背水一战，克服了 742 厂 7 年建厂的悲剧，自于 1997 年 7 月开工，至 1999 年 2 月完工，用了不到两年即建成试产，在 2000 年就取得了 30 亿销售额，5.16 亿的利润。围绕“909 工程”，上海虹日国际、上海华虹国际、北京华虹集成电路设计公司等相继成立。

1997年8月，北京有色金属研究总院成功地研制出我国第一根直径300mm（12英寸）直拉硅单晶。

1998年1月，742厂与“上华”合作生产MOS晶圆片合约签订，有效期四年，742厂电路芯片生产线开始承接上华公司来料加工业务。

1998年1月18日，“908”主体工程“华晶”项目通过对外合同验收，这条从朗讯科技公司引进的IC芯片工艺0.9μm（0.8～1.2μm）技术的芯片生产线已经具备了月产6000片直径6英寸圆片的生产能力。

1998年2月，“韶光”与“群立”在长沙签订大规模集成电路（LSI）合资项目，投资额达2.4亿元，合资建设大规模集成电路（LSI）封装，将形成封装、测试集成电路5200万块的生产能力。

1998年2月28日，北京有色金属研究总院、半导体材料国家工程研究中心在我国建成第一条直径8英寸（200mm）硅单晶抛光片生产线项目投产。

1998年3月16日，北京华虹集成电路设计有限责任公司与日本NEC株式会社在北京长城饭店举行北京华虹NEC集成电路设计公司合资合同签字仪式，新成立的合资公司的设计能力为每年约200个IC集成电路品种，并每年为华虹NEC生产线提供直径8英寸硅片两万片的加工订单。

1998年3月，由西安交通大学开元集团微电子科技有限公司自行设计开发的我国第一个CMOS微型彩色摄像IC电路芯片研发成功，这是我国视觉IC芯片设计开发工作取得的一项可喜的成绩。

1998年4月，集成电路“908工程”九个“产品设计开发中心项目”验收授牌，以下这九个“设计中心”都是为了欲与华晶的直径6英寸晶圆生产线项目配套建设而成立的。

第十五研究所、第五十四研究所、上海集成电路设计公司、深圳先科设计中心、杭州东方设计中心、广东专用电路设计中心、中国兵器工业第二一四研究所、北京机械工业自动化研究所、航天工业771研究所。

1998年6月，上海华虹NEC的“909二期工程”正式启动。

1998年6月12日，深港超大规模集成电路项目一期工程后工序生产线及设计中心在深圳赛意法微电子有限公司正式投产，其IC集成电路封装测试的年生产能力由原设计的3.18亿块提高到目前的7.3亿块，并将扩展到10亿块的水平。

1998年10月，“华越”IC集成电路引进的日本富士通设备和技术的生产线开始验收试制投产，该生产线以双极工艺为主、兼顾Bi-CMOS工艺、2μm技术水平、年投产直径5英寸硅片15万片、年产各类IC集成电路芯片1亿只能力的前道工序生产线及动力配套系统。

1999年1月，在“两弹一星”元勋、全国人大常委会副委员长周光召院士等领导同志的长期关怀下，在原信息产业部的领导下，在北京市政府的帮助下，在国家发改委、科技部、中华人民共和国对外贸易经济合作部、信息产业部信息化推进司、天津市、上海市、深圳市等各部门各级政府的支持下，由多位来自美国硅谷的博士、企业家在北京中关村科技园区准备创建中星微电子有限公司，启动并承担了国家战略工程项目——星光中国芯工程，致力于数字多媒体芯片的开发、设计和产业化的工作。

1999年2月8日，由北京有色金属研究总院独家发起，以“募集方式”创立有研半导体材料股份有限公司（有研硅股），并于1999年3月19日在上海证券交易所上市，成为我国第一家高科技的半导体材料上市公司。

1999年2月23日，上海华虹NEC电子有限公司建成试投片，IC工艺技术档次从计划中的0.5μm提升到了0.35μm，主导产品64M同步动态存储器(S-DRAM)。这条生产线的建成投产标志着我国从此有了自己的深亚微米超大规模集成电路芯片生产线。

1999年8月，“华晶”和“上华”合作的工厂“转制”为合资公司——无锡华晶上华半导体公司，上华持股51%；新公司迅速扭亏为盈，成为中国大陆第一家纯晶圆代工的企业。

通过实施“九〇工程”，我国建立了自己的直径6英寸、8英寸硅片和晶圆生产线，初步实现半导体IC集成电路的自主化，对我国的国防军工建设具有重大的意义。如今国内许多耳熟能详的“A股”半导体公司，如今看到的许多上市/借壳上市的军工芯片公司，都是在“九〇工程”的第一次大投入中建设而成的。随着“九〇工程”的开展，1995～2000年半导体IC集成电路芯片行业的有效研发投入产值提升了200%，2004年随着“九〇工程”项目的全部完成，2000～2004年行业的有效研发投入产值再次提升了253%。体现在同期上市公司的业绩收入：1995～2004年，上市公司整体收入中半导体板块增长了13.6倍，从分区间看，在1995～2000年大投入时期，收入规模增长了6.31倍，2000～2004年，投入产能释放后，收入规模增长了99.56%。

1999年10月14日，来自美国硅谷的邓中翰博士回国与原信息产业部在北京中关村科技园区共同注册，正式成立了北京中星微电子有限公司，邓中翰博士担任星光中国芯工程总指挥、首席专家，负责实施我国的星光中国芯工程。确立了以数字多媒体芯片为突破口、实现核心技术产业化、成功地开发出我国第一个具有自主知识产权的星光中国芯，并打入国际市场，从而彻底结束了我国无芯的历史。自1999年1月至2003年12月的五年期间，由中星微电子启动和承担了星光中国芯工程，以数字多媒体芯片为突破口，开发、设计出完全属于我们自己的星光系列数字多媒体IC芯片，实现了八大核心技术的突破，申请了该领域2000多项国内外技术专利，取得了核心技术的突破和大规模产业化的一系列重要成果，率先将星光系列数字多媒体IC芯片大规模打入国际市场，成功占领了计算机图像输入芯片的全球市场份额的60%以上，位居世界第一，三星、飞利浦、惠普、索尼、罗技、创新科技、富士通、联想、波导、TCL、长城等国内外知名企业均在大批量采用，这是具有我国自主知识产权的IC芯片，是第一次在一个重要应用领域达到全球市场领先地位，彻底结束了我国无芯的历史。

1999年，“北大众志”就研制出我国第一个完全自主研发的CPU架构，当时的《人民日报》在这年的最后一天刊文，称这一成果是献给新千年的礼物。

2000年2月，北京有色金属研究总院、半导体材料国家工程研究中心、有研半导体材料股份有限公司（有研硅股）联合建成的我国第一条直径200mm（8英寸）硅单晶抛光片的技术开发、生产和直径5英寸、6英寸硅单晶抛光片产业化工业性试验项目正式通线运行。

2000年4月，中芯国际集成电路制造（上海）有限公司成立。美籍华人张汝京博士登上大陆半导体晶圆代工产业发展的历史舞台。

2000年6月，国务院发布了《鼓励软件产业和集成电路产业发展的若干政策》(18号文)。提出，经过5～10年，让国产IC集成电路产品能够满足国内市场的部分需求，并有一定数量的出口，同时进一步缩小与发达国家在开发和生产技术上的差距”。国家的决策立即得到热烈响应，海外归国的留学人员抱着爱国之心、创业之志主动担当起IC集成电路研发的重任。在这样的历史背景下，此后我国的IC芯片行业进入了海归创业和民企崛起的新时代。邓中翰博士成立的中星微电子有限公司承担并启动了星光中国芯工程。之后在国内又相继成立了多家IC芯片公司，例如：中芯国际（成立于2000年）、珠海炬力（成立于1998年）、展讯通信（成立于2001年）、福建瑞芯（成立于2001年）、汇顶科技（成立于2002年）、中兴微（成立于2003年）、锐迪科（成立于2004年）、华为海思（成立于2004年）、澜起科技（成立于2004年）、兆易创新（成立于2004年）。

2000年7月，科技部依次批准上海、西安、无锡、北京、成都、杭州、深圳共7个国家级IC电路设计产业化基地。

2000年11月，上海宏力半导体制造有限公司在上海浦东开工奠基。

2000年12月，“首钢”找了一家“美国公司AOS”，合资成立华夏半导体，投资13亿美金做8英寸芯片，技术来源于AOS。但很快由于2001年出现美国“IT互联网泡沫”危机、导致全球芯片行业趋于低迷，美国公司AOS跑得比较快，使得“华夏半导体”因为没有技术来源，很快就夭折，致使与“日本NEC”的合资公司也陷入亏损。至2004年，“首钢”基本退出IC芯片行业。

在这期间，我国的IC芯片产业还有核心电子器件、高端通用芯片及基础软件产品等国家专项的扶持。

2001～2005年（“十五”计划初期），“863计划”信息技术领域专家组经过深入调研，设立了超大规模集成电路设计专项。“专项”先后确立了国产高性能SOC芯片、面向网络计算机的北大众志863CPU系统芯片及整机系统的龙芯2号增强型处理器芯片设计等课题，支持上海高性能集成电路设计中心、北大众志、中国科学院计算技术研究所等单位研发国产CPU。上海高性能集成电路设计中心后来做出了申威CPU芯片，用在我国首台全自主可控的十亿亿次超级计算机神威·太湖之光上。后者曾蝉联两年世界超算冠军，还为我国赢得了全球“高性能计算应用领域”的最高奖——戈登贝尔奖。

2001年，国内的半导体行业在喧嚣中又进入低迷期。美国IT互联网泡沫在顶峰戛然而止，科技行业受到重挫，曾经的半导体巨头日本东芝也宣布不再生产通用DRAM，全面收缩半导体业务。这一年，华虹NEC全年也亏损了13.84亿元。

2001年，是我国在国产IC芯片史上很关键的一个年份。在这一年，我国政府工作报告之中第一次出现要发展IC集成电路的内容。在国家“863计划”“973计划”的大力支持下，国产CPU作为重点的攻关领域，在多个单位同时开始研发。

2001年，武平和陈大同回国注册成立展讯通信有限公司（简称展讯），武平任总裁，陈大同任首席技术执行官，总部位于上海张江高科技园区，在美国硅谷和我国的北京、深圳等地设有分公司和研发中心。其致力于无线通信及多媒体终端的核心芯片、专用软件和参考设计平台的开发，为终端制造商及产业链其他环节提供高集成度、高稳定性、功能强大的产品和多样化的产品方案选择。展讯通信有限公司自成立以来，就一直立足于自主技术创新，采用独特的设计理念和方法，先后在2.5G和3G IC芯片上做出了不错的成绩。研制出多款业界领先的GSM/GPRS终端通信-多媒体一体化核心芯片和TD-SCDMA/GSM双模终端核心芯片，并同时开发出相应的软件系统和终端参考设计方案，为多家主流终端开发商所采用。

2001年，中国工程院院士倪光南与方舟科技公司合作设计、研发的“方舟一号”CPU投片成功，这是我国自主研发的32位RISC指令集CPU。

2001年2月，在北京有色金属研究总院、半导体材料国家工程研究中心、有研半导体材料股份有限公司（有研硅股），我国第一条满足超大规模集成电路（ULSI）特征尺寸工艺线宽 0.35～0.25μm，IC 用设计年产 120 万片/年（约 0.6 亿平方英寸）的直径 8 英寸硅单晶抛光片高技术产业化示范工程项目正式通线运行。

2001 年 3 月，国务院第 36 次常务会议通过了《集成电路布图设计保护条例》。

2001 年 3 月，“星光中国芯工程”推出我国第一块具有自主知识产权的百万门级超大规模 CMOS 数码图像处理芯片——“星光一号”，应用于 PC 摄像，成功实现核心技术成果产业化。

2001 年 5 月，在中科院计算所知识创新工程的支持下，“龙芯”课题组正式成立。

2001 年 8 月 19 日，“龙芯 1 号”通用处理器的“设计与验证系统”成功启动 LINUX 操作系统，并于 10 月 10 日通过由中国科学院组织的鉴定。

2001 年 9 月，胡伟武出任“龙芯 CPU”首席科学家并就任“龙芯”总工程师，在中科院计算所李国杰所长和唐志敏研究员的领导下，率领几十名年轻骨干日夜奋战，投身于“龙芯处理器”的研制工作，先后主持、成功研制出我国第一个通用处理器“龙芯 1 号”、第一个 64 位通用处理器“龙芯 2 号”、第一个四核处理器“龙芯 3 号”，使我国通用处理器研制达到世界的先进水平。

2001 年 10 月，在北京有色金属研究总院、有研半导体材料股份有限公司（有研硅股），采用自主的工艺技术成功地研制出国内第一批直径 300mm（12 英寸）直拉硅单晶抛光片。

2001 年 11 月 8 日，“星光一号”通过微软 WindowsXP 的 WHQL 认证，这是当时我国唯一通过该项认证的产品。

2002 年 2 月，星光中国芯工程推出集视频、音频同步处理于一体的数字多媒体芯片“星光二号”，从 PC 领域进入可视通信领域。

2002 年 8 月 10 日，首片“龙芯 1 号”芯片 X1A50 投片成功，“龙芯”最初的英文名字是 Godson，后来正式注册的英文名为 Longstanding。“龙芯 CPU”由中国科学院计算技术所龙芯课题组研制，由中国科学院计算技术所授权的北京神州龙芯集成电路设计公司研发，前期批量样品由中国台湾台积电生产。

2002 年 9 月，“龙芯”投片成功，其功能“相当于奔腾Ⅱ”，这在我国计算机发展史上具有“里程碑式”的意义，是我国研制自主知识产权的高性能通用 CPU 的典范之作。

2002年9月22日，“龙芯1号”问世，并且通过由中国科学院组织的鉴定，9月28日举行“龙芯1号”发布会。全国人大常委会副委员长路甬祥、全国政协副主席周光召参加了“龙芯1号”发布会。中国科学院宣布：我国第一枚商品化的通用高性能CPU芯片——“龙芯1号”成功发布，终结了我国计算机产业的“无芯”的尴尬历史。

2002年10月星光中国芯工程推出集拍摄、二维图形、智能图像处理于一体的手机控制机器人的人工视觉芯片“星光三号”，进入智能监控领域。

2002年11月，中国电子科技集团公司第四十六研究所率先研制成功直径6英寸半绝缘砷化镓单晶。另外也拉制出国内第一根碳化硅（SiC）单晶。

2003年后，有研半导体材料股份有限公司（有研硅股）承担了国家“863计划”超大规模集成电路配套材料重大专项中的月产1万片、满足线宽0.13～0.10μm IC用直径300mm硅单晶、抛光、外延片的科研及开发试验生产线的项目建设任务。从而使我国的半导体材料产业、电子信息产业得到迅速的发展。

2003年2月，上海交通大学微电子学院院长陈进举行盛大发布会，正式宣布我国自主研发的国产高性能DSP“汉芯一号”IC芯片研发成功。但是在时隔三年之后随着调查的深入，真相终于大白于天下，这是一件严重的、让人瞠目结舌的科研造假的“汉芯一号”事件。最终确认，十多年前出现的那个“汉芯一号”是一个“科技骗局”事件。2003年上海交通大学微电子学院院长陈进教授从美国“买回”芯片，磨掉、去除芯片上原有的标记，当作是自己的自主研发成果，骗取无数资金和荣誉，消耗了大量的社会资源，其影响之恶劣真可谓空前。

“汉芯一号”事件深深伤害了国人的感情，也让半导体行业的科研和市场受到了巨大的冲击。以至于在很长一段时间内，半导体科研圈内会有“谈芯色变”现象，严重干扰了IC芯片行业的正常发展。它确实严重影响着我国半导体产业的发展，尤其对IC芯片的研发，各种原因客观上使得我国的高新科技IC芯片领域陷入近十多年的空白、停顿的状态，同时也几乎耗尽了人们对自主研发的信任和对半导体产业发展的期待。在“科技骗局”被揭穿之后，国家对这个领域的投资和支持变得更加的谨慎，致使很多原本是在积极致力于IC芯片研发的企业因为得不到及时的资金和技术支持，纷纷退出。它不只欺骗了国家和人民，更是让我国很多半导体、电子产业科技企业公司陷入了“造不如买，买不如租”的思维情绪之中，给我国IC芯片产业的发展带来了沉痛的打击。因为自那之后，我国的IC芯片产业在2006年之后的将近十年之中几乎处于停滞不前状态，极大地阻碍着我国的本土半导体产业的发展。

2003 年 3 月，杭州士兰微电子股份有限公司上市，成为国内 IC 芯片设计第一股。

2003 年 4 月，星光中国芯工程推出手机外接彩信多媒体处理芯片的“星光四号”进入移动通信领域。

2003 年 6 月，台积电（上海）有限公司落户上海，后于 2005 年 4 月正式投产。

2003 年 8 月，英特尔公司宣布成立英特尔（成都）有限公司。

2003 年 9 月，正式更名成立中国科学院微电子研究所，它的前身为成立于 1958 年的原中国科学院 109 厂。1986 年，109 厂与中国科学院半导体研究所、计算技术研究所有关研制大规模集成电路部分合并更名为中国科学院微电子中心。

2003 年 10 月 17 日，“龙芯 2 号”首片 MZD110 投片成功。

2004 年 1 月，星光中国芯工程推出 PC 及彩信手机多媒体处理芯片“星光五号”，支持 PC 和手机的视频、音频输入及处理、移动存储、数码相机、彩信等功能。

2004 年，全球“半导体产业”处于低潮期。

2004 年 2 月，“中星微”作为唯一的中国芯片公司成为国际移动行业处理器联盟（MIPI）的成员。

2004 年 4 月，成立锐迪科微电子有限公司，公司总部位于上海浦东张江高科技园区。主要从事射频 IC 的设计、开发、制造、销售并提供相关技术咨询和技术服务。

2004 年 4 月，北京有色金属研究总院、有研半导体材料股份有限公司（有研硅股）立项进行直径 12 英寸硅单晶抛光片的研制工作。整个直径 12 英寸硅单晶、抛光片制备技术项目分两期实施。一期为 2001～2003 年底（已完成）。在已有的工艺技术基础上，通过工艺研究与设备研制相结合，自主创新，突破技术关键，研究开发直径 12 英寸（300mm）硅单晶的晶体生长、硅片加工与处理、分析检测技术，形成 0.13μm 线宽的直径 12 英寸抛光片成套的制备技术，并向用户提供一定数量的“直径 12 英寸硅单晶抛光片”样片；二期为 2004～2005 年底，在前期 863 计划专项研究取得 0.13μm 线宽集成电路用直径 12 英寸硅单晶抛光片成套制备技术基础上，进一步开展自主创新，通过工艺研究与设备研制相结合，研究开发满足 0.10μm 线宽集成电路需求的直径 12 英寸硅单晶的晶体生长、硅抛光片的加工与表面处理及分析检测技术，并于 2005 年底达到了月产 1 万片的工程化能力，满足用户对优质硅抛光片的需求。

2004年9月，“中芯国际”的中国大陆第一条直径300mm（12英寸）生产线在北京投入生产。

2004年9月28日，改进型的“龙芯2C芯片DXP100”投片成功。11月，中国国务院总理视察中科院计算所，听取“龙芯研发”情况汇报。

2004年12月，星光中国芯工程推出针对手机铃声处理的“星光移动一号”手机多媒体芯片，以“硬件方式”实现了手机64和弦及真唱铃声的应用突破。

2004年12月9日，中兴通讯股份有限公司在香港特别行政区联交所正式挂牌，标志着我国第一家A股上市公司在“H股市场”成功上市。

2005年1月31日，由中国科学院组织举行了“龙芯2号”的鉴定会，并于2005年2月，党和国家领导人在参观“中科院建院55周年”展览时参观了“龙芯处理器”展览。

2005年4月18日，在北京人民大会堂召开了由科技部、中国科学院和原信息产业部联合举办的“龙芯2号”发布会，人大常委会副委员长顾秀莲参加了“龙芯2号”的发布会。

2005年6月，“华虹”完成了当初“立项”规定的所有目标。

2005年6月，星光中国芯工程推出“首枚”笔记本电脑专用的图像输入芯片，该芯片集成晶体管800万门。

2005年6月28日星光中国芯工程推出针对手机嵌入式数码相机图像处理的“星光移动二号”手机多媒体芯片，并发布了手机多媒体格式技术规范VMD和VMI。

2005年11月15日，邓中翰率领中星微电子公司首次成功将“星光中国芯”全面打入国际市场，在美国“纳斯达克证券市场”成功上市，成为我国第一家在美国纳斯达克上市、拥有自主知识产权和核心技术的中国IT芯片设计公司。

2005年12月，成立于2003年8月的英特尔（成都）有限公司正式投产。

2001～2005年（“十五”期间），在党中央、国务院正确领导下，在有关部门和地方的大力支持下，参加“863计划”的广大科技工作者和管理人员在“公正、献身、创新、求实、协作”的精神鼓舞下，完成了“十五”（2001～2005年）期间的整体布局，全面启动了各高科技技术领域的研究工作和超大集成电路、电动汽车等二十多项重大专项，其中，有一些重大专项与科技部其他计划相结合，形成科技部12个重大科技专项中的7个专项。这些工作，实现了“十五”（2001～2005年）的良好开局，为“十五”（2001～2005年）期间“863计划”的顺利实施和完成既定目标奠定了良好的基础。

2006 年，上海飞利浦半导体公司（现在的上海先进公司）在香港联合交易所主板成功上市。

2006 年，“核高基”的“重大专项”正式上马。“核高基”是“核心电子器件、高端通用芯片及基础软件产品”的简称。当年，国务院颁布了《国家中长期科学和技术发展规划纲要（2006～2020 年）》，将“核高基”列为 16 个科技重大专项之首，与载人航天、探月工程等并列。根据计划，“核高基”重大专项将持续至 2020 年，中央财政安排预算 328 亿元，加上地方财政以及其他配套资金，预计总投入将超过 1000 亿元。在“核高基”之前，“863 计划”（国家高技术研究发展计划）和“973 计划”（国家重点基础研究发展计划）已经对“IT 领域”的许多基础研究给予了大量的资金支持，但项目基本上由科研院所和大专院校承担。这种情况使得“核高基”的重大专项发生了改变。事实上，国家中长期规划的 16 个科技重大专项，一个共同特征就是以产业化为目的，而不是仅仅停留在实验室阶段。因此。“核高基”的一个重要特征就是企业牵头主导。而如何在高度市场化的条件下发挥举国体制的优势，这是今后“核高基”的重大专项要解决的难题。

2006～2010 年（“十一五”期间），“863 计划”将以信息技术、生物和医药技术、新材料技术、先进制造技术、先进能源技术、资源环境技术、海洋技术、现代农业技术、现代交通技术和地球观测与导航技术等关键高科技技术领域为重点，将继续坚持战略性、前沿性和前瞻性，以增强我国在以关键高科技技术领域的自主创新能力为宗旨，重点研究开发《国家中长期科学和技术发展规划纲要（2006～2020 年）》确定的前沿技术和部分重点领域中的重大任务，并积极开展前沿技术的集成和应用示范，培育新兴产业生长点，发挥“高技术”引领未来发展的先导作用。按照“专题和项目”两种方式，组织开展对技术的研究开发。“十一五”（2006～2010 年）期间，“863 计划”将在上述高技术领域安排 38 个专题和一批重大、重点项目。

2006 年 1 月星光中国芯工程推出单芯片混合电路移动多媒体处理器“星光移动三号”手机多媒体芯片，高度整合了多种多媒体功能，并具备低功耗和体积小等优点。

2006 年 3 月，星光中国芯工程推出“星光移动四号”手机多媒体芯片 Vinno，Vinno 是业界领先的单芯片、混合信号移动多媒体处理器，集成了多种目前广受欢迎的视频、音频功能。由于采用了创新性的可配置架构，该芯片能够与大多数手机基带平台实现无缝兼容，并能在 GSM、GPRS、CDMA 和不同 3G 标准的移动网络中良好工作。

2006 年 3 月 18 日，龙芯 2 号增强型处理器 CZ70 投片再次成功。我国的

“龙芯”可“自豪”地对“美国 Intel”说“不”了！

2006 年 4 月，武汉新芯集成电路制造有限公司（简称武汉新芯）注册成立。武汉“新芯”为全球客户提供专业的直径 300mm（12 英寸）晶圆的代加工服务，专注于 NOR Flash 和 CMOS 图像传感器芯片的研发和制造。武汉“新芯”是我国乃至世界领先的 NOR Flash 供应商之一，产品覆盖全球工商业市场。武汉“新芯”生产的 CMOS 图像传感器芯片集高性能、低功耗的优点于一体，成功应用于我国智能手机市场。

2006 年 10 月，中法两国在北京签署了关于中国科学院与意法半导体公司关于龙芯处理器的战略合作协议，无锡海力士意法半导体公司在无锡正式投产。

2006 年 11 月 21 日，“星光中国芯工程”推出针对 3G 的“星光移动五号”手机多媒体芯片，并成功应用于“大唐移动 3G 测试手机终端”，已在当时信息产业部指定的首批 3G 试点城市进行测试。

2006 年 12 月 16 日，北京有色金属研究总院、有研硅股公司月产 1 万片、满足线宽 0.13～0.10μm IC 用直径 300mm 硅单晶、抛光、外延片的科研、开发、试验生产线的项目正式通线运行同时通过了科技部的验收。

2006 年 12 月，展讯通信有限公司荣获原信息产业部“中国芯”最佳市场表现奖。

2007 年 3 月，英特尔公司宣布在中国大连建厂。

2007 年 6 月，成都成芯直径 8 英寸项目投产。

2007 年 6 月，星光中国芯工程推出 Web2.0 时代最先进的网络摄像头处理芯片 VC0336，主要应用于外挂式电脑摄像头和嵌入式笔记本电脑摄像头。

2007 年 7 月 31 日，“龙芯 2F（代号 PLA80）”成为“龙芯”的第一款产品，“IC 芯片”投片成功。

2007 年 12 月，中芯国际集成电路制造（上海）有限公司的直径 12 英寸生产线（Fab8）建成投产。

2007 年 12 月，星光中国芯工程发布 WindowsRaly 和网络摄像机的融合应用解决方案，推出第一代采用了 WindowsRaly 技术的网络摄像机 VS-IPC1002，实现了局域网和广域网远程监控。

2008 年，国家的《集成电路产业“十一五”专项规划》将重点建设北京、天津、上海、苏州、宁波等地的国家集成电路产业园。

2008 年 3 月，北京龙芯中科技术服务中心有限公司正式成立，“龙芯”开始进行产业化的探索。

2008 年，正值全球遭遇到“金融经济危机”风暴的影响，半导体产业处于又一个世界级的“低潮期”，国外 IC 电路芯片厂的产量压缩。我国 IC 电路芯片产业发展也受到了很大的影响，国内的 IC 电路芯片厂由此而出现“缺货、涨价”等现象。

但在技术进步的推动和各国政府的激励政策的驱动下，我国的硅太阳能光伏产业也在全球太阳能光伏产业发展的拉动下，得到了飞速的发展。随着我国《中华人民共和国可再生能源法》的颁布实施，我国的硅太阳能电池产业逐渐走向成熟。“一刹那、一瞬间”似乎“一窝蜂”式地兴建了好多条多晶硅生产线和一些著名的硅太阳能电池生产线的主要公司（例如无锡尚德、江赛维 LDK、常州天合、林洋新能源、CSI 阿特斯、南京冠亚等）。但是“好景”不长，我国硅太阳能光伏产业的发展和硅太阳能光伏应用市场的发展却存在着极大的不平衡。国内各个地区的很多企业仍然要大量投资进行逆市扩产、某些企业的盲目扩张导致“多晶硅”的产能严重过剩的后遗症已经逐渐显现。伴随着国内“多晶硅”的“投资狂潮”，在国际上出现的是：在 2009 年，国际“多晶硅”远期合同“加权平均价格”比 2008 年下跌 30％至 107 美元/kg，现货价格则在 2009 年 5 月已跌至 60 美元/kg 以下。而当时国内的多晶硅的生产成本普遍是 50～70 美元/kg，个别没有闭环式生产的企业公司，生产成本却已高达 100 美元/kg。这也就意味着，国内多晶硅企业的利润已经是相当的微薄，甚至会出现亏损经营的状况。这种状况使得企业短期或许可以承受，但要持续比较长久，企业的这些项目就会出现间歇性停产，故不得不选择下马甚至退出这个硅太阳能光伏产业。确实在此之后导致了国内多晶硅生产企业和硅太阳能光伏产业的重组大洗牌（例如昔日的“风电”明星——“华锐风电”，深陷“造假和巨亏”；昔日的“太阳能明星”——无锡尚德和江西赛维 LDK 先后宣布破产重整）。这样的教训值得我们深刻反省。

2008 年以来，星光中国芯工程大规模投入国家安防视频监控技术标准的研究制定、芯片设计和产业化推进工作，已推出具有我国自主知识产权的可大规模部署的电信运营级宽带视频监控系统和新一代无线高清智能监控系统。

2008 年 11 月 19 日，中关村科技园区管委会举办星光中国芯工程成果发布会，宣告“星光移动”手机多媒体芯片全球销量突破 1 亿枚。

2009 年，张汝京与 TSMC 的“官司”案败诉，曾被我国寄予厚望的张汝京辞职离开中芯国际。同年，赵伟国担任“紫光集团”董事长，走上中国另一条 IC 芯片产业发展之路。

2009 年 6 月，工信部发布《关于进一步加强软件企业认定和软件产品登记备案工作的通知》工信厅软［2009］115 号。

2009 年 9 月 28 日，我国“龙芯大 CPU 系列”的首款四核 CPU“龙芯

3A”（代号 PRC60）投片成功，开始量产，“龙芯中 CPU 系列”的最新产品“龙芯 2G”投片成功。“龙芯 2G”在设计规格上相当于“龙芯 3A”的单核版。与上一代“龙芯 2F”相比，在二级缓存容量、IO 总线带宽，配套桥片性能上都有大幅提升。“龙芯 2G”在 1GHz 情况下运行稳定，可提供更好的用户体验，并适用于笔记本电脑与瘦客户机等移动与桌面市场。

2007 年至 2009 年发生的全球“金融危机”使 IC 芯片的产量压缩，全球半导体产业的发展受到了严重的影响，同时也严重阻碍了硅晶圆片产业的发展，直至 2012 年全球“金融危机”稍稍过去之后，世界经济逐步得到复苏，全球 IC 集成电路产业和大直径 300mm（12 英寸）硅晶圆产业开始得到了新一轮的发展。

2010 年，展讯通信有限公司（简称展讯）是我国大陆第一家过 3 亿美金的 IC 芯片设计公司，推出全球第一款 40nm 的 TD-SCDMA/GSM 双模终端核心芯片。

2010 年 11 月 11 日，锐迪科微电子有限公司在美国纳斯达克交易所上市。

2011 年初，“龙芯 1 号”系列芯片家族中的新成员——“龙芯 1B”投片成功，“龙芯 1B”是一款 32 位 SoC 芯片，片内集成 32 位处理器核、LCD 显示接口以及丰富的 I/O 接口。该款芯片延续了龙芯处理器高性能、低功耗的优势，能够满足超低价位云终端、工业控制/数据采集、网络设备、消费类电子等领域需求。

2011 年 1 月，“展讯”发布全球首款“40nm”低功耗商用 TD-HSPA/TD-SCDMA 多模通信芯片 SC 8800G。

2011 年 2 月，国务院发布了被业界称为“新 18 号文”的《进一步鼓励软件产业和集成电路产业的若干政策》[国发（2011）4 号]。

2011 年 4 月，“龙芯 3B”投片成功。“龙芯 3B”仍采用 65nm 生产工艺，在单个芯片上集成 8 个增强型“龙芯 GS464 处理器核”，它可以与 MIPS64 兼容，并支持 X86 虚拟机和向量扩展。在 1G 主频下可实现 128G flops 的运算能力。在存储设计方面，“龙芯 3B”最多可同时处理 64 个访问请求，可提供 12.8GB/s 的访存带宽。在 I/O 接口方面，“龙芯 3B”实现 2 个 16 位的 Hyper Transport 接口，可提供高达 12.8GB/s 的 I/O 吞吐能力。八核“龙芯 3 号”的芯片对外接口与四核“龙芯 3 号”完全一致，两款芯片引脚完全兼容，可实现无缝更换。

2011 年 9 月，“上海华虹”与“宏力”签署合并协议。

2011 年底，在国家核高基项目的支持下，龙芯历史上最为复杂，也是设计难度最高的一款芯片——“龙芯 2H”投片成功。

2012 年，我国成立半导体行业观察，成为我国最权威半导体行业媒体。

2012 年 3 月，韩国三星公司投资 70 亿美元在西安建立芯片生产线，工艺技术水平为 10nm、直径 300mm（12 英寸）的硅晶圆片。

2012 年 5 月，财政部、国税总局发布《关于进一步鼓励软件产业和集成电路产业发展企业所得税政策的通知》[财税〔2012〕27 号]。

2012 年 6 月，中芯国际将联合北京市相关机构共同筹集资金，在北京建设 40～8nm IC 电路芯片生产线。

2012 年 10 月，“龙芯 3B 1500”投片成功。处理器采用 32nm 工艺，硅片面积 $160mm^2$。支持 1.15～1.3V 变压，动态变频。实测核心频率 1.3～1.5GHz，HT 总线频率 1600MHz，DDR3 总线频率 600MHz 以上。“龙芯 3B 1500”集成 8 核向量处理器，峰值运算能力可达 192GFLOPS，功耗约为 40W。每核配置两级私有 256kB 缓存，所有核心共享片上三级缓存，总容量达 8MB。支持双处理器通过 HT 总线直连构成 16 核 CC-NUMA 系统。“龙芯 3B 1500”处理器结构及封装引脚基本兼容“龙芯 3B 1000”。“龙芯 3A/3B”使用的内核、操作系统及上层应用可支持“龙芯 3B 1500”。

2013 年起，“核高基”基本上放弃了 CPU 自主研发路线，那时，主要依靠国家支持进行研发的“龙芯 CPU”陷入了巨大困境。

2013 年 4 月，“龙芯 1C 芯片”投片成功，“龙芯 1C 芯片”是基于 LS232 处理器核的高性价比单芯片系统，可应用于指纹生物识别、物联传感器等领域。

2013 年 5 月，“龙芯”也对 CPU 的研发路线进行了调整。调整的方向就是将 CPU 结合特定应用（包括宇航、石油、流量表等）来展开、研制专用芯片。专用芯片产业链短，容易形成技术优势并快速形成销售。正是这些产品，开始形成“龙芯”的销售收入。

2013 年，杭州嘉楠耘智信息科技有限公司成立，其前身是 2011 年北航张楠赓博士的团队，是一家比特币矿机生产的厂商公司、发明出我国第一台比特币矿机——阿瓦隆一代，在 2013 年已经成功研发并量产 110nm 芯片。

2013 年 12 月 23 日，“清华控股”下属企业紫光集团有限公司和展讯通信公司（NASDAQ：SPRD）联合宣布，根据双方 2013 年 7 月 12 日签署的并购协议，“紫光集团”已经全部完成对展讯通信的收购。此次并购由中国进出口银行和国家开发银行提供并购贷款。Morrison & Foerster LLP 和瑞士信贷银行分别担任“紫光集团”的法律顾问和财务顾问。Kilometre Capital 和 Fenwick & West 分别担任展讯的战略顾问和法律顾问，Morgan Stanley Asia Limited 担任展讯董事会的财务顾问。并购私有化成功之后从美国 NASDAQ

（纳斯达克）退市。清华控股董事长徐井宏先生表示：此次并购的完成标志着展讯通信有限公司成为一家真正的中国企业。

2014 年，“龙芯”团队展开了新一轮的融资行动。获得了鼎晖资本的投资（鼎晖是我国最大的资产管理机构之一）。鼎晖资本投资“龙芯”，目的是为了赚钱，鼎晖觉得“龙芯”可以赚钱。“龙芯”的天使轮是政府投的，十多年之后，社会资本来了。从 2014 年下半年开始，“龙芯”的研发和市场结合作用开始显现，2014 年龙芯公司销售收入比 2013 年增长 51%；2015 年在 2014 年基础上再增长 57%。2015 年，龙芯销售收入突破亿元，获得盈利。鼎晖入股之后，“龙芯的 3A3000”研制成功。这个 CPU 的性能对于以党政办公为代表的事务处理应用是足够的。

2014 年 3 月 19 日，“龙芯 1D”芯片的量产版本（LS1D4）完成投片封装。“龙芯 1D”是一款专门为超声波流量表应用而定制设计的数模混合 SoC，片上集成了 LS132 处理器核、超声波时间测量、超声波脉冲发生器、温度测量单元、红外收发器、段式 LCD 控制器、A/D、空管检测单元、超声波换能器正常检测、模拟比较器等功能部件以及串口、液晶显示等接口。“龙芯 1D”具有高精度、低功耗、低成本的特性，拥有广阔的市场前景。

2014 年 4 月，龙芯公司推出了“龙芯 3B 六核”桌面解决方案。“龙芯 3B 六核”芯片是一个配置为六核的高性能通用处理器，采用 32nm 工艺制造，工作主频为 1.2GHz。该解决方案使用 mini itx 规格主板，板载 AMD RS780E 南桥芯片，配置 1 个千兆网络接口，另外具有 PCI、PCIe、SATA、USB 等多种外设接口，并且可配备 hd6770 独立显卡以及 SSD 硬盘等，具有良好的可扩展性。

2014 年 6 月，国务院发布《国家集成电路产业发展推进纲要》。集中力量支持、发展半导体产业，将 IC 集成电路产业发展上升为国家战略产业。

2014 年 7 月 19 日，紫光集团宣布以 9.07 亿美元的价格，完成对之前于 2010 年 11 月 11 日在美国纳斯达克交易所上市的锐迪科微电子有限公司的收购。

2014 年 9 月 24 日，为促进 IC 集成电路产业发展正式设立“国家集成电路产业投资基金”，俗称国家“大基金”用于 IC 集成电路芯片产业链企业的股权投资。基金重点投资 IC 集成电路芯片制造业、兼顾芯片设计、封装测试、设备和材料等产业，实施市场化运作、专业化管理。国家“大基金”第一期人民币 1387 亿元资金均来自国家及国有企业。主要由包括财政部、国家开发银行旗下全资子公司国开金融、北京市政府旗下投资机构亦庄国投，以及中国移动、中国电子、中国烟草、上海国盛、中国电科、紫光通信、华芯投资等国有企业共同发起成立。“大基金”第一期的第一着力点是制造领域，首先解决国内代工产能不足、晶圆制造技术落后等问题，投资方向集中于存储器和先进工艺生产线，投资于产业链环节前三位的企业比例达70%。国家“大基金”第二期正在募集中，规模可能达到人民币1500亿～2000亿元人民币，国家“大基金”第二期将提高对设计业的投资比例，并将围绕国家战略和新兴行业进行投资规划，如人工智能、物联网、5G等领域，并对装备材料业给予支持，比如光刻机等核心设备。

我国启动了国家“大基金”及在“02专项”等重点的支持下，正式国有资金进入半导体产业，如今似乎全面打响了半导体产业之IC芯片产业和大直径300mm（12英寸）硅抛光片产业的创芯、造片的全民创业的又一个新时代。国家立志要在2025年，打造一个完整的“芯片-软件-整机-系统-信息服务”产业链协同的格局。

2014年6月，在国内由王曦院士、王福祥董事长和中国中芯国际的前创办人美籍华人张汝京博士“牵头”，并且又得到了国家“大基金”及“02专项”重点支持，由张汝京博士主持在国内成立上海新昇半导体科技有限公司，占地150亩（1亩=666.67m^2），总投资68亿元，一期总投资23亿元。一期投入后，预计月产能为15万片直径300mm（12英寸）硅抛光片，计划2023年，达到60万片/月的产能，年产值达到60亿元。

在2004～2014年的十年期间，我国半导体IC集成电路芯片产业几乎是“零增长”，这一情况直到2014年之后才得到了改变。国家“大基金”的成立是具有标志性意义的，根据2014～2016年三年以来的统计，中央和各省市合计预期投入的金额规模超过4650亿人民币，而2016年国内半导体集成电路产值也才4300亿，这次大投入的力度远超过当年的第一次大投入。

2004～2014年这十年，也正是我国半导体IC集成电路芯片的进口快速提升的时期，IC芯片的进口已超过石油的进口，每年达2200亿～2300亿美元进口额，折合人民币约1.5万亿。

2015年初，“长电科技”宣布对全球半导体行业排名第四的“新加坡”上市公司“星科金朋”进行全面要约“收购”，从此开始了一场耗时两年横跨新加坡、韩国、中国台湾、美国等数个国家和地区，涉及诸多利益主体，交易架构设计烦琐而严密的跨国并购。并购亮点颇多，在行业内引起巨大反响。

2015年8月18日，“龙芯中科”正式发布其新一代处理器架构产品，包括自主指令集Loong ISA、新一代处理器微结构GS 464E、新一代处理器“龙芯3A 2000”和“龙芯3B 2000”“龙芯基础软硬件标准”以及“社区版操作系统LOONGNIX”。

众所周知，代表着国际“IT”顶尖技术的“CPU 芯片”一直被美国英特尔等国外巨头所垄断，我国企业及消费者为之付出了巨额版权费。好在神州“龙芯公司”先后推出了“龙芯 1 号”“龙芯 2 号”，打破了我国无“芯”的历史。“龙芯”的诞生被业内人士誉为民族科技产业化道路上的一个里程碑。商品化“龙芯 1 号”CPU 的研制成功标志着我国已打破国外的垄断，龙芯的芯片后来在“北斗卫星”等国防军工领域得到了广泛的应用，成为我国“IC 芯片民族品牌”的代表。

2016 年 1 月，有研半导体材料股份有限公司（有研硅股）自主硅抛光片技术研发的直径 200mm 重掺杂硅单晶荣获中国有色金属工业科学技术一等奖。

2016 年 7 月 26 日，长江存储科技有限责任公司在武汉东湖新技术开发区登记成立。法定代表人赵伟国，公司经营范围包括半导体集成电路科技领域内的技术开发、集成电路及相关产品的设计等。

随着半导体产业的深入发展，在《国家集成电路产业发展推进纲要》发布之后，国家设立了首期规模约达 1387 亿元的“大基金”加快了我国 IC 芯片的产业布局。2015 年之后，1400 亿的国家“大基金”的投入同时也带动了地方政府和社会资金对 IC 芯片产业和直径 300mm（12 英寸）硅抛光片生产线项目的投资和筹建热潮。

当前全球集成电路产业的核心技术仍然是在美国和欧洲，生产技术主要是在日本，IC 芯片的高端产品加工是在日本和韩国，中端产品加工则是在中国台湾地区、马来西亚、新加坡等，低端、大众化的产品加工大多是在我国大陆。

国家“大基金”成立后，自 2014～2016 年，我国半导体 IC 集成电路产业开始大比例有效研发投入，系数由 2014 年的 1.25，提升到 5.63，提升了 3.5 倍，其间有效研发投入产值增长了 1.26 倍。已经呈现明显的科技红利扩张趋势。这一时期，我国国内“半导体 IC 集成电路产值”从 3015 亿元提升到 4335 亿元，增长了 43.7%。可以说，第二次的大投入所初步取得的经济效益是有目共睹的。同时，从国务院印发《国家集成电路产业发展推进纲要》、国家集成电路产业投资基金正式设立后，我国半导体行业的并购热潮因此也被点燃。据不完全统计，各地已宣布的地方基金总规模已经超过约达 2000 亿元，成为我国集成电路生态系统中的重要支撑力量。

在 2000～ 2015 年的 16 年中，我国半导体市场增速领跑于全球，约达到 21.4%，其中全球半导体年均增速是 3.6%，美国将近 5%，欧洲和日本都较低，亚太较高 13%。就市场份额而言，目前我国半导体市场份额从 5%已提升到 50%，成为全球的核心市场。

2017 年，根据科技部会同工信部发布的“核高基”国家科技重大专项成果显示，经过近 10 年来的“专项”实施，一批集成电路制造关键装备实现了从无到有的突破，先后有 30 多种“高端装备”和上百种“关键材料”产品研发成功并进入海内外市场，填补了产业链的空白，使得我国核心电子器件长期依赖进口的“卡脖子”问题得到了缓解。

2017 年 10 月 24 日，现任龙芯中科技术有限公司总经理的胡伟武称，现在的“龙芯”已经应用于包括北斗卫星在内的十几种国家重器中，以及应用于职能机构办公等信息系统中。

2018 年 1 月 25 日，北京有研艾斯半导体科技有限公司揭牌成立仪式在有研科技集团有限公司隆重举行，宣布北京有研艾斯半导体科技有限公司（BGRS 公司）成立。

北京有研艾斯半导体科技有限公司（BGRS 公司）的成立也许就意味着一直得到国家大力支持，于 1991 年 11 月在国家计委支持下，在北京有色金属研究总院成立的前半导体材料国家工程研究中心、有研硅股公司就此将彻底退出了我国国有半导体材料产业的历史舞台。

2018 年 6 月 5 日，宣布有研科技集团半导体材料公司与山东德州市签约，成立山东有研半导体材料有限公司，投资 80 亿元合作建设集成电路用大尺寸硅材料规模化生产基地项目。项目一期工程年产 276 万片（23 万片/月）直径 200mm（8 英寸）抛光硅片。项目二期工程 年产 360 万片（30 万片/月）直径 300mm（12 英寸）抛光硅片。

2018 年，杭州嘉楠耘智信息科技有限公司自 2013 年成立之后至今的 5 年里，相继研发并量产了 28nm、16nm IC 芯片。8 月 8 日嘉楠耘智所发布的全新阿瓦隆 7nm IC 芯片技术将会比目前主流的 16nm 技术降低约 40%的功耗，并在运算速度上可提升将近 65%，其拥有体积小、功耗低、性能强的技术特性，单机内可以容纳更多的芯片，可用于阿瓦隆 A9 系列计算机服务器。

2018 年 10 月，华为公司在德国柏林国际消费类电子产品展览会（IFA BERLIN 2018），正式推出全球首款 7nm IC 工艺制程的人工智能手机 IC 芯片——麒麟 980。这颗 6 项世界第一的 7nm 国产 IC 芯片，在指甲盖大小的面积里，内含了 69 亿颗晶体管。可率先搭载麒麟 980 的华为公司全新旗舰手机——Mate20 系列已经于 10 月 16 日在全球公开发布。华为公司的麒麟 990 芯片于 2019 年第一季度投片，投片费用就高达 2 亿人民币，采用台积电 7nm plus EUV 工艺，支持 5G、是自研架构，会全面超越高通的 IC 芯片。

2019 年 3 月 19 日，山东有研半导体材料有限公司的集成电路用大尺寸硅材料规模化生产项目在山东德州举行开工仪式。

2019年7月26日，北京BGRS公司——有研艾斯半导体科技有限公司对外再次公示集成电路用大尺寸硅材料规模化生产基地项目落户山东德州经济技术开发区，有研半导体材料有限公司与山东德州经济技术开发区在济南山东大厦举行集成电路用大尺寸硅材料规模化生产基地项目投资合作协议签约仪式。总投资80亿元。其中一期建设年产276万片（23万片/月）8英寸硅片生产线，二期建设年产360万片（30万片/月）12英寸硅片生产线。同期将计划生产240吨直径12～18英寸的大直径硅单晶。

随着IC芯片产业的迅速发展，全球半导体硅晶圆产业越来越被国外几个主要厂商所垄断。从2017年初开始，硅片的“价格”便不断上涨。全球硅片市场Q1合约价平均涨幅约达10%，Q2硅片价格继续上涨，累计涨幅已超过20%，Q3合约价再调涨10%左右，且涨价趋势正快速从12英寸硅片向8英寸与6英寸蔓延。市场信息显示，截止到2017年10月中旬，每片直径300mm（12英寸）硅晶圆的价格已经由去年年底的75美元达到了120美元，同期相比涨幅高达60%。全球第二大硅片供应商、日本Sumco公司董事长兼CEO Mayuki Hashimoto在与日经亚洲评论的一次采访中曾说：“我们将实现2018年价格上涨20%，并在2019年进一步上涨。”

据SEMI的统计数据，2017年第三季度全球硅片出货总面积约达2997百万平方英寸（各种尺寸合计），环比增长了0.64%，同比增长9.8%，已经连续六季度创下历史单季最高的出货纪录。从目前的实际情况看来，“直径300mm（12英寸）硅晶圆”在2018年仍将有20%～40%的上涨空间。直径200mm（8英寸）及6英寸（直径150mm）硅晶圆合约价下半年也会上涨10%～20%。由此可见，硅晶圆的涨价已成定局，且短期内见不到下降的迹象。相关研究机构统计亦显示，“直径300mm硅晶圆”需求量将持续增长到2021年，年复合成长率约达7.1%，直径200mm硅晶圆复合成长率约达2.1%。业界指出，2016年硅晶圆每平方英寸平均价格约达0.67美元，2017年虽涨30%～40%，价格仍比2009年的平均1美元低，这说明硅晶圆片的价格还有调涨的空间。如今在涨价的同时，硅晶圆需求量正在急剧上升。

在Intel、三星、台积电等厂商和上游晶圆厂签订了长期协议，并优先供货之后，留给国内IC芯片厂的货源选择机会更少了。

根据半导体产业的发展，全球半导体硅材料的市场已经逐渐形成以日本“Shin-Etsu”和“Sumco”为主，中国大陆和中国台湾硅材料产业的三角之势。在上海主要是围绕IC芯片代工厂中芯国际、华虹宏力等，中国台湾则主要以“Global Wafer”为主。不过从工艺、技术、营收和利润方面来看，日本的企业依然具是有绝对的优势。

如今能否大规模量产直径300mm硅抛光片是衡量国家工业和硅材料供应商实力的一个重要标志，国内主要是想寄希望、依靠于2014年6月成立的上海新昇半导体科技有限公司。如果上海新昇半导体科技有限公司在今后能够达到直径300mm硅抛光片项目建设的预定量产目标水平的话，那么将可完善我国半导体产业生产链中硅材料能够自给的重要环节，可为国内中芯国际、华虹宏力等诸多IC芯片代工厂的原料供应提供更多的选择，更重要的是可解决我国硅单晶抛光片严重依赖进口的尴尬局面。

第2章

半导体材料硅的物理、化学及其半导体的性质

半导体材料硅是已知的12个具有半导体性质中最重要的元素半导体，是位于元素周期表中第三周期 Ⅳ-A 族的第二个元素。

硅的原子序数为14，原子量是28.086。硅原子的电子排列为 $1s^2 2s^2 2p^6 3s^2 3p^2$，原子价主要是4价，其次为2价。

在自然界没有呈游离状态的单质硅，而都是以化合物形态存在，在地壳中含量很大，仅次于氧在地壳中含量（约占地壳质量的1/2)，约占地壳质量的25.8%（约占地壳质量的1/4)。硅的化合物有二价化合物和四价化合物。在常温下化学性质稳定，不溶于单一强酸，但易溶于碱。在高温下性质活泼，易于与各种材料发生反应。

硅在自然界的同位素有3个，其所占的比例分别是：

$$^{28}Si = 92.23\%，^{29}Si = 4.67\%，^{30}Si = 3.10\%。$$

硅晶体是灰色的、硬而脆的晶体，其密度是 $2.4g/cm^3$，熔点为1420℃、沸点为2355℃。

硅晶体中原子以共价键结合，具有正四面体晶体特征。在常压下硅晶体为金刚石型结构，其晶格常数是 a=0.5430710nm，当压力加至15GPa时则可变成简单的面心立方型结构，晶格常数是 a=0.6636nm。

2.1 概述

硅具有许多重要的物理、化学性质，见表2-1所示，是电子信息产业最重要的基础、功能材料。

表 2-1　硅的物理、化学性质

性　　质		符　　号	硅
原子序数		Z	14
原子或分子量		M	28.086
电子排列			$1s^2 2s^2 2p^6 3s^2 3p^2$
原子价			主要是4价，其次为2价
原子密度或分子密度			5.00×10^{22} 个/cm^3
晶体结构			金刚石结构
晶格常数		a	0.5430710nm
熔点		T_m	1420℃
沸点			2355℃
比热容		C_p	0.7J/(g·K)
熔化热		I_d	16kJ/g
热导率(固/液)		K	150(300K)/46.84(熔点)$W\cdot m^{-1}\cdot K^{-1}$
线膨胀系数			$2.6\times10^{-6}K^{-1}$
密度(固/液)		ρ	(2.329g/cm^3)/(2.533g/cm^3)
临界温度		T_c	4886℃
临界压强		P_c	53.6MPa
硬度(莫氏/努氏)			6.5/950
表面张力		γ	736(熔点)mN/m
弹性常数			C_{11}:16.704×10^6N/cm C_{12}:6.523×10^6N/cm C_{44}:7.957×10^6N/cm
延展性			脆性
折射率		n	3.87
体积压缩系数			0.98×10^{-11}
磁化率		x	-0.13×10^{-6}cm·g·s
德拜温度		θ_D	650K
介电常数			11.9
禁带宽度(25℃)		$E_g(\Delta W_c)$	1.12　eV
迁移率(室温)	电子迁移率	μ_n	1350cm^2/(V·s)
	空穴迁移率	μ_p	480cm^2/(V·s)
本征载流子浓度		n_i	$1.5\times10^{10}cm^{-3}$
本征电阻率		ρ_i	$2.3\times10^5\Omega\cdot cm$

续表

性质		符号	硅
有效质量	电子有效质量	m_n^*	1.26K： $m_n^*\parallel=0.92$m $m_n^*\perp=0.19$m 4.00K： $m_{hp}^*=0.59$m $m_{lp}^*=0.16$m
	空穴有效质量	m_p^*	
扩散系数	电子扩散系数	D_n	34.6cm^2/s
	空穴扩散系数	D_p	12.3cm^2/s
有效态密度	导带有效态密度	N_c	$2.80\times10^{19}cm^{-3}$
	禁带有效态密度	N_v	$1.04\times10^{19}cm^{-3}$
电子亲和力		V	4.01V
器件最高工作温度			250℃

2.2 半导体材料硅的基本物理、化学性质

以硅材料为主的半导体专用材料已是电子信息产业最重要的基础、功能材料，在国民经济和军事工业中占有很重要的地位。因此从事半导体硅材料领域的学术研究及工程技术人员必须深入了解其固有的半导体及各种物理、化学性质。

2.2.1 半导体材料硅的晶体结构

不同的半导体材料有不同的晶体结构。常见的元素半导体和二元化合物半导体的晶体结构，主要是金刚石型、闪锌矿型、纤锌矿型，还有少量的氯化钠型。

材料的晶体结构与它的电子轨道、能带结构、化学键关系密切。

对硅来讲，它的每个原子的四周杂化轨道以及它的共价键的结构决定了它必然是面心立方型的金刚石结构（图 2-1～图 2-2）。

硅的金刚石型晶体结构见图 2-2。

硅晶体中原子以共价键结合，每个硅原子带有四个共价键，有八个电子，如图 2-3 所示。每个原子最邻近的四个键结合原子，位于该原子为中心的正四面体角落上，其相邻两个原子的间距是（$3^{1/2}a/4$）=2.35167Å，四面体的共价半径为 1.17584Å。故可估算出硅晶格中仅有约 34%的体积为原子所占有，为

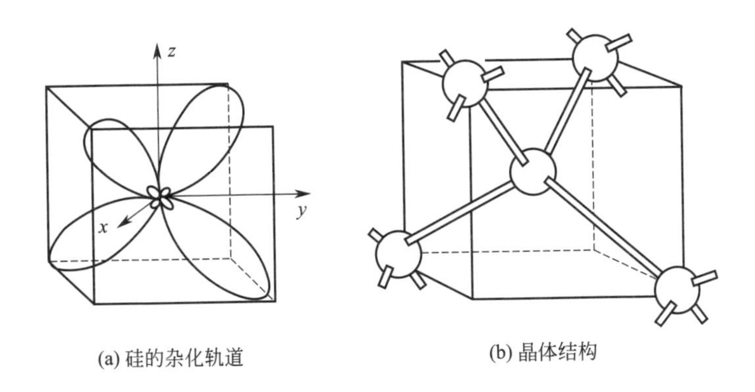

图 2-1　硅的杂化轨道与晶体结构

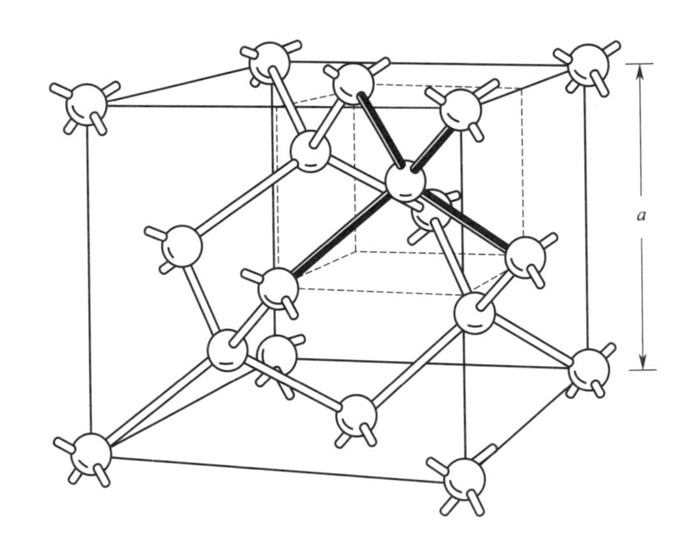

晶格常数 a＝5.430710Å

图 2-2　硅的面心立方型金刚石结构

此硅晶体这种松散结构中可填入相当多的杂质原子。

不论任何晶体结构，它都不是完全对称的，因此单晶表现出各向异性。

金刚石型晶体结构中最密堆积系统是（1 1 1）和［1 1 0］。因此在晶体生长过程中，{1 1 1} 面是生长速率最慢的结晶面，所以硅晶体的优先生长是个以 {1 1 1} 面为边界的八面体。

[1 0 0] 方向的硅单晶具有 4 重轴对称性，而 [1 1 1] 方向的硅单晶则具有

6 重轴对称性，硅单晶（1 0 0）、（1 1 1）方向的球极平面投影见图 2-3。

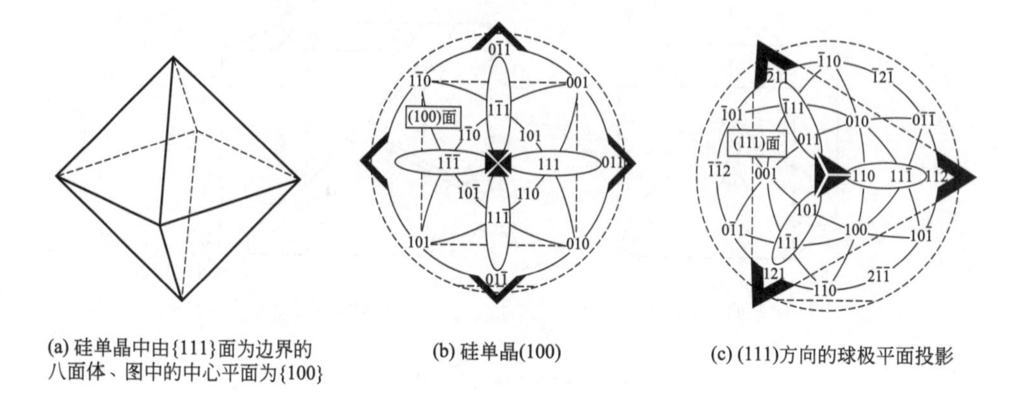

(a) 硅单晶中由{111}面为边界的八面体、图中的中心平面为{100}

(b) 硅单晶(100)

(c) (111)方向的球极平面投影

图 2-3 硅单晶（1 0 0）、（1 1 1）方向的球极平面投影

面心立方型晶格｛1 0 0｝、｛1 1 0｝、｛1 1 1｝等平面在三维空间相对位置的模型见图 2-4。

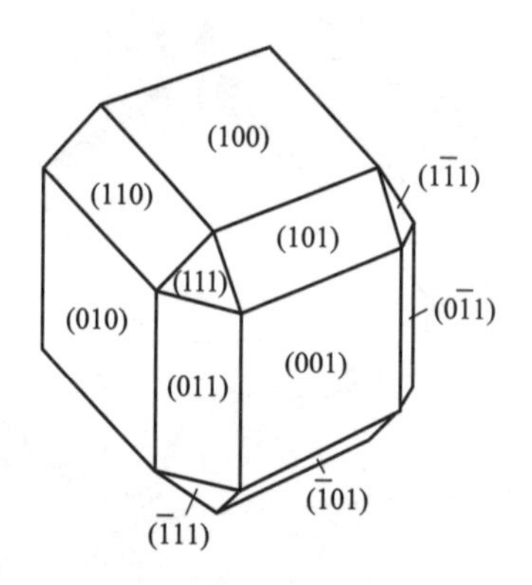

图 2-4 面心立方型晶格｛1 0 0｝、｛1 1 0｝、｛1 1 1｝等平面在三维空间相对位置的模型

图 2-5 表示硅的整个晶体结构及硅晶体中一些重要的晶向和晶面。在［1 1 1］方向，从下向上原子层的排列是 $\gamma a\alpha b\beta c\gamma$，最上层的 γ 层原子和最下层的 γ 层原子完全重合，显示出晶体结构的周期性。

晶面用符号（$h\ k\ l$）表示。其中 h、k、l 称为米勒指数，也称为晶面指数。米勒指数 h、k、l 是指对一个不通过原点的晶面，该晶面在 x、y、z 三个晶轴上截距倒数的互质数。

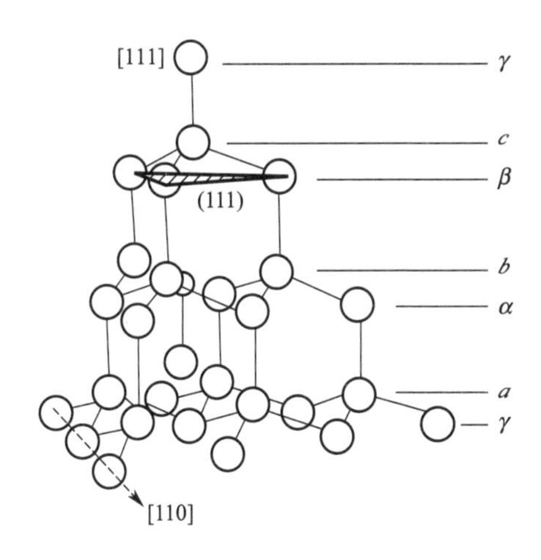

图 2-5　硅的晶体结构

由于金刚石结构的对称性，每一类型的晶面组有着相同的面间距、面密度和质点分布，称其为等同晶面。

按规定用（$h\ k\ l$）表示晶面。从图中可以看出，每一种晶面是一个族，用 $\{h\ k\ l\}$ 表示族。在立方晶系中，各族包括的晶面为：

$\{1\ 0\ 0\}$ 含有 6 个等同晶面，$\{1\ 1\ 0\}$ 含有 12 个等同晶面，$\{1\ 1\ 1\}$ 含有 8 个等同晶面。分别是：

$\{1\ 0\ 0\}=(1\ 0\ 0)$、$(\bar{1}\ 0\ 0)$、$(0\ 1\ 0)$、$(0\ \bar{1}\ 0)$、$(0\ 0\ 1)$、$(0\ 0\ \bar{1})$共 6 个面。

$\{1\ 1\ 0\}=(1\ 1\ 0)$、$(\bar{1}\ \bar{1}\ 0)$、$(1\ 0\ 1)$、$(\bar{1}\ 0\ \bar{1})$、$(0\ 1\ 1)$、$(0\ \bar{1}\ \bar{1})$、$(1\ \bar{1}\ 0)$、$(\bar{1}\ 1\ 0)$、$(1\ 0\ \bar{1})$、$(\bar{1}\ 0\ 1)$、$(0\ 1\ \bar{1})$$(0\ \bar{1}\ 1)$共 12 个面。

$\{1\ 1\ 1\}=(1\ 1\ 1)$、$(\bar{1}\ \bar{1}\ \bar{1})$、$(\bar{1}\ 1\ 1)$、$(1\ \bar{1}\ 1)$、$(1\ 1\ \bar{1})$、$(\bar{1}\ 1\ \bar{1})$、$(1\ \bar{1}\ \bar{1})$、$(\bar{1}\ \bar{1}\ 1)$共 8 个面。

晶向是指晶列组的排列方向，用符号 $[m\ n\ p]$ 表示晶向。其中 m、n、p 称为晶向指数，确定晶向指数 m、n、p 的方法是选一格点为点 O，令坐标轴与晶轴重合。选择或平移操作通过原点 O 的晶列。

任取晶列上一点 A 作矢量 $\overrightarrow{\boldsymbol{OA}}$，表示为：

$$\overrightarrow{\boldsymbol{OA}}=r\,a+s\,b+t\,c \tag{2-1}$$

用 r、s、t 的最大公约数统除，使之成为互质的整数 m、n、p。用方括号 $[m\ n\ p]$ 表示，这就是它的晶向指数。

在一些晶体中，有些晶列组是不同的，但是它们有相同的结点间距和质点

分布。这些晶列组称为等同晶列组，其方向用符号〈$m\ n\ p$〉标记。

硅晶体中几个重要的晶向和等同晶向有以下晶列组及与它们相反的晶向。

〈1 0 0〉=[1 0 0]、[$\bar{1}$ 0 0]、[0 1 0]、[0 $\bar{1}$ 0]、[0 0 1]、[0 0 $\bar{1}$]共 6 个面。

〈1 1 0〉=[1 1 0]、[$\bar{1}$ $\bar{1}$ 0]、[1 0 1]、[$\bar{1}$ 0 $\bar{1}$]、[0 1 1]、[0 $\bar{1}$ $\bar{1}$]、[1 $\bar{1}$ 0]、[$\bar{1}$ 1 0]、[1 0 $\bar{1}$]、[$\bar{1}$ 0 1]、[0 1 $\bar{1}$]、[0 $\bar{1}$ 1]共 12 个面。

〈1 1 1〉=[1 1 1]、[$\bar{1}$ $\bar{1}$ $\bar{1}$]、[$\bar{1}$ 1 1]、[1 $\bar{1}$ 1]、[1 1 $\bar{1}$]、[$\bar{1}$ 1 $\bar{1}$]、[1 $\bar{1}$ $\bar{1}$]、[$\bar{1}$ $\bar{1}$ 1]共 8 个面。

〈1 1 2〉=[1 1 2]、[2 1 1]、[1 2 1]、[1 1 $\bar{2}$]、[$\bar{2}$ 1 1]、[1 $\bar{2}$ 1]、[1 $\bar{1}$ 2]、[2 1 $\bar{1}$]、[1 2 $\bar{1}$]、[$\bar{1}$ 1 2]、[2 $\bar{1}$ 1]、[$\bar{1}$ 2 1]共 12 个面。

晶体的各向异性也可以从晶格结构中看出，以金刚石结构为例，将其晶面的一些特征参数列入表 2-2 中。

表 2-2 硅晶体中主要晶面的特征参数

[晶格常数 a=5.430710Å (1Å=100μm)]

晶面	原子面密度	晶面间共价键密度	晶面间距/Å
(1 0 0)	$2.0/a^2$	$4/a^2$	$(1/4)a=0.25a=1.36$
(1 1 0)	$(4/\sqrt{2})/a^2=2.83/a^2$	$2.83/a^2$	$(\sqrt{2}/4)a=0.35a=1.92$
(1 1 1)	$(4/\sqrt{3})/a^2=2.31/a^2$	$2.31/a^2$	$(\sqrt{3}/4)a=0.43a=2.35$ (大) $(\sqrt{3}/12)a=0.14a=0.78$ (小)

从表 2-2 可看出，{1 1 1} 的面间距最大，键密度最小。在间距大的面上的键密度又最小，而 {1 1 0} 次之，因此它们之间的结合力最弱，最容易由此断开，这种断裂现象称为“解理”。在半导体器件工艺中，常常利用“解理”把大晶片分割成小芯片。

所以，硅晶体中 {1 1 1} 和 {1 1 0} 面是主要解理面和次要解理面。见图 2-6。

硅、锗晶体的解理面为 {1 1 1} 及 {1 0 0}。但对闪锌矿结构则不完全相同，例如 GaP 的解理面是 {1 1 0}。但对极性不够强的化合物 GaAs 的解理面则以 {1 1 0} 为主，但 {1 1 1} 也是它的解理面。

2.2.2 半导体材料硅的电学性质

在自然界中，固体物质按其电阻值可分成绝缘体、导体、半导体三类，电阻值$>1\times10^{11}\ \Omega$为绝缘体、电阻值$<1\times10^{4}\ \Omega$为导体、电阻值为$1\times10^{4}\sim1\times10^{11}\ \Omega$的为半导体，其电导率值的范围及能带示意图见图 2-7、图 2-8。

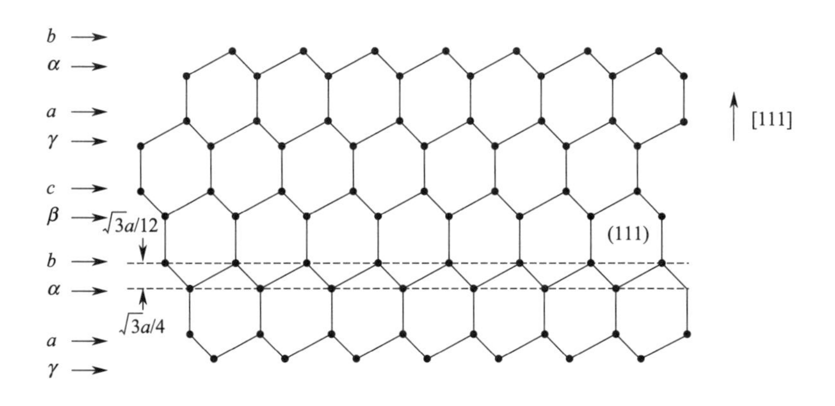

图 2-6　硅晶体结构在（$1\bar{1}0$）面上的投影

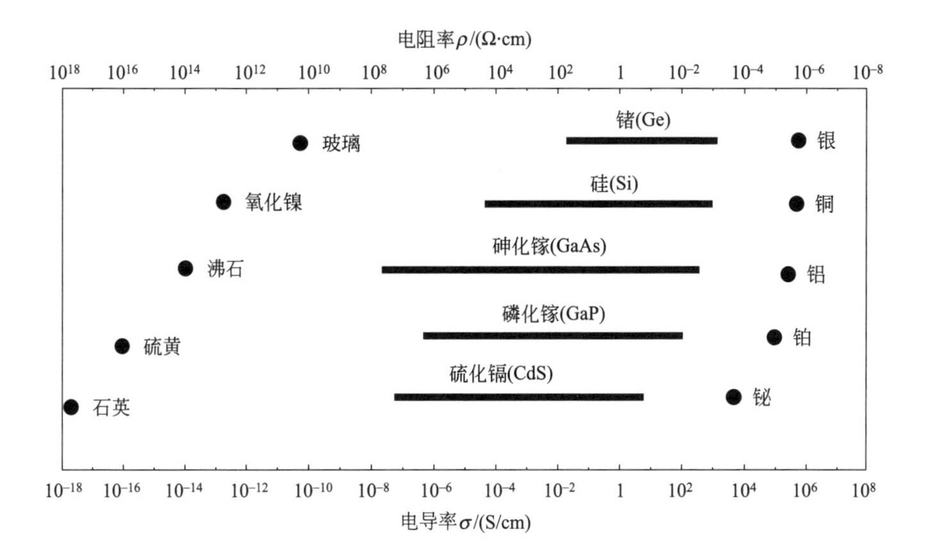

图 2-7　绝缘体、半导体、导体的电导率范围

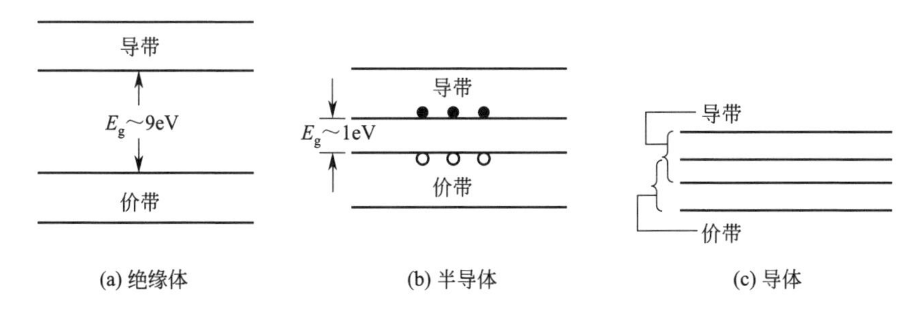

图 2-8　绝缘体、半导体、导体的能带图

半导体的电导率一般随着温度、掺杂浓度、磁场强度及光照强度等因素的变化而改变。无缺陷半导体的导电性很差，称其为本征半导体。当掺入极微量的电活性杂质，其电导率将会显著增加，例如，在硅中掺入亿分之一的硼，其电导率就可降为原来的千分之一。

在晶体结构中，每个原子是由一个带正电的核与环绕在核外围轨道带负电的电子所组成。最外层的电子称为价电子，是决定固体导电性的主要因素。

对于金属导体，价电子是由固体中所有原子所共享的。在电场作用下，这些价电子并非仅局限在特定的原子轨道，而是在原子间自由流动，因而产生了导电电流。对绝缘体讲，价电子紧密地局限在其原子轨道，所以无法导电。

对于具有金刚石型晶体结构的硅讲，每个原子与相邻近的四个原子成键结，见图 2-9。硅原子的最外层轨道具有四个价电子，它可与四个相邻近原子分享其价电子，所以这样的一对共享价电子称为共价键。

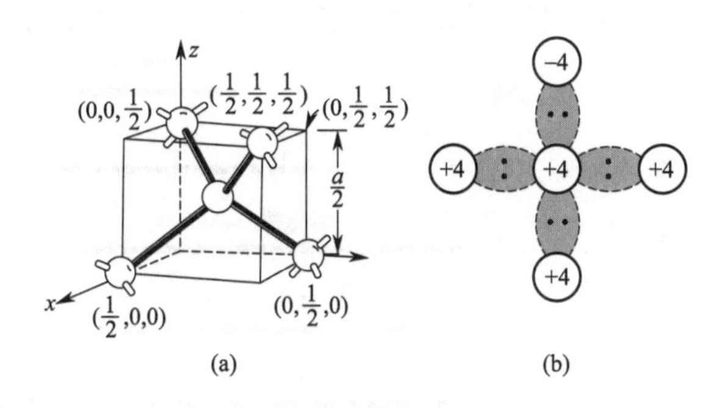

图 2-9 金刚石型晶体结构中的四面体结构在二维空间的键结示意

在室温下，这些共价电子被局限在共价键上，故不能像金属那样具有可以导电的自由电子。但是在比较高的温度下，热振动可能把共价键被打断。当一个共价键被打断时，即可释放出一个自由电子参与导电行为。因此半导体在室温时的电性如同绝缘体，但是在高温时的电性如同导体一样具有高的导电性。

每当半导体释放出一个价电子，便会在共价键上留下一个空位，见图 2-10、图 2-11。这个空位又可能被邻近的价电子所填补，因而导致空位位置的不断移动。为此，可把空位视为类似于电子的一种粒子，即称其为空穴（hole）。

空穴带着正电，并且在外加电场下向与电子运动相反的方向运动。见图 2-12、图 2-13。

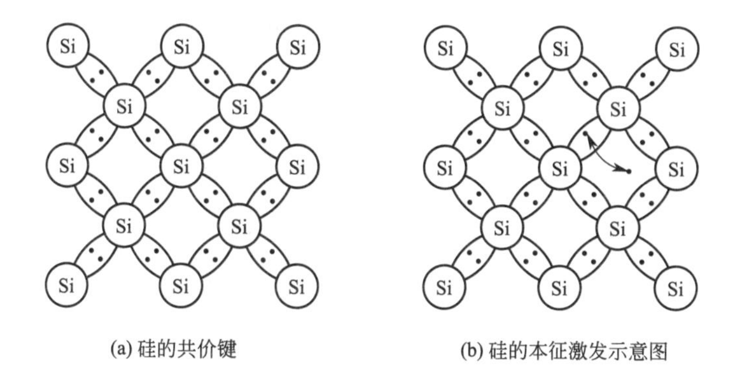

图 2-10　硅的共价键及硅的本征激发示意图

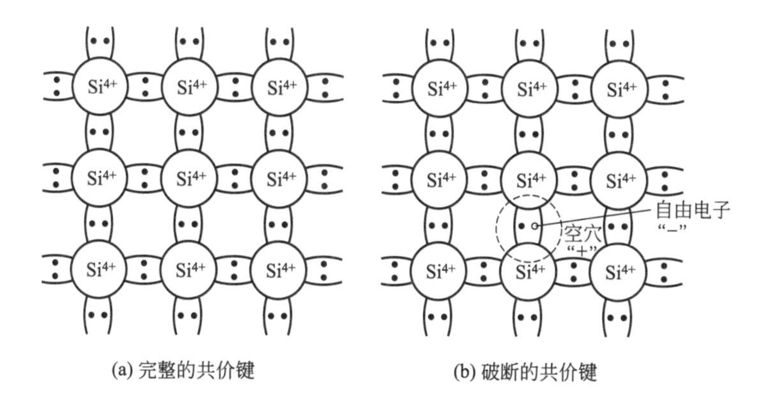

图 2-11　硅的二维晶体结构示意

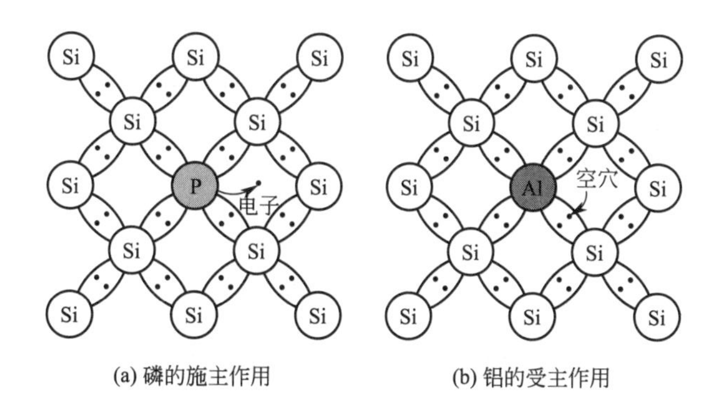

图 2-12　硅中杂质的作用示意

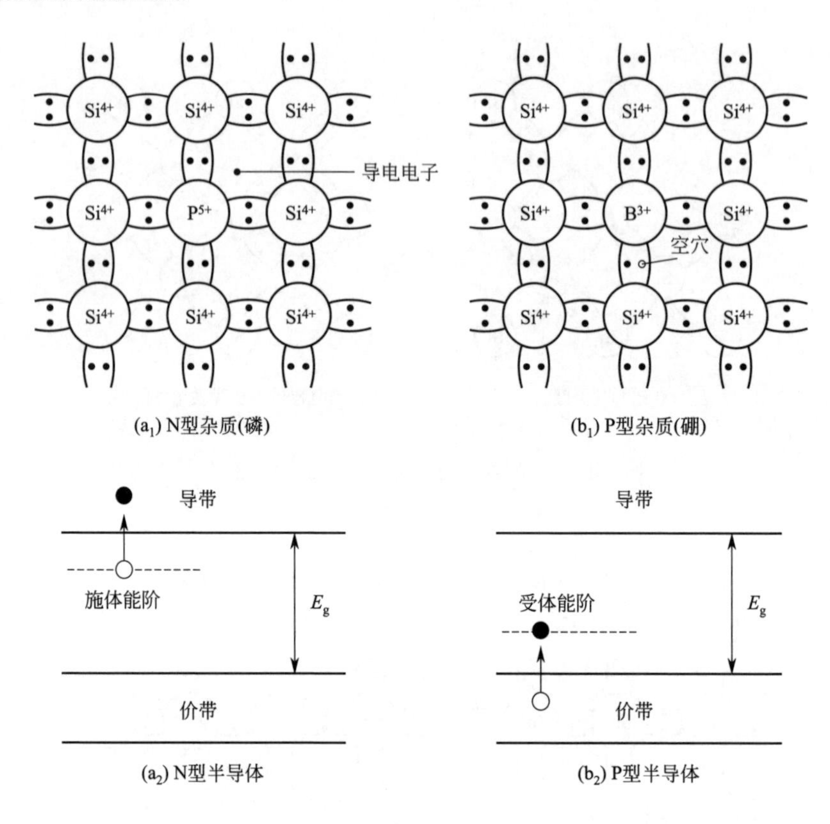

图 2-13 硅原子被杂质原子替代时的键结示意

一些重要杂质元素在硅能隙中所占有的能带位置如图 2-14 所示。

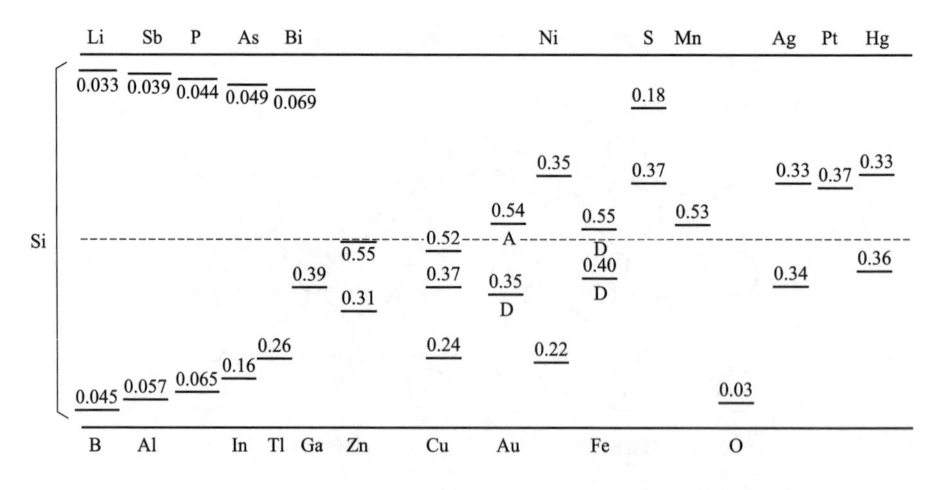

图 2-14 一些重要杂质元素在硅能隙中所占有的能带位置

当硅中掺入以施主杂质（Ⅴ 族元素：磷 P、砷 As、锑 Sb 等）为主时，以电子导电为主，成为 N 型硅。当硅中掺入以受主杂质（Ⅲ 族元素：硼 B、铝 Al、镓 Ga 等）为主时，以空穴导电为主，成为 P 型硅。硅中 P 型和 N 型之间的界面形成的 P-N 结，则是半导体器件的基本结构和工作的基础。

2.2.3 半导体材料硅的光学性质

硅在室温时的禁带宽度为 1.12eV，其光的吸收是处于红外波段。虽然硅在可见光谱范围内是不透明的，但可被接近红外光谱频率、1～7μm 的红外光穿透过。它是一种不仅具有很高的折射系数（coefficient of refraction），同时也具有极高的反射率（reflectivity）的材料。

因此硅被广泛应用在制作接近红外光谱频率的光学元件、红外及 γ 射线的探测器、太阳电池（solar cell）等用途上。

1954 年美国贝尔实验室的 Chapin 等研制出世界第一个光电转换效率达到 6%左右的太阳电池，其后经过改进，很快使光电转换效率达到了 10%，并于 1958 年被美国装备于美国的先锋 1 号人造卫星上成功地运行了 8 年。从此拉开现代太阳能光电（太阳能光伏）的研究、开发和应用的序幕。

如今在实验室中，单晶硅太阳电池的光电转换效率已达到 24.7%；在实际生产线中，应用在空间领域中的高效硅太阳电池的光电转换效率已达到 20%，常规地面用的商业直拉单晶硅太阳电池的光电转换效率一般可达到 13%～16%。期望在不久的将来其光电转换效率可达到 17%～20%。

2.2.4 半导体材料硅的热学性质

硅是具有明显的热膨胀及热传导性质的材料。当硅在熔化时其体积会缩小。反之，当硅从液态凝固时其体积会膨胀。正因如此，在采用直拉技术生长晶体过程中，在收尾结束后，剩余的硅熔体冷却凝固会导致石英坩埚出现破裂现象。

由于硅具有较大的表面张力（熔点时为 736mN/m）和较小的密度（液态时为 2.533g/cm^3），故可采用悬浮区熔技术生长晶体，此既可避免石英坩埚对硅的沾污，又可进行多次区熔提纯及制备低氧高纯的区熔硅单晶。硅随温度变化的有关特性见图 2-15、图 2-16。

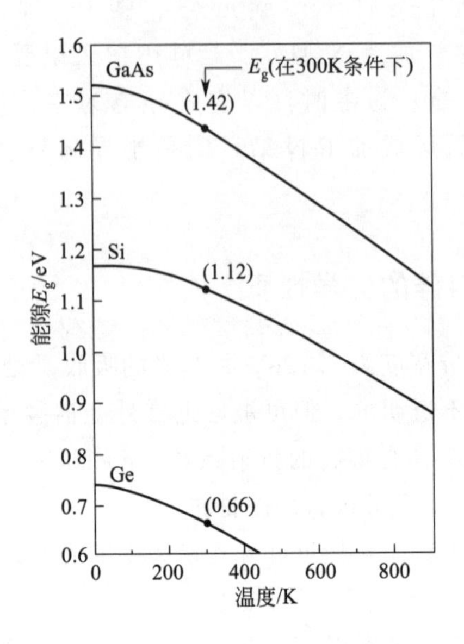

图 2-15 半导体 Si、Ge、GaAs 的能隙大小随温度变化

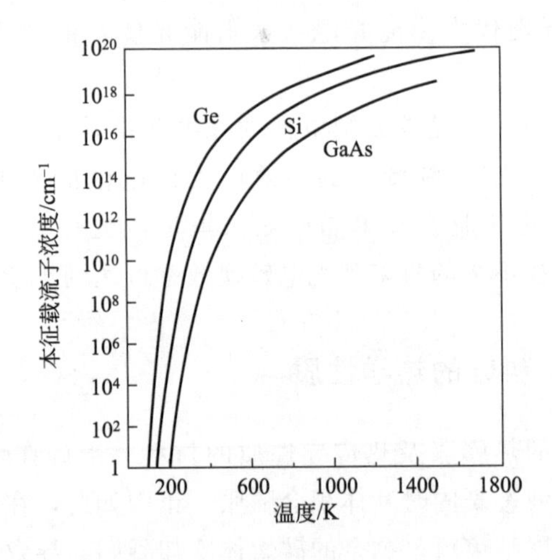

图 2-16 半导体 Si、Ge、GaAs 的本征载流子浓度 n 与温度的关系

2.2.5 半导体材料硅的机械性质

在室温时，硅是一种无延展性的脆性材料。但在温度高于 700～800℃ 时，

硅却具有明显的热塑性，在应力的作用下会呈现塑性变形。硅的抗拉应力远远大于抗剪切应力，故在硅片的加工过程中会产生弯曲和翘曲，也极容易产生裂纹或破碎。

2.2.6　半导体材料硅的化学性质

硅常以氧化物为主的化合物存在于自然界。硅晶体在常温下其化学性质十分稳定，但是在高温时几乎可与所有物质发生化学作用。硅极易同氧、氮等物质发生化学反应，它可在400℃时与氧、在1000℃时与氮发生化学反应。在采用直拉技术生长晶体的过程中，石英坩埚（SiO_2）会与硅熔体发生以下化学反应：

$$Si+SiO_2 \xlongequal{\text{约 }1400℃} 2SiO \tag{2-2}$$

其化学反应的产物SiO——一部分从硅熔体中被蒸发出去，另外一部分却会溶解于硅熔体之中，从而增加了硅中的氧含量，这也是硅中氧的主要来源。因此，硅晶体的生长过程，往往采用在真空或低压、高纯惰性气体条件下进行拉晶（常在高纯氩气气氛下拉晶）。这样既可避免外界的沾污，还可随着SiO的蒸发量增大而降低硅中的氧含量，同时也可使炉腔壁上减缓SiO的沉积，从而避免SiO粉尘对无位错单晶体的生长的影响。

硅的一些重要化学反应如下：

$$Si+O_2 \xlongequal{\text{约 }1100℃} SiO_2 \tag{2-3}$$

$$Si+2H_2O \xlongequal{\text{约 }1000℃} SiO_2+2H_2 \tag{2-4}$$

$$Si+2Cl_2 \xlongequal{\text{约 }300℃} SiCl_4 \tag{2-5}$$

$$Si+3HCl \xlongequal{\text{约 }280℃} SiHCl_3+H_2 \tag{2-6}$$

式(2-3)、式(2-4) 用于硅IC平面工艺中生成氧化层的热氧化反应，式(2-5)、式(2-6) 化学反应则常常被用来制备高纯硅的基本材料$SiCl_4$和$SiHCl_3$。

由于二氧化硅（SiO_2）十分稳定，故使得SiO_2膜在IC器件工艺中起着极为重要的作用。

硅对大多数酸是稳定的。硅不溶于HCl、H_2SO_4、HF、HNO_3及王水，但却极易被HNO_3-HF的混合酸所溶解。因此，在硅片加工及IC器件工艺中，此HNO_3-HF混合酸常常可用作硅的腐蚀液。其反应如下：

$$Si+4HNO_3+6HF = H_2SiF_6+4NO_2+4H_2O \tag{2-7}$$

在式(2-7) 中，HNO_3起着氧化剂的作用，没有氧化剂的作用，HF是不会与硅发生化学反应的。

硅与金属作用能生成许多硅化物。例如：$TiSi_2$、WSi_2、$MoSi_2$等硅化物，这些硅化物具有良好的导电性、耐高温、抗电迁移等特性，故常常应用于制备IC内部的引线、电阻等元件。

2.2.7 半导体材料的P-N结特性

（1）半导体P-N结的形成

当将P型半导体材料和N型半导体材料采用不同的掺杂工艺（例如扩散法、离子注入法、合金法或薄膜生长方法等）紧密结合、连成一体时，导电类型相反的两块半导体材料之间的过渡区域，称为半导体的P-N结。P-N结具有单向导电性质。P-N结是绝大多数半导体器件的核心结构，是集成电路的主要组成部分，也是太阳电池主要的基本结构单元。

在P-N结的两侧，P区域内空穴很多、电子很少，N区域内则电子很多、空位很少；因此，在P型和N型半导体交界面的两边，电子和空穴的浓度是不相等的，此时会产生多数载流子的扩散运动。半导体P-N结的示意见图2-17。

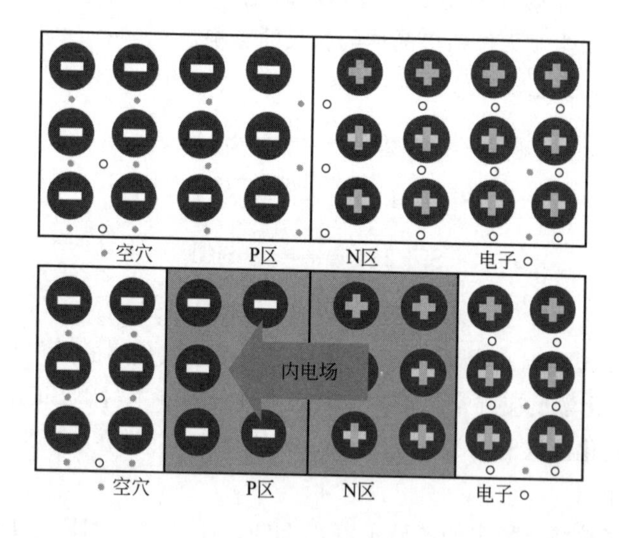

图2-17 半导体P-N结的示意

在靠近交界面的P区域中，空穴会由浓度大的P区向浓度小的N区扩散，且与N区内的电子复合而出现一批带正电荷的掺入杂质元素的离子；同时，在P区内由于跑掉一批空穴而呈现带负电荷的掺入杂质元素的离子。

在靠近交界面的 N 区域中，电子会由浓度大的 N 区向浓度小的 P 区扩散，且与 P 区内的空穴复合而出现一批带负电荷的掺入杂质元素的离子；同时，在 N 区内由于跑掉一批电子而出现带正电荷的掺入杂质元素的离子。

因此，扩散的结果是在交界面的两边形成：靠近交界面的 N 区的一边出现带正电荷，而靠近交界面的 P 区的一边出现带负电荷的一层很薄的区域，这个很薄的区域称为空间电荷区（也称为耗尽区），也就是半导体的 P-N 结。在 P-N 结内，由于两边分别积累了正电荷和负电荷，这样就会产生一个由 N 区指向 P 区的反向电场，这个反向电场称为内建电场（或称为势垒电场）。

在半导体中由于存在这个内建电场，这就有一个对电荷的作用力，电场会推动正电荷顺着电场的方向运动，而阻止其逆着电场方向的运动；同时，电场会吸引负电荷逆着电场的方向运动，而阻止其顺着电场方向的运动。当 P 区中的“空穴”企图继续向 N 区扩散而通过空间电荷区（P-N 结）时，由于运动方向与内建电场相反，故而受到内建电场的阻力，甚至会被拉回 P 区中；同样，N 区中的“电子”企图继续向 P 区扩散而通过空间电荷区（P-N 结）时，由于运动方向与内建电场相反，故而也会受到内建电场的阻力，甚至也会被拉回 N 区中。总之，内建电场的存在会阻挠多数载流子的扩散运动。但是，对于 P 区中的电子和 N 区中的空穴却可以在内建电场的作用下向 P-N 结的另外一边运动，这种少数载流子在内建电场的作用下的运动称为漂移运动，其运动方向与扩散运动方向相反。

当由于 P-N 结的作用所引起的少数载流子漂移运动最后与多数载流子的扩散运动趋向平衡时，扩散和漂移的载流子数量相等而运动方向相反，其总电流为零，载流子的扩散不再进行，这个空间电荷区的厚度也就不再增加，而达到平衡状态。这个空间电荷区的厚度与掺入杂质的浓度有关。

空间电荷区内的内建电场中的各个点的电势不同，电场的方向是指向电势降落的方向。在空间电荷区内，正离子边电势高、负离子边电势低，故空间电荷区的两边存在一个电势差，我们称这个电势差为“势垒”，也称为接触电势差，其大小可由式(2-8) 表示。

$$V_d = (kT/q)\ln(n_N/n_P) = (kT/q)\ln(p_P/p_N) \tag{2-8}$$

式中　q——电子电荷，1.6×10^{-19} C；

T——热力学温度；

K——玻尔兹曼常数，1.3806503×10^{-23} J/K；

n_N，n_P——N 型和 P 型半导体材料中的电子浓度；

p_N，p_P——N型和P型半导体材料中的空穴浓度。

（2）半导体材料P-N结的单向导电性

在P-N结上外加一个电压，如果在P型一边接正极，N型一边接负极，则电流会从P型一边流向N型一边，空穴和电子都向界面运动，使空间电荷区变窄，电流可以顺利通过。如果N型一边接外加电压的正极，P型一边接负极，则空穴和电子都向远离界面的方向运动，使空间电荷区变宽，电流就不能流过。这就是P-N结的单向导电性。

半导体P-N结在正向偏置时，会有较大的正向电流，其电阻很小，呈导通状态；当在反向偏置时，电流很小（几乎为零），电阻很大，呈截止状态。

1）加正向电压（正向偏置）

在正向偏置时，P区接电源正极，N区接电源负极。外电场E_{EXT}与内建电场E_{IN}方向相反。即削弱了内电场，空间电荷区变窄，有利于多数载流子的扩散，不利于少数载流子的漂移，使扩散电流大大超过了漂移电流，于是回路形成较大的正向电流I_F。半导体P-N结的正向偏置示意见图2-18。

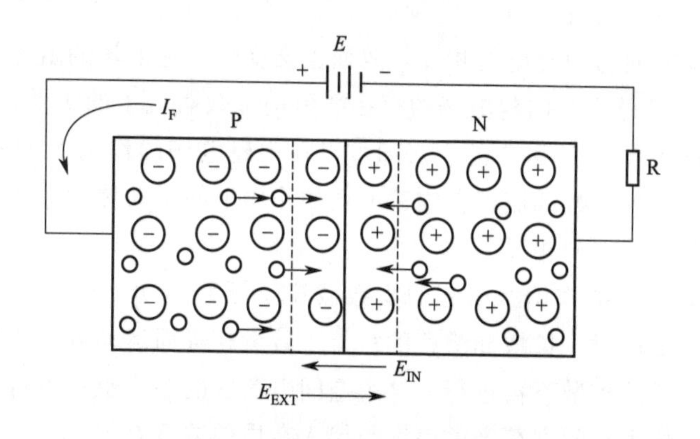

图2-18　半导体P-N结的正向偏置示意

当外电场E_{EXT}<内建电场E_{IN}时，半导体P-N结呈截止状态。

当外电场E_{EXT}>内建电场E_{IN}时，半导体P-N结呈导通状态。

半导体P-N结在正向偏置（U>0）时，它的开启（导通）电压U_{ON}是：

半导体硅的开启（导通）电压U_{ON}约为0.5V；

半导体锗的开启（导通）电压U_{ON}约为0.1V。

2）加反向电压（反向偏置）

当P区接电源负极，N区接电源正极时，外电场E_{EXT}与内电场E_{IN}方向相同。即加强了内电场，空间电荷区变宽，不利于多数载流子的扩散，有利于少数载流子的漂移，使漂移电流超过扩散电流，于是回路中形成反向电流 I_R，因为是少数载流子产生，所以很微弱。半导体 P-N 结的反向偏置示意可见图 2-19。P-N 结呈截止状态。

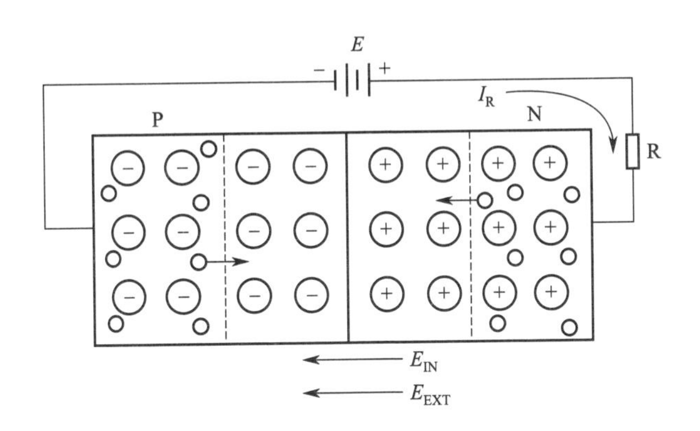

图 2-19　半导体 P-N 结的反向偏置示意

加在 P-N 结两端的电压和流过二极管的电流之间的关系曲线称为半导体 P-N 结的伏安特性曲线，如图 2-20、图 2-21 所示。$u>0$ 的部分称为正向特性，$u<0$ 的部分称为反向特性。它直观形象地表示了半导体 P-N 结的单向导电性。$U_{(RB)}$ 称为半导体 P-N 结的击穿电压。

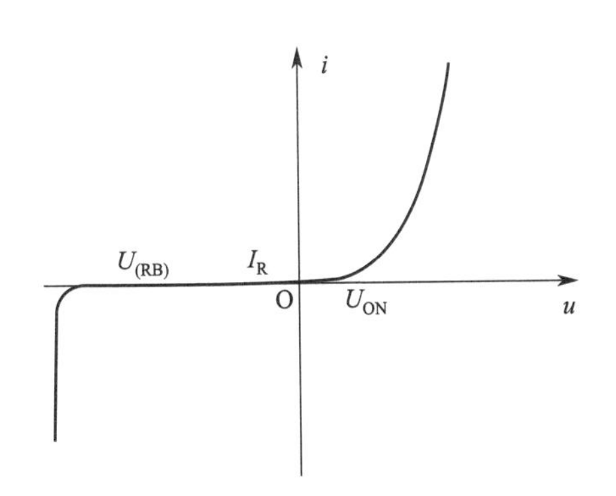

图 2-20　半导体 P-N 结的伏安特性

半导体 P-N 结伏安特性的数学表达式是：

$$i_D = I_S(e^{v_D/V_T} - 1) \tag{2-9}$$

$$V_T = kT/q$$

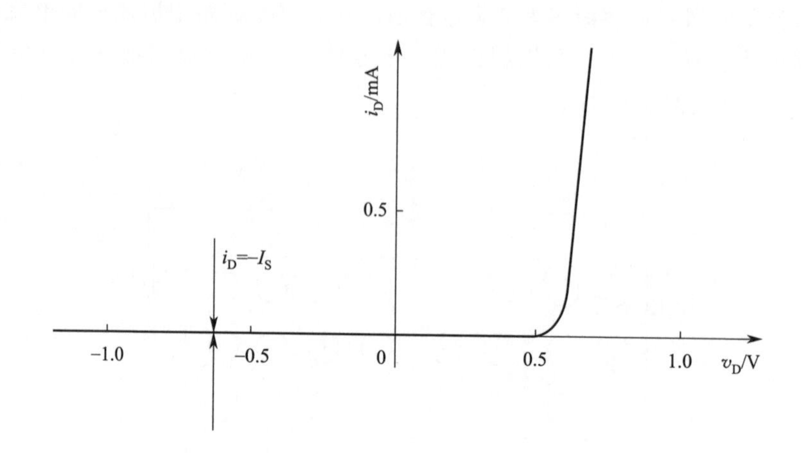

图 2-21　半导体硅 P-N 结的伏安特性曲线

式中　i_D——通过 P-N 结的电流；

v_D——P-N 结两端的外加电压；

V_T——温度的电压当量，在常温下，$V_T \approx 26\text{mV}=0.026\text{V}$；

k——玻尔兹曼常数，1.38×10^{-23}J/K；

T——热力学温度，300K；

q——电子电荷，1.6×10^{-19}C；

e——自然对数的底；

I_S——反向饱和电流，分立器件，其典型值在 $10^{-14}\sim10^{-8}$ A 的范围内。集成电路中二极管 P-N 结，其 I_S 值则更小。

（3）半导体 P-N 结的击穿特性

当 P-N 结加反向电压时，其空间电荷区变宽，区中电场会增强。反向电压增大到一定程度，反向电流将突然增大。如果外电路不能限制电流，则电流会增大到将 P-N 结击穿而被烧毁。反向电流突然增大时的电压称为击穿电压。这就是 P-N 结的击穿特性。反向击穿可分为雪崩击穿和齐纳（或称为隧道）击穿两类。

1）雪崩击穿

当反向电压较高时，P-N 结内电场很强，使得在 P-N 结内作漂移运动的少数载流子获得了很大的动能。当它与 P-N 结内的原子发生直接碰撞时，原子电离，产生新的“电子-空穴对”。这些新的“电子-空穴对”，又被强电场加速再去碰撞其他原子，产生更多的“电子-空穴对”。如此连锁反应，使 P-N 结内载流子数目剧增，并在反向电压作用下作漂移运动，形成很大的反向电流。

这种击穿称为雪崩击穿。很显然，雪崩击穿的物理本质是碰撞电离。

2）齐纳击穿

齐纳击穿通常是发生在掺杂浓度很高的P-N结内。由于掺杂浓度很高，P-N结很窄，这样即使施加较小的反向电压（5V以下），P-N结层中的电场也很强。在强电场的作用下，会强行促使P-N结内原子的价电子从共价键中被拉出来，形成“电子-空穴对”，从而产生大量的载流子。它们在反向电压的作用下，形成很大的反向电流，出现了击穿。很显然，齐纳击穿的物理本质是场致电离。采取适当的掺杂工艺，可将硅P-N结的雪崩击穿电压控制在8～1000V。而齐纳击穿电压低于5V。在5～8V之间两种击穿可能同时发生。

（4）半导体P-N结的电容效应

在P-N结加反向电压时，空间电荷区中的正负电荷构成一个电容性的器件。它的电容量随着外加电压改变。P-N结具有一定的电容效应，它是由势垒电容和扩散电容两方面的因素决定。

1）势垒电容

势垒电容是由空间电荷区的离子薄层形成的。当外加电压使P-N结上压降发生变化时，离子薄层的厚度也相应地随之改变，这相当于P-N结中存储的电荷量也随之变化，犹如电容的充放电。

2）扩散电容

扩散电容是由多数载流子扩散后，在P-N结的另一侧面积累而形成的。因P-N结正偏时，由N区扩散到P区的电子，与外电源提供的空穴相复合，形成正向电流。刚扩散过来的电子就堆积在P区内紧靠P-N结的附近，形成一定的多数载流子浓度梯度分布曲线。反之，由P区扩散到N区的空穴，在N区内也形成类似的浓度梯度分布曲线。

当外加正向电压不同时，扩散电流即外电路电流的大小也就不同。所以P-N结两侧堆积的多数载流子浓度梯度分布也是不同的，这就相当于电容的充放电过程。势垒电容和扩散电容均是非线性电容。

总之，根据半导体P-N结的材料、掺杂分布、几何结构和偏置条件的不同，利用其基本特性可以制造出多种功能的晶体二极管。

例如，利用半导体P-N结单向导电性可以制作整流二极管、检波二极管和开关二极管；利用半导体P-N结击穿特性可制作稳压二极管和雪崩二极管、利用高掺杂P-N结隧道效应可制作隧道二极管。

根据半导体P-N结的电容效应，利用半导体结电容随外电压变化效应可制作变容二极管。

另外，还可根据半导体的光电效应与 P-N 结相结合，制作多种光电器件。例如：利用前向偏置异质结的载流子注入与复合可以制造半导体激光二极管与半导体发光二极管，利用光辐射对 P-N 结反向电流的调制作用可以制成光电探测器，利用光生伏特效应可制成太阳电池。

此外，利用两个 P-N 结之间的相互作用可以产生放大，振荡等多种电子功能 。P-N 结是构成双极型晶体管和场效应晶体管的核心，是现代电子技术的基础。在二极管中得到了广泛的应用。

半导体 P-N 结的平衡态，是指 P-N 结内的温度均匀、稳定，没有外加电场、外加磁场、光照和辐射等外界因素的作用，宏观上称其达到了稳定的平衡状态。

第二篇

集成电路产业用硅片

第3章 硅片的制备

3.1 对集成电路用硅片的技术要求

随着集成电路工艺、技术的不断发展，参照 SEMI 标准对硅抛光片的几何尺寸的加工精度等，尤其是对直径 300mm 硅抛光片有了更严格的要求。

首先在 1989 年 SEMI 协会曾提出直径 300mm 硅片的标准方案，规定硅片直径 300mm±0.25mm、厚度 775μm±25μm。之后在 1994 年 12 月美国半导体工业协会（SIA）发表的“半导体国家技术规划”，制定出今后 15 年内美国半导体技术规划，包括 DRAM 和 MPU。

在 1995 年 4 月 4 日国际硅圆片委员会讨论了《直径 300mm 圆片标准说明书》，并于 1995 年 7 月 13 日对《Document 2450》进行了最终审议。按《Document 2450》圆片标准说明书规定如下：

硅片直径：300mm ± 0.20mm；厚度：775μm ± 25μm（在圆片中心 1 点）；翘曲度：最大 10μm（九点测量）；标志是：长度 1.00mm±0.25mm、−0.00mm、角度 90°+5°、−1°；表面状态：表面呈光亮腐蚀或抛光状态。

在 1995 年 11 月国际上又召开了第二次直径 300mm 硅片的研讨会，会上着重讨论了硅片的厚度、定位基准面、表面状态、硅片的标志、生产规模及成本、硅片的传递盒等有关技术问题。

在 1998 年国外研制出直径 400mm（16 英寸）的硅单晶后、又于 2000 年研制出直径 450mm（18 英寸）的硅单晶。

随着对直径 400mm 和直径 450mm 硅晶圆片的研究开发，Sematech 等国际性半导体技术研发联盟已着手为直径 450mm 的硅晶圆制定初步标准。

Sematech、SEMI 与芯片产业已经达成共识，将直径 450mm 硅晶圆厚度的机械标准（mechanical standard）定为 925μm±25μm；而直径 300mm（12

英寸）硅晶圆的厚度标准则为775μm，直径450mm硅晶圆工具的间距规格（pitch specification）提案为10mm，而Sematech打算提出9.2mm的间距规格，以及0.353的硅晶圆偏垂（deflective sag）值。2007年Sematech提议的间距规格为9.4mm，硅晶圆偏垂值为0.613。直径450mm硅晶圆的质量定为330g。在2008年11月，产业界亦针对直径450mm测试片（test wafer）的厚度进行投票，而925μm似乎仍是主要目标；Goldstein表示他们并不希望有太大的改变。再接下来，产业界还必须决定量产晶圆（production wafer）的厚度标准；时间大概是在2010～2011年或在更后的时间。

为了适应纳米微电子技术发展的要求，在大量使用硅抛光、外延片的同时，正在加强开发适应IC芯片特征尺寸线宽0.18μm～0.13μm～0.10μm～0.09μm～65nm～50nm～45nm～40nm甚至更小线宽尺寸的各时代的硅抛光片产品。在向高质量型转化过程中，为了降低硅单晶COP（crystal originated pit）缺陷，采用“高温”或“快速退火（anneal）表面热处理”工艺来降低硅片缺陷密度的“退火硅片”已被人们高度重视。其同外延片的性能价格比使“退火硅片”的需求量正在扩大。同时，绝缘衬底上的“SOI（silicon-on-insulator）硅片”的需求，特别是高性能的以MPU（微处理器）为中心的需求量正在扩大。

为了满足线宽小于40～28nm的IC芯片工艺用直径300mm硅单晶抛光片，现在直径300mm（12英寸）硅片主要产品有“常规硅抛光片”“硅外延片”“退火硅片”“IC芯片回收片”和“SOI片”等。其中常规工艺生产的CZ型、轻掺的硅抛光片是最基础的，硅抛光片因成本较低，通常用于制造存储器电路。价格较高的硅外延片或SOI片或退火硅片因具有更好的适用性和消除闩锁效应（latch-up）的能力，通常用于制造逻辑电路或微处理器。

近几十多年来，全球IC集成电路技术正在按“国际半导体技术路线图”所规定的速度得到发展，继2001年完成线宽0.13μm（130nm）、2003年完成100nm线宽、2004年完成90nm线宽集成电路工业化生产后，2005年后又完成了80nm线宽集成电路工业化生产。IC集成电路的发展对直径300mm（12英寸）硅抛光片的技术参数提出了愈来愈高的要求。

IC集成电路芯片的特征尺寸变化历史可参见表3-1。

表3-1 IC集成电路芯片的特征尺寸变化历史

年份	2000年前	2001年	2003年	2004年	2005年	2006年	2007年	2008年	2009年	2010年	2013年	2016年	2018年
芯片特征尺寸(线宽)	0.25～0.18μm	0.13μm	100nm	90nm	80nm	70nm	65nm	57nm	50nm	45nm	32nm	22nm	18nm

直径 100mm（4 英寸）的硅单晶抛光片主要用于芯片电路工艺特征尺寸线宽 5.0～3.0μm 左右的技术。

直径 125mm（5 英寸）的硅单晶抛光片主要用于芯片电路工艺特征尺寸线宽 3.0～1.2μm 左右的技术。

直径 150mm（6 英寸）的硅抛光片主要用于芯片电路工艺特征尺寸线 1.2～0.8～0.5μm 的技术。

直径 200mm（8 英寸）的硅抛光片则可用于芯片电路工艺特征尺寸线宽 0.35～0.25～0.18～0.13μm、深亚微米的技术。

直径 300mm（12 英寸）的硅抛光片则将是用于芯片电路工艺特征尺寸线宽 0.13～0.10μm 或小于 0.90nm～65nm～50nm～45nm～40nm～7nm 工艺技术的发展或更小线宽的纳米电子技术中。

根据参照《国际半导体技术发展路线图》(International Technology Road-map for Semiconductors)（ITRS），（ITRS）1998 年前～(ITRS）1999 年～(ITRS）2002 年～(ITRS）2003 年～(ITRS）2009 年～(ITRS）2010 年、(ITRS）2020 年后，对在近期、远期中 IC 芯片电路线宽 0.35μm、0.25μm、0.18μm、0.13μm、100nm、90nm、80nm、70nm、65nm、57nm、50nm、45nm、32nm、28nm、22nm、18nm、14nm、10nm、7nm、5nm 用硅抛光片的技术参数要求见表 3-2（仅供参考）。

从表 3-2 可见，直径 300mm 硅抛光片的局部平整度（SFQR）要求将从 2005 年的 80nm 或更小，发展到 2007 年的 65nm，到 2010 年的 45nm，到 2015 年后小于 30nm。硅片边缘去除量 2005 年为 2mm，到 2007 年后要求缩小到 1.5mm。硅抛光片的前表面含颗粒的尺寸 2005 年要求为 90nm，到 2009 年为 65nm。硅抛光片的每片上前表面含颗粒的数目 2005 年要求为 238 个，并将逐渐减少到 2010 年的 115 个。硅抛光片的表面纳米形貌从 2005 年的 20nm，将逐渐减少到 2010 年的 11nm 以下。

据悉，以 CZ 型直径 200mm 硅抛光片为例，因为晶体内有原生缺陷，一般的轻掺的硅晶圆片内的颗粒 primewafer 只能控制在＜10@0.1μm（也就是说在直径 200mm 硅晶圆片中有小于 10 个 0.1μm 大小的颗粒），但是 COP free 硅晶圆片可以控制在＜10 @ 80nm（也就是说在直径 200mm 硅晶圆片中有小于 10 个 80nm 大小的颗粒）。据业内人士介绍，CZ 型直径 200mm 硅晶圆的颗粒 primewafer 极限是＜10 @ 50nm。当然对直径 300mm IC 芯片工艺制程越高则对硅晶圆颗粒的尺寸控制要求就更加严格。

2010～2018 年以后 IC 芯片电路的特征尺寸线宽（技术节点）则要求小于 45nm 或更小（40nm～18nm～10nm～7nm～5nm）。

表 3-2 《国际半导体技术发展路线图》International Technology Roadmap Semiconductors(ITRS) 1998 年前～1999 年～2002 年～2003 年～2009 年～2010 年～2020 年后对 IC 芯片用硅抛光片的技术参数要求

ITRS		ITRS 1998 年前～ITRS 2002							ITRS 2003～ITRS 2009							ITRS 2010 后～2020 后						
年份/年		1998 年前		1999			2001	2002	2003	2004	2005	2006	2007	2008	2009	2010	2013	2014～2015	2016～2017		2018～2020 后 预测直径 450mm(18 英寸) 尚处于研发阶段	
线宽		0.35 μm	0.25 μm	0.18μm		0.13μm		100nm		90nm	80nm	70nm	65nm	57nm	50nm	45nm	32nm	28～22nm	18nm	14nm	10nm	7～5nm
直径 ϕ/mm		200.0	200.0	200.0	300.0	300.0		300.0		300.0	300.0	300.0	300.0	300.0	300.0	300.0	300.0	300.0	300.0	300.0	300.0	300.0
直径公差/mm		±0.2	±0.2	±0.2		±0.2		±0.2		±0.2	±0.2	±0.2	±0.2	±0.2	±0.2	±0.2	±0.2	±0.2	±0.2	±0.2	±0.2	±0.2
厚度/μm		725.0	725.0	7250	7750	775.0		775.0		775.0	775.0	775.0	775.0	775.0	775.0	775.0	775.0	775.0	775.0	775.0	775.0	775.0
厚度公差/mm		±25	±25	±25		±25		±25		±25	±25	±25	±25	±25	±25	±25	±25	±25	±25	±25	±25	±25
翘曲度 warp/μm		<30	<30	<30	<10	<10		<10		<10	<10	<10	<10	<10	<10	<10	<10	<10	<10	<10	<10	<10
总厚度偏差 TTV(GBIR)/μm		<1.2	<1.2	<1.2	<1.0	<1.0		<0.1	<0.1	<0.1	<0.1	<0.1	<0.1	<0.1	<0.1	<0.1	<0.1	<0.1	<0.1	<0.1	<0.1	<0.1
局部平整度 SFQR/μm 25mm²×25mm²/nm 26mm²×8mm²/nm		<0.30	<0.20	<0.18		<0.15		<0.12	≤101	≤90	≤80	≤71	≤64	≤57	≤51	≤45	≤30	≤30				
边缘扣除距离/mm		3	3	3		3		2		2	2	2	2	2	2	1.5						
表面颗粒	表面颗粒尺寸/nm	≥120	≥80	≥90		≥90	≥90	≥90	≥90	≥90	≥90	≥90	≥90	≥90	≥90	≥65						
	表面颗粒/cm^{-2}	≤0.17	≤0.13	≤0.13		≤0.12	≤0.18	≤0.17	≤0.35	≤0.35	≤0.35	≤0.18		≤0.09	≤0.09							
	表面颗粒(#/Wf)	≤50	≤40	≤38		≤78	≤123	≤117	≤238	≤238	≤241	≤123		≤63	≤63							

续表

ITRS		ITRS 1998 年前～ITRS 2002						ITRS 2003～ITRS 2009							ITRS 2010 后～2020 后				
年份/年		1998 年前		1999		2001	2002	2003	2004	2005	2006	2007	2008	2009	2010	2013	2014～2015	2016～2017	2018～2020 后 预测直径 450mm(18 英寸)尚处于研发阶段
表面颗粒	表面颗粒：/(#/Wf) ≥0.16(μm) ≥0.12(μm) ≥0.09(μm) ≥0.06(μm) ≥0.45(nm) ≥0.22(μm)	<30	<50	<100 ≤38		<78～123	<89							≤238	≤115				
COPs	COPs 尺寸/nm			≥90	≥90	≥90	≥60												
	COPs/cm^{-2}			≤0.13	≤0.12	≤0.12	≤0.13												
	COPs/(#/Wf)			≤38	≤81	≤78	≤89												
OSF	氧化层错(DRAM)/cm^{-2}			≤4.4	≤3.9	≤3.4	≤2.5	≤1.9	≤1.6	≤1.4	≤1.2		≤0.8	≤0.7					
	氧化层错(MPU)/cm^{-2}			≤3.1	≤2.5	≤1.9	≤1.4	≤0.6	≤0.5	≤0.4	≤0.3		≤0.2	≤0.2					
表面金属/($atom/cm^2$)		<1×$10^{11\sim10}$	<1×$10^{11\sim10}$	<1.8×10^{10}～1.4×10^{10}		<1.2×10^{10}	<6.8×10^9	$10^{10\sim9}$	$10^{10\sim9}$	$10^{10\sim9}$	$10^{10\sim9}$	$10^{10\sim9}$	$10^{10\sim9}$						
纳米形貌(p-v)								≤25	≤23	≤20	≤18	≤16	≤14	≤13	≤11				

注：直径 400mm 和直径 450mm 的硅晶圆尚处于研发阶段。

满足线宽小于 100nm（65nm～45nm、40nm～28nm）IC 芯片电路节点（线宽）工艺技术，将成为半导体硅 IC 芯片电路产业的主流技术。从国内市场来看，中芯国际、武汉新芯、华力微电子、无锡海力士、西安三星电子、联电和台积电等众多知名半导体企业已在北京、上海、无锡、西安等城市建成了十多条直径 300mm 芯片生产线，这些都会使直径 300mm 硅抛光片迎来大量的需求。

3.2　表征半导体材料质量的特性参数

控制半导体材料质量的相关特征参数主要是指：半导体材料的化学纯度、半导体材料的结晶学参数、电学参数、半导体晶片加工后的机械几何尺寸参数和表面状态质量参数。

3.2.1　纯度

半导体材料的纯度是指材料的本底纯度，它是表征半导体材料中杂质含量的物理量。

任何金属材料都不能达到绝对的“纯”。“超纯”是具有相对的含义，它是指技术上所能达到的标准。由于工艺、技术的发展，使得“超纯”的标准升级。例如过去高纯金属的杂质含量为 ppm 级（10^{-6}），而“超纯”半导体材料中的杂质含量可达 ppb 级（10^{-9}）或杂质含量以 ppt 级（10^{-12}）来表示。实际上纯度习惯上都是以几个“9”（N）来表示（如杂质总含量为百万分之一，即 99.9999%称为 6 个“9”或 6N）。当然这是一个不完整的相对概念，如电子器件用的超纯硅若以金属杂质含量来计算，其纯度相当于 9 个“9”，即 99.9999999%，但如果计入碳含量、则就可能达不到 6 个“9”。

“超纯”的相对概念名词是指所含的“杂质”，广义的“杂质”是指“化学杂质”（元素）及“物理杂质”（晶体缺陷例如位错及空位等），而“化学杂质”是指材料基体以外的原子以代位或填隙等形式掺入。但只当金属的纯度达到很高的标准时（如纯度已经达到 9N 以上时），“物理杂质”的概念才是有意义的，因此目前工业生产的金属材料仍是以“化学杂质”的含量作为标准，即以金属材料中杂质总含量为百万分之几表示。常用的有两种表示方法：一种是以材料的用途来表示，如用“光谱纯”“电子级纯”等来表示；另外一种是以某种特征来表示，例如半导体材料中用“载流子浓度”，即 1 立方厘米的材料基体元素中起导电作用的杂质个数（$/cm^3$，以原子计）来表示。而金属则可用残余电阻率（$\rho_{4.2K}/\rho_{300K}$）来表示。

超纯金属的制备有“化学提纯法”［例如精馏（特别是金属氯化物的精馏及氢还原）、升华、溶剂萃取等］和“物理提纯法”［例如区熔提纯等（见硅、锗、铝、镓、铟的提纯）］。其中以区熔提纯或区熔提纯与其他方法相结合最为有效。

所有的半导体材料都需要对其原料进行提纯，要求的纯度在 6 个“9”即 99.9999%以上，甚至最高可达 11 个“9”即 99.999999999%以上。提纯的方法主要分两大类，一类是在不改变其材料的化学组成下进行提纯，称为“物理提纯法”；另一类是把元素先变成化合物后再进行提纯，然后再将提纯后的化合物还原成元素，称为“化学提纯法”。“物理提纯法”主要有真空蒸发、区域精制、拉晶提纯等，使用最多的是区域精制。

“化学提纯法”主要有电解、络合、萃取精馏等，使用最多的是精馏。

半导体材料的提纯主要是除去材料中的杂质。提纯方法可分化学法和物理法。“化学提纯法”是把半导体材料先制作成某种中间的化合物以便系统地除去某些杂质，最后再把材料（元素）从某种容易分解的化合物中再分离出来。“物理提纯法”常用的是区域熔炼技术，即将半导体材料铸成锭条，从锭条的一端开始形成一定长度的局部熔化区域。利用杂质在凝固过程中的分凝现象，当此熔化区域从一端移至另一端并重复移动多次后，杂质就被富集于锭条的两端。去掉两端的材料，剩下的即为具有“较高纯度”的材料（详见区熔法晶体生长技术）。此外，还有真空蒸发、真空蒸馏等物理方法。锗、硅是能够得到的纯度最高的半导体材料，其主要杂质原子所占比例可以小于百亿分之一。

3.2.2 结晶学参数

半导体材料的结晶学参数主要指其氧及碳含量、晶向和各种缺陷（位错、氧化诱生堆垛层错、晶体的原生缺陷——COP 缺陷等）。虽说各种缺陷主要决定于晶体生长本身的结晶完整性，但有些也是与其加工有关。半导体晶片在不同加工工序中，还是会重新引入相关新的微缺陷。

3.2.3 电学参数

半导体材料的电学参数主要是其导电型号、电阻率、电阻率均匀性、寿命等。这些参数在一定条件下，主要取决于半导体晶体生长的质量。半导体晶片加工过程中一般是无法改变它本身的这些电学参数的。

3.2.4 半导体晶片加工后的机械几何尺寸参数

半导体晶片加工后的机械几何尺寸参数主要是指其直径 ϕ、厚度 T、主参考平面、次参考平面、总厚度偏差 TTV、弯曲度 bow、翘曲度 warp、平整度及局部平整度 SFQR、粗糙度 R_a 等。

3.2.5 半导体晶片表面状态质量参数

半导体晶片表面状态质量参数主要是指其表面颗粒含量、表面金属杂质沾污含量、表面纳米形貌 nanotopography（nano mapper）等。

3.3 硅片质量控制中的几个相关的专用技术术语解释

（1）氧及碳含量

氧和碳在硅单晶内的浓度（含量）和氧浓度的分布 ORG（oxygen radial gradient）是表征晶体内在质量的一个重要参数。氧在集成电路制备中起着特别重要的作用，可以在 IC 器件制备中形成可控制的氧沉淀（oxide precipitate）而达到本征吸除（intrinsic gettering）的效果。

硅单晶中位于间隙的氧原子浓度的高低，除了会影响晶体中微缺陷的形成，也会影响硅单晶片的力学性能。因此，控制晶体中的氧及碳含量就可获得缺陷密度低、电阻率均匀的硅单晶。

（2）晶向（orientation）

通过空间点阵中任意两个阵点的直线表示的方向。

（3）晶面（crystallographic plane）

通过空间点阵中不在同一直线上的三个结点的平面。

（4）晶向偏离（off-orientation）

晶片表面法线与晶体结晶方向偏离的一定角度。

（5）正交晶向偏离（orthogonal misorientation）

（1 1 1）单晶片作取向偏离时，晶片表面的法向矢量在（1 1 1）晶面上的投影，与在有意偏离晶向切割的晶片上与最邻近的＜1 1 0＞晶向在（1 1 1）晶面上的投影之间的夹角。见图 3-1。

（6）晶体缺陷（crystal defect）

晶体中原子对理想排列的偏离。晶体中各种缺陷有：

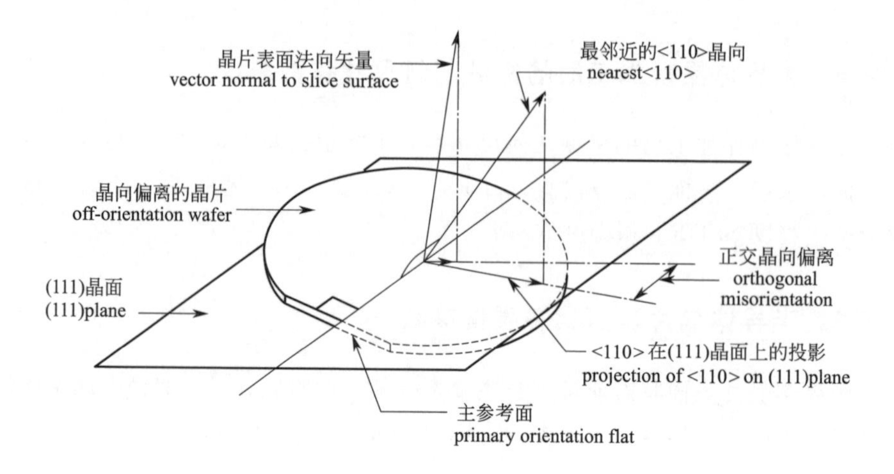

图 3-1 正交晶向偏离示意

1）位错（dislocation）

晶体中由于原子错配引起的具有伯格斯矢量的一种线缺陷。

2）堆垛层错（stacking fault）

晶体内，原子平面的正常堆垛次序错乱形成的一种面缺陷，简称层错。通常堆垛层错仅存在于一个晶面上。如果层错终止在晶体内部，它将终结在一个不全位错上。

在｛1 1 1｝晶面族上，层错呈分立并相交的封闭等边三角形或呈不完全的三角形；在｛1 0 0｝晶面族上，层错呈现为一封闭的或不完整的正方形。每个这样的图形称为一个堆垛层错。

3）氧化层错 OSF（oxidation induced stacking fault）

当晶片表面存在机械损伤、杂质沾污和微缺陷等时，在热氧化过程中其近表面层长大或转化的层错。

4）晶体的原生凹坑 COP（crystal originated pit）

对直拉（CZ）硅抛光片经反复清洗后，经测定每次清洗后硅片表面≥0.2μm 的颗粒会增加，但是对外延晶片，即使反复清洗也不会使≥0.2μm 的颗粒增加。

据近几年实验表明，以前被认为增加的粒子其实是由腐蚀作用而形成的小坑。在进行颗粒测量时误将小坑也作粒子计入。小坑的形成是由硅单晶缺陷引起的，故称这类粒子为晶体的原生凹坑 COP。

（7）空穴（hole）

半导体价带结构中一种运动空位，其作用就像一个具有正有效质量的带正电荷的电子一样。

(8) 受主 (acceptor)

半导体中其能级位于禁带内，能“接受”价带激发电子的杂质原子或晶格缺陷，形成空穴导电。

(9) 施主 (donor)

半导体中其能级位于禁带内，能向导带“施放”电子的杂质原子或晶格缺陷，形成电子导电。

(10) 载流子 (carrier)

固体中一种能传输电荷的载体，又称荷电载流子。例如，半导体中的导电空穴和导电电子。

(11) 导电类型 (conductivity type)

半导体材料中多数载流子的性质所决定的导电特性。

1) N型半导体 (N-type semiconductor)

多数载流子为电子的半导体。

2) P型半导体 (P-type semiconductor)

多数载流子为空穴的半导体。

(12) 电阻率 (ρ) 及电导率 (σ)

1) 电阻率 (电学的) resistivity (electrical)

电阻率是荷电载体流过材料时受到阻碍的一种量度。它反映出半导体材料的掺杂浓度，电阻率是电导率的倒数。

$$\rho=1/\sigma=1/ne\mu \tag{3-1}$$

式中，ρ 为电阻率，Ω·cm；e=2.718，是电子电荷（是个常数）；n 是载流子浓度；μ 是迁移率。

2) 电导率 (电学的) conductivity (electrical)

电导率是载流子在材料中流动难易的一种量度。电导率是电阻率的倒数。

$$\sigma=1/\rho \tag{3-2}$$

式中，σ 为电导率，S/cm。

(13) 电阻率允许偏差 (allowable resistivity tolerance)

晶片中心或晶锭断面中心的电阻率与标称电阻率的最大允许差值，它可以用标称值的百分数来表示。

(14) 径向电阻率变化 (radial resistivity tolerance)

晶片中心点与偏离晶片中心的某一点或若干对称分布的设置点（典型设置点是晶片半径的1/2处或靠近晶片边缘处）的电阻率之间的差值。这种电阻率的差值可以表示为测量差值除以中心值的百分数。又称径向电阻率梯度。

（15）迁移率 μ（mobility）

载流子在单位电场强度作用下的平均漂移速度。在单一载流子体系中，载流子的迁移率与特定条件下测定的霍尔迁移率成正比。迁移率用 μ 表示，单位为 $cm^2/(V \cdot s)$。

（16）寿命 τ（lifetime）

晶体中非平衡载流子由产生到复合存在的平均时间间隔，它等于非平衡少数载流子浓度衰减到起始值的 1/e（e=2.718）所需要的时间。又称少数载流子寿命，体寿命。寿命用 τ 表示，单位为 μs。

（17）晶片直径（ϕ）和晶片厚度（THK）

为了满足集成电路工艺要求，表征硅片加工后的几何尺寸精度最基本的特性参数是晶片的直径 ϕ 和晶片厚度 THK 及其厚度允许偏差，见图 3-2。

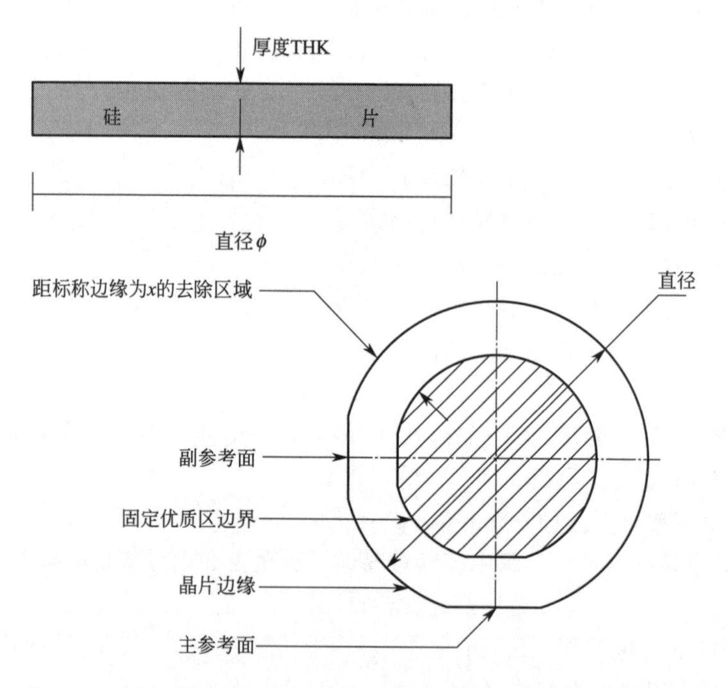

图 3-2　晶片直径 ϕ 和晶片厚度 THK 及固定优质区 FQA 的定义的示意

1）直径（ϕ）

是指通过硅片表面中心，而且不与参考平面或圆周上其他基准区相交的直线长度。

2）厚度（THK，thickness）

是指通过硅片表面上一给定点垂直于表面方向穿过晶片的距离。

基于对硅片的机械强度方面的考虑，随着硅片直径增大，其厚度也相应增大。

IC 芯片用硅抛光片的直径、厚度、边缘扣除距离及其偏差见表 3-3。

(18) 固定优质区 FQA (fixed quality area)

晶片表面除去距边缘为 x 的环形区域后所确定的那部分区域，并且包括距标称圆周距离为 x 的所有点。见图 3-2。

(19) 正表面 (front surface)

是指制造有源器件的晶片表面。

(20) 背表面 (back surface)

是指与晶片正面相对的面。

(21) 中位面 (median surface)

是指与晶片的正表面和背表面等距离的点的轨迹组成的假想平面。

(22) 基准面 (reference plane)

是指由以下一种方式确定的一个假想参考平面。

① 晶片正表面上指定位置的三个点组成的一个假想参考平面。

② 用 FQA 内的所有的点对晶片正表面进行最小二乘法拟合得到的一个假想参考平面。

③ 局部区域内的所有的点对晶片正表面进行最小二乘法拟合得到的一个假想参考平面。

④ 用理想的背面（相当于与晶片接触的理想平坦的吸盘表面）作为一个假想参考平面。

(23) 晶片厚度 (thickness of slices)

是指通过晶片表面中心点的厚度。

(24) 厚度允许偏差 (allowable thickness tolerance)

是指晶片的中心点厚度与标称值的最大允许差值。

(25) 主参考平面 (primary flat)

是指规范圆形晶片上长度最长的参考面，其取向通常是特定的晶体方向。有时也称第一参考面。

(26) 次参考平面 (secondary flat)

是指规范圆形晶片上长度小于主参考面的参考面。它相对于主参考面的位置标记该晶片的导电类型和晶向。有时也称第二参考面。

(27) 微粒 (particulate)

是指附着在晶片表面上的各种沾污颗粒。在平行光照射下呈现为亮点或亮线。

(28) 总厚度偏差 (TTV)

硅片的总厚度偏差 TTV (total thickness variation) 是指硅片的最大与最

表 3-3 线宽 0.35μm～90nm～65nm～45nm～22nm～10nm～5nm IC 芯片用硅抛光片的直径、厚度、边缘扣除距离及其偏差

ITRS	ITRS 1998 年前～ITRS 2002						ITRS 2003～ITRS 2009							ITRS 2010～2020 后						
年代/年	1998 年前		1999		2001	2002	2003	2004	2005	2006	2007	2008	2009	2010	2013	2014～2015	2016～2017		2018～2020 后 直径 450mm(18 英寸)尚处于研发阶段	
线宽	0.35μm	0.25μm	0.18μm		0.13μm	100nm		90nm	80nm	70nm	65nm	57nm	50nm	45nm	32nm	28～22nm	18nm	14nm	10nm	7～5nm
直径 φ/mm	200.0	200.0	200.0	300.0	300.0	300.0		300.0	300.0	300.0	300.0	300.0	300.0	300.0	300.0	300.0	300.0	300.0	300.0	300.0
直径公差/mm	±0.2	±0.2	±0.2		±0.2	±0.2		±0.2	±0.2	±0.2	±0.2	±0.2	±0.2	±0.2	±0.2	±0.2	±0.2	±0.2	±0.2	±0.2
厚度/μm	725.0	725.0	7250	7750	775.0	775.0		775.0	775.0	775.0	775.0	775.0	775.0	775.0	775.0	775.0	775.0	775.0	775.0	775.0
厚度公差/mm	±25	±25	±25		±25	±25		±25	±25	±25	±25	±25	±25	±25	±25	±25	±25	±25	±25	±25
边缘扣除距离/mm	3	3	3		3	2		2	2	2	2	2	2	1.5						

注：直径 400mm（16 英寸）和直径 450mm 的硅晶圆尚处于研发阶段。

小厚度之差值，见图3-3。

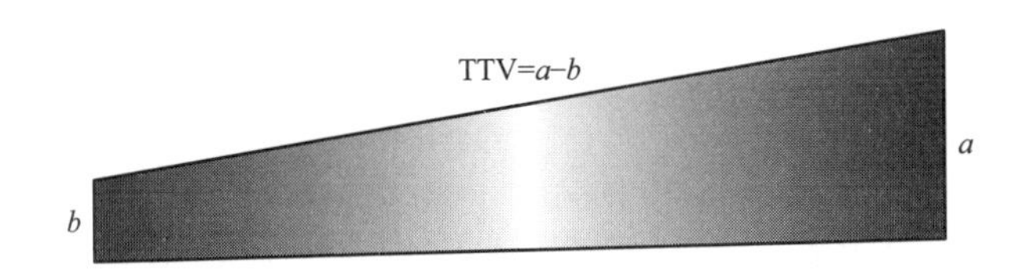

图3-3　硅片总厚度偏差的定义

即：
$$TTV = a - b \tag{3-3}$$

(29) 弯曲度 (bow)

硅片的弯曲度bow是指硅片表面处于自由状态下（没有受到夹持或置于真空吸盘上）整个硅片中心平面的凹凸变形大小的量值，其与厚度变化无关。见图3-4。

硅片弯曲度量值定义为：
$$bow = (a - b)/2 \tag{3-4}$$

弯曲度是在使用内圆切片机时的一个难于解决的问题，但在使用线切片机时，由于硅片两侧受力比较均匀，故其弯曲度几乎为零。

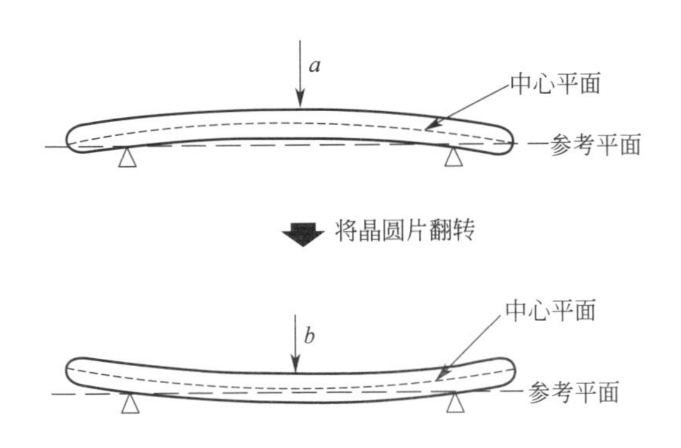

图3-4　硅片弯曲度的定义及测量方法

如果硅片表面足够平坦，由于真空吸盘的吸力作用，一定范围内的bow可能并不影响光刻的效果，但是在某些情形下真空吸盘的吸力作用可能并不能去除所有的bow影响。

硅片的过量的厚度变化和翘曲还会引起硅片难以固定在真空吸盘上的问题。故为了表征硅片这方面的质量特性，引入硅片的总厚度偏差TTV和翘曲度 warp 这两个参数。

(30) 翘曲度（warp）

硅片的翘曲度 warp 定义为硅片的中心平面与假想参考平面之间的最大距离与最小距离之差。即：

$$\text{warp} = a - b \tag{3-5}$$

如图 3-5 所示为几种典型的变形后硅片的形状与相应的 TTV 和 warp 值。

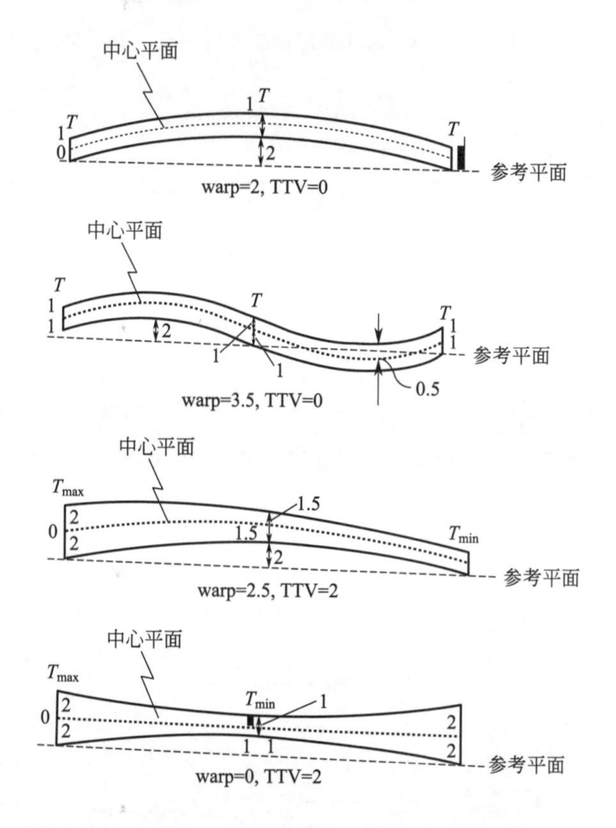

图 3-5 硅片变形后的 TTV 与 warp 计算实例

一般采用线切割系统加工直径 200mm 硅片后的翘曲度 warp 可控制在小于 40μm，对直径 300mm 硅片的翘曲度 warp 可控制在小于 15μm。

(31) 平整度及局部平整度

平整度是硅片表面与基准平面之间最高点和最低点的差值。

根据集成电路制备工艺要求，可采用不同特性平整度参数来表征硅片的平整度。

使用直接投影光刻系统需要考虑硅片整个平整度，而使用步进投影光刻系统则需要考虑的是光刻投影区域内硅片的局部平整度。

表征整个硅片平整度的参数，对于在真空吸盘上的硅片上表面，最常用的是硅片表面总平整度 TIR（total indication reading），如图 3-6 所示。

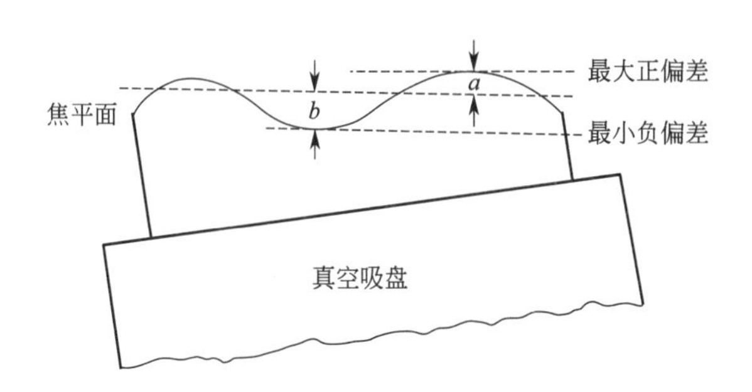

图 3-6 平整度 TIR 及 FPD 的定义

图 3-6 中，假设通过对于硅片的上表面进行最小二乘法拟合可得到的一个假想参考平面。

表面总的平整度 TIR 定义为相对于这一个假想参考平面的最大正偏差与最大负偏差之和。即：

$$\mathrm{TIR}=a+b \tag{3-6}$$

如果所选择的假想参考平面与光刻掩膜的焦平面一致，则 FPD（focal plane deviation）定义为相对于该假想参考平面的正或负的最大偏差中比较大的一个数值（以±值表示），如图 3-6 所示。

即：

$$\mathrm{FPD}=\begin{cases}a & (a>b)\\ b & (a<b)\end{cases} \tag{3-7}$$

局部平整度是指对应于硅片的每个局部区域面积表面上的平整度。

随着集成电路的复杂性的增加和设计尺寸的缩小，对硅抛光片表面几何尺寸特性提出了新的要求。各种高分辨率的光学光刻系统限制了视场深度。在曝光时，为了确立焦平面和相对于焦平面放置硅片，采用了各种方法来夹持硅片。这种改变焦距和位置的方法已经不足以使用单一平整度指标（例如表面总的平整度 TIR)，在所有的情况下能有效地预示电路光刻的精度和合格率。

为了弄清楚不同类型的光刻设备对平整度表征特性的要求，根据 SEMI M1-0600 © SEMI 1978、2000 标准提出了有关描述硅片平整度确定网络及美国 ADE 公司关于硅抛光片表面几何尺寸特性精度的定义。

硅片表面几何尺寸特征参数的定义参见表 3-4。

表 3-4 硅片表面几何尺寸特性参数的定义

特性参数表示符号（现在）	定义	特性参数表示符号（过去）
	global flatness 总厚度偏差	
GBIR	global flatness back side reference plane ideal(parameter) range 与相对于以背表面作为假想参考平面时的最大与最小厚度之差值	TTV
GF3R	global flatness front side reference plane 3points(parameter) range 与相对于以 3 点支撑的平面作为假想参考平面时的峰谷值之和	TIR-3pt
GF3D	global flatness front side reference plane 3points(parameter) deviation 与相对于以 3 点支撑的平面作为假想参考平面时的正或负的最大偏差中比较大的一个数值(以±值表示)	FPD-3pt
GFLR	global flatness front side reference plane least squares(parameter) range 与相对于以硅片的上表面进行最小二乘法拟合可得到的一个假想参考平面时的峰谷值之和	TIR-bf（NTV）
GFLD	global flatness front side reference plane least squares(parameter) deviation 与相对于以硅片的上表面进行最小二乘法拟合可得到的一个假想参考平面时的正或负的最大偏差中比较大的一个数值(以±值表示)	FPD-bf
	site flatness 局部平整度	
SF3R	site flatness global front side reference plane 3points(parameter) range 与相对于以 3 点支撑的平面作为每个局部假想参考平面时的峰谷值之和	STIR/3p
SF3D	site flatness global front side reference plane 3points(parameter) deviation 与相对于以 3 点支撑的平面作为每个局部假想参考平面时的正或负的最大偏差中比较大的一个数值(以±值表示)	SFPD/3p
SFLR	site flatness global front side reference plane least squares(parameter) range 与相对于以硅片的上表面进行最小二乘法拟合可得到的一个假想平面作为每个局部的假想参考平面时的峰谷值之和	STIR/bf
SFLD	site flatness global front side reference plane least squares(parameter) deviation 与相对于以硅片的上表面进行最小二乘法拟合可得到的一个假想平面作为每个局部的假想参考平面时的正或负的最大偏差中比较大的一个数值(以±值表示)	SFPD/bf
SFQR	site flatness front side reference plane site least squares(parameter) range 与相对于以硅片的上表面每个局部进行最小二乘法拟合可得到的一个假想平面作为这个局部的假想参考平面时的峰谷值之和	SSTIR/bf
SFQD	site flatness front side reference plane site least squares(parameter) deviation 与相对于以硅片的上表面每个局部进行最小二乘法拟合可得到的一个假想平面作为这个局部的假想参考平面时的正或负的最大偏差中比较大的一个数值(以±值表示)	SSFPD/bf

续表

特性参数表示符号（现在）	定　　义	特性参数表示符号（过去）
site flatness 局部平整度		
SBIR	site flatness back side reference plane global ideal(parameter)range 与相对于以背表面作为假想参考平面时的峰谷值之和	STIR(LTV)
SBID	site flatness back side reference plane global ideal(parameter)deviation 与相对于以背表面作为假想参考平面时的正或负的最大偏差中比较大的一个数(以±值表示)	SFPD
bow/warp 弯曲度/翘曲度		
bow	整个硅片中心平面的凹凸变形大小的量值	BOW/bf
warp	硅片的中心平面与假想参考平面之间的最大距离与最小距离之差	WARP/bf

注：1. 线性厚度变化 LTV（linear thickness variation）：

晶片的正表面和背表面能用两个非平行平面表示的晶片的厚度变化。

2. 非线性厚度变化 NTV（non linear thickness variation）：

是指宏观非均匀的厚度变化，此种晶片的剖面类似凹、凸透镜的剖面。

3. 对应于不同直径硅片的每个局部区域面积规定不同，对大于直径 200mm 硅片的每个局部区域面积一般规定为：

22mm×22mm、25mm×25mm、25mm×32mm、26mm×32mm、26mm×33mm、26mm×36mm、26mm×44mm、26mm×8mm、28mm×50mm 等

4. 根据硅片平整度确定网络，表面特征参数常用 4 个字母来标记。

例如：局部平整度 SFQR

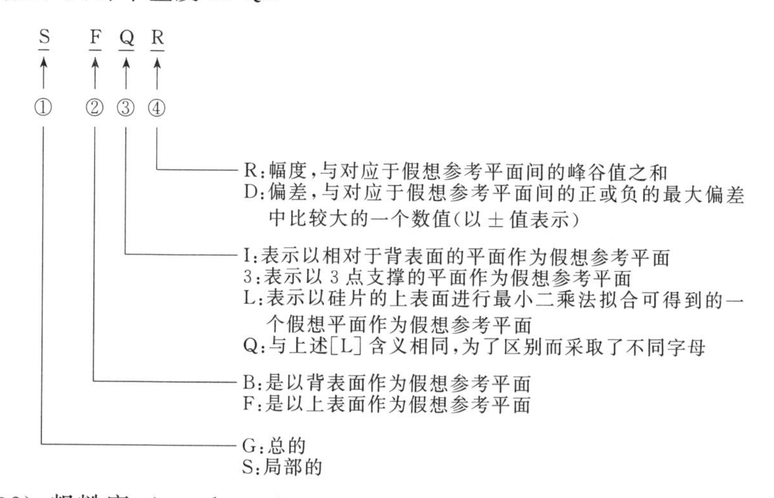

（32）粗糙度（roughness）

泛指晶片表面轮廓高低起伏的度量值。一般在 $10^2 \sim 10^5$ nm 度量值（空间

波长数，用美国 Tencor SP-1 仪测定）范围内。

1）平均粗糙度（average roughness）R_a

是指在求值长度 L 内相对于中间线（平均线）来说，表面轮廓高度偏差 $Z(x)$ 的平均值。

2）微粗糙度（microroughness）

是指晶片表面粗糙度分量（凹凸不平）的不均匀度（空间波长数，用美国 Tencor SP-1 仪测定）之间间隔小于 100μm。

3）均方根微粗糙度（rms microroughness）R_q

表面轮廓高度与取值长度 L 内得出的相对于中心线的表面剖面（轮廓）高度偏差 $Z(x)$ 的均方根值。

4）均方根区域微粗糙度（rms area micro roughness）$\mathrm{R_{qA}}$

表面轮廓高度与求值区域 L（$=L_xL_y$）内，得出的相对于中心面的表面相形貌偏差 $Z(x)$ 的均方根值。

5）均方根斜率［rms slope（mg）］$\mathrm{m_q}$

表面轮廓高度与求值长度（根据 ISO4271/1 改编）内，得出的剖面（轮廓）高度偏差变化速率的均方根值。

（33）雾（haze）

在抛光片（或外延片）表面上由于微观表面轮廓高低起伏的不规则性（如高密度的小坑）所引起的光散射现象。雾严重时，使用灯照晶片表面时，在晶片表面时能够观察到窄束钨灯灯丝的影像。

表面抛光雾一般在$<10^2$nm 度量值（空间波长数，用美国 Tencor SP-1 仪测定）范围内。

（34）形状（shape）

晶片处于无夹持状态下，规定的晶片表面相对于规定的基准参考平面之间的偏差，在规定的 FQA 内表示为极差（range）或总平整度（TIR）或表示为最大的基准参考平面偏差（RPD 的最大值）。

（35）表面纳米形貌 nanotopography（nano mapper）

是表征晶片微观表面轮廓微小高低起伏的度量值，一般在 $10^5\sim10^7$nm 度量值（空间波长数，用美国 Tencor SP-1 仪测定）范围内。它是对于 IC 工艺线宽$<0.10\mu$m 电路制备尤为重要的表面状态质量参数。

（36）峰-谷差（sori）

晶片在无真空吸盘吸附的状态下，与相对于以其正表面进行最小二乘法拟合得到的一个假想基准参考平面之间的最大正偏差和最小负偏差之间的差值。

（37）局部区域（site）

是指在晶片正表面上的一个矩形区域，该矩形的边平行和垂直于其主参考面或平行和垂直于其缺口（notch）的等分角线。

对应于不同直径硅片的每个局部区域面积规定不同，对大于直径 200mm、300mm 硅片的每个局部区域面积一般规定为：

22mm×22mm、25mm×25mm、25mm×32mm、26mm×32mm、26 mm×36mm、26mm×44mm、26mm×8mm、28mm×50mm 等。

（38）线性厚度变化 LTV（linear thickness variation）

晶片的正表面和背表面能用两个非平行平面表示的晶片的厚度变化。

（39）非线性厚度变化 NTV（non linear thickness variation）

是指宏观非均匀的厚度变化，此种晶片的剖面类似凹、凸透镜的剖面。

3.4 硅片加工的工艺流程

为了满足微电子信息产业发展的需要，目前对硅抛光片的制备根据工艺、技术的要求已有两类不同的硅单晶抛光片制备工艺、技术。

① 加工满足集成电路工艺、技术要求的各种规格的成品新片（virgin wafer）。其中包括正片（prime wafer）和各种用途的假（陪）片（flow check 或测试用的 dummy wafer）。

② 加工满足集成电路工艺、技术要求的 IC 芯片回收加工的再生利用片（reclaim wafer）。

上述两类硅片的使用比较见表 3-5。

表 3-5　硅片的种类和使用比较

项　目	使用目的	使用量（以 prime wafer 用量当作 100）	价格/日元 直径 200mm	价格/日元 直径 300mm
正片	成品正片	100	8000.00	50000.00～80000.00
假(陪)片	假(陪)片 test 或 flow check	20～100	3000.00～4000.00	
再生利用片	假(陪)片 test 或 flow check	20～100	1500.00～2000.00	30000.00～50000.00

资料来源：Silicon Wafer Reclaim Technology（2001.5.21）日本 EVATECH 公司。

注：直径 200mm、直径 300mm 的硅片的价格将持续在下降。

在集成电路生产过程中，从进厂的硅抛光片到封装好的 IC 芯片出厂，其中每一道工序都有可能因某些技术指标的超标产生大量报废的 IC 芯片。另外，还有在IC生产过程中大量作为检验、调试流程的各种所谓假（陪）片，这些都将被作为生产过程中被淘汰下来的“废片”处理。根据国际上通常的计算，上述“废片”约占投入的硅抛光片总量的30%～50%。

一般讲，IC芯片可进行2～3次回收加工，经再生加工后可当作假（陪）片使用（视不同要求而定）。故可使制备IC芯片的回收加工片后获得再生利用的机会，这既可解决IC废芯片堆积占用库房的问题，又可降低原料的采购成本，将挽回巨大的经济损失、增加可观的经济效益。

再生硅片加工的经济效益也是半导体材料制造厂获得利润的一个重要组成部分。故现在国外已有许多专门生产再生硅片的加工工厂。

虽然上述这两类硅单晶抛光片的制备工艺有所不同，其加工精度要求也有所不同，但对其表面质量等却是有着严格要求。

为了满足微电子信息产业集成电路和太阳能光伏电池工艺、技术要求，必须将质量合格的硅单晶棒（锭）加工成不同规格的硅晶片。

硅单晶抛光片的制备工艺流程比较复杂，其加工工序多而长，必须严格控制每道工序的加工质量，以能获得满足集成电路工艺、技术要求和制备太阳能电池工艺、技术要求的质量合格的各种硅单晶片。

如图3-7所示是典型的、传统的用于集成电路的大直径200mm硅抛光片加工工艺流程（不含各工序间的硅片清洗）示意（仅供参考）。

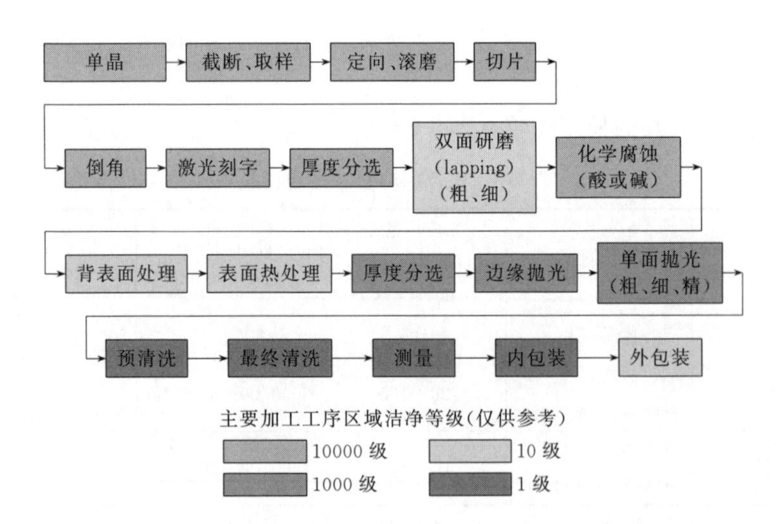

图3-7 典型的、传统的用于集成电路的大直径200mm硅抛光片加工工艺流程（不含各工序间的硅片清洗）示意（参见文前彩图）

目前集成电路技术已迈进了线宽工艺小于0.10μm的纳米电子时代，对硅单晶抛光片的表面加工质量要求愈来愈高。为了确保硅抛光片的翘曲度（warp）、表面局部平整度（SFQR）、表面粗糙度（R_a）等具有更高的加工精度，尤其是对直径 300mm 硅抛光片制备拟采用新的、不同于现有传统加工方式的工艺技术。

直径 300mm 硅抛光片典型的加工工艺流程（不包括各工序间的硅片清洗）示意图可见图 3-8（仅供参考）。

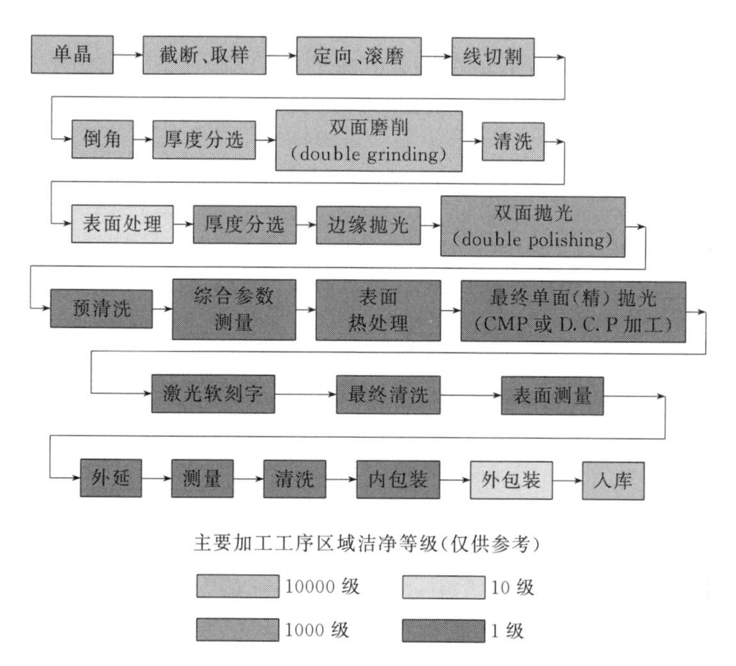

图 3-8　直径 300mm 硅抛光片典型的加工工艺流程（不含各工序间的硅片清洗）示意（参见文前彩图）

根据《国际半导体技术发展路线图》International Technology Road map Semiconductors（ITRS）1998 年前～1999～2002～2003～2009～2010 年～2020 年后对 IC 芯片用硅抛光片主要的技术参数要求可见表 3-6。

表 3-6　对集成电路用大直径硅抛光片主要的技术参数要求

参数	要求
直径 ϕ	300.0mm
直径公差	±0.2mm
厚度	775.0μm
厚度公差	±25μm

续表

参数	要求
翘曲度 warp	<10μm
总厚度偏差 TTV(GBIR)	<0.1μm
局部平整度 SFQR(线宽 100nm)	≤101nm
边缘扣除距离	2mm

如图 3-9、图 3-10 所示的是加工满足集成电路工艺、技术要求的直径 300mm 硅抛光正片和假（陪）片及加工满足 IC 工艺、技术要求的直径 300mm 的再生硅片的加工工艺流程示意（仅供参考）。

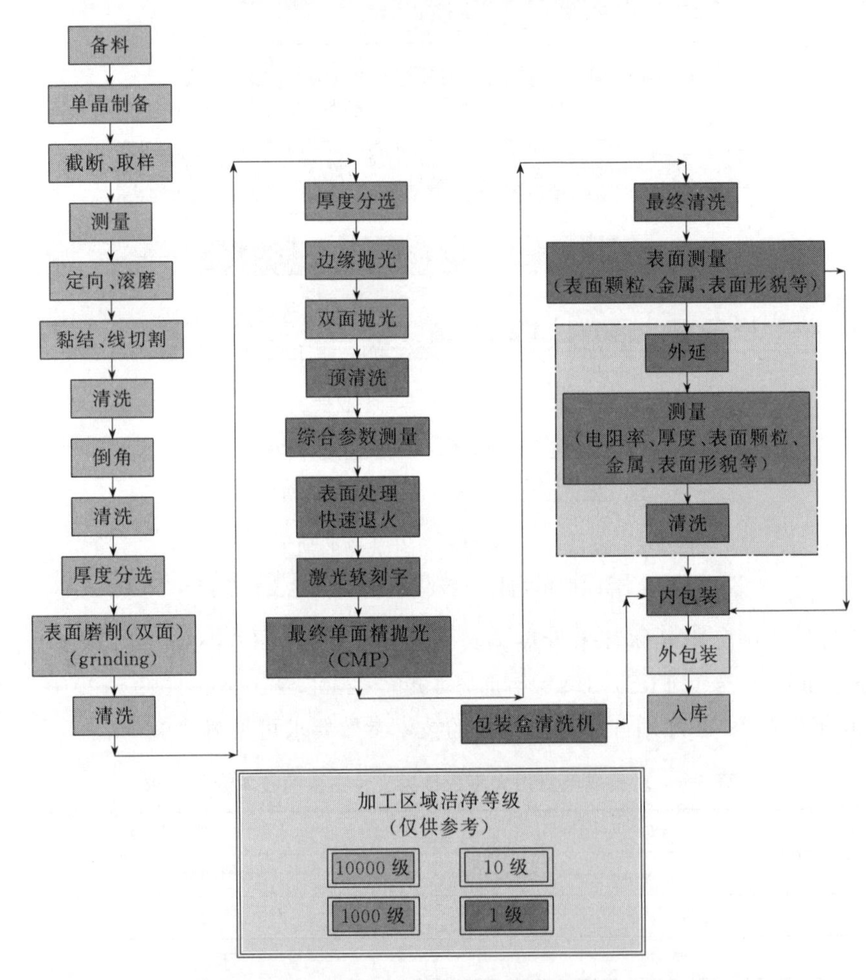

图 3-9　加工满足集成电路工艺、技术要求的直径 300mm 硅抛光片和假（陪）片的加工工艺流程示意（参见文前彩图）

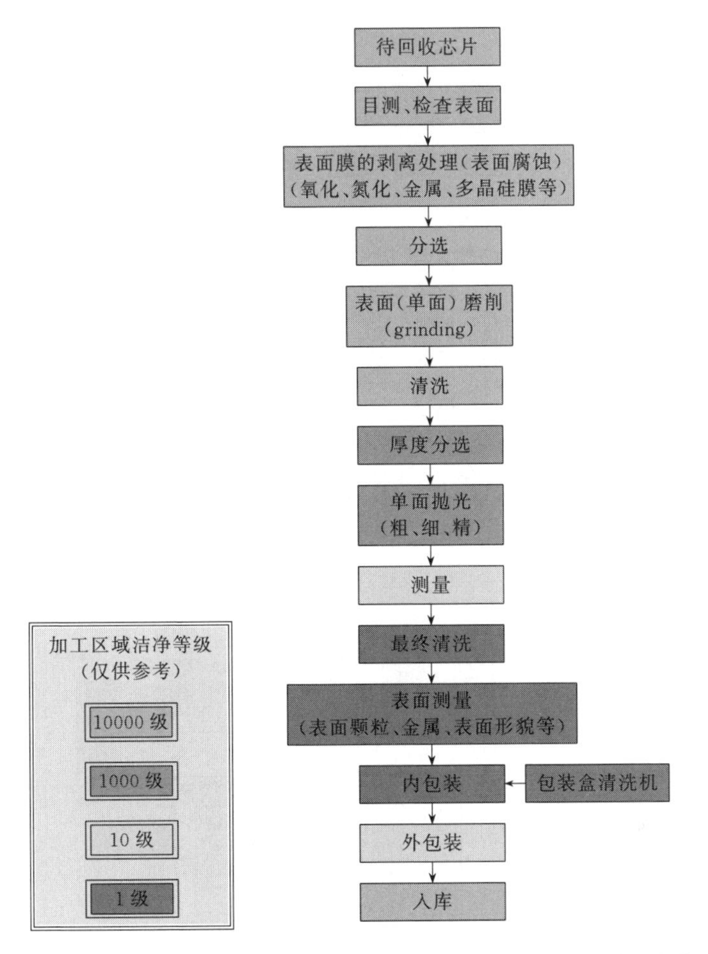

图 3-10　加工满足 IC 工艺、技术要求的直径 300mm 的再生硅片的加工工艺流程示意（参见文前彩图）

在确认合理的硅晶片的制备工艺流程后，还要选择、配置具有较高加工精度的工艺设备和相适应的测试仪器，其生产厂房还必须具备相关、必要的动力、辅助设施，生产过程中要进行工艺的优化选择，切实实施每道加工工序中“精细、严格”的科学管理制度，才有可能确保硅单晶抛光片的翘曲度(warp)、总厚度偏差 TTV（GBIR)、表面局部平整（SFQR)、表面粗糙度(R_a）等具有较高的机械加工精度和表面精度。

根据目前国内外的工艺、技术水平，现按硅单晶抛光片的制备工艺流程对各道加工工序进行简单的叙述，采用这些先进的工艺设备和相适应的测试仪器，结合选用优化的生产工艺是能生产出优质的硅晶片，制备出各种电子器件，满足微电子信息产业集成电路和太阳能光伏产业的需要的关键。

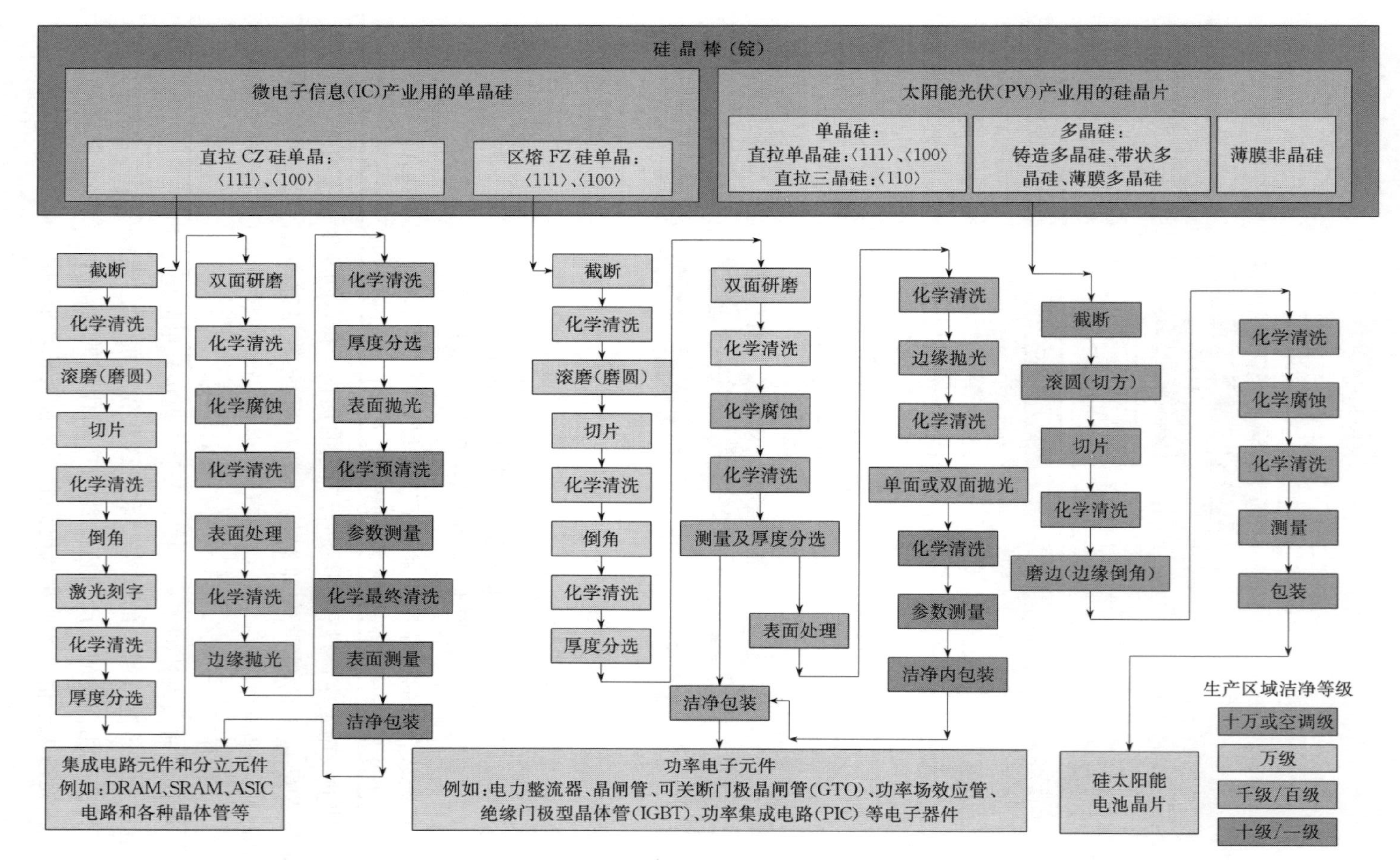

图 3-11 硅晶片加工的工艺流程示意（参见文前彩图）

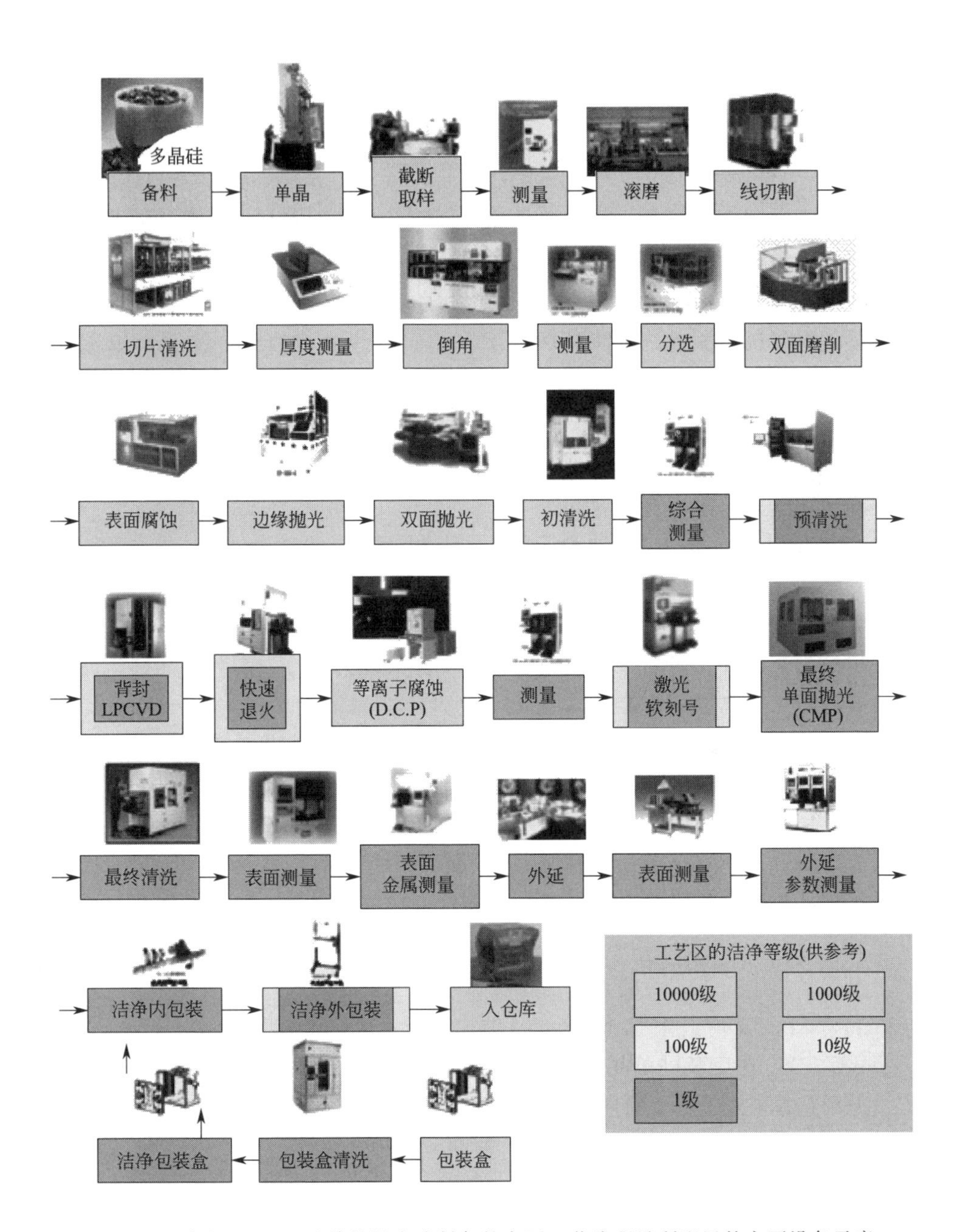

图 3-12　直径 300mm 硅单晶抛光片制备的主要工艺流程及所配置的主要设备示意

（参见文前彩图）

根据硅晶片的不同用途，对于微电子信息产业用的单晶硅，一般需要对硅晶棒（锭）进行截断、化学清洗、滚磨（磨圆）、切片、化学清洗、倒角、化学清洗、测量及厚度分选、研磨、化学清洗、化学腐蚀、化学清洗、表面处理、化学清洗、测量及厚度分选、抛光、化学清洗、综合参数测量、包装等加工工序。

而对于太阳能光伏产业用的硅晶片，因为其对表面的加工精度相对来讲要求比较低，通常经过前面几道加工工序后，即一般需要对硅晶棒（锭）主要进行截断、滚圆（切方）、切片、化学清洗、磨边（边缘倒角）、化学清洗、化学腐蚀、化学清洗、测量、包装等加工工序。硅晶片加工的工艺流程示意如图3-11所示。

IC芯片工艺用直径300mm硅单晶抛光片制备的主要工艺流程及所配置的主要设备（供参考）如图3-12所示。

3.5 硅晶棒（锭）的制备

硅材料按其纯度划分，可分为金属硅和半导体（电子级）硅。按其结晶形态可划分为非晶硅、多晶硅、单晶硅。其中多晶硅又可分为高纯多晶硅、薄膜多晶硅、带状多晶硅、铸造多晶硅。

单晶硅则可分为区熔单晶硅、直拉单晶硅。多晶硅和单晶硅材料常称为晶体硅。金属硅是低纯度硅，是制备高纯多晶硅的原料，也是制备有机硅等硅制产品的添加剂。高纯多晶硅则是制备铸造多晶硅、区熔单晶硅和直拉单晶硅的原料。

非晶硅薄膜和薄膜多晶硅主要是由高纯硅烷气体或其他含硅气体分解或反应制成。

根据晶体生长方式不同，当前生长硅单晶主要有两种技术。其中采用直拉（czochralski，CZ）法生长硅单晶的约占85%，其他则由区熔（float zone method，FZ）法生长硅单晶。

采用直拉CZ法生长的硅单晶主要用于生产低功率的集成电路元件和分立元件。例如：DRAM、SRAM、ASIC电路和各种晶体管。

采用区熔法生长的硅单晶，因具有电阻率均匀、氧含量低、金属污染低的特性，故主要用于生产高反压、大功率的电子元件。例如：整流器、晶闸管、可关断门极晶（GTO）、功率场效应管、绝缘门极型晶体管（IGBT）、功率集成电路（PIC）、等电子器件。在超高压大功率送变电设备、交通运输用的大功率电力牵引、UPS电源、高频开关电源、高频感应加热及节能灯用高频逆变式电子镇流器等方面有广泛的应用。

目前直拉单晶硅、铸造多晶硅、带状多晶硅、薄膜非晶硅、薄膜多晶硅也是制备太阳能电池的重要材料。

直拉法比区熔法更容易生长获得较高氧含量（$12\times10^{-6}\sim14\times10^{-6}$）和大直径的硅单晶棒。

根据现有的工艺水平，采用直拉法已可生长出直径6～12～18英寸（150～300～450mm）的大直径硅单晶棒。

1979年国外研制、生产出直径Φ150mm（6英寸）硅单晶，1986年国外研制出直拉法生长的直径ϕ200mm（8英寸）硅单晶，约占85%，1996年国外研制、生产出直径ϕ300mm（12英寸）硅单晶，1998年国外研制出直径ϕ400mm（16英寸）硅单晶，2000年后国外已研制出直径ϕ450mm（18英寸）的硅单晶。

目前，采用区熔法虽说现已能生长出最大直径是200mm（8英寸）的硅单晶棒。但其主流产品仍然还是直径100～150mm（4～6英寸）的硅单晶。

当前制备太阳能电池的硅晶片主要用直拉法加工而成，其截面形状主要呈“圆形”和“正方形”两种。

早期太阳电池硅片主要是“圆形”截面，其截面尺寸常为直径3英寸和4英寸。

现在的太阳电池硅晶片通常是“正方形”或“准方形”的截面，其截面尺寸主要为100mm×100mm、125mm×125mm或150mm×150mm。

直拉、磁场直拉（MCZ）、区熔硅单晶和区熔+中子辐照（NTD）硅单晶的特性比较见表3-7。

表3-7 直拉、磁场直拉（MCZ）、区熔硅单晶和区熔+中子辐照特性比较

序号	项目	直拉(CZ)	磁场直拉(MCZ)	区熔(FZ)	区熔+中子辐照(FZ+NTD)
1	直径ϕ/mm	76～300	125～300	50～200	50～150
2	型号/掺杂元素	P/B N/P、A_S、S_b	P/B N/P	P/B N/P	N
3	电阻率/Ω·cm	B:0.03～60 P:0.006～60 A_S:0.002～0.01 S_b:0.01～0.1	B:1～500 P:1～500	B:0.1～5000 P:0.1～10000	N:30～600

续表

序号	项　目	直拉(CZ)	磁场直拉(MCZ)	区熔(FZ)	区熔+中子辐照(FZ+NTD)
4	电阻率均匀性/%	B、A_S、S_b:≤10 P:≤15	B:≤10 P:≤15	B:5～15 P:5～15	3～5
5	氧含量/$\times10^{-6}$	B、P、A_S: 10～20 S_b:5～15	5～15	≤0.2	≤0.2
6	氧浓度分布 ORG/%	≤8	≤8		
7	碳含量$\times10^{-6}$	≤0.4	≤0.2	≤0.1	≤0.1
8	氧化层错/(个/cm^2)	≤10～20	≤10～20	free	
9	BMD/cm^{-2}	$10^2\sim5\times10^7$	$10^2\sim5\times10^7$	$\leqslant10^3$	$\leqslant10^3$
10	寿命/ms	30～1000	$50\sim10^4$	$300\sim10^4$	100～5000

3.5.1 直拉（Czochralski，CZ）单晶硅的生长

在微电子信息产业中常常采用直拉法生长的硅单晶来制备各种集成电路和分立元件。为了生长出质量合格（硅单晶电阻率、氧含量及氧浓度分布、碳含量、金属杂质含量、缺陷等）的硅单晶棒，在采用直拉单晶生长方法时，需要考虑以下问题：首先根据技术要求，选择合适的单晶生长设备，当前国际上制造硅单晶生长设备的主要著名厂商是美国 KAYEX 公司和德国 CGS 公司。这两个公司能供应生长不同直径的硅单晶生长设备，尤其是生长直径大于200mm 的硅单晶生长设备系统。见图 3-13～图 3-14。

在我国半导体产业得到不断发展的同时，国内也已经有了大直径 200～300mm 硅单晶炉的生产企业。例如有安徽合肥易芯半导体有限公司、浙江上虞晶盛机电股份有限公司、南京晶能半导体科技有限公司等，其具有自主知识产权的直径 200～300mm 硅单晶生长设备的制造、应用使得我国半导体主要工艺设备的“国产化”亦已初见成效。见图 3-15～图 3-17。

其次是要掌握一整套硅单晶制备工艺、技术。主要包括以下几种。

① 硅单晶生长系统内的热场设计，确保晶体生长有合理、稳定的温度梯度。

这包括硅单晶生长系统内的石墨加热系统的形状、尺寸的设计；石英坩埚材料的选用及处理；系统内保温材料的选用；改善热对流的热屏技术设计等。

② 硅单晶生长系统内的氩气气体系统设计。

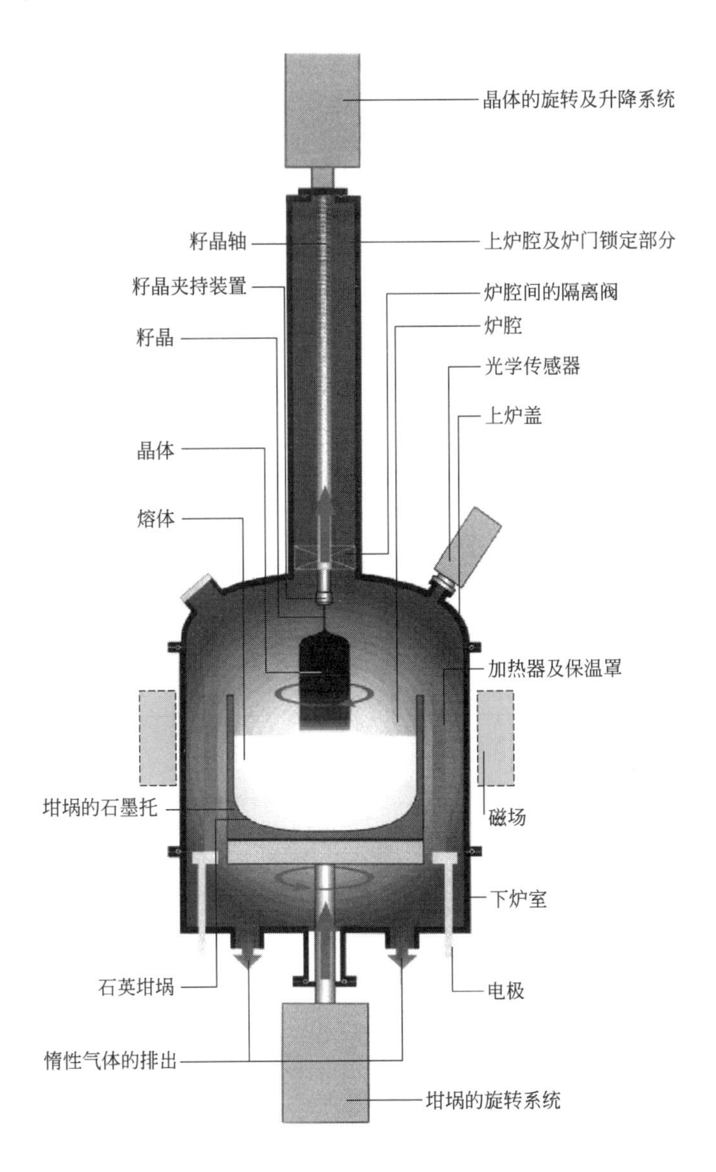

图 3-13 直拉硅单晶炉的结构示意图（参见文前彩图）

资料来源：德国 CGS 公司产品样本

③ 硅单晶的夹持技术系统的设计。

④ 为了提高生产效率的连续加料系统的设计。

⑤ 硅单晶制备工艺的过程控制。

德国CGS公司直拉单晶炉

美国KAYEX公司直拉单晶炉

图 3-14　直径 300mm 直拉单晶炉

资料来源：德国 CGS 公司、美国 KAYEX 公司产品样本

图 3-15　安徽合肥易芯半导体有限公司直径 300mm 直拉单晶炉

图 3-16 浙江上虞晶盛机电股份有限公司 TDR120A-ZJS 直径 200～300mm 单晶炉

图 3-17 南京晶能半导体科技有限公司直径 200～300mm 单晶炉

资料来源：合肥易芯半导体有限公司、浙江上虞晶盛机电股份有限公司、南京晶能半导体科技有限公司产品样本

这包括系统内的各项工艺参数的优化设置（晶体的提升速度及转速、坩埚的转速及提升速度、氩气的压力及流量、磁场强度等）及控制。以求达到硅单晶中的氧及氧浓度分布、碳含量、COP 缺陷及电阻率均匀分布的有效控制。

直拉硅单晶生长控制主要过程示意见图 3-18。

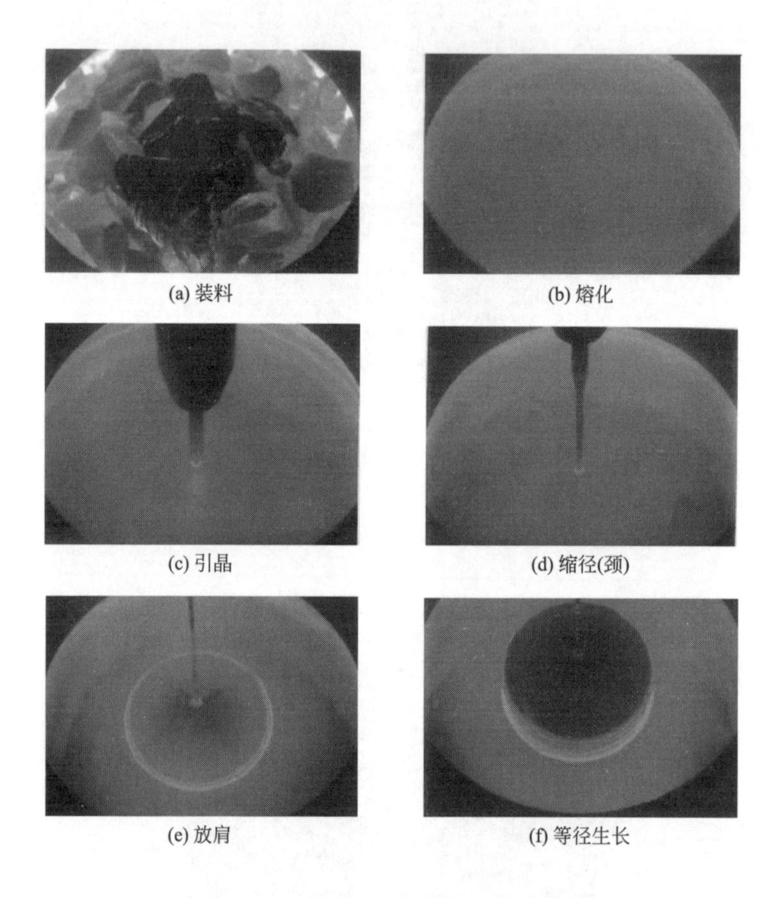

图 3-18 直拉硅单晶生长控制主要过程示意（参见文前彩图）

资料来源：德国 CGS 公司产品样本

a. 装料。将多晶硅和掺杂剂（dopant）置入单晶炉内的石英坩埚中。生长直径 300mm 的硅单晶生长设备一次最大装料量一般大于 300kg。

掺杂剂的种类应视所需生长的硅单晶电阻率而定。直拉（CZ）单晶生长时掺杂剂主要有：

生长 P 型硅单晶：硼（B）。

生长 N 型硅单晶：磷（P）、砷（As）、锑（Sb）。

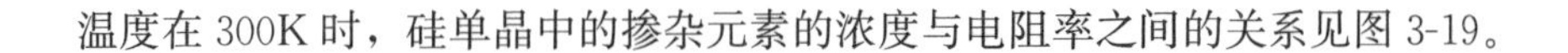

温度在 300K 时，硅单晶中的掺杂元素的浓度与电阻率之间的关系见图 3-19。

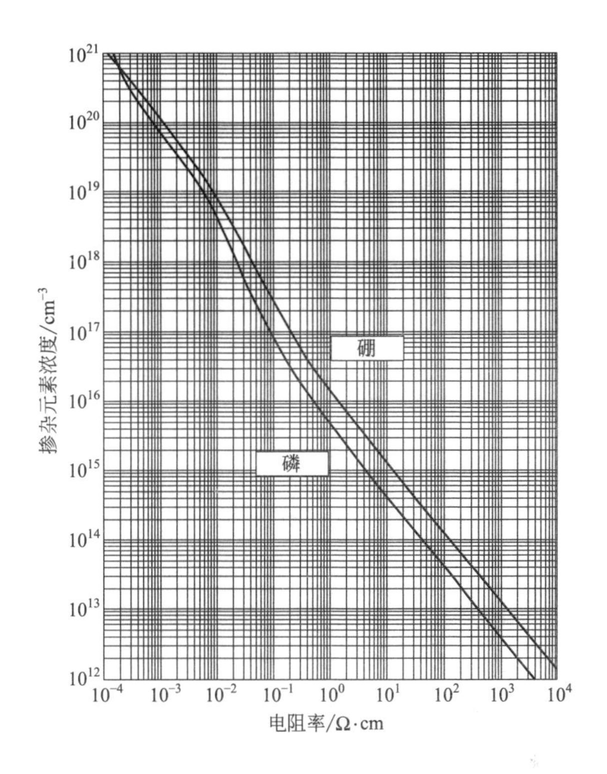

图 3-19　硅单晶中的掺杂元素的浓度与电阻率之间的关系

资料来源：《硅晶圆半导体材料技术》林明献

b. 熔化。当装料结束关闭单晶炉炉门后，抽真空使单晶炉内保持一定的压力范围，驱动石墨加热系统的电源，加热至大于硅的熔化温度（1420℃），使多晶硅和掺杂物熔化。

c. 引晶。当多晶硅熔融体温度稳定后，将籽晶慢慢下降进入硅熔融体中（籽晶在硅熔体也会被熔化），然后具有一定转速的籽晶按一定速度向上提升，由于轴向及径向温度梯度产生的热应力和熔融体的表面张力作用，籽晶与硅熔融体的固液交接面之间的硅熔融体冷却形成固态的硅单晶。

所使用的籽晶的晶向是按工艺要求制备的，常用的有〈1 0 0〉和〈1 1 1〉晶向。

d. 缩径（颈）。当籽晶与硅熔融体接触时，由于温度梯度产生的热应力和熔体的表面张力作用，籽晶晶格产生大量位错排，这些位错可利用“缩径”工艺使之消失。

“缩径”工艺则是加大旋转籽晶的提升速度，使生长出的晶体直径缩小到一定大小（直径大约为 3～6mm）。由于位错排常与其生长轴成一个夹角，如果以〈1 0 0〉和〈1 1 1〉晶向生长时，其滑移面与其生长轴之间的夹角呈 36.16°和 19.28°。

故只需要长出的缩径晶体有足够的长度，能使位错沿着滑移面延伸和产生滑移，使位错延伸、滑移至晶体的表面而消失，从而便可生长出无位错单晶体。

“缩径”工艺通常是采用快拉将晶体直径缩小到大约为 ϕ3mm。其缩径最小长度 l 与晶体直径 D 之间有如下关系：

$$l>D\ \tan\theta \tag{3-8}$$

式中，θ 为滑移面与其生长轴之间的夹角。

在籽晶能充分承受质量的前提下，长出的缩径晶体需有足够的长度，即缩径晶体应尽可能细而长，一般缩径长度（l）与直径（d）之比约为 1∶10。但缩径后的直径过小时，可能因无法支撑晶体质量而断裂。故缩径后的能支撑晶体质量的最小直径 d（晶径）与晶体直径 D 及晶体长度 L 之间有如下关系：

$$d\approx1.608\times10^{-3}DL^{1/2} \tag{3-9}$$

例如，缩径后的直径 d 为 3mm 时，可支撑生长出质量约为 144kg、晶体直径 D 是 300mm、晶体长度 L 是 870mm 或 D 是 200mm、晶体长度 L 是 1970mm 的单晶棒。

e. 放肩。在缩径工艺中，当细径生长到足够长度时，通过逐渐降低晶体的提升速度及温度调整，使晶体直径逐渐变大而达到工艺要求直径的目标值，为了降低单晶棒头部的原料损失，目前几乎采用平放肩工艺，即使肩部夹角呈 180°。

f. 等径生长。在放肩后当晶体直径达到工艺要求直径的目标值时，再通过逐渐提高晶体的提升速度及温度的调整，晶体生长进入等直径生长阶段，并使晶体直径控制在大于或接近工艺要求的目标公差值。

在此等径生长阶段，对拉晶的各项工艺参数的控制非常重要。由于在晶体生长过程中，硅熔融体液面逐渐下降及加热功率逐渐增大等各种因素的影响，晶体的散热速率随着晶体的长度增长而递减。因此固液交接界面处的温度梯度变小，从而使得晶体的最大提升速度随着晶体长度的增长而减小。

g. 收尾。晶体生长的收尾主要是要防止位错的反延，一般来讲，晶体位错反延的距离大于或等于晶体生长界面的直径。因此当晶体生长的长度达到预定要求时，应该逐渐缩小晶体的直径直至最后缩小成为一个点而离开硅熔融体液面，这就是晶体生长的收尾阶段。

用直拉法生长出的直径 300mm 硅单晶棒见图 3-20。

掺杂元素在直拉硅单晶棒中的分布曲线见图 3-21。

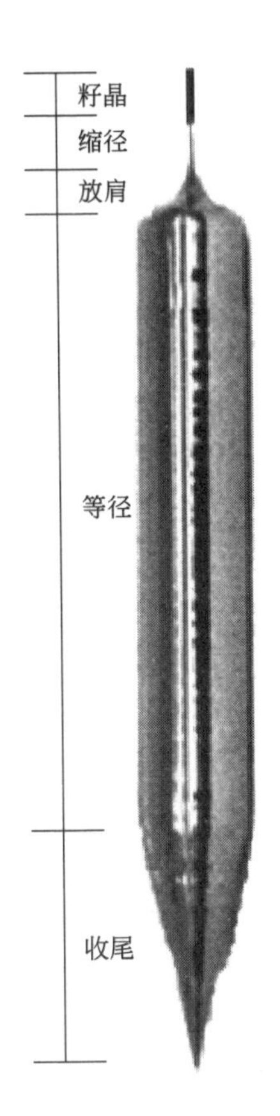

图 3-20　直拉法生长出的直径 300mm 硅单晶棒

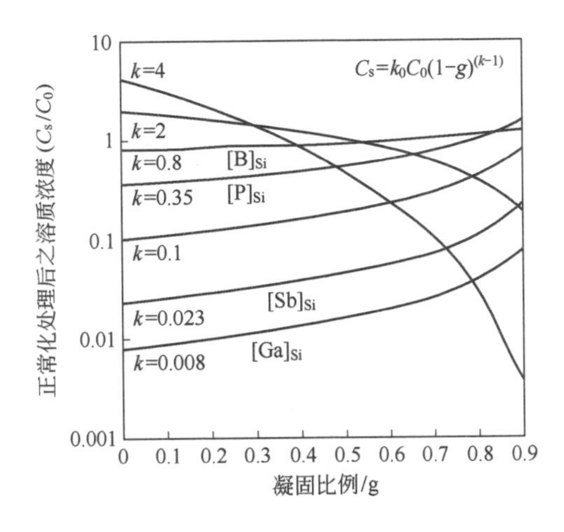

图 3-21　掺杂元素在直拉硅单晶棒中的分布曲线

电阻率在硅单晶棒中的轴向分布，可见图 3-22。由此可知一根硅单晶棒中只有部分长度符合技术要求。

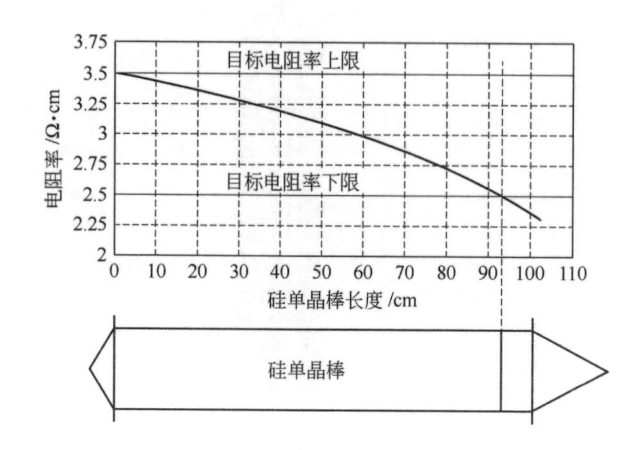

图 3-22　电阻率在硅单晶棒中的轴向分布

为了控制硅单晶中的氧含量及其均匀性，提高硅单晶的质量和生产效率，在传统的直拉硅单晶生长工艺基础上又派生出磁场直拉（MCZ）硅单晶生长工艺和连续加料的直拉（CCZ）硅单晶生长工艺。

（1）磁场直拉（MCZ）硅单晶生长工艺（magnetic field applied czochralski method）。

由于磁场具有抑制导电流体的热对流能力，而且大部分金属及半导体熔液，都具有良好的导电性。故在传统的直拉（CZ）生长系统上外加一个磁场后，可以抑制熔液里的自然热对流，避免产生紊流现象。在合适的磁场强度及分布下进行晶体生长能减少氧、硼、铝等杂质经石英坩埚壁进入硅熔融体继而进入晶体起作用。

1980 年日本 Sony 公司将 MCZ 晶体生长技术正式运用到硅单晶生长工艺中，从而可制备出氧含量可以控制（从低氧到高氧）及均匀性好的高电阻率的 CZ 硅单晶。

采用磁场晶体生长技术时磁场相对于晶体生长轴的方向对实际效果有着很大的影响。根据所加磁场的结构、方向的形式不同可有：横向磁场（HMCZ）、纵向磁场（VMCZ）及各种非均匀分布的复合式磁场（cusp-MCZ）三种。如图 3-23 所示。

根据配置的磁场结构形式可有一般铁芯磁场和超导磁场两种。

a. 横向式（horizontal-HMCZ）磁场。在普通 CZ 硅单晶生长系统的炉膛

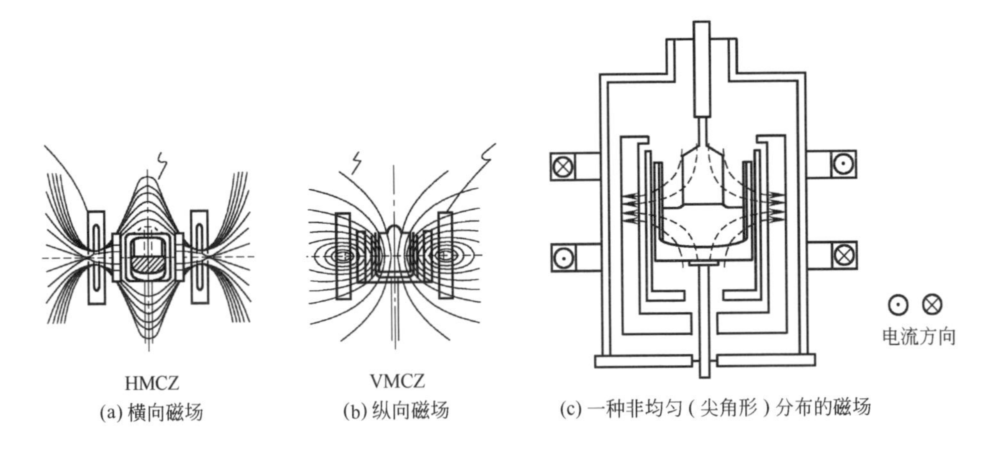

图 3-23　硅单晶生长系统中的各种不同磁场结构及其磁场的磁力线分布示意
不考虑晶体生长系统中炉体的各种干扰时磁场的磁力线分布

外面安装一对水平放置的横向磁场系统便能破坏硅熔融液里的自然热对流的轴对称性，可抑制熔融液里纵向的热对流，增加单晶棒的轴向温度梯度、降低硅熔融液内的径向温度梯度，故可提高晶体的生长速度。

横向磁场的磁力线分布见图 3-23(a)。

此外，横向磁场能对硅晶体中的氧含量起到抑制作用，横向磁场对直径 100mm 硅晶体生长中的氧含量的影响，见图 3-24。

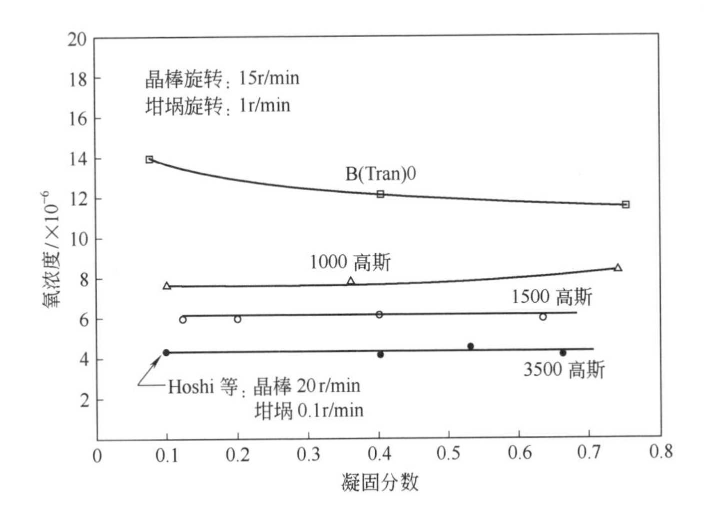

图 3-24　横向磁场对直径 100mm 硅晶体生长中的氧含量的影响

从图 3-24 可知，磁场强度在 1000 高斯时，晶体中的氧含量几乎能降低一半值。当磁场强度增加到 1500 高斯时，晶体中的氧含量会降低得更多，但是如果再继续增加磁场强度，晶体中的氧含量已无明显的变化。此外，横向磁场还能使晶体中的氧含量在单晶棒中的轴向分布比一般不加磁场的普通 CZ 单晶变得更加均匀。

b. 纵向式（vertical-VMCZ）磁场。在普通 CZ 硅单晶生长系统的炉膛外面围绕上铜制螺旋管线圈，其产生的纵向磁场虽能使径向的硅熔融体热对流受到抑制，但其轴向的熔融体热对流仍不受影响，故从石英坩埚到晶体和熔硅界面处仍有直接氧的传输，对晶体中的氧含量难以控制。

纵向磁场的磁力线分布见图 3-23(b)。

c. 尖角形（cusp-MCZ）磁场。上述两种配置的磁场虽均能抑制硅熔融体内紊流的产生，但是纵向式（VMCZ）破坏了直拉（CZ）系统原有的横向热对流的对称性，使得杂质浓度在单晶棒中的径向分布变得不均匀；而横向式（HMCZ）却破坏了直拉（CZ）系统原有的轴向热对流的对称性，使得单晶棒生长的条纹变得严重。故 Series 和 Hirata 等分别提出解决办法，设计出磁场的磁力线非均匀分布的尖角式磁场结构，见图 3-23(c)。

这种 cusp 磁场结构是由两组与晶体生长轴平行、电流方向相反的磁场线圈来实现的。在这种 cusp 磁场结构的磁力线作用下，在两组线圈的中间的磁力线呈“尖角形”对称分布，硅单晶生长时使固液交接界面位于两组线圈之间的对称面上，大部分硅熔融液都受到磁场的抑制作用，故可有效地减少硅熔体内紊流产生的程度。

在硅晶体生长过程中，由于在固液交接界面处，单晶棒是磁场轴向分量为零的状态下生长的，故使杂质浓度在晶体径向分布的均匀度得到有效保证。而靠近晶棒下方的硅熔体却是处于低磁场强度作用下，故能使该处熔融体仍能得到充分搅拌。其他大部分的硅熔融体却是处于高磁场强度作用下，因而使硅熔体的热对流受到有效抑制。此外，因所加的磁场略垂直于石英坩埚壁，使邻近石英坩埚壁的扩散边界层变厚，致使石英坩埚与硅熔融体作用下的溶解量减少而使硅晶体棒的氧含量降低。

然而，在这上下两组磁场作用下，磁场轴向分量为零的中心平面位置却会影响硅熔融体内的对流状况，这也是影响晶体中氧含量控制的重要因素。当中心平面位置位于硅熔体内部时，由于对称分布的磁力线作用，会使得硅晶体棒的氧浓度比较均匀而又不会出现晶体的生长条纹（growth striations）。

综上所述，磁场直拉硅单晶生长技术，尤其是采用 cusp 磁场是能生长出氧含量较低且径向分布均匀的硅单晶棒的最佳方法。

为了降低设备的制造成本，安徽合肥易芯半导体有限公司利用自主的技术已开发研制出“无磁场”的大直径硅单晶炉和硅单晶制备的工艺技术，并于2015年首次拉出直径300mm（12英寸）硅单晶。

（2）连续加料的直拉（CCZ）硅单晶生长工艺（continuous czochralski process）

早在1954年由Rusler提出的，它是让硅晶体生长的同时不断地向石英坩埚内补充添加多晶硅原料，以此来保持石英坩埚中有恒定的硅熔融体量、致使硅熔融体液面不变而处于稳定状态。

此举，因有比较恒定的硅熔融液量及较恒定的熔融液界面，而使熔融液里的热对流变得相对比较稳定而利于硅晶体的生长，另可使石英坩埚与硅熔融体接触的界面面积与硅熔融体自由面积的比值趋于恒定，故能使硅单晶棒中的氧含量的轴向分布比较均匀。由于晶体生长的同时不断地向石英坩埚内补充添加多晶硅原料及掺杂物，因而可减少电阻率轴向的偏析现象，致使硅单晶棒中的电阻率的轴向分布也比较均匀，见图3-25。由此可生长出比较长的硅单晶棒以增加产量提高生产效率。

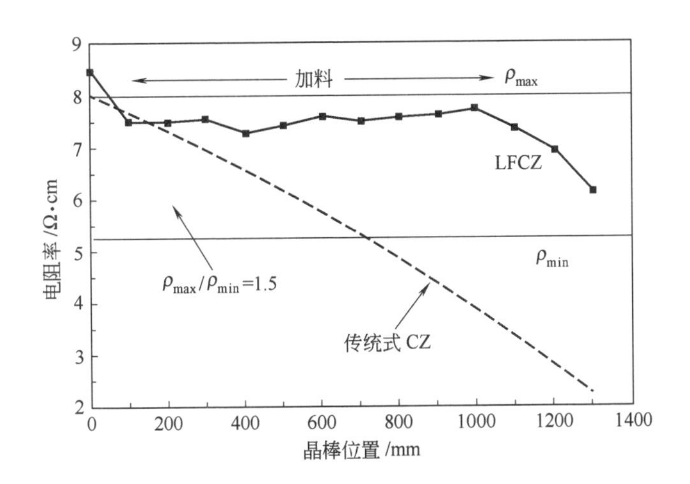

图3-25 采用液态连续加料（LFCZ）生长的直径150mm硅单晶棒中电阻率（实线部分）的轴向分布，图中虚线部分为传统CZ晶棒中电阻率的轴向分布

采用硅单晶生长技术，虽然因设备变得复杂而会增加设备的前期投资，但预期仍然可降低约40%的生产成本。

当前连续加料方法主要有液态连续加料（continuous liquid feed）和固态连续加料（continuous solid feed）。

目前，我国使用美国KAYEX公司KX-150MCZ磁场单晶生长系统（最大装料量为150kg），运用具有自主知识产权，采用磁场及计算机控制的热辐射的完美晶体生长技术已研制、生产出氧、碳含量可控，缺陷密度低，电阻率均匀性好的直径大于200mm的大直径硅单晶。

北京有色金属研究总院、有研半导体材料股份有限公司自1995年8月研制出我国第一根直径200mm直拉硅单晶和1997年8月研制出我国第一根直径300mm直拉硅单晶后，又于2002年11月研制出我国第一根直径450mm直拉硅单晶。随着半导体产业的发展，近几年国内也已有多家公司成功研制出直径300mm直拉硅单晶。

3.5.2 悬浮区熔硅的生长

早在1953年由Keck及Golay两人率先采用区熔（FZ）法来生长硅单晶。

采用区熔（FZ）法生长的硅单晶，因具有低氧含量、低金属污染的特性，故主要用于生产高反压、大功率的电子元件。

由于区熔法生长硅单晶时，硅熔融区呈悬浮状态，硅熔体是不接触其他任何物体，因而不会被污染。此外，由于硅中杂质的分凝及蒸发效应的作用，故可生长出远远比直拉法生长纯度高的硅单晶。所生长的硅单晶不仅氧含量低，而且也可生长出高电阻率的硅单晶。

一般工业用区熔硅单晶电阻率约在10～200Ω·cm之间。如果采用NTD（中子辐照）掺杂生长的区熔硅单晶，则可更精确控制其电阻率，故除用于生产高反压、大功率的电子元件（例如：用直径75mm FZ硅单晶已制出1500A、4000V的晶闸管）外，还可用于制备红外探测器。

区熔（FZ）硅单晶生长系统主要由炉体（包括炉膛、上轴、下轴、导轨、机械传动装置和基座等）、高频发生器和高频槽路线圈（高频加热线圈）、系统控制柜、真空系统及气体供给控制系统等组成。

当前国际上供应区熔硅单晶生长设备的著名公司是丹麦HALDOR TOPSOE公司。其设备见图3-26。大直径区熔硅单晶炉的结构及生长示意见图3-27。

为了生长出优质区熔硅单晶，在采用区熔硅单晶生长方法时，需要考虑以下问题：

首先要严格控制原料的选择使用。为了确保纯度，需要对多晶硅棒（原料）表面进行滚磨、头部磨锥和腐蚀、清洁处理，还可采用悬浮区熔法进行整形处理。

图 3-26　FZ-30 型大直径区熔硅单晶炉

资料来源：丹麦 HALDOR TOPSOE 公司产品样本

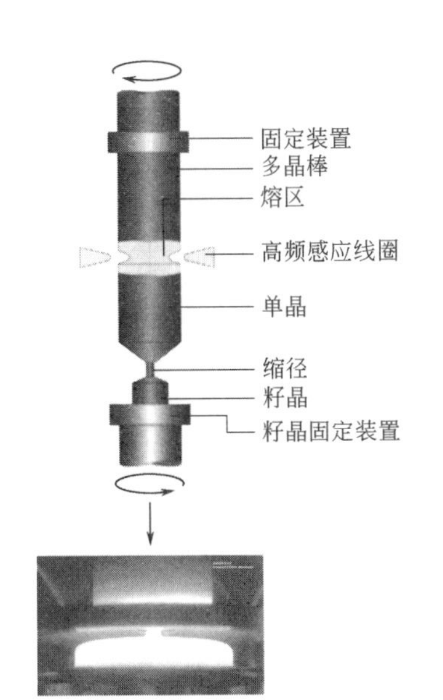

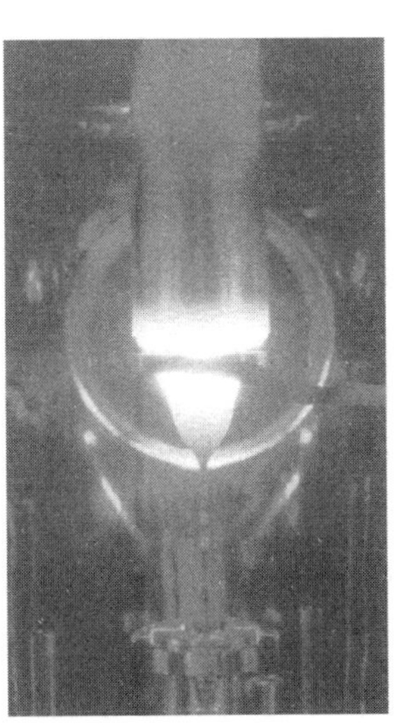

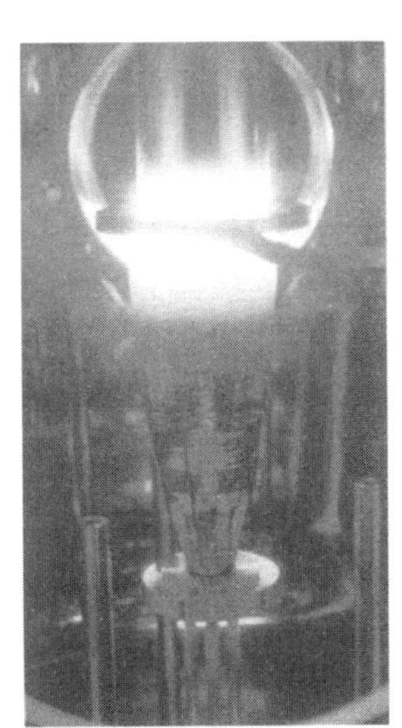

图 3-27　FZ-30 型大直径区熔硅单晶炉的结构及生长示意（参见文前彩图）

资料来源：丹麦 HALDOR TOPSOE 公司产品样本

其次是要掌握一整套区熔硅单晶生长工艺、技术。主要包括以下几方面。

① 籽晶的选择及处理。

② 高频加热线圈的设计及使用。

③ 晶体生长工艺的过程控制。

这包括系统内的各项工艺参数的优化设置：籽晶的转速、多晶硅棒（原料）的转速、硅熔融区的控制（高频加热功率的调整）、晶体生长速率等因素的匹配。

在区熔硅单晶生长工艺中，为了改善晶体质量和径向电阻率的均匀性，往往采用使得晶体生长轴与多晶硅棒（原料）的中心轴线不同心的“偏心”生长技术。

④ 区熔硅单晶的掺杂技术。目前常采用的掺杂方法是中子嬗变（NTD）掺杂和气相掺杂。

a. 中子嬗变掺杂。由于硅是由^{28}Si、^{29}Si、^{30}Si三种同位素组成，其中^{30}Si约占3.09%。在原子能反应堆中，对这些同位素硅^{30}Si进行中子辐照，在吸收热中子（thermal neutron）后，便可释放出一个电子（electron）转变成^{31}P。

对Si进行中子辐照后，^{30}Si会有发生如下反应：

$$^{30}Si+中子\longrightarrow {}^{31}Si+\gamma \tag{3-10}$$

$$^{31}Si\xrightarrow{2.6h}{}^{31}P+电子 \tag{3-11}$$

由于^{30}Si在硅中是均匀分布的，故经上述反应后所产生的施主磷（P）在硅中的分布也应该是均匀的。

故采用中子嬗变掺杂能获得电阻率高度均匀的区熔硅单晶。通过计算和工艺控制，其掺杂准确率极高、电阻率范围较窄。

但是，此掺杂是一个核反应过程，经核反应堆中子辐照后，需要进行消除放射性处理；中子辐照又会使其产生大量晶格损伤，故需要对其进行热处理（将FZ硅单晶棒在约800℃下进行退火处理）。这样会增加硅单晶的附加成本、增加因残存的辐照损伤和退火过程产生的外界沾污，从而降低硅单晶的寿命。这些因素影响了中子嬗变区熔硅单晶的应用范围。

采用中子嬗变掺杂方法，常适宜制备电阻率高于30Ω·cm（磷原子浓度$<1.5\times10^{14}$个/cm^3）的区熔硅单晶。目前这种NTD掺杂方法，一般用于制备电阻率约为60Ω·cm的区熔硅单晶。

b. 气相掺杂。这种掺杂技术是将易挥发且含有掺杂剂的气体依靠氩气（Ar）稀释、携带直接吹向硅熔融区内达到掺杂目的。

常用的易挥发且含有掺杂剂的气体有：

生长N型区熔硅单晶用磷烷（PH_3）。

生长P型区熔硅单晶用硼烷（B_2H_6）。

采用气相掺杂生长区熔硅单晶的电阻率分布比较均匀，能满足制备一般功率器件或整流器件的要求。其单晶成本要比中子嬗变掺杂单晶成本低得多，是制备N型区熔硅单晶的一种比较好的掺杂方法。

3.6 硅晶棒（锭）的截断（cropping）

硅晶棒（锭）的截断（切断）目的主要是要沿着垂直于晶体生长方向切除硅单晶棒（锭）的头（硅单晶的籽晶和放肩部分）、尾部及外形尺寸小于规格要求的无用部分，将硅单晶棒（锭）切割成切片机可处理长度的单晶棒（锭）段。同时对硅单晶棒（锭）切取样片，以检测其电阻率 ρ、氧/碳的含量、晶体缺陷等相关质量参数。

对硅单晶棒（锭）一般可采用外圆切割（OD saw）、内圆切割（ID saw）或带锯切割（band saw）的技术对硅单晶棒（锭）进行截断加工。

随着IC工艺、技术的不断发展，对大直径硅片的需求量增大，采用外圆切割或内圆切割已受到其刀片直径尺寸、机械强度等限制，为了提高晶棒截断加工精度和减少切口材料的损耗。在直径大于200mm以上的硅抛光片生产中，将广泛采用带锯切割技术进行截断加工。

如图3-28所示的是比较先进、自动化程度很高、适合直径200mm及300mm硅单晶棒的截断系统。

制备太阳电池用的硅晶片一般有两种形状，一种是圆形，另一种是方形。对于圆形晶体硅棒可依照上述加工方式进行外圆表面的磨削加工（滚圆），达到符合外形直径尺寸的技术要求。

对于方形的晶体硅锭（棒），在硅晶体锭（棒）截断（切断）后，要进行切方块处理。即沿着硅晶体锭（棒）的晶体生长的纵向方向，利用外圆切割机将硅晶体锭（棒）切成一定尺寸的长方形的硅晶体锭（棒）段，其截面为正方形，通常尺寸为100mm×100mm、125mm×125mm或150mm×150mm。

对于直拉或区熔方法生长的硅单晶，制备成圆形硅片的材料成本相对于方形硅片的材料成本要低，但在制备太阳电池、组成组件时，圆形硅片的空间利用率比方形硅片低，要达到同样的太阳电池输出功率时，圆形硅片的太阳电池

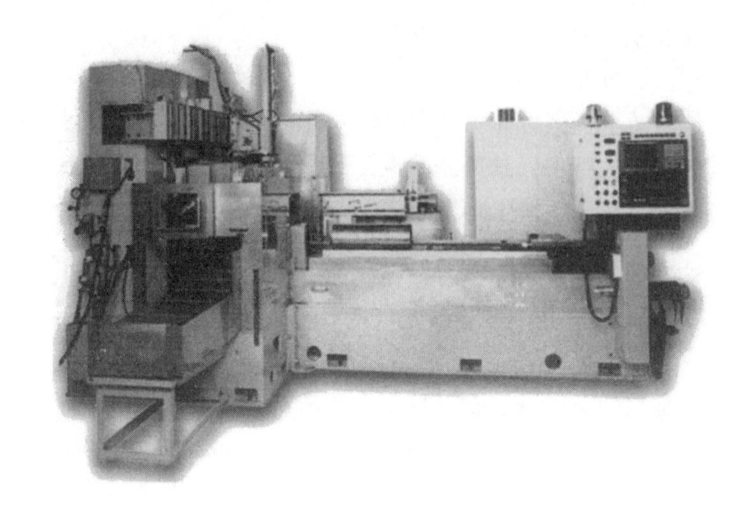

图 3-28 日本东京精机公司 BSM-700HL 直径 300mm 硅单晶棒的截断系统
资料来源：日本东京精机公司产品样本

组件板的面积大，这既不利于空间的有效利用、也增加了太阳电池的生产总成本。因此，目前对于大直径单晶硅或制备高输出功率太阳电池用的硅片形状一般为方形。

3.7 硅单晶棒外圆的滚磨（圆）磨削（grinding）

无论是采用的直拉还是区熔方法生长的硅单晶棒，其硅单晶一般是按〈100〉或〈111〉晶向生长的，由于晶体生长时的热力势作用，使得晶体外形表面还不够平整，其直径有一定的偏差，外形直径也不符合最终抛光片所规定的尺寸要求，故单晶棒在切片加工前必须在 X 射线定向仪上，根据集成电路技术要求参照 SEMI 标准对硅单晶棒的外圆表面进行定向、磨削（滚磨）加工。通过对单晶棒的滚磨加工，使其表面整形达到基本的直径及公差的要求，并确定其定位面的位置及基本尺寸。

磨削（滚磨）加工前一般采用 X 射线衍射（X-Ray diffraction method）的方法定向测量硅单晶棒晶体方向，以确保其在切片时的加工精度。同时，为了识别硅单晶棒或晶片上特定的结晶方向，有利于在 IC 工厂中，晶片在不同工序中的识别、定位要求。一般都是在完成硅单晶棒的定向、外圆表面磨削加工之后，根据 IC 工艺要求，可参照 SEMI 标准采用 X 射线衍射法测定硅单晶棒的结晶方向，然后进行晶片的定位面（参考平面）或 V 型槽（Notch 缺口）的加工。

因此，外圆磨削（滚磨）加工的目的是以此使其获得比较精确的晶体方向及所确定的定位面（参考平面）或 V 型槽（Notch 缺口）和外圆直径尺寸精度。

目前通常使用外圆磨床对硅单晶棒的外圆进行磨削加工。待磨削的硅单晶棒被固定在两个可以慢速旋转的支架之间，在其垂直方向有个高速旋转（转速高达 8000r/min）的金刚石磨轮，沿着硅单晶棒表面作来回直线运动，同时加入相宜的磨削液，加工达到要求的直径尺寸公差，完成硅单晶棒表面的磨削加工。硅单晶棒外圆磨削加工示意见图 3-29。

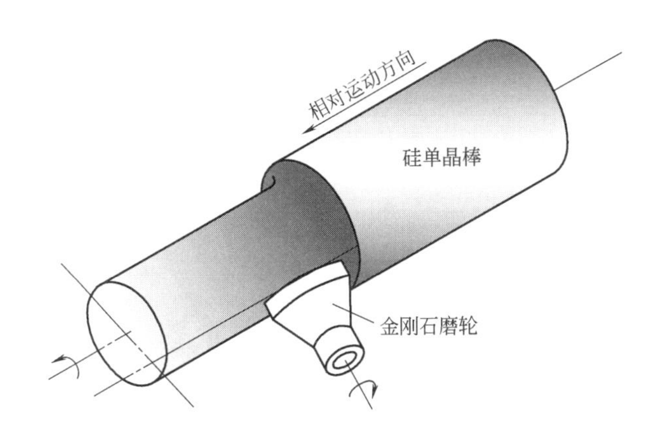

图 3-29　硅单晶棒外圆磨削加工示意

在磨削加工中，为了使硅单晶棒表面具有较高的直径尺寸公差的同时，表面又不留有较深的表面损伤，故如何选择金刚石磨轮、采用何种磨削工艺是至关重要的。在对大直径硅单晶棒表面的磨削加工过程中，往往先用较粗的金刚石磨轮（粒度小于 100$^{\#}$）进行粗磨削，然后再用较细金刚石磨轮（粒度 200$^{\#}$～400$^{\#}$）进行精磨削。

目前比较先进、自动化程度高的外圆磨床上都同时配有不同粒度的金刚石磨轮。粗磨轮在前、细磨轮在后，加工时粗磨轮先对晶棒表面进行粗磨削，紧接着细磨轮对晶棒表面进行细磨削，这种磨削加工效率高、表面加工精度高且晶棒表面损伤小。

如图 3-30、图 3-31 所示的是比较先进、自动化程度很高、适合直径

300mm 硅单晶棒的定向、外圆表面滚磨系统。

图 3-30 日本东京精机公司 CSN-28034-H 直径 200/300mm 硅单晶棒的外圆磨床系统
资料来源：日本东京精机公司产品样本

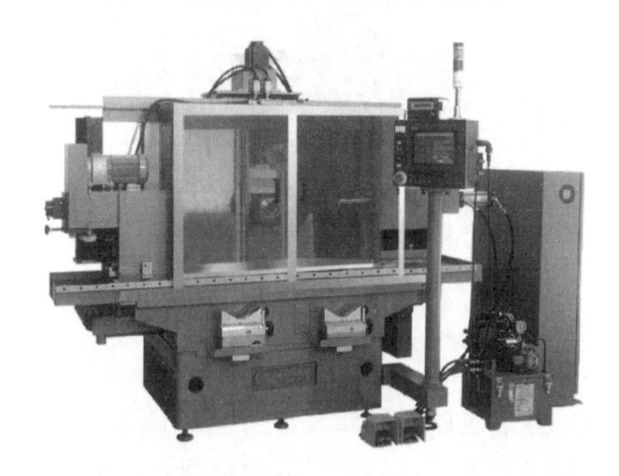

图 3-31 日本 UEDA 公司 MS2n-Kh300NAH 直径 300mm 硅单晶棒的外圆磨床系统
资料来源：日本 UEDA 公司产品样本

本工序控制的主要技术参数主要是硅晶棒的直径、参考面（主参考面或切口）的定位尺寸和表面质量（表面光滑，无碎裂等）。

3.8 硅单晶片定位面加工（flat or notch grinding）

一般晶棒的直径小于 150mm 采用定位平面加工。即沿着硅单晶棒晶轴线方向在硅晶棒外圆柱表面上磨削出 1 个或 2 个定位平面。较宽的平边截面是〈110〉晶向，称为“主参考平面（primary flat）”，表 3-8 为 SEMI 标准所规定的硅片主、次参考平面的规格尺寸。

表 3-8　硅片主、次参考平面的规格尺寸

直径/mm	主参考面长度/mm	次参考面长度/mm	V 型槽(缺口)
100.0	32.5±2.5	18.0±4.0	—
125.0	42.5±2.5	27.5±4.0	—
150.0	47.5±2.5	37.5±4.0	V
200.0	—	—	V
300.0	—	—	V

较窄的平边称为“次参考平面（secondary flat）”，它用于识别晶片的结晶轴方向和导电型号，参考平面规格如图 3-32 所示。

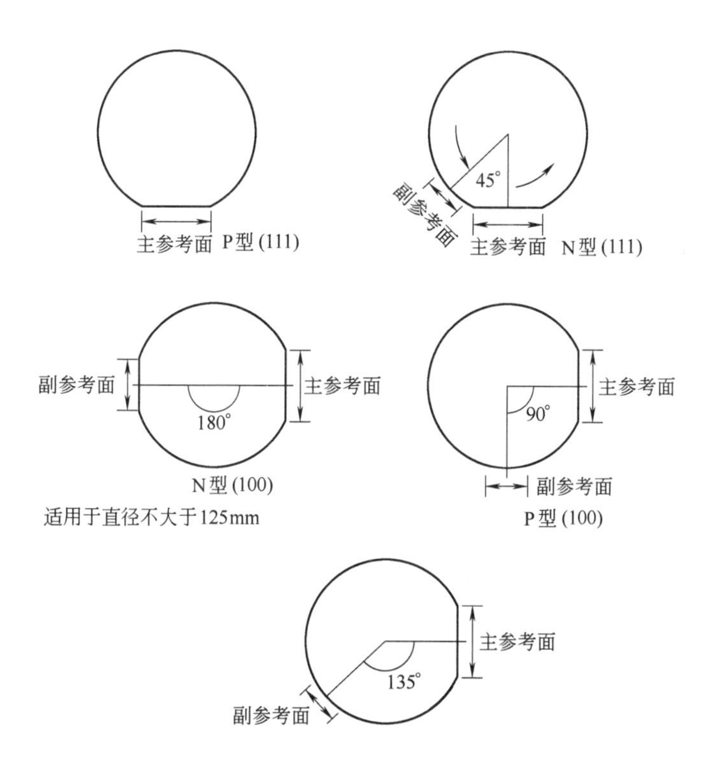

图 3-32　SEMI 标准规定的参考平面规格

对直径大于200mm以上的硅晶棒或晶片的定位则是采用V型槽来做标记。SEMI标准规定的V型槽规格如图3-33所示。

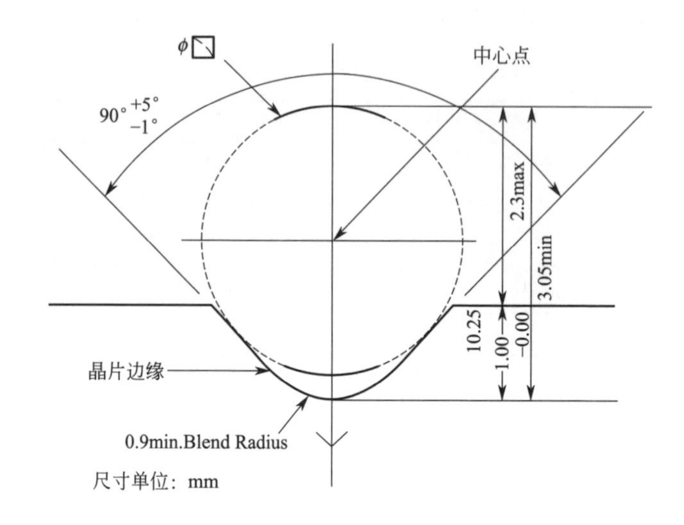

图3-33 SEMI标准规定的V型槽规格

3.9 硅单晶棒表面的腐蚀（etching）

为了去除硅单晶棒（锭）因其外圆表面经过磨削加工之后产生的表面机械损伤和表面沾污，更有利于后序的加工，根据工艺需要可以在硅切片（slicing）工序前，对硅晶棒（锭）的表面进行化学腐蚀处理。

通常采用低浓度NaOH（例如5%～10%、80～90℃）或KOH的水溶液对硅单晶棒（锭）表面进行碱腐蚀处理。

3.10 硅切片（slicing）

硅切片加工的目的在于将硅单晶棒（锭）切成一定厚度的薄晶片，这就是硅切片。确定硅切片表面质量的主要参数有晶向偏离度、TTV、warp、bow。这些参数的精度对后道工序的加工（如硅片研磨、硅片腐蚀和硅片抛光等）起着决定作用。根据IC工艺技术要求可参照SEMI标准控制其加工精度。

由于金刚石在硬度、抗压强度、热导率、摩擦系数等方面均比较合适，故以此粉末加上合适的切削液作摩擦剂，使用切片机将硅单晶棒切成一定厚度的薄晶片（即硅切片）。

对硅单晶棒（锭）的切割通常有外圆、内圆和线切割这三种切割形式，见图 3-34。

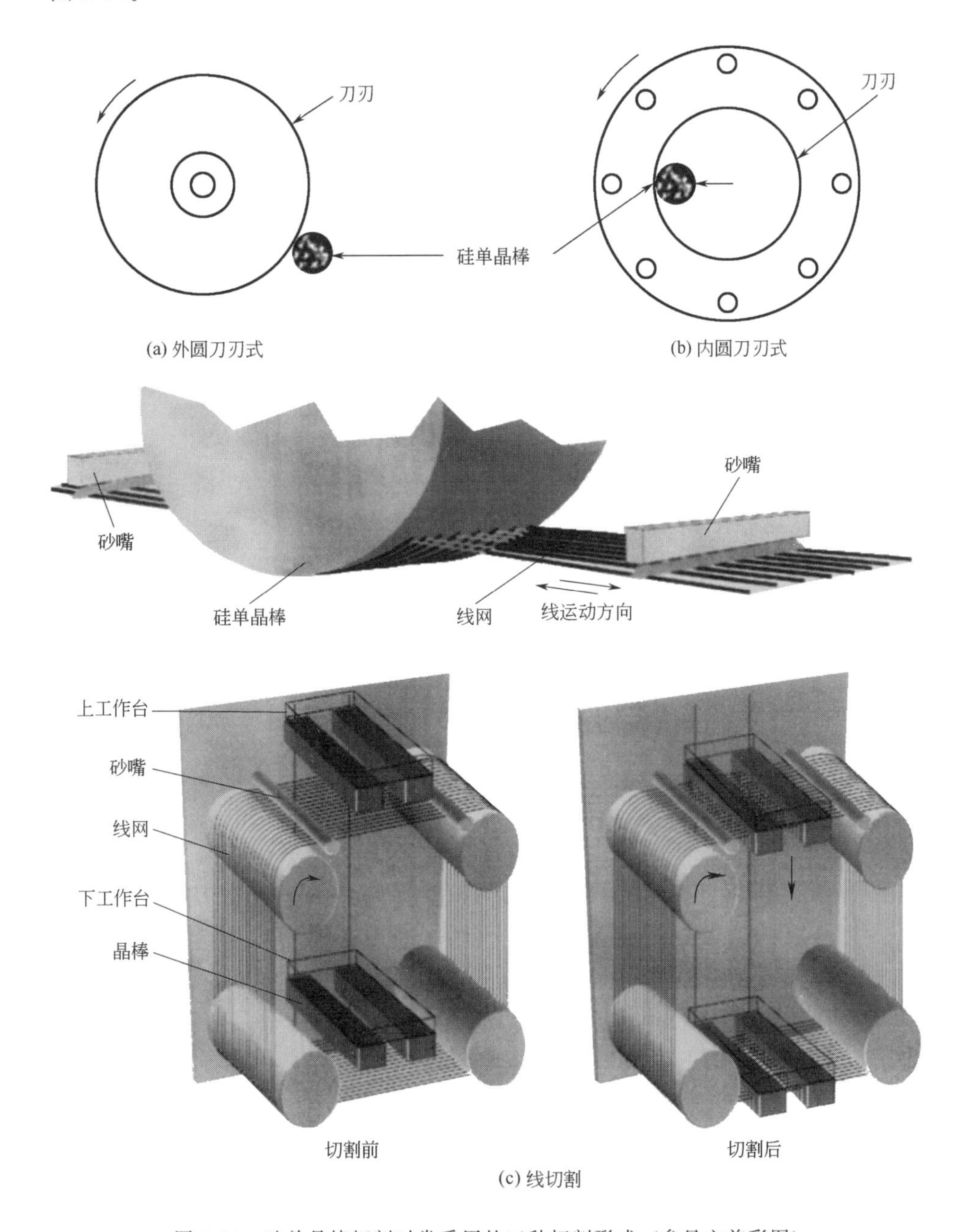

图 3-34　硅单晶棒切割时常采用的三种切割形式（参见文前彩图）

目前在微电子信息产业中，对小直径硅单晶棒大多仍采用内圆切片机进行切割加工，见图 3-35。它的刀刃是镶嵌在圆形金属薄基片的内圆周上，刀片的外圆固定在旋转轴上。它与早期采用的外圆刀刃式切片机相比，可以使用更加薄的刀刃（视所需加工的直径大小而选用相适应的刀头和刀片，例如切割直径 200mm 硅单晶棒需使用 34 英寸刀头，其刀刃厚度约为 380μm，刀的金属基片厚度不到 200μm），故可采用比较小的切割耗量、较小的加工余量和较高的精度切出更薄的晶片。

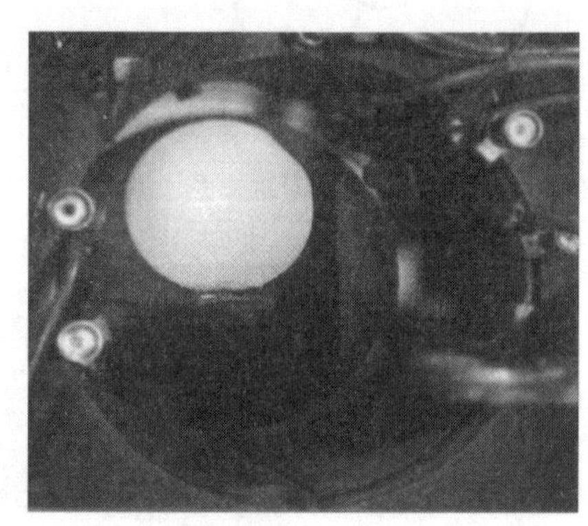

图 3-35 瑞士 MEYER+BURGER TS202 内圆切片机

资料来源：瑞士 MEYER+BURGER 公司产品样本

随着 IC 工艺、技术的不断发展，为了提高硅切片的加工精度和减少切口材料的损耗及提高生产效率，目前，在直径大于 100mm 的硅切片加工中，尤其是在对直径大于 200mm 以上的硅单晶棒切片加工中，已广泛采用线切割系统来加工硅切片。

线切割技术是指通过一根钢线（典型的直径为 180μm）来回顺序缠绕 2 或 4 个导轮而形成“钢丝线网”（导轮上刻有精密的线槽），而硅单晶棒两侧的砂浆喷嘴将砂浆切削液喷在“钢丝线网”上［图 3-34(a)］，导轮的旋转驱动“钢丝线网”将砂浆带到硅单晶棒里，钢丝将研磨砂紧压在硅单晶棒的表面上进行研磨式的切割，硅单晶棒同时慢速地往下运动直至被推过“钢丝线网”，经过几个小时的磨削切割加工，可使这根硅单晶棒一刀一次被切割成许多相同厚度的硅片，见图 3-34(b)。

线切割系统主要由“钢丝线网”控制系统（轴、导轮、放线轮、收线轮等)、电器控制系统、切削液供给系统（碳化硅砂浆、悬浮液及液流控制系统等)、温度控制系统、硅单晶棒的承载接送料系统等组成。

采用线切割技术进行切片加工，其生产效率高、切缝损耗小（材料损耗可降低25%以上)、表面损伤小、表面加工精度高（翘曲度warp<10μm)，故更适合大直径硅单晶的切片加工。

以加工直径200mm硅单晶为例，切片厚度为800μm，每千克单晶出片约为13.4片，其切割成本每片约为1.51美元，线切割机的产量约是内圆切割机的5倍以上，线切割机的切割运行成本低于内圆切割机运行成本的20%以上。

硅片的线切割机与内圆切割机之切割特性的比较见表3-9。

表3-9 硅片的线切割机与内圆切割机之切割特性的比较

项　　目	线切割机	内圆切割机
切割方法	自由研磨剂加工	固定研磨剂加工
切割的表面特征	线锯的印痕迹	刀片的印痕迹
损伤层深度/μm	5～15	20～30
生产效率/(cm^2/h)	110～200	10～30
每次切割的硅片数量/(片/次)	200～400	1
切缝的损耗/μm	150～210	300～500 (视所加工的直径大小不同而异，加工的直径越大其损耗也就多)
最小可切出硅片的厚度/μm	约200	约350
最大可切硅晶棒的直径/mm	300	200
硅片的总厚度偏差(TTV)/μm	<15.0	<25.0
硅片的翘曲度(warp)/μm	非常轻微<5～10.0	严重>50.0

根据目前的工艺、技术水平，为了降低硅材料的消耗、提高生产效率和表面质量一般均采用线切割技术对硅单晶棒（锭）进行硅切片加工。

近几年为了提高硅片的加工精度逐步更新采用金刚线切割技术，目前新型的金刚线切割工艺与用砂浆的线切割，在切割速度、成本和单片耗材等方面有明显的优势，且由于切片的厚度均匀性比较好，故可使切片的合格率大幅提高。如图 3-36、图 3-37 所示。

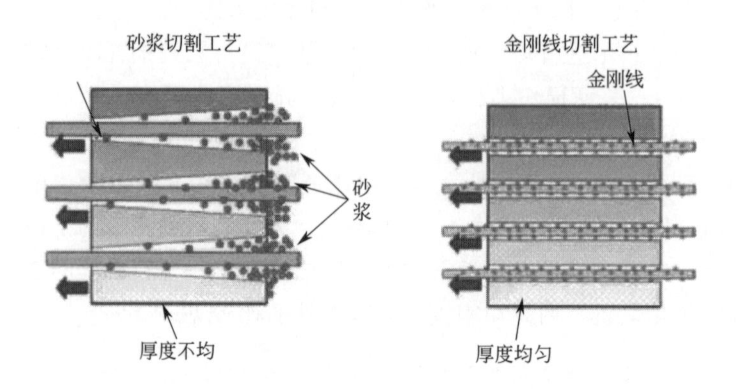

图 3-36 砂浆线切割工艺和金刚线切割工艺对比（参见文前彩图）

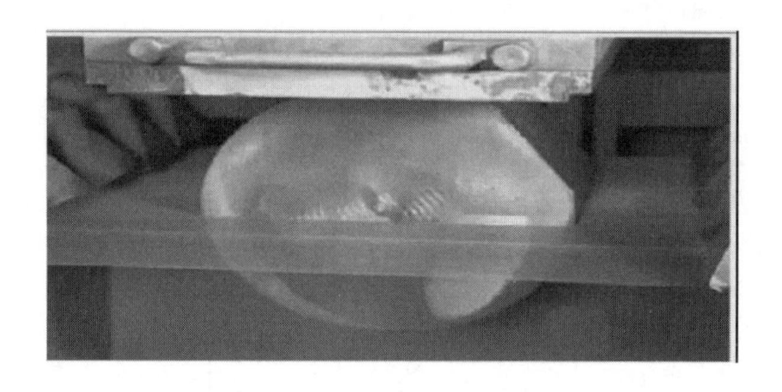

图 3-37 金刚线切割示意

在金刚线市场中，日本的旭金刚石（Asahi Diamond）工业株式会社，株式会社中村超硬（Nakamura）占据较高市场份额，国内主要企业有长沙岱勒新材材料科技有限公司、南京三超新材料股份有限公司等。

硅切片加工工艺流程示意框图如图 3-38 所示。

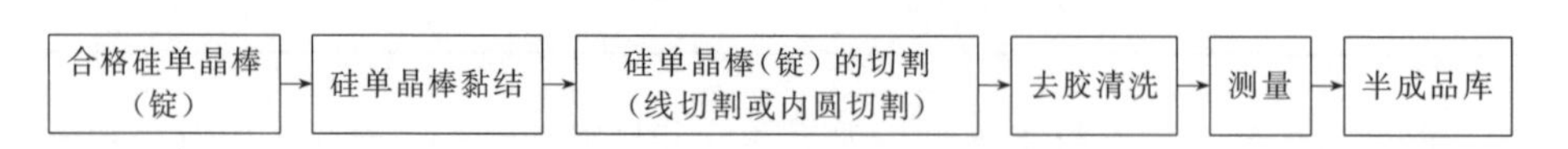

图 3-38 硅切片加工工艺流程示意框图

硅切片加工主要包括以下步骤。

1）硅单晶棒的黏结

一般采用环氧树脂将硅单晶棒黏结在表面具有与硅单晶棒直径相同的圆弧形状的石墨衬托板上。黏结时要注意硅单晶的生长方向，硅单晶棒头、尾不要倒置。将已经黏结有硅单晶棒的石墨衬托板在 X 射线定向仪上，根据 IC 技术要求可参照 SEMI 标准进行 X 射线定向。

石墨衬托板除具有支撑硅单晶棒作用外，还有防止硅晶棒在切割结束前产生崩边（exit chipping）的现象。

2）单晶棒的切割

按照工艺、技术规范要求，在硅切片机（线切割系统或内圆切割系统）上选择合理的切片工艺，同时加入相宜的切削液，对硅单晶棒进行硅切片加工。

3）硅切片的去胶清洗

切割后，选择合理的硅切片清洗工艺对硅切片进行去胶和表面化学清洗，以求获得符合技术要求、表面洁净的硅切片。

选择合适的线切割系统和合理的工艺条件，采用直径 160～140μm 钢丝对硅晶棒进行线切割加工，加工后硅片一般就可达到：

表面损伤层	5.0～15.0	μm
TTV	＜20.0	μm
warp	＜15.0	μm

如果选择合理的加工工艺条件（钢丝张力、进给速度、切削液的黏度及流量等），就可加工出 warp＜10.0μm、TTV＜15.0μm 的硅切片。

在硅片的线切割加工中，若配置切削液的回收、处理系统。可在确保其加工精度的前提下，大幅度降低切割的运行成本。

确定硅切片表面质量的主要参数有晶向偏离度、硅片的总厚度偏差 TTV、翘曲度 warp、弯曲度 bow。根据 IC 技术要求可参照 SEMI 标准控制其加工精度。

3.11　硅片倒角（edge grinding）

硅片倒角加工的目的是要消除硅片边缘表面经切割加工后所产生的棱角、毛刺、崩边、裂缝或其他的缺陷以及各种边缘表面污染，从而降低硅片边缘表面的粗糙度，增加硅片边缘表面的机械强度、减少颗粒的表面沾污。

待边缘表面倒角（磨削）加工的硅片被固定在一个可以旋转的支架上，在其边缘方向有一个高速旋转（转速一般达 5000～6000r/min，也有的高达 15 万 r/min）的金刚石倒角磨轮，两者间作相对的旋转运动，同时加入相宜的磨削液，经磨削加工以达到所要求的直径尺寸公差和边缘轮廓形状，完成硅片的边缘表面磨削加工。

经硅片倒角加工后，其边缘表面（截面）一般呈圆弧形（R-type）或梯形（T-type），见图 3-39。

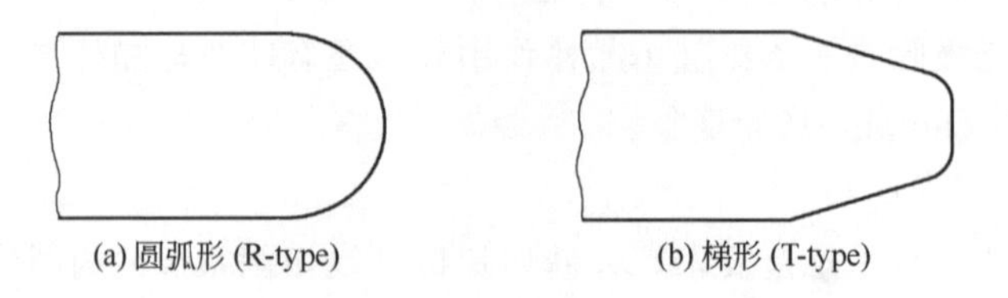

图 3-39 硅片典型的边缘形状

硅片的边缘表面形状可根据 IC 技术要求，参照 SEMI 标准或按照用户要求进行倒角磨削加工。一般讲，用圆弧形磨轮比用梯形磨轮加工效率高。例如日本 SHE 公司原来是用梯形磨轮，现在改用圆弧形磨轮。圆弧形磨轮比梯形磨轮加工效率约快 30%。

边缘表面磨削加工的方式可见图 3-40。

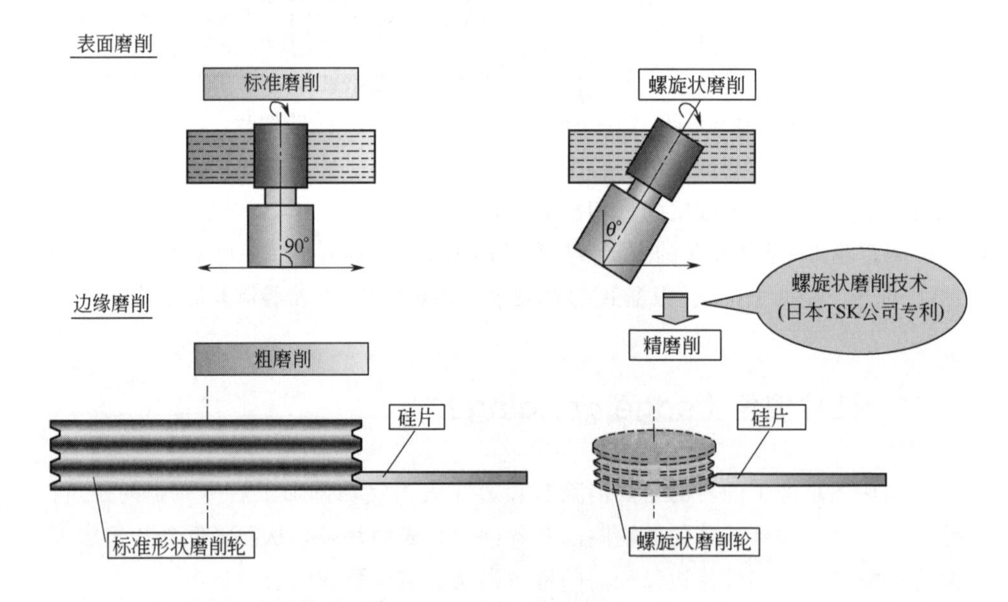

图 3-40 边缘表面磨削加工的方式（参见文前彩图）

资料来源：日本 TSK（东京精密）公司产品技术介绍

倒角加工中为使硅片具有较高的直径尺寸公差，同时边缘表面又具有较小

的粗糙度 R_a 和不留有较深的表面机械应力损伤，故如何选择金刚石倒角轮、采用何种倒角磨削工艺是至关重要的。在对大直径硅片的倒角磨削加工过程中，往往先用较粗的金刚石倒角磨轮（粒度常用 800$^{\#}$）进行粗倒角磨削，然后再用较细的金刚石倒角磨轮（粒度常用 3000$^{\#}$）进行精倒角磨削。

用 800$^{\#}$ 磨轮进行粗倒角磨削加工，转速达 80kr/min，表面机械应力损伤层深约 35～40μm，R_a 约为 0.5μm。

用 3000$^{\#}$ 磨轮进行精倒角磨削加工，转速达 150kr/min，表面机械应力损伤层深约＜3μm。R_a 约为 0.03μm（300Å）。

目前比较先进、自动化程度高的倒角机上都同时配有不同粒度的金刚石倒角磨轮。粗倒角磨轮在前、细倒角磨轮在后，加工时粗倒角磨轮先对硅片进行粗倒角磨削，紧接着细倒角磨轮对硅片进行细倒角磨削，这种倒角磨削加工效率高、边缘表面加工精度高、硅片边缘表面的机械应力损伤也小。

硅片加工后其边缘轮廓可见图 3-41。

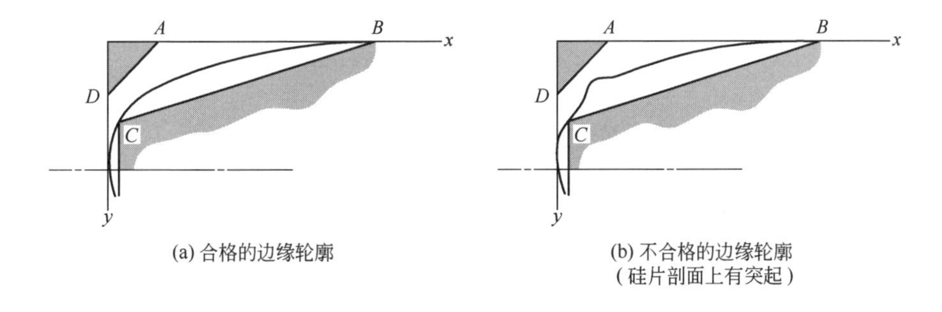

图 3-41 硅片加工后其边缘轮廓

如图 3-42～图 3-44 所示的是比较先进、自动化程度很高、适合直径 300mm 硅片的日本 TSK（东京精密）公司 TSKW-GM-5200 倒角机系统。

根据 IC 技术要求可参照 SEMI 标准对硅片进行倒角磨削加工。常用的倒角磨轮边缘轮廓形状、尺寸、规格如图 3-45 和表 3-10 所示。

采用日本 TSK（东京精密）公司 TSK W-GM-5200 倒角机，其系统中配有 Helical（螺旋状）磨削功能进行倒角加工。其产能可达 21～25s/片（144～171 片/h）。

在硅片的倒角加工时，先用 800$^{\#}$ 粗的磨轮进行粗倒角加工，然后再用 3000$^{\#}$ 细的磨轮（转速可高达 15 万 r/min）进行精倒角加工。

经倒角加工后，其表面的机械力损伤层小（＜1.5μm），表面粗糙度低，

图 3-42 日本 TSK（东京精密）公司 TSK W-GM-5200 直径 300mm 硅片的倒角机系统
资料来源：日本 TSK（东京精密）公司产品样本

图 3-43 日本 TSK W-GM-5200 硅片的倒角机系统局部 1
资料来源：日本 TSK（东京精密）公司产品样本

约为 R_a<0.04μm。(notch：R_a 330Å、边缘表面：R_a 260Å)。

为了确保表面加工质量，对倒角磨轮需要进行定期的修整，一般可使用 GC 320G（SiC）修整磨轮。根据生产经验，对直径 200mm 硅片，一般在加工

图 3-44　日本 TSK W-GM-5200 硅片的倒角机系统局部 2
资料来源：日本 TSK（东京精密）公司产品样本

ϕ202mm 组合型多槽倒角磨削轮

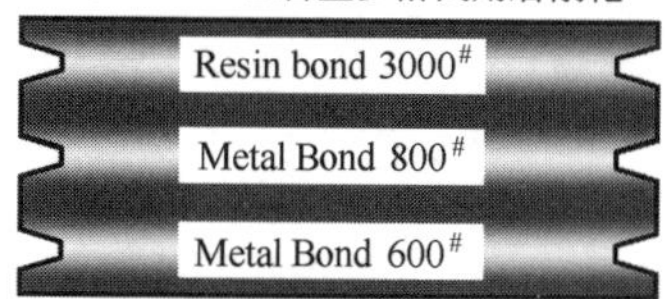

用于硅片圆周表面粗磨削的组合型多槽金刚石倒角磨削轮
粗(粒度常用800#、600#) 细(粒度常用3000#)
组合型多槽倒角磨削轮

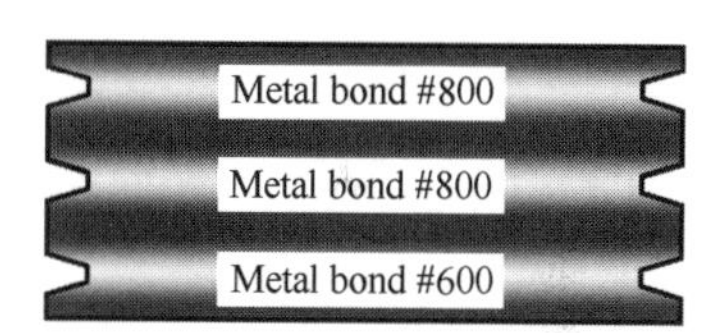

用于硅片带V型槽(Notch缺口)表面磨削的组合型多槽金刚石倒角磨削轮
粗(粒度常用800#、600#)磨削轮

图 3-45　常用的倒角磨轮边缘轮廓形状（参见文前彩图）

表 3-10　硅片边缘倒角轮的规格

磨削轮的基础材料	直径 200mm/300mm 带缺口(notch)槽的硅片	直径 200mm 带参考平面的硅片	直径比 150mm 更小带参考平面的硅片
金属基 600#	2 槽	2 槽	1 槽
金属基 800#	6 槽	3 槽	2 槽
金属基 3000#	N/A	2 槽	1 槽

700 片后需要修整一次，对直径 300mm 硅片加工 500 片后需要修整一次。

直径 300mm 硅片边缘经过倒角磨削加工后的轮廓形状及轮廓表面形貌见

图 3-46、图 3-47。

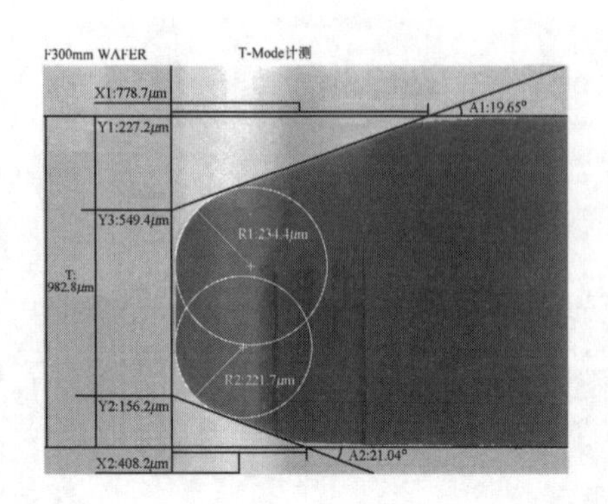

图 3-46 直径 300mm 硅片边缘经过倒角磨削加工后的轮廓形状

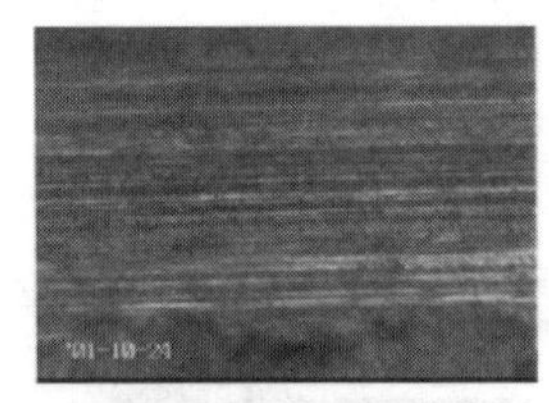

(a) 具有参考平面硅片用800#粗的磨轮进行边缘倒角磨削加工

(b) 具有参考平面硅片用3000#细的磨轮进行边缘倒角磨削加工

(c) 具有参考平面硅片用3000#细的磨轮进行最终边缘倒角精细磨削加工

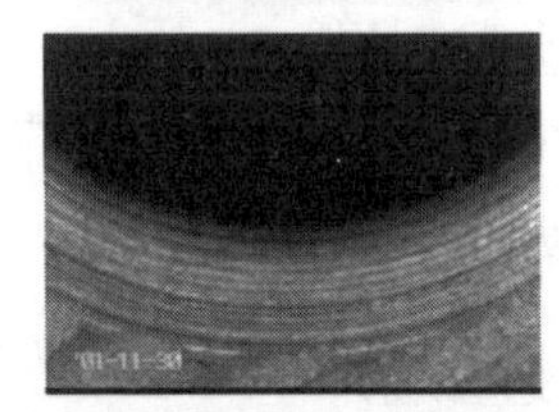

(d) 具有V型槽的硅片用800#粗的磨轮进行边缘倒角磨削加工

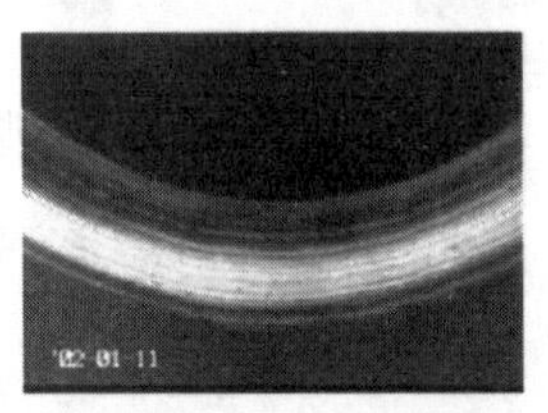

(e) 具有V型槽的硅片用4000#细的磨轮进行边缘倒角磨削加工

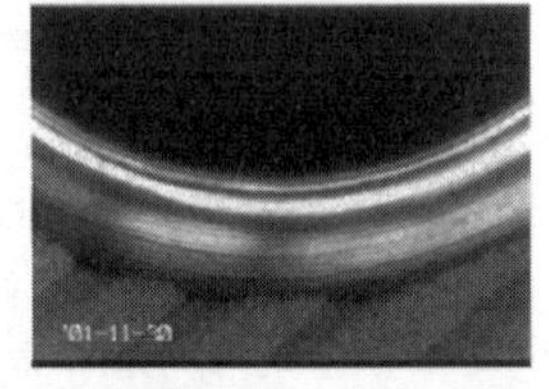

(f) 具有V型槽的硅片用4000#细的磨轮进行边缘倒角磨削加工

图 3-47 硅片边缘倒角磨削加工后的轮廓表面形貌（参见文前彩图）

硅片倒角加工工艺流程示意框图如图 3-48 所示。

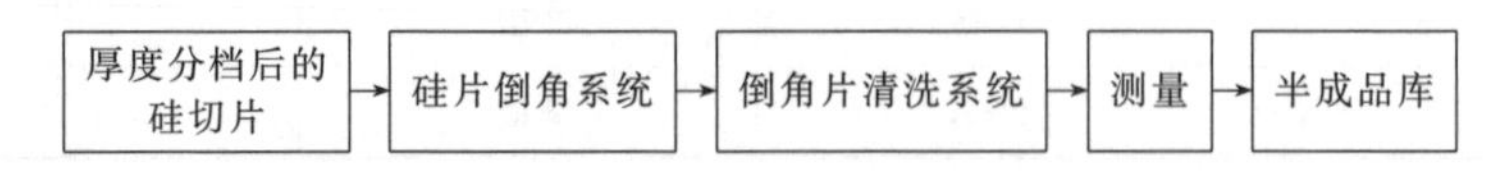

图 3-48 硅片的倒角加工工艺流程示意框图

硅片倒角工序控制的主要技术参数有：硅片的直径、边缘轮廓表面（边缘无异样、均匀、对称）、定位面（参考面或切口）尺寸和表面质量（无凹坑、亮点、刀痕、裂纹、崩边等）等。

3.12　硅片的双面研磨（lapping）或硅片的表面磨削(grinding)

硅片研磨的目的是为了去除在切片加工工序中，硅片表面因切割产生的、深度约 20～50μm 的表面机械应力损伤层（damage layer）和表面的各种金属离子等杂质污染，并使硅片具有一定的几何尺寸精度的平坦表面。

在对硅切片的研磨加工中常采用硅片的双面研磨（double side lapping）或硅片的表面磨削加工两种加工工艺。

硅片的表面磨削工艺与双面研磨工艺的比较见表 3-11。

表 3-11　硅片的表面磨削工艺与双面研磨工艺的比较

项　目	硅片的双面研磨	硅片的表面磨削
被加工硅片直径	≤200mm	≥300mm
设备投资	投资较大	投资较小
磨液	磨砂、磨液和纯水的混合液	纯水和表面活性剂的混合液
研磨量	约为 30～40μm/面(或视工艺要求而定)	10～30μm/面(或视工艺要求而定)
磨削速率	研磨速率大： 靠粒度5.0～10.0μm 的磨砂和磨液与硅片的相对运动,选择合理工艺 速率：＜2.0μm/min	磨削速率大： 金刚石粒度：500# ～800#、1500#(粗磨削) 2000# ～3000# ～4000#(精磨削) 速率：20.0～200.0μm/min
表面损伤	表面机械应力损伤大： 应力损伤层深度大约是磨砂粒径的 1.5～2.5 倍(表面损伤层深约有＜20～30μm)	表面机械应力损伤小： 经粗磨削加工,表面应力损伤层深约＜1.4μm 若再进行精磨削,表面应力损伤层深约＜0.4μm
生产效率	硅片的后工序加工量大,加工损耗大,每千克单晶加工出的硅片数量相对少	可减少硅片的后工序加工量,加工损耗少,每千克单晶加工出的硅片数量相对多

续表

项　目	硅片的双面研磨	硅片的表面磨削
加工精度	表面机械加工精度较高，可达： TTV　≤2.0　μm SBIR(LTV)　≤0.13　μm SFQR　≤0.10　μm	表面机械加工精度较高，可达： TTV　≤0.2　μm SBIR(LTV)　≤0.13　μm SFQR　≤0.10　μm R_a　20.0～1.0　nm

(1) 硅片的双面研磨

在使用双面研磨系统对硅片进行双面研磨加工时，利用游轮片（carrier）将硅片置于双面研磨机中的上下磨盘（磨板）之间，加入相宜的液体研磨料(slurry)，使硅片随着磨盘作相对的行星运动，并对硅片进行分段加压双面研磨加工。

液体研磨料主要由磨砂（粒度约为 10.0～5.0μm 的氧化铝微粉和氧化锆微粉等）和磨液（水和表面活性剂）组成。硅片的双面研磨加工示意见图 3-49。

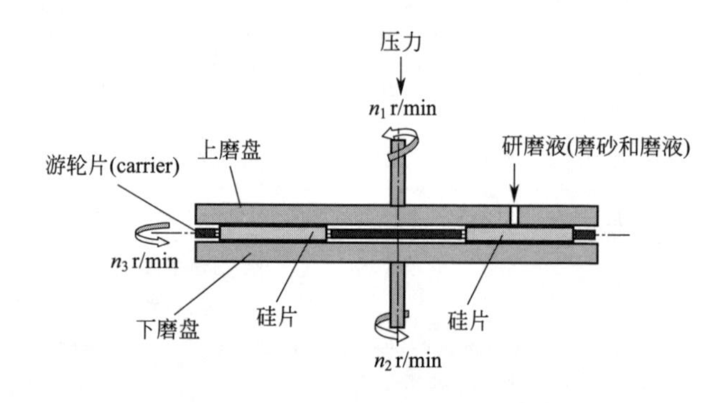

图 3-49　硅片的双面研磨加工示意（参见文前彩图）

硅片双面研磨的总加工量一般可视硅片所采用切割加工的形式及存在的切割表面机械应力损伤情况而定（一般约 60～80μm)。

在大直径硅片的双面研磨加工中常使用日本 FUJIMI 公司的磨液及 FO 系列磨砂，FO 系列磨砂的粒度及化学成分见表 3-12。

它虽具有较大的磨削速率，但其表面产生的应力损伤也较大、表面损伤层较深，表面损伤层的深度大约是磨砂粒度的 1.5～2.5 倍。目前对直径小于 200mm 的硅片常采用双面研磨技术对硅片进行双面研磨加工。

表 3-12　FO 系列磨砂的粒度及化学成分

种类	粒度	相对密度	化学成分				
			Al_2O_3	SiO_2	Fe_2O_3	TiO_2	ZrO_2
FO 系列磨砂	240# ～400#	≥3.90	≥45.00	≤20.00	≤0.50	≤2.00	≤38.00
	500# ～1200#	≥3.90	≥45.00	≤20.00	≤0.50	≤2.00	≤38.00
	1500# ～6000#	≥3.90	≥40.50	≤25.00	≤0.70	≤2.00	≤33.00

四路驱动双面研磨的直径 200mm、300mm 硅片的双面研磨系统见图 3-50。

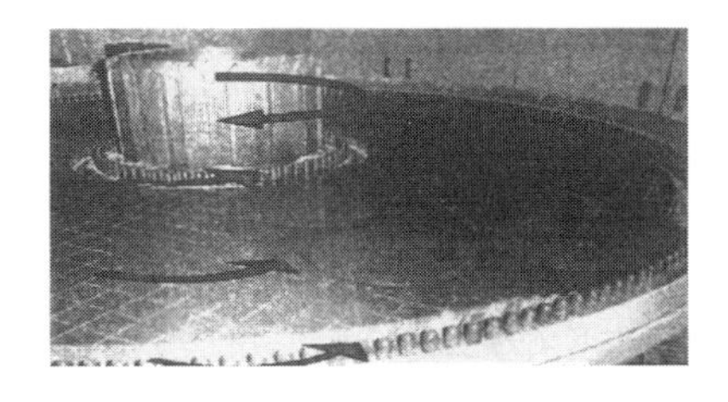

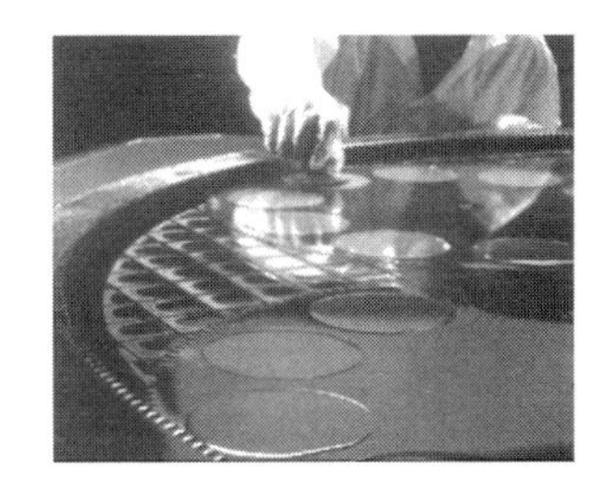

图 3-50　日本 Speed Fam 公司的直径 200mm、300mm 硅片的双面研磨系统

资料来源：日本 Speed Fam 公司产品样本

双面研磨加工控制的主要技术参数有：研磨的总加工量、厚度、总厚度偏差 TTV（抽测）和表面精度（无凹坑、亮点、刀痕、鸦爪、划伤、裂纹、崩边及沾污等）。

选择合适的硅片双面研磨系统和合理的工艺条件，硅片加工后一般就可达到：

$$TTV<2.5\mu m$$

（2）硅片的表面磨削

表面磨削实质上是采用金刚石磨头直接对硅片表面进行磨削加工，如图 3-51 所示。

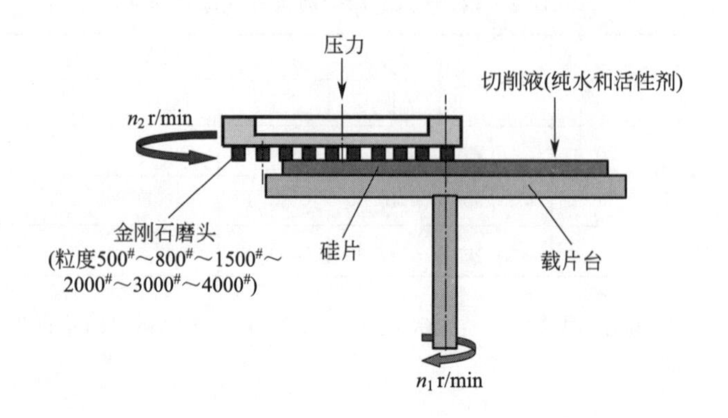

图 3-51　硅片的表面磨削加工示意

在磨削加工中，选用合理的工艺条件（正向压力、金刚石磨头的粒度、磨盘的转速、切削液黏度及流量等），可获得较大的磨削速率（磨削速率一般可达≥20.0μm/min）。

金刚石磨头的粒度可根据工艺要求选用 500# ～800# ～1500# ～2000# ～3000# ～4000#，磨削后表面损伤小（约≤1.4～0.4μm）、表面粗糙度低（约 R_a≤20.0～1.0nm）。

为确保加工精度，一般常先选用金刚石的粒度 500# ～800# ～1500# 进行粗双面磨削，磨削后表面应力损伤小（约≤1.4μm）、表面粗糙度约为 R_a≤20.0nm。然后再选用金刚石的粒度 2000# ～3000# ～4000# 进行精双面磨削，磨削后表面损伤更小（≤0.4μm）、表面粗糙度约为 R_a≤1.0nm。

表面磨削技术具有加工效率高、加工后表面平整度好、成本低、产生的表面应力损伤小等优点，故在直径 300mm 抛光片制备工艺中，现已广泛采用表面磨削技术来替代传统的双面研磨工艺。

但是这种表面单面磨削加工后，尽管硅片表面能获得较高的加工精度，表面却会留下明显的“磨削印痕”（grinding mark），见图 3-52。这种“磨削印痕”会影响到硅抛光片表面的纳米形貌（nano mapper）特性，见图 3-52、图 3-53。

为确保最终抛光片的表面具有特定的纳米形貌 nanotopography（nano mapper）特性。直径 300mm 硅片的表面可先经过这种单面的磨削加工之后，再对硅片表面进行“弱性”的双面研磨的加工，但此时所用的“双面研磨”工艺与“传统双面研磨”工艺有所不同，其所加的正向压力比较小、所用的磨砂也会更细小、研磨量也会更少（研磨量约为≤10～12μm/双面），以此来清除硅片表面上的这种“磨削印痕”。

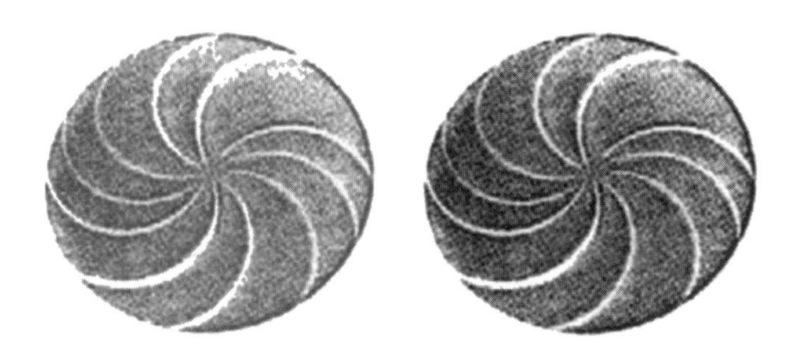

图 3-52 硅片表面的“磨削印痕”

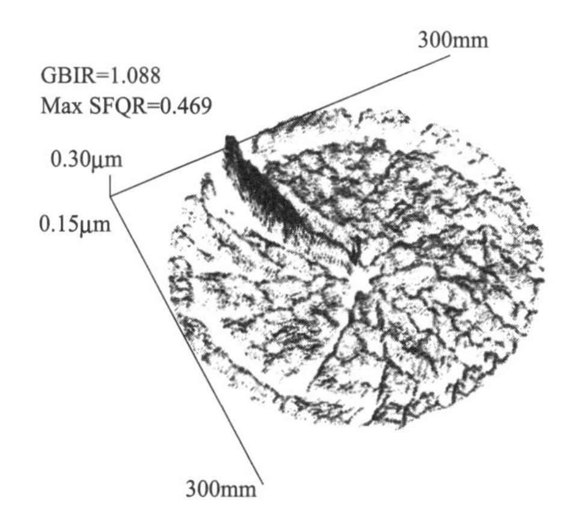

图 3-53 由于硅片表面的“磨削印痕”影响到抛光加工后表面的纳米形貌特性

当然，随着双面磨削加工技术的不断成熟及完善，将会彻底舍弃“弱性”的双面研磨工艺和对硅片表面再进行“弱性”的“表面腐蚀”工艺，继而在采用表面磨削加工之后直接进入硅片表面的抛光加工。

为了清除硅片表面的这种“磨削印痕”、提高加工精度、提高加工效率，近几年来，国外已有些公司开发出硅片的“双面磨削”加工技术。

在对直径 300mm 硅片的双面磨削加工中，目前常有以下两种加工形式。最常用的一种实际上是对硅片表面进行两次单面磨削加工，即先对硅片的一个表面按照工艺要求进行表面磨削加工，然后再将硅片翻转（手动翻转或自动翻转）后再进行另一个表面的磨削加工。另外一种则是对硅片的正、反表面同时进行表面的磨削加工。

目前已能用于直径 300mm 硅晶片表面磨削的主要加工系统可见图 3-54～图 3-63。

图 3-54 日本 KoYo（光洋机械工业株式会社）直径 300mm 硅晶片的双面磨削（double disc wafer grinder machine）系统

资料来源：日本 KoYo（光洋机械工业株式会社）产品样本

图 3-55 日本 NTC（日平富山公司）直径 300mm 硅晶片的表面磨削系统

资料来源：日本 NTC（日平富山）公司产品样本

图 3-56 日本 Okamoto（冈本机械公司）直径 300mm 硅晶片的表面磨削系统

资料来源：日本 Okamoto（冈本机械公司）公司产品样本

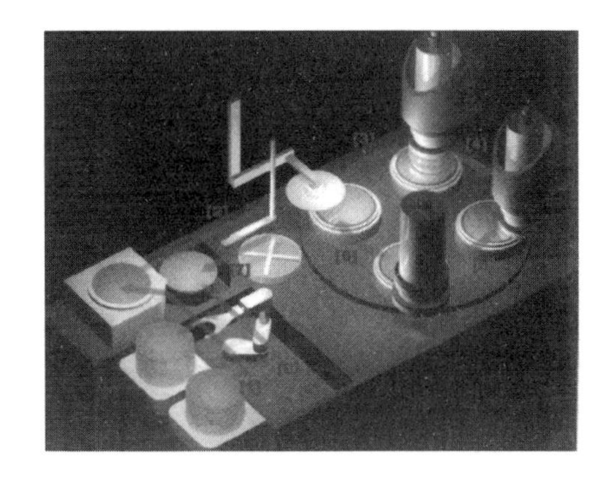

图 3-57　日本 DISCO 公司 DGP8760 直径 300mm 硅晶片的表面磨削系统

资料来源：日本 DISCO 公司产品样本

双面磨削与一般常用的双面研磨是两种完全不同形式的加工技术，如图 3-58 所示。

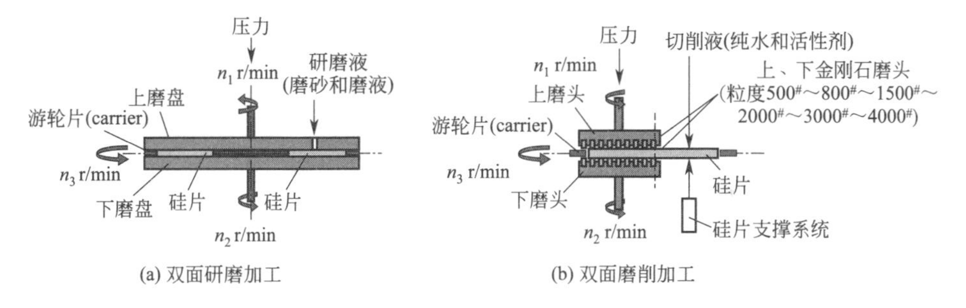

图 3-58　硅片的双面研磨及双面磨削加工示意图

目前，实现对直径 300mm 硅片的双面磨削主要有两种加工形式。一种仍然是先对硅片的一个表面进行单面的磨削加工，然后再将硅片翻转（手动翻转或自动翻转）后再进行另一个表面的单面磨削加工。日本 NTC（日平富山公司）、日本 Okamoto（冈本机械公司）和日本 DISCO 公司的表面磨削加工系统就是属于这类加工形式；另一种则是对硅片的正、反表面同时进行表面磨削加工，日本 KoYo 公司（光洋机械工业株式会社）的表面磨削加工系统则是属于这类加工形式，实际上这种加工形式才可算是硅片的表面双面磨削加工。

在硅片的双面磨削加工中，按照硅片与磨头的相对位置可分为两种加工形式，如图 3-59 所示。一种是卧式（硅片置于垂直位置，磨头在硅片的左右两侧处于水平状态）双面磨削加工，如图 3-59（a）所示。另外一种是立式（硅片置于水平位置，磨头在硅片的上下两侧处于垂直状态）双面磨削加工，如图

3-59（b）所示。

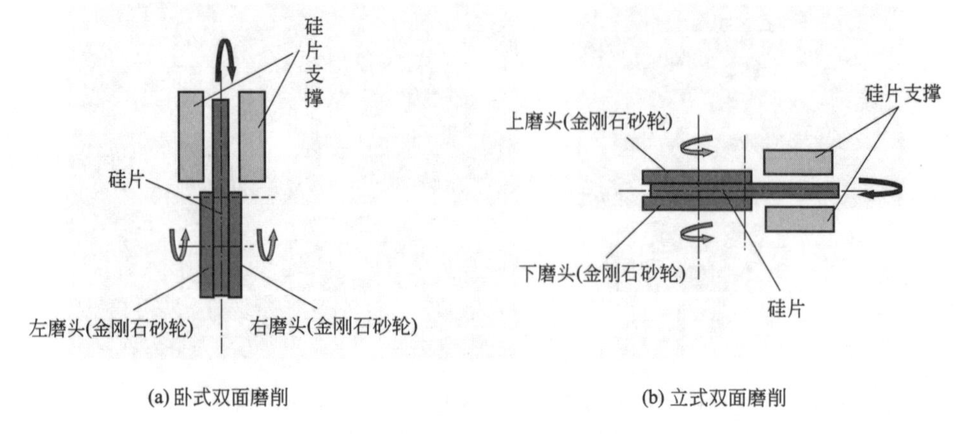

图 3-59　硅片双面磨削的两种加工形式示意

由于直径 300mm 硅片的直径较大，如硅片置于水平位置时，磨削加工过程中极容易因其自重而产生变形。为了尽量减少因硅片自重而产生的变形继而影响其加工质量，故采用卧式（硅片置于垂直位置，磨头在硅片的左右两侧处于水平状态）双面磨削加工，这是个比较理想的加工形式。

日本 KoYo 公司的 DXSG320 Double Disc Wafer Grinder Machine 表面磨削系统就是这种卧式的双面磨削加工系统，其磨削加工形式示意如图 3-60 所示。

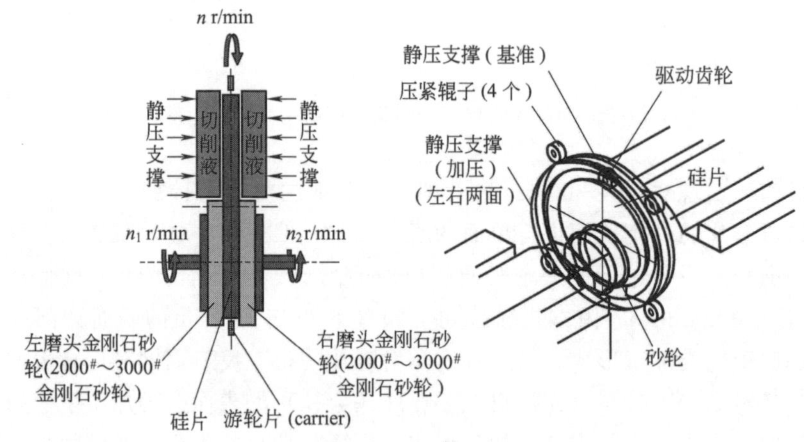

图 3-60　日本 KoYo（光洋机械工业株式会社）
DXSG320 直径 300mm 硅片的双面磨削系统加工形式示意（参见文前彩图）
资料来源：日本 KoYo 产品样本

从图 3-60 中可知，在双面磨削加工时，能保持被加工的硅片始终处于垂直的磨削状态（金刚石磨头在硅片的左右两侧处于水平状态），这样可减少被加工硅片的自重而引起的变形，磨削加工时不会受到其自重变形的影响，硅片的外周边缘没有金刚石砂轮引起的较深磨削伤痕，同时在磨削过程中脱落的砂粒及磨屑不会停留在硅片表面上，故硅片表面上不会产生局部较深的磨削伤痕。此外，还较容易保证硅片两面处于基本相同的磨削加工工艺条件，可获得两面相同的磨削加工量，另外该系统具有独特的硅片水静压支撑及金刚石砂轮的自动角度调整系统，其配有金刚石磨头气压轴承系统，磨头转速可高达到 10000r/min。

在对直径 300mm 硅片的双面磨削加工时，选用直径 160mm 厚为 5mm 的 SD 2000# 金刚石磨头，采用分段磨削的工艺（粗磨削、中磨削、精磨削、无火花磨削），磨削速率极快（可高达>250μm/min），故可获得较高的加工效率及表面加工精度。

例如，某著名半导体材料公司采用这种磨削加工后，磨削加工量可达 80μm/双面、其表面损伤层深约<5.0μm、表面粗糙度 R_a<0.5μm，硅片的 TTV<1.0μm。

综上所述，采用以上不同形式的双面磨削加工之后，由于硅片与金刚石磨头之间的有序相对运动轨迹，表面仍然会留下明显的、有规律的“磨削印痕”，在其表面依然存在应力和损伤，尽管硅片表面能获得较高的加工精度，但最终仍然会影响硅抛光片表面的纳米形貌特性。

为了进一步提高加工精度并彻底消除磨削加工后产生“磨削印痕”的现象，德国 Peter Wolters 公司开发出一种新型的双面磨削加工技术。

该双面磨削加工系统因具有独特的结构及磨削技术，很适合直径 300mm 硅片的双面磨削加工，其磨削加工示意见图 3-61。德国 Peter Wolters 公司的双面磨削加工系统如图 3-62 所示。

德国 Peter Wolters 公司的这种双面磨削加工系统就是根据双面研磨的加工原理对硅片进行双面磨削加工。在双面磨削中，利用游轮片将硅片置于双面磨削机中载有金刚石的上下磨板（磨盘）之间，加入相适宜的切削液（slurry），使硅片随着磨板作相对的“行星运动”来对硅片进行表面磨削加工，切削液主要由纯水和表面活性剂组成。

在双面磨削加工中，选用合理的工艺条件（正向压力、金刚石的粒度、磨盘的转速、切削液黏度及流量等），便可获得较大的磨削速率（磨削速率一般大于等于 20.0μm/min）。

金刚石的粒度可选用 14～16μm（或 500#～800#），在磨削加工量达到约 80μm/双面时，其表面损伤约≤6.5μm、其 TTV 约≤1.0μm、表面粗糙度低（约 R_a≤20.0～1.0nm）。

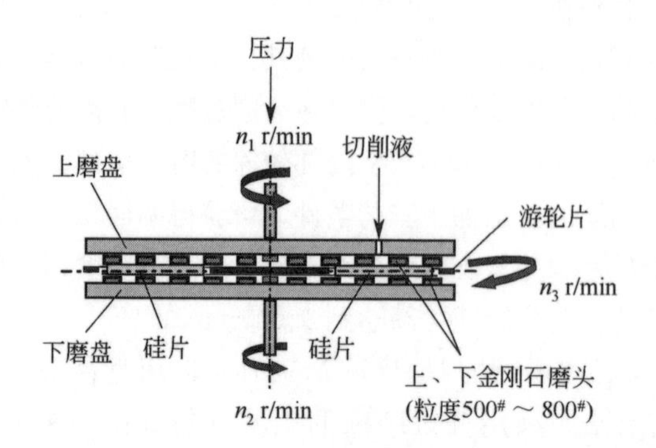

图 3-61　德国 Peter Wolters 公司直径 300mm 硅片的双面磨削系统加工形式示意（参见文前彩图）

资料来源：德国 Peter Wolters 公司产品介绍

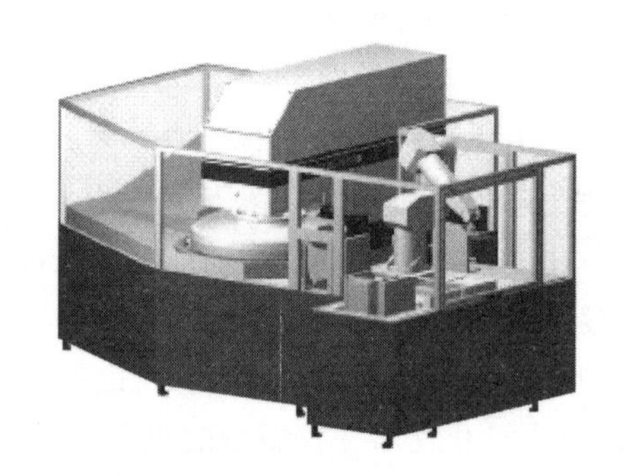

图 3-62　德国 Peter Wolters 公司直径 150～300mm 硅片的双面磨削系统

资料来源：德国 Peter Wolters 公司产品介绍

经过上述双面磨削加工再转入后序的硅片表面抛光加工后，其表面绝不会再出现“磨削印痕”，可确保硅抛光片表面的纳米形貌特性，故能满足集成电路用抛光片的技术要求。

硅片研磨加工工艺流程示意框图如图 3-63 所示。

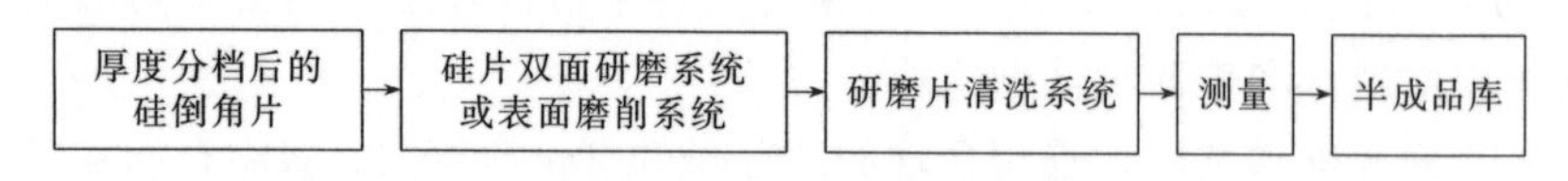

图 3-63　硅片研磨加工工艺流程示意框图

表面磨削加工控制的主要技术参数有：磨削的加工量、厚度、总厚度偏差 TTV（抽测）和表面精度（无凹坑、亮点、刀痕、鸦爪、划伤、裂纹、崩边及沾污等）。

3.13 硅片的化学腐蚀

硅晶片经过切片、研磨等机械加工后，其表面因机械加工产生的应力而形成具有一定深度的机械应力损伤层，而且硅片表面有金属离子等杂质污染。微电子信息（IC）产业中用的硅单晶片通常采用化学腐蚀工艺（酸腐蚀或碱腐蚀）来消除硅片表面的机械应力损伤层和表面金属离子等杂质污染。化学腐蚀的厚度去除总量一般约 30～50μm。

化学腐蚀（常采用的有酸腐蚀或碱腐蚀）是在一定浓度和一定温度下的酸或碱溶液与硅晶片发生化学反应，从而达到硅晶片表面的均匀化学减薄。

硅片的酸腐蚀工艺与碱腐蚀工艺的比较见表 3-13。

表 3-13 硅片的酸腐蚀工艺与碱腐蚀工艺的比较

参数	酸腐蚀工艺	碱腐蚀工艺
腐蚀特性	各向同性	各向异性
腐蚀反应的热量	放热	吸热
表面平坦度(STIR、TIR、TTV)	需要依靠晶片旋转、特制的夹具、通气体充分搅拌腐蚀液等特殊机构及工艺手段来改善其表面平坦度	不需要特殊机构便可达到一定的表面平坦度，平坦度较好
腐蚀后表面粗糙度(R_a)	比碱腐蚀工艺小、与晶片原有的损伤程度有关	比酸腐蚀工艺大、与晶片原有的损伤程度有关
硅片表面残留的微粒	原先就已存在于晶片表面上的微粒就难去掉、较低的表面粗糙度不容易吸附微粒	原先就已存在于晶片表面上的微粒容易去掉、较差的表面粗糙度容易吸附微粒
金属污染程度(Cu、Ni)	腐蚀液的纯度比较高、腐蚀温度较低，金属扩散程度小	腐蚀液的纯度比较差、腐蚀温度高，金属扩散程度大、〈111〉晶向比〈100〉晶向严重
表面腐蚀斑点残留印痕	晶片从腐蚀液转移到水中时间必须小于 0.6s，才能有效防止斑痕的产生、较低电阻率的晶片比较容易产生斑痕	晶片从腐蚀液转移到水中的时间必须小于 2s，才能有效防止斑痕的产生、与晶片电阻率无关
腐蚀液槽的使用寿命	比较短	比较长
加工成本	所用化学试剂费用较贵、所用化学试剂比碱腐蚀用化学试剂费用约贵 2 倍	所用化学试剂费用较便宜
环境保护处理	环保处理相对比较复杂	环保处理相对比较容易

碱腐蚀是一种各向异性的化学腐蚀工艺，其腐蚀速率与硅晶片的各个结晶方向有关。

碱腐蚀工艺因其腐蚀速率较慢，虽可保证硅片表面平坦，但表面比较粗糙而又易吸附杂质。

碱腐蚀常用的化学试剂是 KOH 或 NaOH。其化学反应是：

$$Si+2KOH+H_2O \longrightarrow K_2SiO_3+2H_2\uparrow \tag{3-12}$$

或

$$Si+2NaOH+H_2O \longrightarrow Na_2SiO_3+2H_2\uparrow \tag{3-13}$$

常用 KOH 饱和溶液，其浓度在 30%～45%之间，腐蚀反应温度约在 80～100℃之间。腐蚀速率随 KOH 的浓度增加而增大，但到一个最大值后会随 KOH 浓度的增加反而递减。为此，KOH 的浓度常选用 40%～45%之间的。碱腐蚀速率与晶片表面的机械损伤程度有关，一旦损伤层完全去除后，腐蚀速率会变得缓慢。腐蚀后硅片表面的平坦度比较好、但其表面相对比较粗糙。

碱腐蚀去除量约为：

$$\langle 111\rangle:(10\pm3)\mu m$$

$$\langle 100\rangle:(15\pm4)\mu m$$

酸腐蚀是各向同性的化学腐蚀工艺，硅晶片的各个结晶方向会受到均匀的化学腐蚀。常用的酸腐蚀液是由不同比例的硝酸（HNO_3）、氢氟酸（HF）和一缓冲剂（乙酸或磷酸等）所组成。

酸腐蚀液中的硝酸和氢氟酸的混合比例大约在 1～5 之间。为减少金属扩散进晶片表面的可能性，腐蚀温度须控制在 18～24℃之间。为了保证腐蚀效果，其腐蚀反应温度的控制是很重要的。

酸腐蚀的腐蚀速率较快，硅片表面比较光亮，表面不易吸附杂质，但表面平坦度差、控制不好表面易呈“枕形”即其表面为两边薄中间厚的形状。酸腐蚀所用化学试剂纯度要求比较高、费用较贵，故成本比碱腐蚀高。

硅片的酸性腐蚀首先是利用硝酸来氧化晶片表面，然后晶片表面所形成的氧化物被氢氟酸溶解而去除，硝酸是一种氧化剂而氢氟酸则为溶剂。其化学反应是：

$$Si+2HNO_3 \longrightarrow SiO_2+2HNO_2 \tag{3-14}$$

$$2HNO_2 \longrightarrow NO+NO_2+H_2O \tag{3-15}$$

$$SiO_2+6HF \longrightarrow H_2SiF_6+2H_2O \tag{3-16}$$

当酸腐蚀液中含有较高浓度的氢氟酸时，硅片的腐蚀速率由硝酸的浓度所决定；当酸腐蚀液中含有较高浓度的硝酸时，其腐蚀速率取决于氧化物的溶解速率。

酸腐蚀液中的缓冲剂不仅有缓冲腐蚀速率的作用，还是很有效的界面活性剂。乙酸具有较高的蒸气压，在酸腐蚀液中的浓度较不稳定。磷酸虽可改善晶片表面的粗糙度，但会降低腐蚀速率。

硅片酸腐蚀时的特性参见图 3-64～图 3-66。

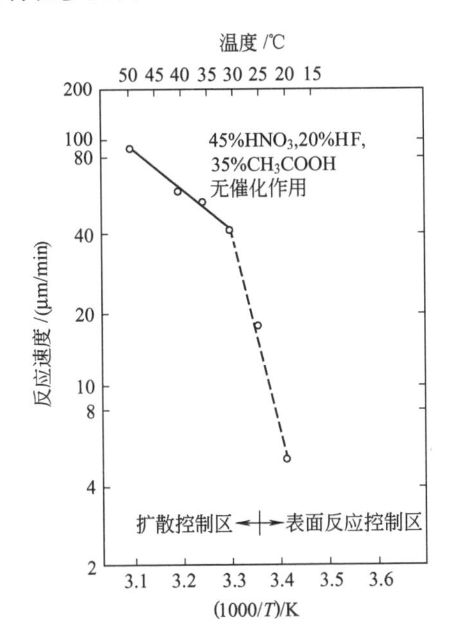

图 3-64　酸性腐蚀液中硅片的腐蚀速度和温度的关系

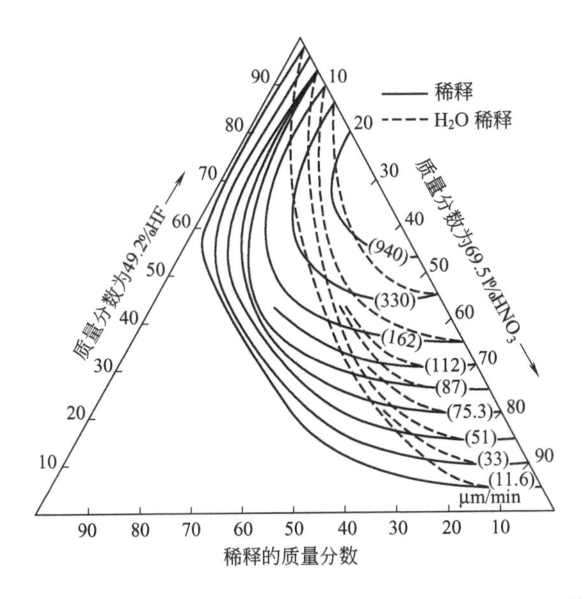

图 3-65　酸性腐蚀液中硅片的等腐蚀速率线（HF：HNO_3：稀释剂）

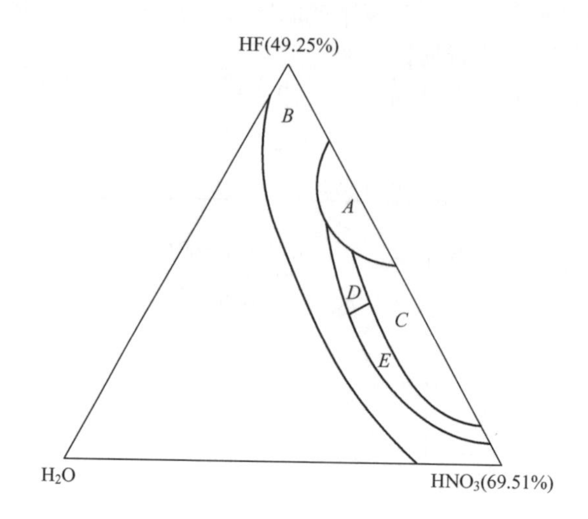

图 3-66 酸性腐蚀液中的 HF：HNO_3：H_2O 配比的变化对硅腐蚀特性的影响

目前对大直径硅单晶片的加工一般都采用酸腐蚀工艺。

酸腐蚀去除量：

$$\langle 111\rangle:(10\pm 3)\mu m$$

$$\langle 100\rangle:(15\pm 4)\mu m$$

如图 3-67 所示为适合直径 300mm 硅片的德国 RENA 公司的全自动酸腐蚀系统。

图 3-67 德国 RENA 公司的直径 300mm 硅片的酸腐蚀系统

资料来源：德国 RENA 公司产品样本

该酸腐蚀系统自动化程度高，温度控制精度高。如果选择合理的工艺条件，使用 HF、HNO_3、H_3PO_4 混酸对硅片进行酸腐蚀。某著名硅材料生产公司拥有独特的腐蚀工艺技术，其硅片在腐蚀加工后 TTV 变化量极其微小，可控制在小于±0.1μm 以下。

在直径 300mm 抛光片制备工艺中，正如上面所述，现已广泛采用表面磨削技术。但表面因此留有明显的“磨削印痕”，为了消除表面应力损伤及这种“磨削印痕”，在加工工艺方面还需做大量的开发、研究工作，在表面磨削加工后也可再采取对硅片表面进行“弱性”的双面研磨加工，之后再对硅片表面进行“弱性”的表面腐蚀处理，如图 3-68 所示为适合硅片的表面酸腐蚀系统。

若对硅片进行“弱性”的表面腐蚀处理，所用的腐蚀工艺与传统腐蚀工艺相比，其所用的混酸浓度、腐蚀时间、腐蚀速率及腐蚀加工量都比较小，从而保证经后序加工的硅抛光片表面的纳米形貌特性。

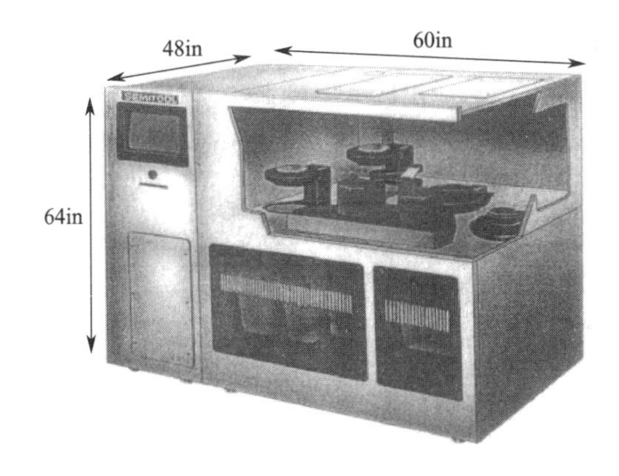

图 3-68　美国 SEMITOOL 公司硅片的表面酸腐蚀系统

资料来源：美国 SEMITOOL 公司产品样本

该表面腐蚀系统能有选择地对硅片的上表面或下表面进行腐蚀，也可有选择地对距硅片边缘一定宽度（例如 2～3mm）的边缘表面进行腐蚀，其自动化程度、温度控制精度高。如果选择合理的工艺条件，对硅片的上或下表面进行腐蚀，是可去除表面应力损伤及表面磨削产生的磨削印痕的，从而保证经后续加工的硅抛光片表面的纳米形貌特性。

随着双面磨削加工技术的不断完善及成熟，将彻底舍弃“弱性”的双面研磨工艺和对硅片表面再进行“弱性”的表面腐蚀工艺，继而在采用双面磨削加工之后直接进入硅片表面的抛光加工。

硅片的化学腐蚀工艺流程示意框图如图 3-69 所示。

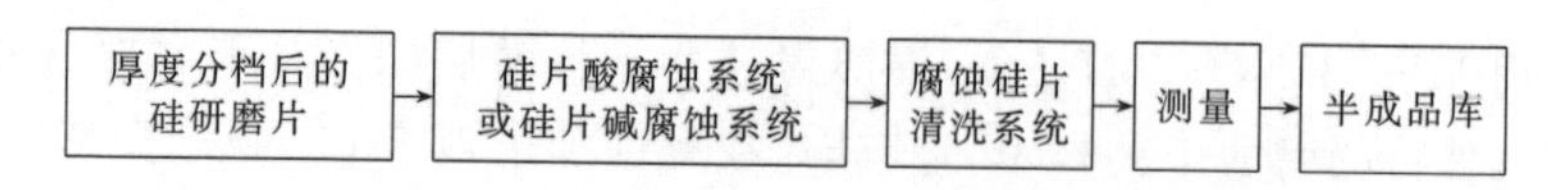

图 3-69　硅片的化学腐蚀工艺流程示意框图

根据工艺（或用户）的要求，将按 2μm 厚度分档的硅研磨片选择酸腐蚀或碱腐蚀工艺进行化学腐蚀加工。

目前对大直径硅单晶片的加工一般都采用酸腐蚀工艺。

硅片化学腐蚀工序控制的主要技术参数有：腐蚀量、厚度 T、TTV、表面状态（无凹坑、亮点、刀痕、鸦爪、裂纹、崩边、表面沾污及表面光洁度等）。

3.14　硅片的表面处理

硅片的表面处理主要有对硅片表面的热处理、硅片背表面的增强吸除处理（backside damage）、背表面的化学气相沉积（LPCVD）处理。

3.14.1　硅片表面的热处理

（1）硅片表面的常温退火热处理

硅片常温退火热处理是消除硅片内应力的低温热处理过程，目的在于消除由于切片、倒角、磨片等加工中对硅片造成的内应力。

由于在制备直拉单晶硅过程中，在晶体硅生长结束后其温度需要从高温逐渐降低到常温之后才能从晶体硅生长炉内取出，这是一个相对缓慢的降温过程，单晶硅将经历易生成“热施主”的 300～500℃的温度范围（450℃是最有效的“热施主”生成温度）。

在原生的直拉单晶硅中一般都存在“热施主”，使得刚刚制备的直拉单晶硅的电阻率不是真正的电阻率、内含有原生“热施主”对电阻率的影响。但是，一旦生成“热施主”，可以通过在 550℃以上的短时间快速冷却退火热处理中予以消除。故在直拉单晶硅生长结束后通常可以利用经过消除的温度为 650℃的“热施主”进行退火热处理，以便去除直拉单晶硅中的原生“热施主”，消除氧施主对其电阻率的影响。使其回复到真实的电阻率。

表面热处理工序控制的主要技术参数有：电阻率、体金属（Fe）含量（少子寿命）等。

（2）硅片表面的高温快速退火处理（rapid thermal process，RTP）

为了减少微缺陷对硅片表面质量的影响，根据IC工艺要求，为适应IC的微细化工艺，正在加强开发适应IC线宽0.18μm、0.13μm和小于0.10μm各代新的产品。其中对硅片表面采用热处理工艺技术来降低硅片表面缺陷密度的退火硅片的开发、研制已引人注目，与外延片的性能价格比，退火硅片的需求量已在扩大。

氧是IC器件制造中因采用直拉（CZ）硅单晶而存在的最主要的杂质。在热处理过程中，过饱和的氧杂质聚集形成氧沉淀，氧沉淀在IC器件制备工艺过程中起着重要的作用，例如氧沉淀能有效吸除缺陷和杂质而获得高质量的表面洁净区，并能抑制位错滑移，但过多、过大的氧沉淀会形成氧施主，继而再产生缺陷，导致硅片翘曲。

采用高温快速退火热处理技术，可使得硅片中产生大量高浓度的空位结构，利用这些空位结构对硅片中氧沉淀的增强作用，可大大降低氧沉淀对硅片中氧的依赖性。因此，可使得在硅单晶制备过程中，对“硅中氧”的控制相对来讲变得较为容易。

在研制氢退火硅片中，日本东芝陶瓷公司的Hi-Wafer氢退火硅片最有代表性。Hi-Wafer的第三代产品是表面完全无缺陷的HyperHiWafer，它是结（gate）合氧化膜特性和漏（leak）电流特性而得到的氢退火硅片。它具备降低device活性领域的结晶缺陷的作用和使其拥有利用硅片内部BMD（bulk micro defect）的高吸除（gettering）能力。这类硅片除应用在存储器（memory）用硅片以外，还将被采用在手机DSP的线宽0.25～0.18μm MOS逻辑电路工艺中。

德国Wacker公司的Ar退火硅片，已在0.18μm、0.15μm的工艺中被采用。据说小于0.13μm工艺中被采用的比例将会增大。

美国MEMC公司的“MDZ”（magic denuded zones）工艺，利用高温的快速热处理（RTP）工艺使得硅片中形成从表面到体内逐渐增加的空位浓度分布，使其形成一层表面洁净区和体内高密度的体微缺陷区。美国MEMC公司的“MDZ”工艺和低缺陷结晶技术组合的退火硅片（optia）已开始批量生产。它通过高温，短时间的快速退火处理加强了硅片内部gettering（IG）吸除能力，以确保达到与外延片同等水准的表面质量。

其他如日本信越半导体公司，在独自开发面向IC线宽0.18μm以下的高速存储器Flash Memory的Ar退火芯片（IG-NANA）的同时，向日本东芝陶瓷公司提供技术。还开发了在EPI-Wafer拥有高吸除gettering性能的（EP-NANA）硅片。

为此，根据IC工艺要求，为了减少微缺陷对硅片表面的质量影响，大直径硅片表面的高温快速退火处理已是必不可少的工艺手段。如图 3-70、图 3-71 所示分别为德国 Steag 公司 AST3000 型、荷兰 ASM 公司 Levitor 4300 型直径 300mm 硅片的高温快速退火系统。

图 3-70 德国 Steag 公司 AST3000 型 RTP 高温快速退火系统

资料来源：德国 Steag 公司产品样本

图 3-71 荷兰 ASM 公司 Levitor 4300 型 RTP 高温快速退火系统

资料来源：荷兰 ASM 公司产品样本

荷兰 ASM 公司 Levitor 4300 型直径 300mm 硅片快速退火系统，能在

250～1150℃对直径200mm、300mm硅片进行快速退火处理。

3.14.2 硅片背表面的增强吸除处理

（1）背表面的喷砂处理

背表面喷砂处理的目的是吸除硅抛光片正表面的金属杂质，以消除氧化雾而得到洁净光亮的抛光表面。

该工艺是将具有一定压力的“砂浆”喷射在硅片的背表面后，使硅片的背表面产生机械损伤（软损伤），从而可在高温氧化过程中诱生出高密度的热氧化堆垛层错。而这种热氧化堆垛层错可以稳定持久地成为有效的吸除中心，达到吸除硅抛光片正表面的金属杂质的作用，从而达到去除氧化雾缺陷的目的，使硅抛光片的正表面成为无缺陷、洁净光亮的表面，即对正表面的缺陷达到“外吸杂”的作用。

为了减少微缺陷对硅片表面质量影响或防止硅外延工艺过程中“重掺杂”硅片的自掺杂作用，根据IC工艺要求，对硅片背表面需进行背表面处理（喷砂处理），控制其背表面产生一定密度的二次缺陷（热氧化堆垛层错OISF），对正表面的缺陷达到“外吸杂”的作用。

一般要求背表面经喷砂处理后表面损伤均匀，其背表面产生的热氧化堆垛层错OISF密度大于1.5×10^5个/cm^2。且表面无崩边、亮点和划伤等机械损伤。

（2）背表面的化学气相沉积（LPCVD）处理

为了减少微缺陷对硅片表面的质量影响或防止硅外延工艺过程中“重掺杂”硅片的自掺杂作用，根据IC工艺要求，对硅片背表面需进行“背表面”处理。即在硅片的背表面生长一定厚度的氧化层，以防止发生自掺杂现象。

根据IC工艺要求，一般对“重掺杂”的硅片，要求硅片背表面生长二氧化硅膜。而对“轻掺杂”硅片，则要求硅片背表面生长多晶硅膜，以起到“内吸杂”的作用。

荷兰ASM公司是一家硅片表面生长薄膜的著名设备制造公司，若采用荷兰ASM公司A400立式LPCVD系统进行背表面增强吸除技术处理，能使硅片背表面生长多晶硅膜和二氧化硅膜的质量符合IC工艺要求，其生长的膜厚均匀性较为理想，可达到以下技术精度指标：

多晶硅膜厚： 片内＜±3.0％

片间＜±2.0％

批间＜±1.0%

二氧化硅膜厚：　片内＜±1.4%

片间＜±1.0%

批间＜±0.8%

图 3-72 所示为荷兰 ASM 公司 A412 型号直径 300mm 硅片的立式 LPCVD 系统。

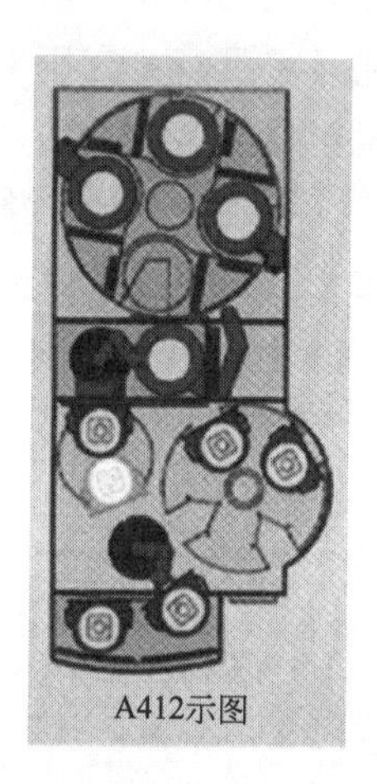

图 3-72　荷兰 ASM 公司 A412 型号直径 300mm 硅片的立式 LPCVD 系统

资料来源：荷兰 ASM 公司产品样本

目前一般均根据用户的要求，在经化学腐蚀和清洗后的单晶硅片的表面可采用化学气相沉积（LPCVD）技术生长一层多晶硅或二氧化硅。

选择合适的 LPCVD 系统对硅片进行背表面增强吸除技术处理，能使硅片背表面生长多晶硅膜和二氧化硅膜的质量符合 IC 工艺要求，其生长的膜厚均匀性较为理想，可达到以下技术精度指标：

多晶硅膜厚：　片内＜±3.0%

片间＜±2.0%

批间＜±1.0%

二氧化硅膜厚：　片内＜±1.4%

片间＜±1.0%

批间＜±0.8%

根据工艺（或用户）的要求，选择硅片的表面处理工艺（硅片表面的热处理、背表面的喷砂处理或背表面的化学气相沉积（LPCVD 处理）工艺。

硅片的表面处理工艺流程示意框图如图3-73所示。

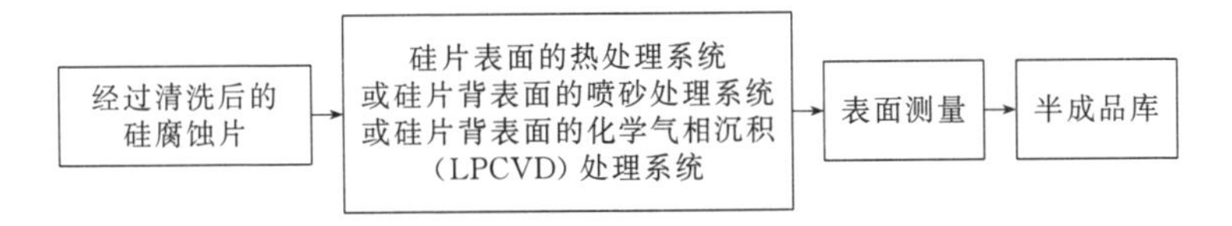

图3-73　硅片的表面处理工艺流程示意框图

硅片的表面处理工序控制的主要技术参数有：

经表面喷砂处理后，控制的主要技术参数是：喷砂表面质量、其背表面产生的热氧化堆垛层错OISF密度、表面状态（全检）等。

经背表面的化学气相沉积（LPCVD）处理后，控制的主要技术参数是：表面涂膜的厚度、膜厚度径向均匀性、表面状态（全检）等。

3.15　硅片的边缘抛光（edge polishing）

硅片采用边缘抛光加工的目的是去除硅片边缘表面由前工序（倒角、研磨）加工所产生的机械应力损伤层、减小表面的机械应力和去除边缘表面的各种金属离子等杂质污染，以降低因在加工过程中碰撞而产生碎、裂的机会，从而可增加硅片边缘的表面机械强度、获得表面粗糙度较低的光亮“镜面”表面，降低微粒对硅片边缘表面的附着沾污，以满足IC工艺要求。

根据工艺（或用户）的要求，可对硅片边缘表面先进行机械的带式边缘粗抛光（带式边抛），然后再对其边缘表面进行碱性胶体二氧化硅化学机械抛光的精加工（化学边抛）。

3.15.1　硅片边缘表面的机械带式边缘粗抛光加工

机械的带式边缘粗抛光是使用粒径均匀的“研磨带”对硅片边缘表面作机械的、往复运动的磨削加工，减小或去除硅片边缘表面的机械损伤，达到边缘抛光的目的。

例如，可先选用日本Mipox公司带式边缘抛光机对硅片进行粗的机械磨削加工。日本Mipox公司的带式边缘抛光机主要用的研磨带是CS2000、CS3000或CS4000。

硅片边缘表面机械的带式边缘粗抛光加工工艺流程示意框图如图3-74所示。

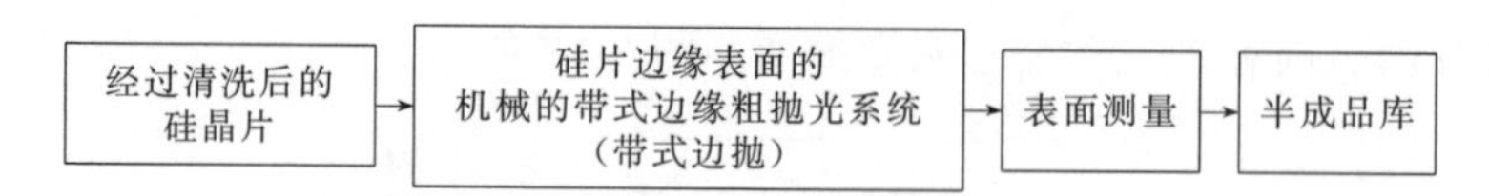

图 3-74 硅片边缘表面机械的带式边缘粗抛光加工工艺流程示意框图

为确保硅片边缘表面的加工精度，并要有较高的生产效率，可先选用日本 MIPOX 公司 NME-68N 带式边缘抛光机对硅片边缘表面先进行机械的带式边缘粗抛光。

3.15.2 硅片边缘表面的碱性胶体二氧化硅化学机械的精抛光加工

可选用日本 Speed Fam 公司边缘抛光机对硅片边缘进行化学机械的精加工。日本 Speed Fam 公司的化学机械边缘抛光机主要用的抛光布、抛光液一般可选用 Suba400 和 EDGE-MIRRORⅡ。

硅片边缘表面的碱性胶体二氧化硅化学机械的精抛光工艺流程示意框图如图 3-75 所示。

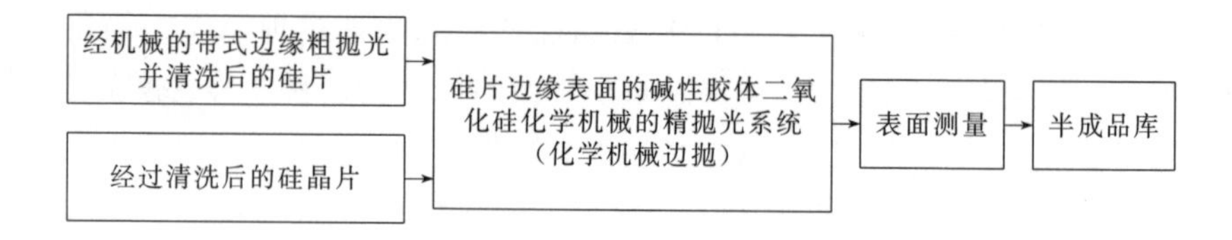

图 3-75 硅片边缘表面的碱性胶体二氧化硅化学机械的精抛光工艺流程示意框图

可选用日本 Speed Fam 公司 EP150/200 边缘抛光机对其边缘表面进行碱性胶体二氧化硅化学机械抛光的精加工。

图 3-76 所示为日本 Speed Fam EP-300-X 直径 300mm 硅片的边缘抛光系统。

日本 Speed Fam 的 EP-300-X 硅片的边缘抛光加工示意见图 3-77。

硅片经过边缘抛光后，其边缘粗糙度 $R_a \leqslant 200$Å。

硅片的边缘抛光工序控制的主要技术参数有：边缘轮廓质量、边缘表面粗糙度 R_a、表面精度（无亮点、裂纹、崩边及沾污等）。

例如，硅片边缘抛光前若粗糙度 $R_a \leqslant 600$Å，边缘抛光后其边缘粗糙度可达 $R_a \leqslant 300$Å。

图 3-76 日本 Speed Fam EP-300-X 直径 300mm 硅片的边缘抛光系统

资料来源：日本 Speed Fam 公司产品样本

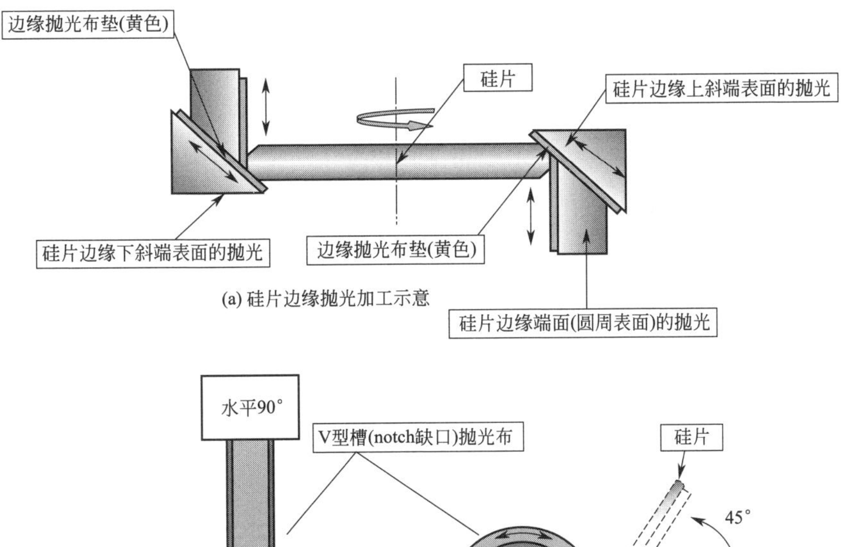

(a) 硅片边缘抛光加工示意

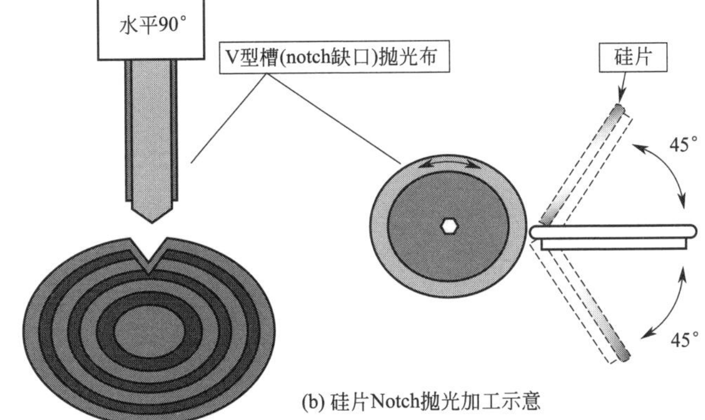

(b) 硅片Notch抛光加工示意

图 3-77 日本 Speed Fam EP-300-X 直径 300mm 硅片的边缘抛光加工示意（参见文前彩图）

资料来源：日本 Speed Fam 公司产品样本

3.16 硅片的表面抛光（polishing）

硅片表面抛光的目的在于去除其表面由前工序（切片、研磨等）所残留下的微缺陷及表面的应力损伤层和去除表面的各种金属离子等杂质污染，以求获得硅片表面局部平整度、表面粗糙度极低的洁净、光亮“镜面”，满足制备各种微电子（IC）器件对硅片的技术要求。

3.16.1 硅片的表面抛光加工工艺

硅片的表面抛光是硅片加工中的关键工序，其加工精度直接影响 IC 芯片的性能、合格率等技术指标。

根据对 IC 工艺的要求，尤其是对直径小于 200mm 的硅片的表面抛光常采用有蜡贴片或无蜡贴片的单面抛光技术。而对于线宽小于 0.13μm～0.10μm～65nm～45nm～28nm IC 芯片工艺用直径 300mm 的硅片的表面粗、细抛光则可采用双面抛光技术，而其精抛光和最终抛光则仍然采用单面无蜡抛光技术。

为了确保硅片表面的抛光加工精度，根据工艺要求可对硅片进行两步（粗抛光、精抛光）或三步（粗抛光、细抛光、精抛光）或四步（粗抛光、细抛光、精抛光、最终抛光）碱性胶体二氧化硅抛光液的化学、机械抛光（chemical mechanical polishing——通常所说的 CMP 技术）的单面或双面的多段加压抛光工艺。

在对硅片表面进行分步化学机械抛光时，每步抛光所使用的抛光工艺条件均有所不同（压力、抛光液的组分、粒度、浓度及溶液的 pH 值、抛光布的材质、结构及硬度、抛光温度及抛光加工量等），其与 IC 芯片制备工艺中的 CMP 平坦化（chemical mechanical planarization——CMP 技术）技术是两种不同用途的表面抛光工艺。

硅片表面抛光一般可分以下几个阶段，即对硅片进行三步或四步抛光。

1）对硅片进行粗抛光

对硅片进行粗抛光的目的是要去除硅片表面由前加工工序残留下的表面机械损伤应力层，使其达到要求的几何尺寸加工精度，一般粗抛光加工量约大于 15～20μm。

2）对硅片进行细抛光

对硅片进行细抛光，可确保硅片表面有极低的局部平整度及表面粗糙度等，一般抛光加工量约为5～8μm。

3）对硅片进行“去雾（haze）”精抛光

对硅片进行精抛光，是为了确保硅片表面有极高的表面纳米形貌特性，一般抛光加工量约为1μm。

4）硅片的最终抛光

为了满足线宽小于0.13μm～0.10μm～65nm～45nm～28nmIC芯片工艺用直径300mm的硅片的加工工艺要求，在硅片进行细抛光后可分别进行为确保其表面有极高的表面纳米形貌特性的“去雾”精抛光后，可再进行一次“去雾”的最终抛光（即进行四步抛光）。

为了满足线宽小于0.13μm～0.10μm～65nm～45nm～28nm IC芯片工艺要求，硅片的最终抛光现可采用表面的平坦化CMP，确保硅片表面有极高的机械加工精度。

硅片表面的化学机械抛光与IC制备工艺中晶片表面的平坦化CMP技术是两种不同工艺的抛光加工技术，详见表3-14（仅供参考）。

表3-14 硅片表面的化学机械抛光（CMP）技术与IC制备工艺中晶片表面的平坦化（CMP）技术比较（仅供参考）

项目		硅片表面的化学机械抛光				IC制备工艺中硅片表面的平坦化
		粗抛	细抛	精抛	最终抛光	粗抛/精抛
抛光对象		硅片的表面				IC硅片表面沉积的介质膜（氧化、氮化、金属、多晶硅等膜）例如：SiO_2、Cu、Al、Wu、Mo、Ti等
抛光布		美Rodel Suba800（表面有沟槽或无沟槽）	美Rodel Suba600（表面有沟槽或无沟槽）	美Rodel UR-100	美Rodel Suba 400	美Rodel IC-1000、IC-1400、Suba 400、Suba 800、SUPREME RN-H
抛光液	液	美Nalco 2371（2354/2350）	美Nalco 2355	美Rodel Ls-10	美Rodel LS-10 Advansil 2000	美Rodel 1540、Advansil 2000
	pH值	10.5～11.0	10.5～11.0	9.0～10.5	8.0～9.0	10.0～11.0
抛光压力/（kg/cm^2）		0.25～0.30	0.10～0.15	0.05～0.15	0.05～0.12	0.05～0.50
抛光盘转速/（r/min）		10～100（～62）	10～80（～40）	10～60（～30）	10～60（～30）	10～30

续表

项目	硅片表面的化学机械抛光				IC制备工艺中硅片表面的平坦化
	粗抛	细抛	精抛	最终抛光	粗抛/精抛
抛光温度/℃	32～34	32～34	30～32	30～32	25～40
抛光速率/(μm/min)	0.8～1.2	0.8～1.2	0.2～0.5	<0.2	0.1～0.25
抛光加工量/μm	16.0 >(15～18)	4.0 >(3～6)	<1.0	<1.0	0.5～2.0

3.16.2 硅片的碱性胶体二氧化硅化学机械抛光原理

硅片的碱性胶体二氧化硅化学机械抛光CMP技术是一种化学、机械的过程。在抛光加工中，硅片表面与碱性抛光液的化学腐蚀反应生成可溶性的硅酸盐，通过细而柔软、带有负电荷的SiO_2胶粒（粒度常为50～70nm）的吸附作用、同时与抛光布（衬垫）间的机械摩擦作用及时除去其反应物。在抛光过程中，使其连续地对硅片表面进行化学、机械抛光，同时靠SiO_2的吸附和碱性化学清洗作用，达到去除硅片表面机械应力损伤层及杂质沾污的抛光目的。

硅片表面与碱性抛光液中NaOH接触反应生成可溶性硅酸盐，反应式是：

$$Si+2NaOH+H_2O \longrightarrow Na_2SiO_3+2H_2\uparrow \quad (3\text{-}17)$$

$$Si+2Na_2SiO_3+2H_2O \longrightarrow Na_2Si_2O_5+2H_2\uparrow \quad (3\text{-}18)$$

$$Si+2Na_2Si_2O_5+2H_2O \longrightarrow Na_2Si_3O_7+2H_2\uparrow \quad (3\text{-}19)$$

$$Si+Na_2SiO_3O_7+2H_2O \longrightarrow Na_2Si_4O_9+2H_2\uparrow \quad (3\text{-}20)$$

$$SiO_2+2NaOH \longrightarrow Na_2SiO_3+H_2O \quad (3\text{-}21)$$

$$SiO_2+Na_2SiO_3 \longrightarrow Na_2Si_2O_5 \quad (3\text{-}22)$$

$$SiO_2+Na_2Si_2O_5 \longrightarrow Na_2Si_3O_7 \quad (3\text{-}23)$$

抛光液中二氧化硅胶体（粒度50～70nm）与快速转动的软性抛光布间的机械摩擦作用，将硅片表面已形成的可溶性硅酸盐层擦去进入流动的抛光液而被排走，从而硅片露出新的表面层，继续与NaOH反应生成硅酸盐。在抛光过程中，化学腐蚀和机械摩擦两种作用就这样交替、循环地进行，当化学腐蚀和机械摩擦两种作用趋于动态平衡时，达到去除硅片表面因前工序残余的机械应力损伤，从而获得一个平整、光亮、无损伤以及几何尺寸精度高的镜面。

碱性二氧化硅胶体化学机械抛光综合了化学抛光无损伤和机械抛光易获平整、光亮表面的特点。在抛光过程中，化学腐蚀和机械摩擦两种作用交替、循环地进行。

3.16.3 硅片的多段加压单面抛光工艺

硅片的碱性胶体二氧化硅化学机械单面抛光在进行抛光加工过程中，对硅片可依次进行低压 p_1、中压 p_2、高压 p_3、低压水抛 p_4 或依次进行低压 p_1、高压 p_2、中压 p_3、低压水抛 p_4 的四段加压单面抛光工艺技术（W_p 为抛光头自重），见图 3-78。

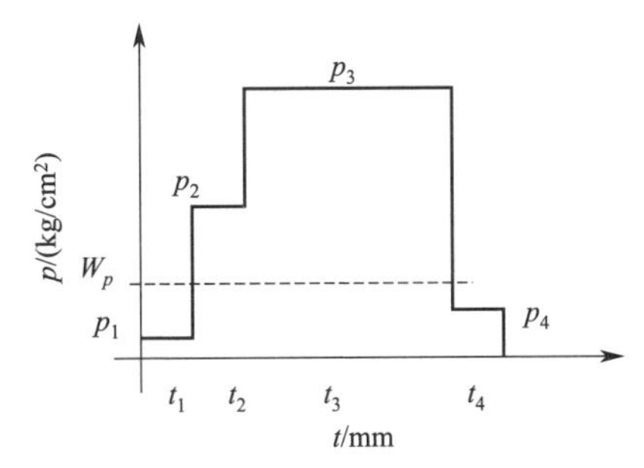

(a) 低压p_1、中压p_2、高压p_3、低压水抛p_4的四段加压抛光工艺

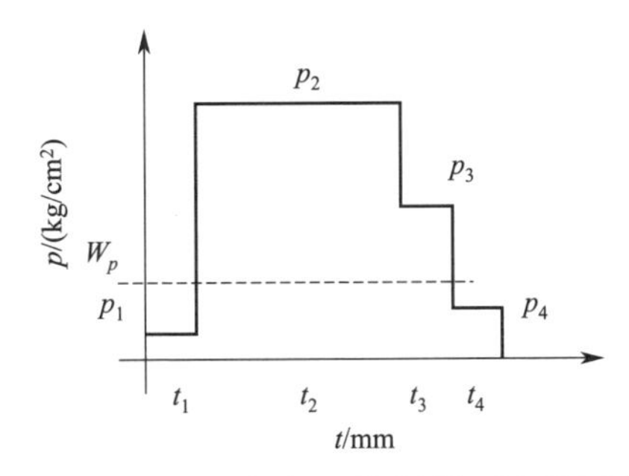

(b) 低压p_1、高压p_2、中压p_3、低压水抛p_4的四段加压抛光工艺

图 3-78 四段加压单面抛光工艺技术

为了确保硅片的抛光加工精度，根据对大直径硅片的工艺要求，对硅片一般均采用三步（粗抛光、细抛光、精抛光）或四步（粗抛光、细抛光、精抛光、最终抛光）碱性胶体二氧化硅抛光液的化学、机械抛光的单面或双面的多段加压抛光工艺。

硅片表面抛光一般可分以下几个阶段，即对硅片可进行三步或四步抛光。

1）对硅片进行粗抛光

目的是去除硅片表面由前加工工序残留下的表面损伤层、并达到要求的几何尺寸加工精度，一般粗抛光加工量约为15～20μm。

2）对硅片进行细抛光

确保硅片表面有极低的局部平整度及表面粗糙度等，一般加工量约为15～20μm。

3）最后对硅片进行“去雾（haze）”精抛光

确保硅片表面有极高的表面纳米形貌特性，一般精抛光加工量约为1μm。

4）硅片的最终抛光

为了满足线宽小于0.13μm～0.10μm～65nm～45nm～28nmIC芯片工艺用直径300mm的硅片的加工工艺要求，在硅片进行细抛光后可分别进行为确保其表面有极高的表面纳米形貌特性的“去雾（haze）”精抛光后，再进行一次“去雾”的最终抛光，其抛光加工量约为1μm（即可进行四步抛光）。

在对硅片进行抛光加工时，采用碱性胶体二氧化硅化学机械抛光技术，合理选用抛光液的种类、成分（粒度及pH值）和抛光布的材质、硬度、结构及抛光工艺参数（抛光压力、抛光液的pH值及流量、转速、抛光温度等）的优化设置使用都将会直接影响其表面加工质量。

3.16.4 抛光液（slurry）

采用碱性胶体二氧化硅化学机械抛光CMP技术使用的抛光液（slurry）中的主要成分是碱性的胶体SiO_2（粒度约为50～70nm）与去离子水的混合溶液。

抛光液的组分、粒度、浓度及溶液的pH值等是影响硅片抛光加工质量的一个重要因素。目前常用的几种碱性胶体SiO_2抛光液（含Na的胶体二氧化硅水溶液）是专为半导体晶片抛光用而又比较稳定的二氧化硅水性悬浮液体。

1）常用的几种抛光液的技术参数

美国部分公司常用抛光液的技术参数见表3-15、表3-16。

表3-15 美国部分公司常用抛光液的技术参数

名称	美国Nalco公司			美国Rodel Nitta公司	美国Rodel公司
	Nalco 2350	Nalco 2355	Nalco 2360	LS-10	Rodel 2371
Na_2O/%	<0.40	<0.50	<0.40	$<5\times10^{-6}$	<0.10
SiO_2/%	50	50	50	13	28
pH	10.8～11.2	9.8～10.2	8.3～8.7	9.7～10.7	11.0～11.5

续表

名称	美国 Nalco 公司			美国 Rodel Nitta 公司	美国 Rodel 公司
	Nalco　2350	Nalco　2355	Nalco　2360	LS-10	Rodel　2371
相对密度	1.37～1.40	1.37～1.40	1.37～1.40	1.06～1.08	1.17～1.20
黏度 CPS	<25	<25	<25	<20	<25
平均粒径/nm	50～70	50～70	50～70	<20	70～90
外观	琥珀色	乳白色	乳白色	乳白色	乳白色
用途	粗抛	细抛	精抛	精抛	粗抛
特点	广泛使用	低腐蚀作用	较低酸碱度	精抛、低 Na 值	高研磨速率、低 Na 浓度

表 3-16　美国 Rodel Nitta 公司 LS 系列抛光液的金属离子含量

金属离子	L	Ca	Cn	Cr	Fe	K	Mg	Na	Ni	Pn	Zn
浓度/$\times 10^{-6}$	1	<0.1	<0.1	<0.1	<0.1	<0.1	<0.1	<5	<0.1	<0.1	<0.1

随着 IC 工业技术的不断发展，为了适应直径大于 300mm 硅抛光片的加工要求，Rodel 等公司现已研究、开发出各种新的抛光液产品。

在 1992 年，美国卡博特（Cabot）公司的 Hector 首先公布了不含稳定剂的 SiO_2 浆料及其制备方案的专利，此项发明提供了一种稳定的、非膨胀的、低黏度的、可过滤的 SiO_2 胶体浆料，其中不含碱和稳定剂，其含硅比例高达 35%。

1993 年，Cabot 公司的 Miller 也公布了一种含酸和稳定剂的 SiO_2 浆料的发明专利，此发明提供了更高的硅比例，约达到 40%，酸比例在 0.0025%～0.50%之间，在配方中含有的稳定剂（缓冲液）使溶液 pH 值能控制在 7～12 之间，并且能分散在水中。

之后美国的孟山都公司（Monsanto）、美国的杜邦公司（Dupont）、美国的纳尔科公司（Nalco）、美国的格蕾丝（Grace）公司等也分别开发了相关商业化的 SiO_2 浆料产品。总的来讲，用于半导体加工的化学机械抛光液等关键材料，仍然是由美国、日本的公司所垄断。例如美商嘉柏微电子、陶氏化学等。但是随着抛光液市场的扩大，虽然 Cabot 的垄断地位依然稳固，但是未来抛光液的供应市场已经朝着多元化的方向发展，地区的本土化自给率也在逐渐提升。根据 2016 年公布的数据信息显示，Cabot 公司份额占比虽然下降 1%～35%，但仍然位居世界第一。美国 Versum 公司由于在 2016 年市场份额下滑，故排名从第二位下降至第三位；日本日立化学（Hitachi）由于积极抢占亚洲市场而上升至第二位；排名第四位的是日本的 Fujimi，排名第五位的是日本的 FijiFilm；第六位则是美国的陶氏化学（Dow）公司。

而今，可喜的是在国内，十多年来终于打破国外的垄断，已成功孕育出唯一一家“本土”半导体加工用的化学机械抛光液材料生产商——安集微电子公司——目前也已经成为一个合格的供应商。

晶片的研磨液主要是由研磨剂（abrasive）、表面活性剂、pH缓冲剂、氧化剂和防腐剂等成分所组成，其中研磨剂一般有纳米级的胶体SiO_2、纳米级的三氧化二铝（Al_2O_3）、纳米级氧化铈（CeO_2）等。其他添加剂一般可根据所需研磨的材料不同而选择。

硅单晶片表面抛光加工所使用的化学机械抛光研磨液和IC电路制备工艺中晶片表面的平坦化使用的研磨液有所不同。

硅单晶片抛光加工用的抛光液配制一般可用SiO_2的溶胶与去离子水混合，配制成研磨剂，可用氢氧化钠（NaOH）、氢氧化钾（KOH）或一定体积比的双氧水（H_2O_2）作为氧化剂，利用盐酸（HCl）或乙酸（CH_3COOH）和乙胺（$C_2H_5NH_2$）等缓冲溶液作为稳定剂调节溶液的pH值之后配制成硅晶片表面的研磨液。

2）抛光液的pH值及溶液pH值测量的两种基本测量方法

在抛光加工中，溶液的pH值是影响碱性二氧化硅胶体水溶液稳定性的重要因素之一，它将直接影响抛光加工的质量。

溶液pH值的测量有两种基本测量方法：

① 通过比色法滴定或使用pH试纸。

② 通过电位法，用pH计测定。

3）溶液pH值的调节

溶液的pH值可以用HCl、NaOH、KOH或有机碱来调节。例用EDA“Ethylenediamine”要稀释成40%使用。

在抛光工艺中，抛光液的pH值对抛光片质量有着密切的关系。为防止所配制抛光液pH漂移，一般采取“现用现配”，所配制的溶液应在3～4h内用完。贮存时间较长会降低其pH值，进而影响抛光速率。

为了在保证抛光质量的前提下降低生产成本，可按工艺要求控制抛光液的使用次数（寿命），一般粗抛光用的粗抛光液可进行循环使用，循环使用的次数视硅片加工质量及表面要求而定（但循环使用过程中需按工艺要求补充、添加新的原液）。而细抛光、精抛光及最终抛光用的抛光液是一次性使用的。

4）抛光液的贮存

胶体二氧化硅溶液一般可在5～50℃温度范围保存一年。

3.16.5 抛光布(polishing pad)

(1)常用的几种抛光布

目前，美国Rodel公司的抛光布占有较大市场份额，故以使用美国Rodel公司部分常用产品为例加以介绍，其产品种类很多，从材质、结构可归纳为以下几种形式。

1)无纺布抛光布(impregnated pad)

它是具有类似清洁刷洗用的丝瓜布状的结构，聚氨酯浸泡且固化在无纺布的抛光布上。其代表产品有GSH或SUBA型。其表面组织结构，见图3-79。

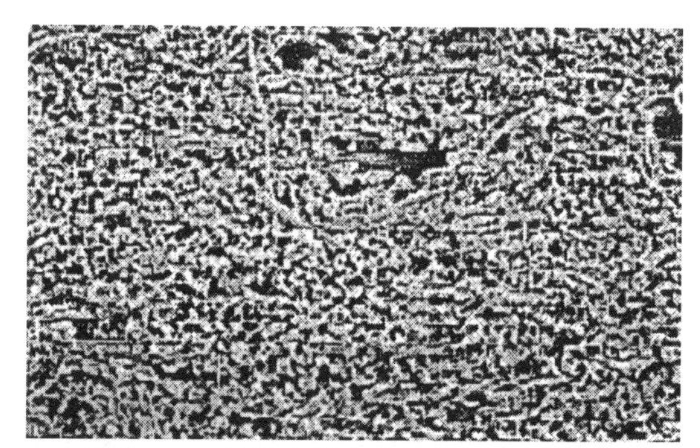

图3-79 无纺布抛光布的表面组织结构

资料来源：美国Rodel公司产品样本

2)绒毛结构抛光布(poromeric pad)

它是以无纺布抛光布材质作衬底基材、再在其上面生长绒毛结构的抛光布。其代表产品有Politex、Meritex或UR100型。其表面组织结构见图3-80，其横断面组织结构见图3-81。

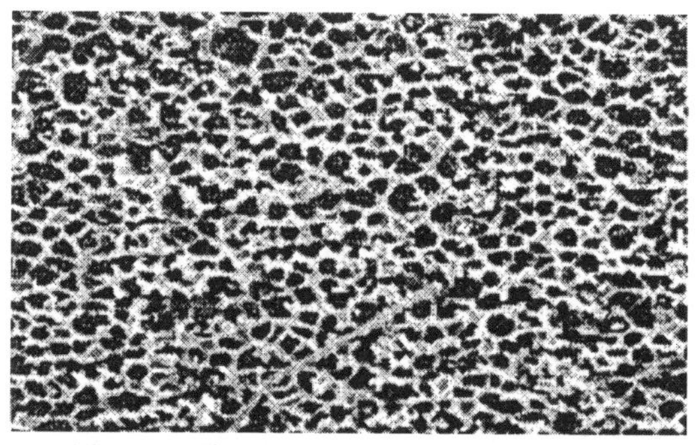

图3-80 绒毛结构抛光布的表面组织结构

资料来源：美国Rodel公司产品样本

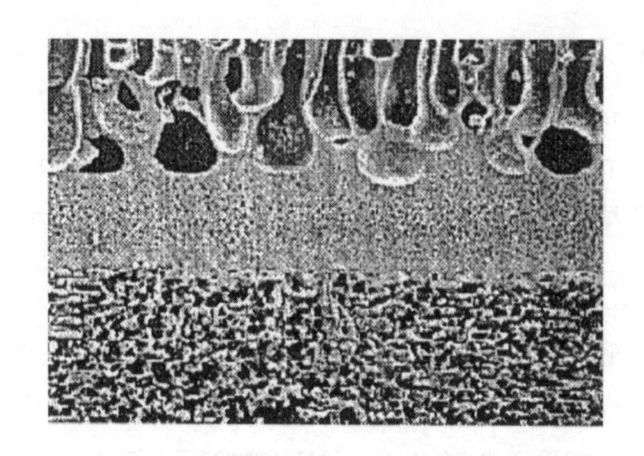

图 3-81 绒毛结构抛光布的横断面组织结构

资料来源：美国 Rodel 公司产品样本

3）聚氨酯发泡固化的抛光布（polymeric pad）

此类抛光布表面具有类似海绵的多孔结构，其代表产品有 MH 或 IC1000 型。其表面组织结构，见图 3-82。

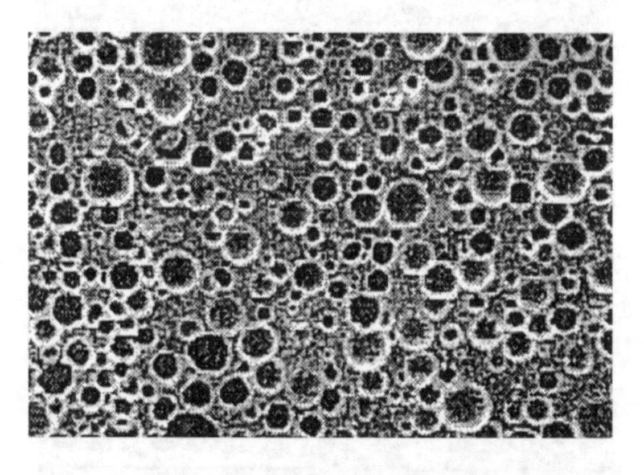

图 3-82 聚氨酯发泡固化的抛光布的表面组织结构

资料来源：美国 Rodel 公司产品样本

另外，目前正处于开发、研制阶段的一种使抛光布与研磨粒子结合在一起（在抛光布生产过程中加入研磨粒子）的新型抛光布（slurryless pad），在抛光加工中，仅仅只需通入水而不再使用抛光液。

（2）抛光布产品的技术参数

美国 Rodel 公司部分常用抛光布的技术参数，可见表 3-17。

表 3-17 美国 Rodel 公司部分常用抛光布的技术参数

类别	Suba 800	Suba 600	Suba 500	Suba Ⅳ	UR-100	Politex
厚度/mm	1.27	1.27	1.27	1.27	1.50	1.47
密度/(g/cm^3)	0.40	0.36	0.35	0.30		
硬度(Shore A)	82	80	70	57		
压缩比/%	3	4	7	17	14	

(3) 抛光布使用的注意事项

一般讲，抛光布是属于耐碱材质，不易受到环境气候影响。但是，为便于抛光布固定、粘贴在抛光盘（板）上，往往在抛光布的背表面均涂一层压敏胶(pressure sensitive adhesive，PSA)。此背表面均涂的压敏胶的特性为当受到外界压力时，即会产生较强的黏结力使其紧紧粘于抛光盘之黏合面上。

抛光布背表面的压敏胶易受环境温度、湿度的影响而引起变质，进而影响其粘贴效果，继而影响抛光加工质量。

为此，对抛光布的储存管理及正确使用尤为重要。一般对抛光布的储存管理要求如下：

① 储存环境。

环境温度：10～24℃

相对湿度：50%左右

洁净等级：10000 级

在运输期间，应避免太阳光的直接曝晒，在高湿度环境下极易受潮而变质。

② 为了防止产生变形，应避免直立存放。

③ 由于压敏胶受到外界压力时其黏结力即会产生作用，为了避免其自身质量影响，建议将抛光布分层平放储存，一般分层平放之叠合的抛光布片数在小于 20～50 张为宜。

④ 储存期限。为了避免抛光布储存超过其质量有效期，故必须采用“先进先出”(first in first out) 的领用、管理方式，建议其保存有效期限不超过半年。

⑤ 使用须知。

在粘贴抛光布之前，必须对抛光盘（板）表面进行彻底的清洁处理。在抛光盘（板）上粘贴抛光布时，对抛光布需施加均匀的压力慢慢地进行粘贴，要尽量减少抛光布与抛光盘（板）之间产生“气泡”，如果出现“气泡”，可用极细的金属针尖将其扎破，总之，粘贴抛光布的质量将直接影响到硅片的抛光质量。

在抛光加工过程中，一般要在每次抛光加工之前，对其进行“表面处理”，其目的是使抛光布能充分得到湿润，以保证其有稳定的压缩弹性，达到符合硅片抛光需要的表面状态（抛光布之表面粗糙度、表面绒毛孔洞结构利于抛光液的传输等）。

当抛光加工结束后，由于硅片的化学机械抛光产生的反应物、抛光液粒子的沉淀物及抛光布自身的磨耗等其他“物质”会使抛光布表面产生“板结”（硬化）现象，从而降低硅片的研磨速率，影响硅片的表面质量。为此，对抛光布应经常（尤其是每次抛光加工之前）进行有效的清洁处理。一般常用尼龙刷子（nylon brush）或镶嵌有金刚砂的研磨头（diamond disk/ring）进行刷洗清洁处理。

当抛光加工结束需要停机时，在清洁处理后可在抛光布上喷洒少量纯水使其表面处于湿润状态。

为了保证抛光质量，可按工艺要求控制抛光布的使用次数（寿命）。

随着IC工业技术的不断发展，为了适应直径300mm硅抛光片的加工要求，Rodel公司已研究、开发出各种新的产品。

3.16.6 硅片表面的粗抛光（roughness polishing）

硅片的表面抛光按照贴片的形式不同可分为无蜡贴片单面抛光和有蜡贴片单面抛光两种加工形式。如图3-83（a）所示为无蜡贴片单面抛光，如图3-83（b）所示为有蜡贴片单面抛光。

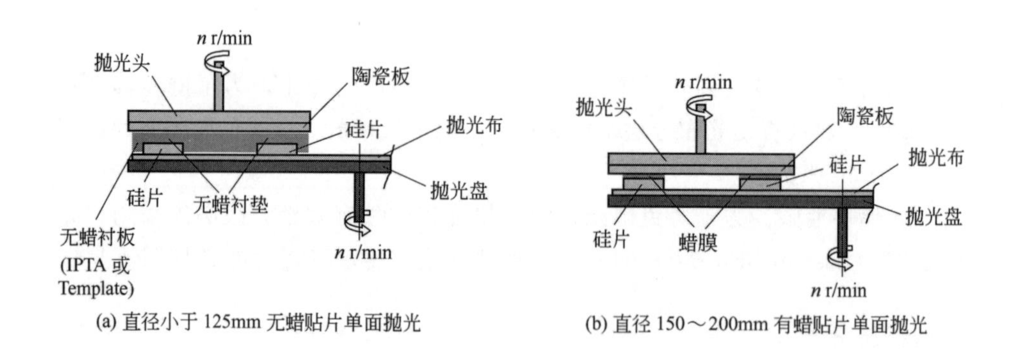

图3-83　硅片的单面抛光（参见文前彩图）

为了满足制备各种微电子器件对硅片的技术要求，可采用不同的抛光加工工艺，一般对直径小于125mm硅片的表面抛光常采用无蜡贴片单面抛光工艺，对加工精度要求高、直径 150～200mm（线宽为 0.5μm～0.35μm～0.25μm～0.18μm IC 用）硅片和区熔炉（FZ）硅单晶、厚度较薄硅片的表面抛光则可采用有蜡贴片单面抛光工艺。

对于直径大于 300mm（线宽小于 0.13μm～0.10μm～65nm～45nm～28nm IC 芯片工艺）硅片的表面粗、细抛光则均是采用双面抛光工艺。而其精抛光和最终抛光（可采用 CMP 加工）则仍然采用无蜡贴片（常采用真空吸附）的单面抛光技术。

对线宽为 0.5μm～0.35μm～0.25μm～0.18μm 的 IC 用直径 150～200mm 硅片，一般是采用有蜡贴片、单面四段加压的三步（粗、细、精抛光）或四步（粗、细、精、最终精抛光）抛光工艺来达到硅片表面抛光加工的目的，以便进一步改善或去除前工序所留下的微缺陷及表面的机械应力损伤，以求获得满足 IC 工艺要求的、光亮的、局部平坦度较高的硅晶片表面。

硅晶片表面粗抛光的主要作用在于去除表面的机械应力损伤层和表面存在的各种金属离子等杂质污染，一般去除加工量大于 10～20μm。

3.16.6.1　硅片表面的无蜡贴片抛光

无蜡贴片单面抛光则是依靠真空或表面张力作用或其他方法将硅片紧紧地与载体板、盘（陶瓷板）结合在一起进行抛光加工。

目前许多硅片生产公司的无蜡贴片单面抛光常常采用美国 Rodel 公司的无蜡衬板（IPTA 或 template）和软性的无蜡衬垫（INSERT），如图 3-84 所示。使用时依靠湿润的无蜡衬垫表面上的水的表面张力作用，使硅片紧紧地被吸附在软性的无蜡衬垫上。

在无蜡贴片抛光工艺中为了提高抛光加工精度，正确选择、使用无蜡衬板和软性的无蜡衬垫将起着关键的作用。对此，围绕无蜡衬板和软性的无蜡衬垫的选择使用已有许多厂商做了大量开发、研究工作。

目前美国 Rodel 公司的无蜡衬板和软性的无蜡衬垫产品的市场占有率较大，其易保证硅片的加工质量。

采用无蜡贴片单面抛光技术，能避免蜡的有机物沾污，从而使抛光硅片的化学清洗变得比较简单。但是，无蜡贴片单面抛光最大的问题是无法得到极低的总厚度偏差 TTV、局部平整度 STIR（SFQR）等。通过工艺调整其加工精度尚可达到：

TTV	≤3～2μm
STIR、SFQR（22×22）	≤4～2μm

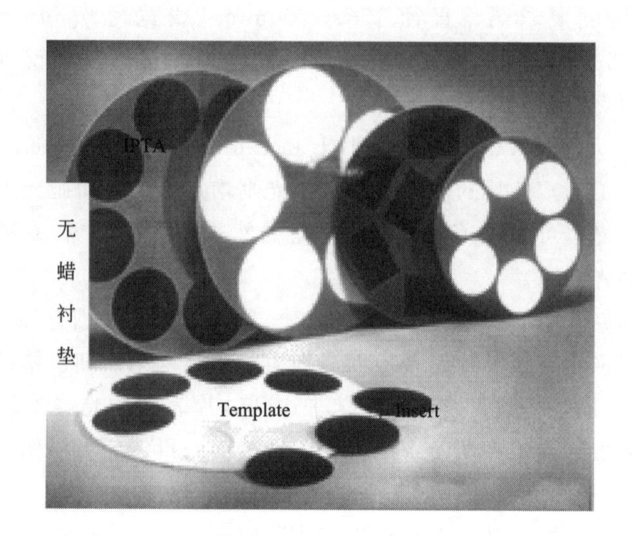

图 3-84 美国 Rodel 公司的无蜡衬板和软性的无蜡衬垫（INSERT）

3.16.6.2 硅片表面的有蜡贴片抛光

采用有蜡贴片的单面抛光技术，硅片是依靠蜡膜作为介质将硅片紧紧地与载体板、盘（陶瓷板）粘贴在一起进行抛光加工的。有蜡贴片抛光虽能提高加工精度，但其涂蜡工艺（常采用涂刷、离心、喷雾等）比较复杂，所使用的蜡的形式较多，有固体、液体、水溶性等各种形态的蜡，其抛光加工精度直接与所使用的蜡的种类（材料的成分、内含杂质、物理特性等）及蜡膜厚度和其均匀程度、硅片涂蜡的工艺环境的洁净程度等诸多因素相关，故在使用有蜡贴片单面抛光中，硅片涂蜡的工艺均应在洁净室内进行（至少不低于 100 级），要求蜡膜的厚度合适（≈1.5μm）、均匀。

根据工艺要求可将按照 1μm 厚度分档的硅片，经化学清洗后传递送入硅片抛光加工工序的全自动硅片有蜡抛光系统中，在完成有蜡贴片工艺后自动转入四联自动单面抛光系统进行有蜡、单面四段加压的三步（粗、细、精抛光）抛光加工。

通过工艺调整其加工精度可达：

TTV ≤1.2μm

STIR、SFQR（22×22）≤0.5μm

在有蜡贴片抛光工艺中如何提高加工精度，其关键在于涂蜡的工艺水平及对载体板、盘（陶瓷板）表面精度的控制和清洁处理。

对此，围绕对“蜡”的选择使用，对载体板、盘（陶瓷板）表面精度的控制和清洁处理，许多厂商做了大量开发、研究工作。目前一般采用的是日本NIKKA SEIKO（日化精工）公司的液体蜡和去蜡清洗溶剂等产品。

有蜡贴片的质量将直接影响硅片的最终加工质量，故在一定等级的洁净室（至少应是在 100 级）内使用所选用的硅片有蜡贴片系统，将也是确保高质量的很关键的工艺环节。

例如，在“10”级净化区内，用日本 NIKKA SEIKO（日化精工）公司HF-3511 液蜡采用离心甩蜡，为了保证涂蜡膜厚度均匀、平坦，一般都是采用“分段变速甩蜡”工艺，如图 3-85 所示。

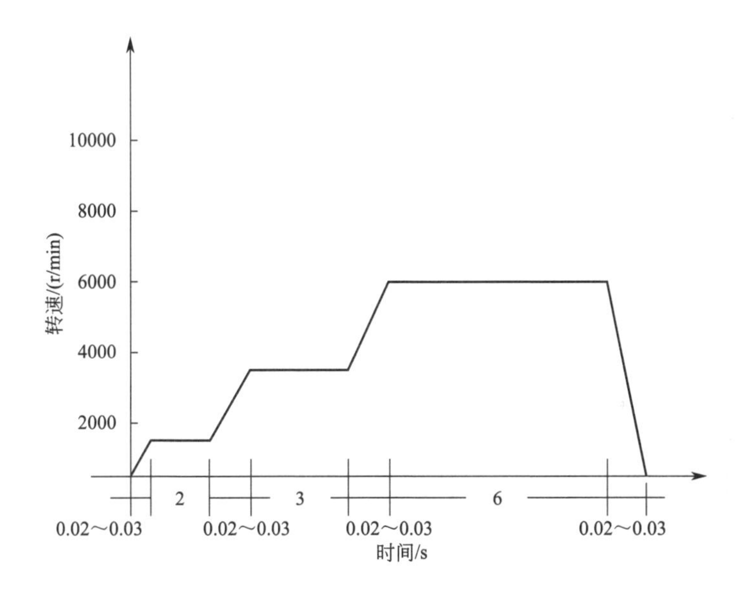

图 3-85 “分段变速甩蜡”工艺示意图

例如，当液蜡刚滴下落入硅片时，硅片的旋转速度约为 1000～1500r/min、然后经过 1～2s 后，转速变为约 3000r/min。若甩蜡的旋转速度不变或调速不恰当，蜡膜在硅片表面不均匀、不平整，会呈凹形，如图 3-86所示。

当蜡膜厚控制在 1～1.5μm，蜡膜厚度偏差约为 2μm±5%、采用“气袋”压片技术（$p=0.3\text{kg/cm}^2$），选用日本日化精工公司 PT-CLEANER 液清洗去蜡，PTC# 7 适用清洗硅片上的蜡（pH=10.6）、用 PTC# 7S 液清洗陶瓷板上的蜡（pH=12.2）。

适合直径 200mm 硅片的全自动表面抛光系统见图 3-87。

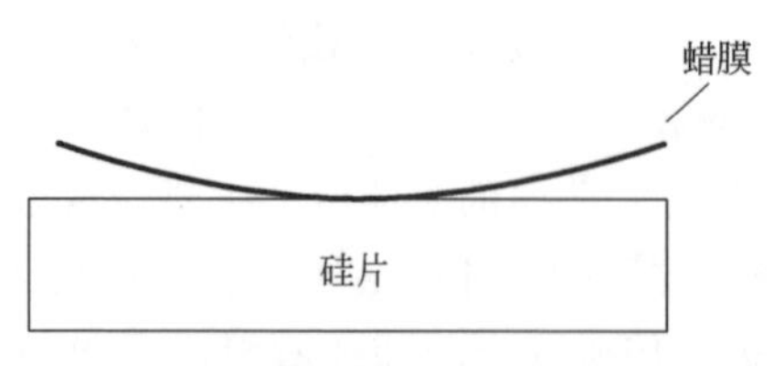

图 3-86　蜡膜在硅片表面上的形状

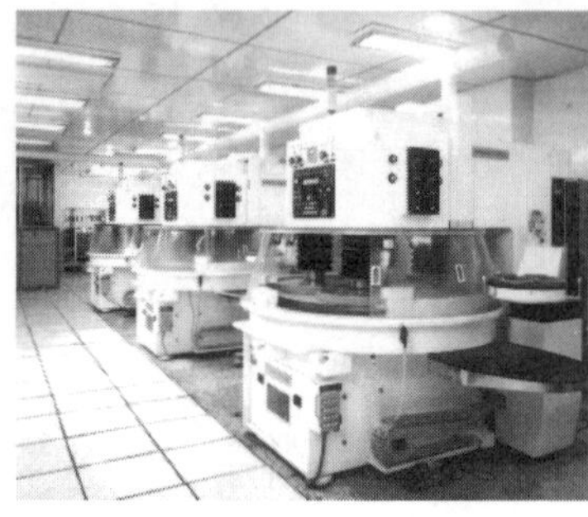

图 3-87　用于直径 200mm 硅片的全自动表面抛光系统

日本 Enya 公司 MT-811B-S 硅片全自动有蜡贴片系统如图 3-88 所示。

日本 Enya 公司 MT-810 全自动硅片有蜡贴片系统

日本 Enya MT811B
自动硅片有贴蜡片机

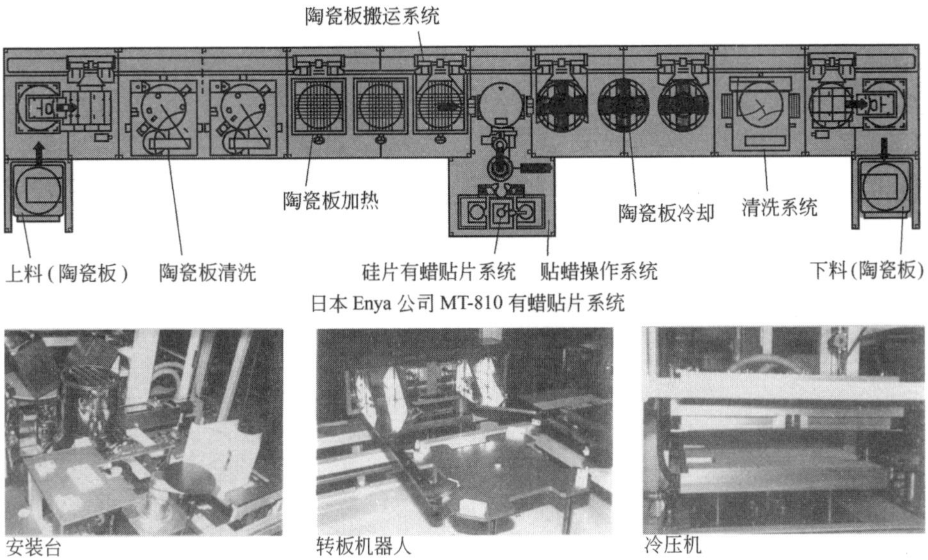

陶瓷板搬运系统

陶瓷板加热

陶瓷板冷却　清洗系统

上料（陶瓷板）　陶瓷板清洗　硅片有蜡贴片系统　贴蜡操作系统　下料（陶瓷板）

日本 Enya 公司 MT-810 有蜡贴片系统

安装台　转板机器人　冷压机

图 3-88　直径 200mm 硅片全自动有蜡贴片系统

资料来源：日本 Enya 公司产品样本

若选用日本 Enya 公司 MT-811B-S 有蜡贴片系统（可在 100 级的洁净室内）和采用日本 Speed Fam 公司 59SPAW 抛光系统组成的全自动硅片抛光系统，进行直径 200mm 抛光加工。当抛光加工量在 18～20μm 时，可使硅片表面加工精度达到：

STIR（22×22）　＜0.30μm

SFQR（25×25）　＜0.13μm

GBIR（TTV）　＜0.80μm

3.16.7　硅片表面的细抛光（fine polishing）

为确保硅片表面有极低的局部平整度及表面粗糙度，需要进行细抛光。细抛光的主要作用在于保证硅晶片表面具有较高的机械加工精度和表面的粗糙度，同时可进一步减少表面存在的各种金属离子等杂质污染。

一般大直径硅片加工区域的环境洁净度需高于 10000 级（直径 300mm 加工区域的环境洁净度需高于 1000 级），其细抛光的去除加工量约为＜5～8μm。

为了适应半导体产业的发展，为了满足 IC 芯片电路特征尺寸线宽小于 130～100～90～65～40～28nm～10～7nm（甚至更小）IC 芯片电路工艺要求，大直径 200mm（8 英寸）、直径 300mm（12 英寸）硅抛光片加工工艺现一般均可采用双面抛光（粗、细两步抛光）加工工艺，结合国外对大直径硅抛光片加工工艺流程的介绍，相比较尽管可以看出其硅抛光片加工工艺流程在这近二十多年来变化不是很大，但是现在 IC 电路芯片对硅抛光片的机械加工质量、几何尺寸精度和表面精度的要求和控制却是变得更加的严格。

为了适应我国半导体产业的发展，尽快满足市场对硅抛光片的需求，我们可以结合自身的特点制定出一套满足线宽 28～40nm IC 芯片电路用直径 300mm 硅单晶抛光、外延片项目的硅抛光片生产工艺流程。满足线宽 28～40nm IC 芯片电路用直径 300mm 硅单晶抛光、外延片项目生产工艺流程示意框图见图 3-89（方案讨论，供参考）。

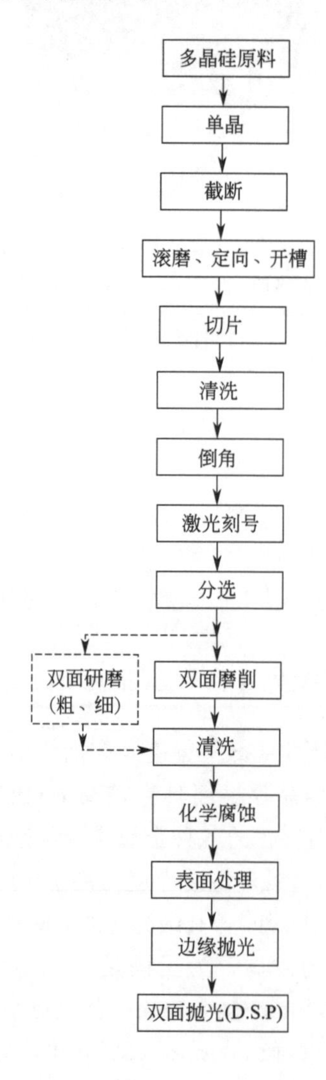

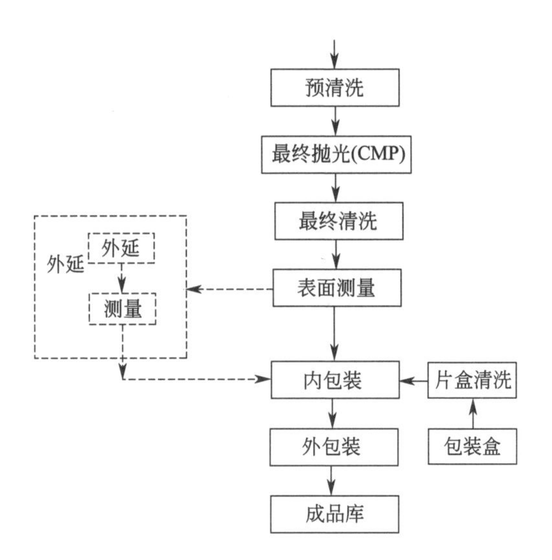

图 3-89　满足线宽 28～40nm IC 芯片电路用直径 300mm 硅单晶抛光、外延片项目生产工艺流程示意框图（参见文前彩图）

适合直径 200mm、300mm 硅片的全自动表面抛光系统见图 3-90、图 3-91。

图 3-90　日本 Speed Fam 公司直径 200mm 硅片的单面抛光系统

资料来源：日本 Speed Fam 公司产品样本

在细抛光加工过程中，所选用的抛光布的材质、硬度及结构、抛光液成分（粒度及 pH 值）及抛光工艺参数（抛光压力、抛光液的 pH 值及流量、转速、抛光温度等）的优化设置将会直接影响其表面加工质量。

为此，许多供应商对抛光布的硬度及结构、抛光液成分（粒度及 pH 值）做了大量的开发、研究工作。

在这方面，美国 Rodel 公司做了大量、细致的技术开发、研究工作。根据

图 3-91　德国 Peter Wolters 公司直径 300mm 硅片的双面抛光及自动取片系统
资料来源：德国 Peter Wolters 公司产品样本

该公司介绍，使用不同材质、硬度及结构的抛光布会对硅片表面质量（粗糙度）产生极大的影响，如图 3-92 所示。

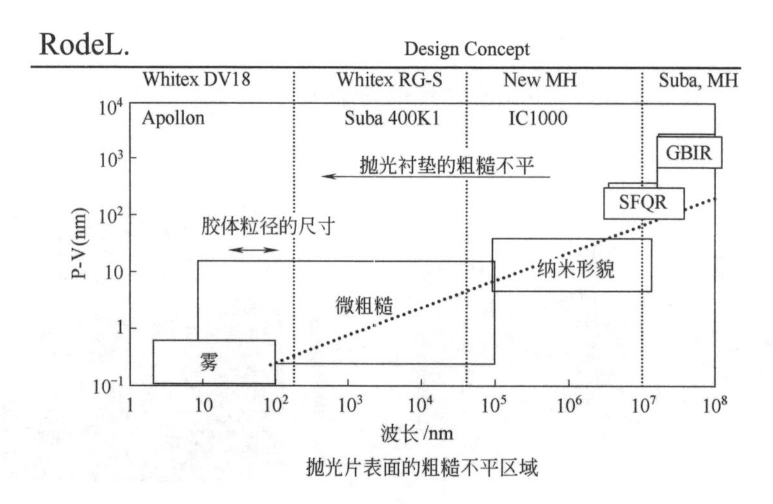

图 3-92　不同材质、硬度及结构的抛光布对硅片表面质量影响
资料来源：摘自美国 Rodel 公司技术讲座内容

3.16.8　硅片表面的最终抛光（final polishing）

为了满足线宽小于 0.13μm～0.10μm～65nm～45nm～28nm IC 芯片电路工艺用直径 300mm 硅抛光片的质量要求，为了进一步减少硅片表面存在的各种金属离子等杂质污染，确保硅片表面有极高的表面纳米形貌特性，通常可采用 IC 芯片电路制备工艺中晶片表面的平坦的碱性胶体二氧化硅化学机械抛光

技术对硅片表面进行最终抛光（精抛光加工）。不过此类用于 IC 芯片电路制备工艺中晶片表面的平坦设备价格昂贵。

一般最终精抛光的去除加工量约为<1.0μm。

通常应用于直径 300mm 硅片表面的最终抛光系统如图 3-93～图 3-95 所示。

图 3-93　德国 Peter Wolters 公司 PM 300 APOLLO CMP 系统

资料来源：德国 Peter Wolters 公司产品样本

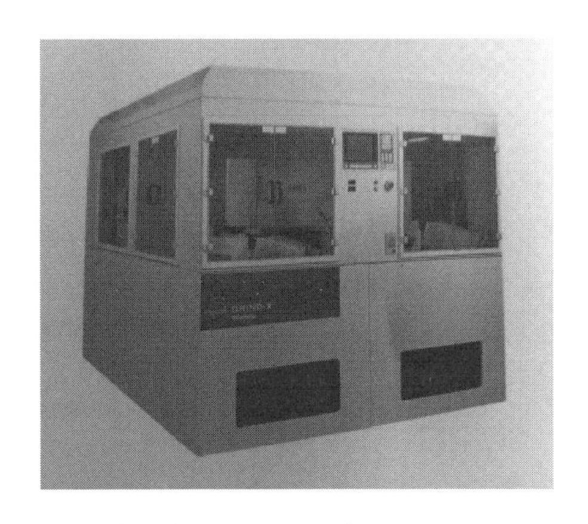

图 3-94　日本冈本 OKMOTO 公司 PNX332 CMP 系统

资料来源：日本冈本 OKMOTO 公司产品样本

为了满足线宽小于 0.13μm～0.10μm～65nm～45nm～28nm IC 芯片电路工艺用硅抛光片要求，硅片表面精抛光加工有必要考虑采用数字控制硅片的干化学平坦化等离子体技术。即简称硅片的 D. C. P（dry chemical planarization）等离子体技术（plasma technology）。

硅片的 D. C. P 与传统的硅片抛光加工方式相比，其抛光加工原理两者已有着本质的不同。

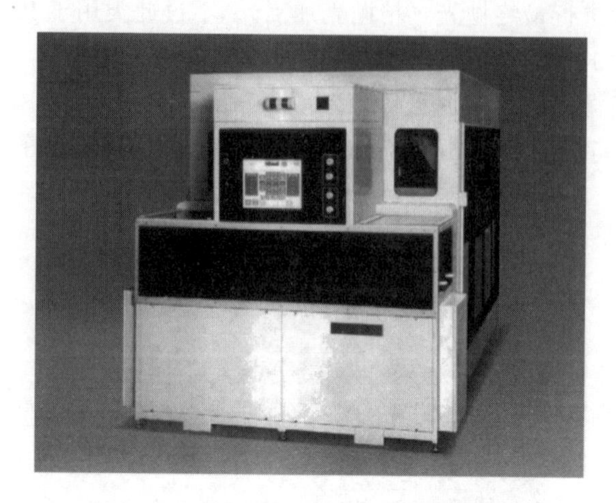

图 3-95　日本 Speed Fam 最终抛光系统

资料来源：日本 Speed Fam 公司产品样本

① 目前传统、惯用的硅片加工流程中，硅片表面抛光加工采用碱性胶体二氧化硅抛光液进行的化学、机械抛光工艺。

硅片表面与抛光液中 NaOH 接触进行化学腐蚀反应生成可溶性硅酸盐，有如下反应式：

$$Si+2NaOH+H_2O \longrightarrow Na_2SiO_3+2H_2\uparrow \tag{3-24}$$

$$Si+Na_2SiO_3+2H_2O \longrightarrow Na_2Si_2O_5+2H_2\uparrow \tag{3-25}$$

$$Si+Na_2Si_2O_5+2H_2O \longrightarrow Na_2Si_3O_7+2H_2\uparrow \tag{3-26}$$

$$Si+Na_2Si_3O_7+2H_2O \longrightarrow Na_2Si_4O_9+2H_2\uparrow \tag{3-27}$$

$$SiO_2+2NaOH \longrightarrow Na_2SiO_3+H_2O \tag{3-28}$$

$$SiO_2+Na_2SiO_3 \longrightarrow Na_2Si_2O_5 \tag{3-29}$$

$$SiO_2+Na_2Si_2O_5 \longrightarrow Na_2Si_3O_7 \tag{3-30}$$

加工中的化学反应物通过细而柔软、带有负电荷的 SiO_2 胶粒的吸附作用，以及与抛光布、衬垫间的机械摩擦作用，及时去除表面生成的反应物。化学腐蚀和机械摩擦两种作用互相、连续、交替、循环进行。当达到化学、机械作用的动平衡时，便可获得最佳的光亮“镜面”。

碱性二氧化硅胶体化学机械抛光技术综合了化学抛光无损伤和机械抛光易获平整、光亮表面的特点。

② 数字控制硅片的干化学平坦化等离子体技术即：D. C. P 等离子体技术。

a. 硅片的 D. C. P 加工原理示意如图 3-96 所示。

在 D. C. P 加工中，SF_6（六氟化硫）电离后与硅主要有如下的反应：

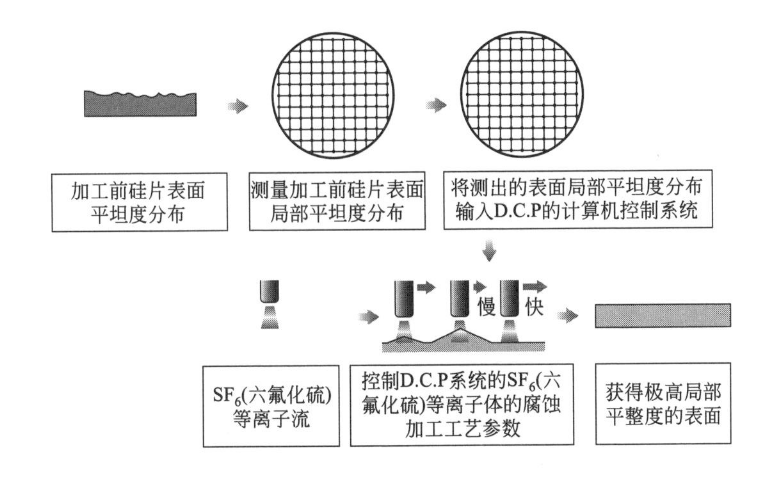

图 3-96　硅片的 D. C. P 加工原理示意（参见文前彩图）

资料来源：日本 Speed Fam 公司产品样本

$$SF_6 \longrightarrow SF_x + yF \tag{3-31}$$

$$Si + 4F \longrightarrow SiF_4 \uparrow \tag{3-32}$$

b. 硅片的 D. C. P 等离子体技术加工方法。

硅片的 D. C. P 等离子体技术加工是一种无接触的加工技术，可适合用于硅片的精抛光。将经过双面抛光的粗抛光硅片，用无接触测量仪测量出硅片表面凹凸状态的数值（局部平整度），然后将这些数值输入 D. C. P 系统的计算机控制系统内，之后，D. C. P 系统将根据硅片表面凸起部分的高度，自动控制 D. C. P 系统的 SF_6（六氟化硫）等离子体的腐蚀加工时间、硅片扫描速度等，以保证加工后硅片表面有极高的平整度（局部平整度）。

硅片的 D. C. P 加工时间：

对直径 300mm 的硅片大约需要　6. 2min/片

对直径 200mm 的硅片大约需要　3. 1min/片

c. 特点：

有极高的几何尺寸加工精度、产品合格率极高。

预期可达到：

GBIR　$<0.50\mu m$

SBIR（25×25）$<0.13\sim0.08\mu m$

SFQR（25×25）$<0.10\sim0.07\mu m$

可提高加工精度、降低抛光加工的运行成本。

首先，由于D. C. P加工技术舍弃了传统硅片抛光加工所必需的各种原辅材料（抛光布、抛光液等），简化了抛光工艺，其加工表面不受压力、温度、抛光液的pH值等传统抛光加工工艺条件的影响，加工工艺稳定、可大大降低抛光加工的运行成本。

据估算，就D. C. P加工而言，硅片的D. C. P运行加工成本仅仅约为2.40美元/片。

其次，硅片D. C. P加工，可使边缘扣除距离由3mm减少到1mm。对此，在IC工艺中，可增加IC芯片电路的表面有效使用面积（面积可增大约2.7%），增加管芯数量，降低IC芯片电路的加工成本。

由于对硅片采用D. C. P等离子体技术加工是一种新型的加工工艺、技术，加工过程中特别要注意以下技术问题。

(a) D. C. P系统的SF_6（六氟化硫）等离子体源的产生及速流的强度、速流斑点直径（速流的聚焦）等控制。

(b) 硅片X-Y-θ三维方向的扫描系统的控制精度。

(c) 硅片的D. C. P等离子体技术加工工艺研究。

(d) 经过D. C. P等离子体技术加工后硅片表面损伤的控制。

在2001年，作者有机会在日本Speed fam公司通过亲自参加对硅片的D. C. P等离子体技术试验加工及试验数据分析，认为它是能用于满足线宽小于65nm～45nm～28nm～10nm～7nm以下IC芯片电路工艺对硅抛光片的几何尺寸精度要求。

硅片采用D. C. P等离子体技术加工前（双面抛光后）、后硅片表面典型的特征参数如表3-18、图3-97所示。

表3-18 D. C. P等离子体技术加工前（双面抛光后）、后硅片表面典型的特征参数

单位：μm

项目	Thk①(Cne)	bow	warp	GBIR	SFQR(25×25)	
					最大值	最小值
D. C. P前(D. S. P双面抛光后)	830.32	−2.45	9.22	1.302	0.262	0.027
D. C. P后	828.79	−2.61	9.16	0.236	0.090	0.020

① 该片为“试验用片”，其切片厚度比规范要求厚，没有按照直径300mm抛光片规范厚度775μm要求进行前加工。

为了获得高的加工精度，对直径大于300mm的大直径硅片表面的精抛光加工，采用数字控制硅片的干化学平坦化等离子体技术。尽管其设备投资较大，但是还存在一些技术问题，目前仍处于开发、研究阶段。从目前来看将此

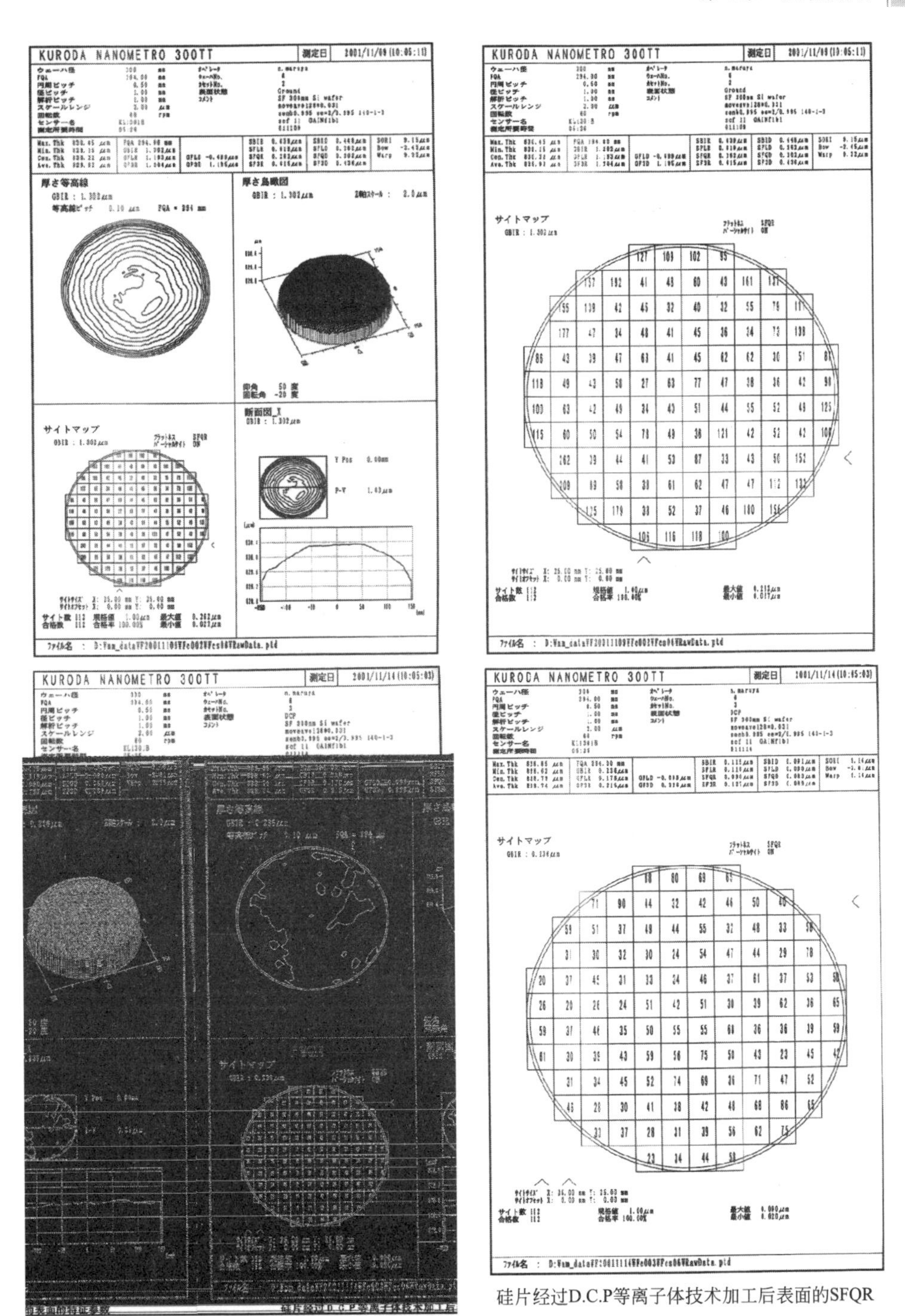

硅片经过D.C.P等离子体技术加工后表面的SFQR

图 3-97　硅片经 D. C. P 等离子体技术加工前、后表面的特征参数

资料来源：2001 年硅片的 D. C. P 等离子体试验加工数据分析

硅片的 D. C. P 应用于直径 300mm 硅晶圆生产中其成本似乎显得太高昂，但在今后对用于满足线宽小于 45nm～28nm～10nm～7nm 以下 IC 芯片电路工艺和大于直径 400～450mm（16～18 英寸）硅晶圆的制造仍然可认为是一种比较理想的加工形式。

日本 Speed Bfam 公司的 D. C. P 200X/300X 数字控制硅片的干化学平坦化等离子体系统，见图 3-98。

图 3-98 日本 Speed Bfam 公司的 D. C. P 200X/300X 数字控制硅片的干化学平坦化等离子体系统

资料来源：日本 Speed Fam 公司产品样本

目前大直径硅片表面的最终抛光一般仍可采用设备及加工成本比较低的碱性胶体二氧化硅化学机械抛光的单面抛光工艺技术。

在对硅片表面进行抛光加工时，采用碱性胶体二氧化硅化学机械抛光技术，合理选用抛光液的种类、成分（粒度及 pH 值）和抛光布的材质、硬度、结构及对抛光工艺参数（抛光压力、抛光液的 pH 值及流量、转速、抛光温度等）的优化设置使用都将会直接影响其硅片表面的加工质量。

硅片的抛光工序控制的主要技术参数有：抛光去除量、抛光片的厚度 T 及其公差、TTV、TIR、STIR（SFQR）、表面质量（无凹坑、橘皮、波纹等）、表面的粗糙度和表面的微缺陷（热氧化堆垛层错 OISF、漩涡、氧化雾缺陷等）等。

单面四段加压的四步抛光加工工艺条件设置实例如表 3-19 所示（选用日本 Speed Fam 公司单面抛光系统、仅供参考）。

表 3-19 单面四段加压的四步抛光加工工艺条件设置实例

		粗 抛 R_1	粗 抛 R_2	细 抛 R_3	精 抛 F
抛光布		美 Rodel Suba800(格)	美 Rodel Suba800(格)	美 Rodel Suba600(格)	美 Rodel Politex
抛光液	液	美 Nalco 2371 (2354/2350)	美 Nalco 2371 (2354/2350)	美 Nalco 2355	日本 FUJIMI Glanzox3900RS
	水	DI. H_2O	DI. H_2O	DI. H_2O	DI. H_2O
	稀释比 液∶水	1∶10	1∶10	1∶10	1∶20
	pH	10.5～11.0	10.5～11.0	9.0～10.5	8.0～9.0
四段加压抛光		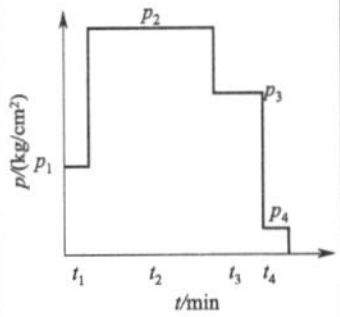	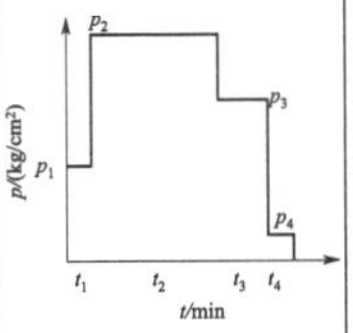	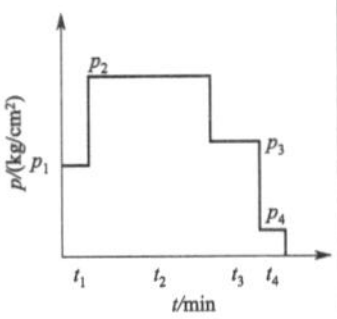	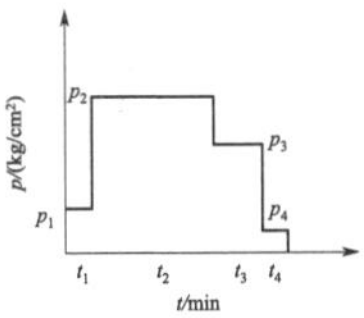
抛光压力 /(kg/cm^2)	p_0	0.25～0.30	0.25～0.30	0.10～0.15	0.05～0.12
	p_1	50	50	50	20
	p_2	400	400	200	80
	p_3	200	200	100	50
	p_4	50	50	50	20
抛光时间 /min	t_1	0.5	0.5	0.5	0.5
	t_2	6～8	6～8	6～8	6～8
	t_3	3	3	3	3
	t_4	1	1	1	1
抛光速率/(μm/min)		0.8～1.2	0.8～1.2	0.2～0.5	<0.2
抛光温度/℃		32～34	32～34	32～34	30～32
抛光液流量/(L/min)		15～20	15～20	5～10	2～5
冷却水温度/℃		20±1	20±1	20±1	20±1
冷却水流量/(L/min)		23	23	23	23
抛光加工量/μm		6.0～8.0	6.0～8.0	2.0～4.0	<1.0

注:选用日本 Speed Fam 公司单面抛光系统、仅供参考。

3.17 硅片的激光刻码（laser marking）

为了使硅片的供、需双方便于交流和对硅片能进行有效的跟踪，需要对硅片作统一标识。通常采用激光刻码技术在硅片表面进行刻码（SEMI OCR 字母、数字或条形码等字符符号）。

根据工艺的不同要求对硅片表面进行的激光刻码有“硬刻”和“软刻”两种形式。参照 SEMI 标准对具有参考平面或具有 V-型（notch）槽的硅片进行激光刻码。

一般要求“硬刻”的激光刻码可在硅片的切割、倒角或腐蚀工序后进行硬刻的激光刻码加工。而要求“软刻”的激光刻码可在硅片的边缘抛光或粗抛光加工后进行软刻的激光刻码加工。

对硅片表面进行激光刻码加工，是采用激光技术、将激光束聚焦成一个很细的斑点照射在硅片的表面上，利用激光能量产生的高温，使该斑点的硅晶片受到激光照射而被熔化。这个区域的大部分硅原子与氧结合变成硅的氧化物（气体）而挥发，从而使硅片表面留下被熔化的凹坑，这些凹坑的点阵排列成所要求的各种字符码（SEMI OCR 字母、数字或条形码等字符符号）。

激光刻码的位置及字符等要求见表 3-20、表 3-21 和图 3-99～图 3-102。

如表 3-20 所示为 SEMI 标准 M13-88 规定的激光刻码之大小及内容。

表 3-20 SEMI 标准 M13-88 规定的激光刻码之大小及内容

身份号码 电阻率 检查码
12345678TM11-8BOF5
供应商代号
晶体生长方向
掺杂物种类

符号位置	符号形态	用途	可能符号	定义
1	字母/阿拉伯数字	身份号码	ABCDEFGH IJKLMNOP QRSTUVW XYZ0123456 789-	由供应商决定
2	字母/阿拉伯数字			
3	字母/阿拉伯数字			
4	字母/阿拉伯数字			
5	字母/阿拉伯数字			
6	字母/阿拉伯数字			
7	字母/阿拉伯数字			
8	字母/阿拉伯数字			
9	字母	供应商代号	A 到 Z	
10	字母			

续表

符号位置	符号形态	用途	可能符号	定义
11 12 13 14	阿拉伯数字 阿拉伯数字 阿拉伯数字 阿拉伯数字	电阻率	0123456789-	单位:Ohm-cm
15	字母	掺杂物种类	B,F,A,S	B=硼,F=磷,A=砷,S=锑
16	阿拉伯数字		0,1,2,3,5	0=1-0-0,1=1-1-1, 2=1-1-0,3=0-1-1, 5=5-1-1
17 18	字母 阿拉伯数字	检查码	A 到 H 0 到 7	

如表3-21所示为SEMI标准M12-92规定的激光刻码之大小及内容。

表3-21 SEMI标准M12-92规定的激光刻码之大小及内容

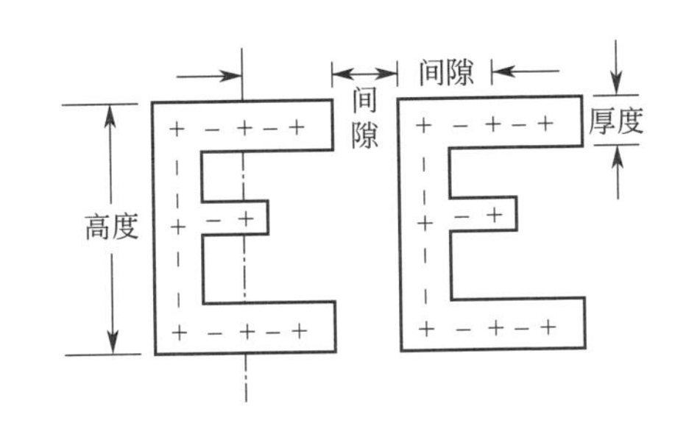

符号之尺寸

符号特性	尺寸/mm
高度(height)	1.624±0.025
宽度(width)	0.812±0.025
厚度(thickness)	0.200±0.050
间隔(spacing)	1.420±0.025
间隙(separation)	0.308

身份号码 检查码

12345678ABX1

供应商代号

符号位置	符号形态	用途	可能符号	定义
1 2 3 4 5 6 7 8	字母/阿拉伯数字 字母/阿拉伯数字 字母/阿拉伯数字 字母/阿拉伯数字 字母/阿拉伯数字 字母/阿拉伯数字 字母/阿拉伯数字 字母/阿拉伯数字	身份号码	ABCDEFGH IJKLMNOP QRSTUVW XYZ0123456 789-	由供应商决定

续表

符号位置	符号形态	用途	可能符号	定义
9 10	字母 字母	供应商代号	A 到 Z	
11 12	字母 阿拉伯数字	检查码	A 到 H 0 到 7	

具有参考平面的硅片的激光刻码的位置，如图 3-99 所示。

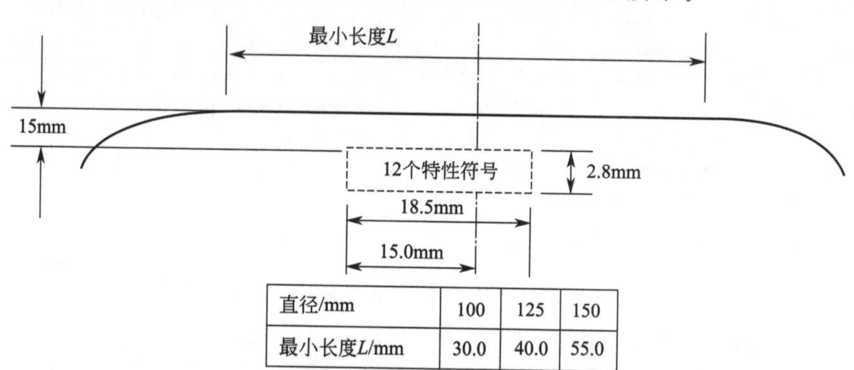

直径/mm	100	125	150
最小长度L/mm	30.0	40.0	55.0

图 3-99 具有参考平面的硅片的激光刻码的位置

具有 V 型槽的硅片激光刻码的位置，如图 3-100 所示。

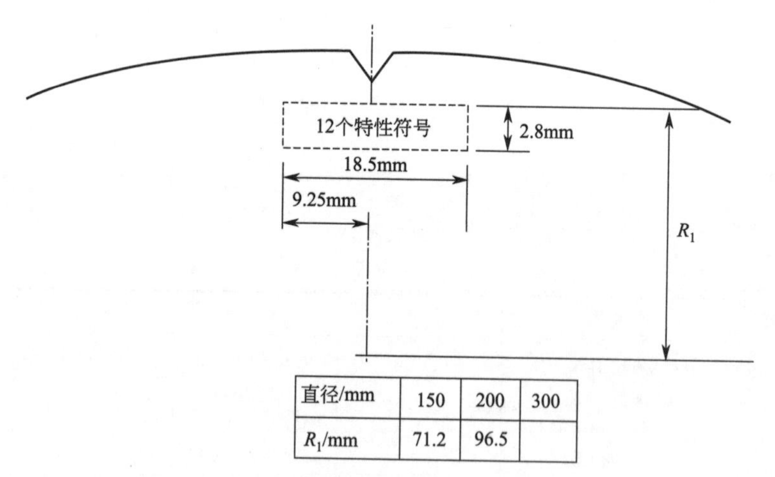

直径/mm	150	200	300
R_1/mm	71.2	96.5	

图 3-100 具有 V 型槽的硅片的激光刻码的位置

具有参考平面的硅片的激光刻码的位置，如图 3-101 所示。

具有 V 型槽的硅片的激光刻码的位置，见图 3-102。

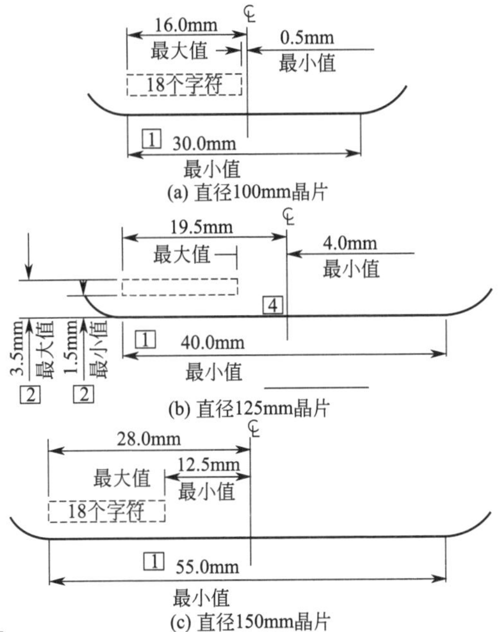

1 ：表示直径100mm、125mm和150mm硅片参考面长度的最小值。

2 ：该尺寸适用于直径为100mm、125mm和150mm的硅片。

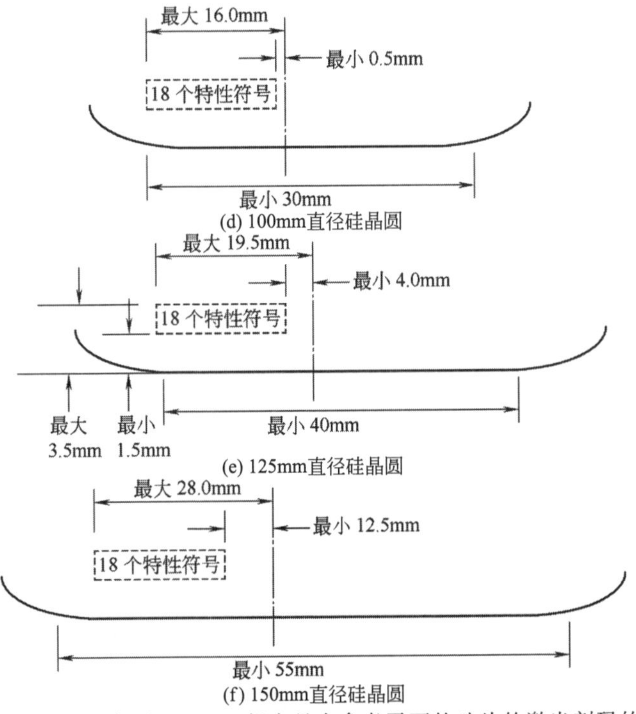

图 3-101　SEMI 标准 M13-88 规定具有参考平面的硅片的激光刻码的位置

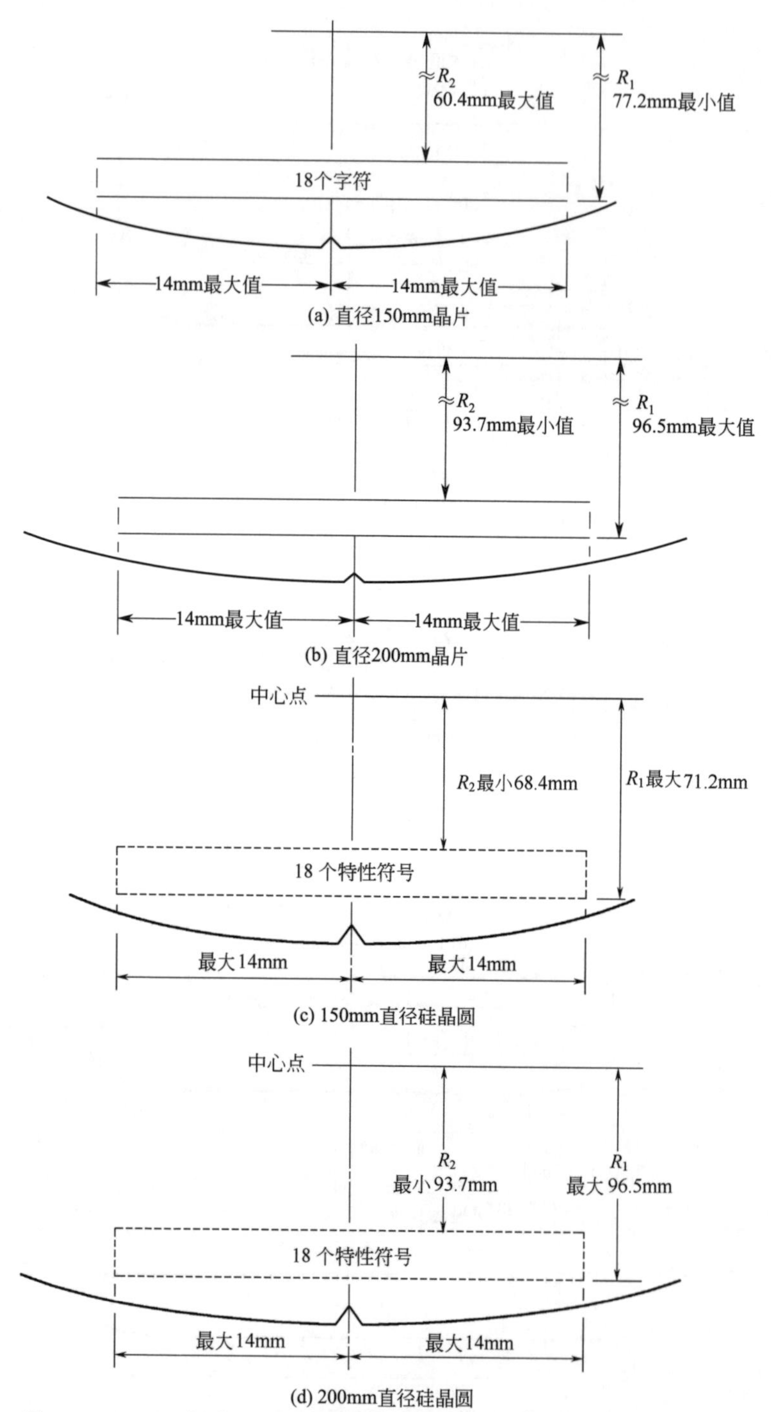

图 3-102 SEMI 标准 M13-88 规定具有 V 型槽的硅片的激光刻码的位置

对直径 300mm 硅片表面进行激光刻码的常用的美国、日本的激光刻码系统见图 3-103、图 3-104。

图 3-103　美国 Lumonics 公司直径 300mm 硅片的激光刻码系统

资料来源：美国 Lumonics 公司产品样本

图 3-104　日本 SHIBAURA（芝浦）公司 LAY-775CA 型直径 300mm 硅片的激光刻码系统

资料来源：日本 SHIBAURA（芝浦）公司产品样本

根据工艺的不同要求对硅片表面进行激光“硬刻”码或激光“软刻”码。一般在硅片倒角（或切片）工序后进行激光“硬刻”码，或者在经边缘抛光工序后进行激光“软刻”码加工。

硅片的激光刻码工艺流程示意框图如图 3-105 所示。

硅片的激光刻码工序监控的主要内容有：激光刻码（SEMI OCR 字母、数字或条形码等字符符号）的质量（标识的内容、位置及尺寸）和表面状态等。

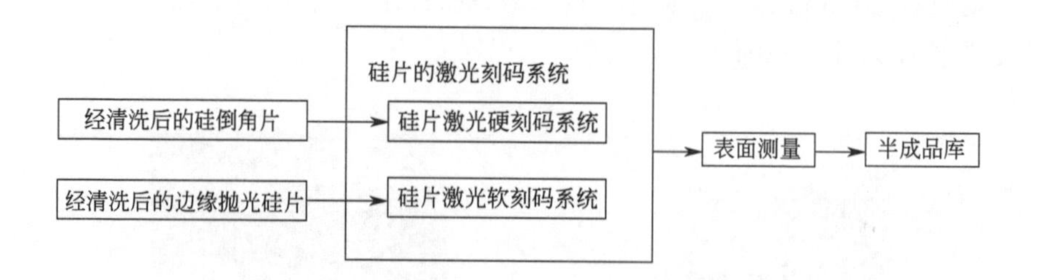

图 3-105 硅片的激光刻码工艺流程示意框图

3.18 硅片的化学清洗（cleaning）

硅片经过不同工序加工后，其表面已受到严重的沾污，硅片清洗的目的是清除硅片表面存在的各种沾污（包括表面所有的微粒、金属离子及有机物沾污等）。

经过抛光加工（单面或双面）后，在经过初步清洗（例如采用多片、槽式浸泡超声及化学清洗工艺）后，根据工艺技术要求，选择合理的化学清洗工艺，再进行预清洗、最终清洗便可以获得满足线宽 <0.13～0.10μm IC 工艺要求用的、高质量的硅抛光片。

在硅抛光片生产过程中，抛光片的“预清洗”一般采用生产效率较高的多片、槽式浸泡式的化学清洗工艺，而抛光片的“最终清洗”则可采用多片、槽式浸泡式或单日化精工片的化学清洗工艺。

3.18.1 硅片的化学清洗工艺原理

硅片经过不同工序加工后，其表面已受到严重沾污，一般来讲硅片表面沾污大致可分在三类。

（1）有机杂质沾污

可通过有机试剂的溶解作用，结合超声波清洗技术来去除。

（2）颗粒沾污

运用物理的方法，可采用机械擦洗或超声波清洗技术来去除粒径≥0.4μm的较大的颗粒，利用兆声波清洗技术则可去除 ≤0.2μm 的较小的颗粒。兆声清洗比机械擦洗或化学清洗效率约高 4 倍，而所用化学试剂却是一般清洗技术、方法用液的 1/8 左右。

超声波清洗与兆声波清洗比较见表3-22。

表3-22 超声波清洗与兆声波清洗比较

	超声	兆声
频率	15～200kHz	800～1000～3000kHz 压电换能器材料： 铅—锆酸盐—钛酸盐 波长：1.5mm（正弦波）
工作原理	利用液的空洞（cavitation）效应 气蚀作用产生能量	利用液分子加速度（acceleration） 产生的能量
去除颗粒直径	≥0.4μm	≤0.2μm
噪声	有	无
损伤	有	无
应用范围	工业及半导体	半导体

（3）金属离子沾污

必须采用化学的方法才能清洗其表面沾污。硅片表面金属杂质沾污有两大类：一类是沾污离子或原子通过吸附分散附着在硅片表面，另一类是带正电的金属离子得到电子后附着（例如“电镀”）到硅片表面。

硅抛光片化学清洗的目的就在于要去除这种沾污，一般可按下述办法进行清洗去除沾污。

① 使用强氧化剂使“电镀”附着到硅表面的金属离子氧化成金属，溶解在清洗液中或吸附在硅片表面。

② 用无害的小直径强的正离子（如 H^+）来替代吸附在硅片表面的金属离子，使之溶解于清洗液中。

③ 用大量去离子水进行超声波清洗，以排除溶液中的金属离子。

自1970年美国RCA（美国无线电公司）实验室提出的浸泡式RCA化学清洗工艺得到了广泛应用，1978年RCA实验室又推出兆声清洗工艺，近几年来以RCA清洗工艺为基础的各种清洗技术不断被开发出来，例如有：

① 美国FSI公司的离心喷淋式化学清洗技术。

② 美国CFM公司Full-Flow systens封闭、溢流型清洗技术。

③ 美国SSEC公司的Double-Sided Wafer Cleaning技术。

④ 美国VERTEQ公司的Goldfinger Mach2清洗装置。

⑤ 日本提出无药液的电介离子水清洗技术（用电介超纯离子水清洗）使抛光片表面洁净技术达到了新的水平。

⑥ 以 HF/O_3 为基础的硅片化学清洗技术。

目前常使用 H_2O_2 作强氧化剂，选用 HCl 作为 H^+ 的来源，用于清除金属离子。

3.18.2 美国 RCA 清洗技术

硅抛光片化学清洗的目的在于要去除硅片表面的各种沾污，目前通常采用以 1970 年美国 RCA（美国无线电公司）实验室提出的浸泡式 RCA 清洗工艺为基础的方法对硅片进行化学清洗。

习惯称美国 RCA 实验室提出的浸泡式化学清洗工艺为美国"RCA"清洗技术，其所用的清洗装置大多是多槽浸泡式清洗系统，典型的美国"RCA"清洗工艺见表 3-23。

表 3-23 典型的美国"RCA"清洗工艺

	SC-1	DHF	SC-2
液组成	$NH_3 \cdot H_2O : H_2O_2 : H_2O$	$HF : H_2O$	$HCl : H_2O_2 : H_2O$
混合比	1∶1∶5	1∶50	1∶1∶6
液温	75～80℃	室温	75～80℃
时间	10min	15s	10min
兆声波	20～80kHz 120～250kW	—	20～80kHz 120～250kW

一般可按下述办法进行清洗去除表面沾污。

SC-1（1# 液）是 H_2O_2 和 $NH_3 \cdot H_2O$ 的碱性溶液，通过 H_2O_2 的强氧化和 NH_4OH 的溶解作用，使有机物沾污变成水溶性化合物，随去离子水的冲洗而被排除。由于溶液具有强氧化性和络合性，能氧化 Cr、Cu、Zn、Ag、Ni、Co、Ca、Fe、Mg 等使其变成高价离子，然后进一步与碱作用，生成可溶性络合物而随去离子水的冲洗而被去除。

为此用 SC-1 液清洗抛光片既能去除有机沾污，亦能去除某些金属沾污。在使用 SC-1 液时，若结合使用兆声波来清洗可获得更好的效果。

SC-2（2# 液）是 H_2O_2 和 HCl 的酸性溶液，它具有极强的氧化性和络合性，能与氧以前的金属作用生成盐，随去离子水冲洗而被去除。被氧化的金属离子与 Cl^- 作用生成的可溶性络合物亦随去离子水冲洗而被去除。

(1) SC-1 清洗去除颗粒

1) 目的

主要是去除颗粒沾污（粒子），也能去除部分金属杂质。

2）去除颗粒的原理

硅片表面由于 H_2O_2 氧化作用生成氧化膜（约 6 nm 呈亲水性），该氧化膜又被 $NH_3 \cdot H_2O$ 腐蚀，腐蚀后立即被氧化，氧化和腐蚀反复进行，因此附着在硅片表面的颗粒也随腐蚀层而落入清洗液内。

① 自然氧化膜约 0.6nm 厚，其与 $NH_3 \cdot H_2O$、H_2O_2 浓度及清洗液温度无关。

② SiO_2 的腐蚀速度，随 $NH_3 \cdot H_2O$ 的浓度升高而加快，其与 H_2O_2 的浓度无关。

③ Si 的腐蚀速度，随 $NH_3 \cdot H_2O$ 的浓度升高而加快，当到达某一浓度后为一定值，H_2O_2 浓度越高这一值越小。

④ $NH_3 \cdot H_2O$ 促进腐蚀，H_2O_2 阻碍腐蚀。

⑤ 若 H_2O_2 的浓度一定，$NH_3 \cdot H_2O$ 浓度越低，颗粒去除率也越低，如果同时降低 H_2O_2 浓度，可抑制颗粒去除率的下降。

⑥ 随着清洗液温度升高，颗粒去除率也提高，在一定温度下可达最大值。

⑦ 颗粒去除率与硅片表面腐蚀量有关，为确保颗粒的去除要有一定量的腐蚀。

⑧ 超声波清洗时，由于空洞现象，只能去除粒径≥0.4μm 的颗粒。兆声清洗时，由于 0.8MHz 的加速度作用，能去除粒径≥0.2μm 的颗粒。即使液温下降到 40℃也能得到与 80℃超声清洗去除颗粒的效果，而且又可避免超声洗晶片产生损伤。

⑨ 在清洗液中，硅表面为负电位，有些颗粒也为负电位，由于两者电的排斥力作用，可防止粒子向晶片表面吸附，但也有部分粒子表面是正电位，由于两者电的吸引力作用，粒子易向晶片表面吸附。

3）去除金属离子杂质

① 由于硅表面氧化和腐蚀，硅片表面的金属离子杂质，随腐蚀层而进入清洗液中。

② 由于清洗液中存在氧化膜或清洗时发生氧化反应，生成氧化物的自由能绝对值大的金属离子容易附着在氧化膜上。如：Al、Fe、Zn 等易附着在自然氧化膜上。而 Ni、Cu 则不易附着。

③ Fe、Zn、Ni、Cu 的氢氧化物在高 pH 值清洗液中是不可溶的，有时会附着在自然氧化膜上。

④ 实验结果

a. 如表面 Fe 浓度分别是 10^{11}（以原子计，下同）个/cm^2、10^{12} 个/cm^2、10^{13} 个/cm^2 的三种硅片放在 SC-1 液中清洗后，三种硅片的 Fe 浓度均变成 10^{10}

个/cm^2。若放进被 Fe 污染的 SC-1 清洗液中清洗后，结果浓度均变成 10^{13} 个/cm^2。

用 Fe 浓度为 1×10^{-9} 的 SC-1 液，不断变化温度，清洗后硅片表面的 Fe 浓度随清洗时间延长而升高。对应于某温度洗 1000s 后，Fe 浓度可上升到恒定值达 $10^{12}\sim4\times10^{12}$ 个/cm^2。将表面 Fe 浓度为 10^{12} 个/cm^2 的硅片，放在浓度为 1×10^{-9}mol/L 的 SC-1 液中清洗，表面 Fe 浓度随清洗时间延长而下降，对应于某一温度的 SC-1 液洗 1000s 后，可下降到恒定值达 $4\times10^{10}\sim6\times10^{10}$ 个/cm^2。这一浓度值随清洗温度的升高而升高。

上述实验数据表明：硅表面的金属离子浓度是与 SC-1 清洗液中的金属离子浓度相对应。晶片表面金属的脱附与吸附是同时进行的。即在清洗时，硅片表面的金属吸附与脱附速度差随时间的变化达到一恒定值。

以上实验结果还表明：清洗后硅表面的金属离子浓度取决于清洗液中的金属离子浓度。其吸附速度与清洗液中的金属络合离子的形态无关。

b. 用 Ni 浓度为 100×10^{-9}mol/L 的 SC-1 清洗液，不断变化液温，硅片表面的 Ni 浓度在短时间内到达一恒定值、即达 $10^{12}\sim3\times10^{12}$ 个/cm^2。这一数值与上述 Fe 浓度 1×10^{-9}mol/L 的 SC-1 液清洗后表面 Fe 浓度相同。这表明 Ni 脱附速度大，在短时间内脱附和吸附就达到平衡。

⑤ 清洗时，硅表面的金属离子的脱附速度与吸附速度因各金属元素的不同而不同。特别是对 Al、Fe、Zn。若清洗液中这些元素浓度不是非常低的话，清洗后的硅片表面的金属离子浓度便不能下降。对此，在选用化学试剂时，按要求要选用金属离子浓度低的超纯化学试剂。

例如可使用美国 Ashland 试剂，其 CR-MB 级的金属离子浓度一般是：H_2O_2 的金属离子浓度$<10\times10^{-9}$mol/L、HCl 的金属离子浓度$<10\times10^{-9}$mol/L、$NH_3\cdot H_2O$ 的金属离子浓度$<10\times10^{-9}$mol/L、H_2SO_4 的金属离子浓度$<10\times10^{-9}$mol/L。

⑥ 清洗液温度越高，晶片表面的金属离子浓度就越高。若使用兆声波清洗可使温度下降，有利于去除金属离子的沾污。

⑦ 去除有机物。由于 H_2O_2 的氧化作用，晶片表面的有机物被分解成 CO_2、H_2O 而去除。

⑧ 微粗糙度。晶片表面 R_a 与清洗液的 $NH_3\cdot H_2O$ 组成比有关，组成比例越大，其 R_a 越大。

例如 R_a 为 0.2nm 的晶片，在 $NH_3\cdot H_2O:H_2O_2:H_2O=1:1:5$ 的 SC-1 液清洗后，R_a 可增大至 0.5nm。为控制晶片表面 R_a，有必要降低

$NH_3 \cdot H_2O$ 的组成比，例如选用 0.5∶1∶5。

⑨ 晶体的原生粒子缺陷 COP（crystal originated particle）。

对 CZ 硅片经反复清洗，经测定每次清洗后硅片表面的粒径≥0.2μm 的颗粒会增加，但是对于外延晶片，即使反复清洗也不会使粒径≥0.2μm 的颗粒增加。

近几年实验表明，以前认为增加的粒子其实是由腐蚀作用而形成的小坑。在进行颗粒测量时误将小坑也作粒子计入。小坑的形成由单晶缺陷引起，因此称这类粒子为 COP（晶体的原生粒子缺陷）。

直径 200mm 硅片，按 SEMI 要求：256M 电路，粒径≥0.13μm，＜10个/片，相当于 COP 缺陷约 40 个。

根据目前的工艺技术水平，以 CZ 型直径 200mm 硅抛光片为例，因为晶体内有原生缺陷，一般轻掺的硅晶圆片内的颗粒正片只能控制在＜10@0.1μm（也就是说在直径 200mm 晶圆片中有小于 10 个 0.1μm 大小的颗粒），但是 COP free 硅晶圆片可以控制在＜10@80nm［也就是说在直径 200mm 晶圆片中有小于 10 个 80nm 大小的颗粒］。据业内人士介绍，CZ 型直径 200mm 硅晶圆的颗粒正片极限是＜10@50nm。当然对直径 300mm IC 芯片工艺制程越高，对硅晶圆的颗粒的尺寸控制要求就更加严格。

（2）DHF 清洗

① 在 DHF 洗时，将用 SC-1 洗时表面生成的自然氧化膜腐蚀掉，Si 几乎不被腐蚀。

② 硅片最外层的 Si 几乎是以氢键为终端结构，表面呈疏水性。

③ 在酸性溶液中，硅表面呈负电位，颗粒表面为正电位，由于两者之间的吸引力，粒子容易附着在晶片表面。

④ 去除金属离子杂质的原理：

a. 用 HF 清洗去除表面的自然氧化膜，因此附着在自然氧化膜上的金属再一次溶解到清洗液中，同时 DHF 清洗可抑制自然氧化膜的形成。故可容易去除表面的 Al、Fe、Zn、Ni 等金属。但随自然氧化膜溶解到清洗液中的一部分 Cu 等贵金属（氧化还原电位比氢高），会附着在硅表面，DHF 清洗也能去除附在自然氧化膜上的金属氢氧化物。

b. 实验结果表明：Al^{3+}、Zn^{2+}、Fe^{2+}、Ni^{2+} 的氧化还原电位 E^0 分别是 −1.663V、−0.763V、−0.440V、−0.250V，比 H^+ 的氧化还原电位（E^0=0.000V）低，呈稳定的离子状态，几乎不会附着在硅表面。

c. 硅表面外层的 Si 以氢键为终端结构，硅表面在化学上是稳定的，即使清洗液中存在 Cu 等贵金属离子，也很难发生 Si 的电子交换，因此 Cu 等贵金属也不会附着在裸硅表面。但是如果清洗液中存在 Cl^-、Br^- 等阴离子，它们会附着于 Si 表面的终端氢键的不完全地方，附着的 Cl^-、Br^- 阴离子会帮助 Cu 离子与 Si 进行电子交换，使 Cu 离子成为金属 Cu 而附着在晶片表面。

d. 因清洗液中的 Cu^{2+} 的氧化还原电位（$E^0=0.337V$）比 Si 的氧化还原电位（$E^0=-0.857V$）高得多，因此 Cu^{2+} 从硅表面的 Si 得到电子而进行还原，变成金属 Cu 从晶片表面析出，另一方面被金属 Cu 附着的 Si 释放与 Cu 的附着相平衡的电子，自身被氧化成 SiO_2。

e. 从晶片表面析出的金属 Cu 形成 Cu 粒子的核。这个 Cu 粒子核比 Si 的负电性大，从 Si 吸引电子而带负电位，后来 Cu 离子从带负电位的 Cu 粒子核得到电子析出金属 Cu，Cu 粒子就这样生长起来。Cu 下面的 Si 一面供给与 Cu 的附着相平衡的电子，一面生成 SiO_2。

f. 在硅片表面形成的 SiO_2，在 DHF 清洗后被腐蚀成小坑，腐蚀小坑数量与去除 Cu 粒子前的 Cu 粒子量相当，腐蚀小坑直径为 0.01～0.1μm，与 Cu 粒子大小也相当，由此可知这是由结晶引起的粒子，常称为金属致粒子（MIP）。

（3）SC-2 清洗

① 清洗液中的金属离子附着现象在碱性清洗液中易发生，在酸性溶液中不易发生，并具有较强的去除晶片表面金属离子的能力，但经 SC-1 清洗后虽能去除 Cu 等金属，但晶片表面形成的自然氧化膜的附着（特别是 Al）问题还未解决。

② 硅片表面经 SC-2 液清洗后，表面 Si 大部分以氧键为终端结构，形成一层自然氧化膜，呈亲水性。

③ 由于晶片表面的 SiO_2 和 Si 不能被腐蚀，因此不能达到去除粒子的效果。

实验表明，将经过 SC-2 液清洗后的硅片分别放到添加 Cu 的 DHF 中清洗或 $HF+H_2O_2$ 清洗液中清洗。

硅片表面的 Cu 浓度用 DHF 液洗后为 10^{14} 个/cm^2，用 $HF+H_2O_2$ 洗后为 10^{10} 个/cm^2。

上述实验也说明用 $HF+H_2O_2$ 液去除金属离子的能力比较强，为此近几年大量的清洗技术报道中，常使用 $HF+H_2O_2$ 来代替 DHF 清洗。

3.18.3 新的清洗技术

（1）新清洗液的开发使用

1）APM 清洗

a. 为抑制 SC-1 清洗时表面 R_a 变大，应降低 $NH_3\cdot H_2O$ 组成比，即

$NH_3 \cdot H_2O : H_2O_2 : H_2O = 0.05 : 1 : 1$。

当 $R_a = 0.2nm$ 的硅片清洗后其值不变，在 APM 洗后的 D1W 漂洗应在低温下进行。

b. 可使用兆声波清洗去除超微粒子，同时可降低清洗液温度，减少金属附着。

c. 在 SC-1 液中添加界面活性剂、可使清洗液的表面张力从 6.3dyn/cm 下降到 19dyn/cm。选用低表面张力的清洗液，可使颗粒去除率稳定，维持较高的去除效率。

使用 SC-1 液清洗，其粗糙度 R_a 会变大，约是清洗前的 2 倍。用低表面张力的清洗液，其粗糙度 R_a 变化不大（基本不变）。

d. 在 SC-1 液中加入 HF，控制其 pH 值，可控制清洗液中金属络合离子的状态，抑制金属的再附着，也可抑制 R_a 的增大和 COP 的发生。

e. 在 SC-1 加入螯合剂，可使清洗液中的金属离子不断形成螯合物，有利于抑制金属离子的表面附着。

2）去除有机物：$O_3 + H_2O$

3）SC-1 液的改进

SC-1＋界面活性剂；
SC-1＋HF；
SC-1＋螯合剂。

4）DHF 的改进

DHF＋氧化剂（例 $HF + H_2O_2$）；
DHF＋阴离子界面活性剂；
DHF＋络合剂；
DHF＋螯合剂。

5）酸系统溶液

$HNO_3 + H_2O_2$；
$HNO_3 + HF + H_2O_2$；
HF＋HCl。

6）其他

电介超纯去离子水。

（2）$O_3 + H_2O$ 清洗

① 如硅片表面附着有机物，就不能完全去除表面的自然氧化层和金属离子杂质，因此清洗时首先应去除有机物。

② 添加 $2\times10^{-9} \sim 10\times10^{-9}$ O_3 超纯水清洗，对去除有机物很有效，可在

室温下进行，而不必进行废液处理，与 SC-1 清洗相比有很多优点。

(3) $HF+H_2O_2$ 清洗

① HF 0.5%+$H_2O_2$10%，可在室温下清洗，可防止 DHF 清洗中的 Cu 等贵金属附着。

② 由于 H_2O_2 氧化作用，可在硅表面形成自然氧化膜，同时又因 HF 的作用将自然氧化层腐蚀掉，附着在氧化膜上的金属离子溶解到清洗液中。

在 APM 清洗时附着在晶片表面的金属氢氧化物也可被去除。晶片表面的自然氧化膜不会再生长。

③ Al、Fe、Ni 等金属同 DHF 清洗一样，不会附着在晶片表面。

④ N^+、P^+ 型硅表面的腐蚀速度比 N、P 型硅表面大得多，可导致表面粗糙，因而不适合使用于 N^+、P^+ 型的硅片清洗。

⑤ 添加强氧化剂 H_2O_2（$E^0=1.776V$），比 Cu^{2+} 优先从 Si 中夺取电子，因此硅表面由于 H_2O_2 被氧化，Cu 以 Cu^{2+} 状态存在于清洗液中。即使硅表面附着金属 Cu，也会从氧化剂 H_2O_2 中夺取电子而呈离子化。硅表面被氧化，形成一层自然氧化膜。因此 Cu^{2+} 和 Si 电子交换很难发生，并越来越不易附着。

(4) DHF+界面活性剂清洗

在 HF 0.5%的 DHF 液中加入界面活性剂，其清洗效果与 $HF+H_2O_2$ 清洗相同。

(5) DHF+阴离子界面活性剂清洗

在 DHF 液，硅表面为负电位，粒子表面为正电位，加入阴离子界面活性剂，可使得硅表面和粒子表面的电位为同符号，即粒子表面电位由正变为负，与硅片表面正电位同符号，使硅片表面和粒子表面之间产生电的排斥力，因此可防止粒子的再附着。

(6) 以 HF/O_3 为基础的硅片化学清洗技术

此清洗工艺是以德国 ASTEC 公司的 AD-（ASTEC-Drying）专利而闻名于世。其 HF/O_3 清洗、干燥均在一个工艺槽内完成，而传统的“RCA”清洗工艺则须经三道以上工艺以达到去除金属离子的污染、冲洗和干燥的目的。

在 HF/O_3 清洗、干燥工艺后形成的亲水性硅片 H 的极表面（H-terminal），在其以后的工艺流程中可按要求在臭氧气相中被重新氧化。如在 HF/O_3 清洗、干燥工艺前加上去除颗粒的 SC-1 工艺。那么，这种以 HF/O_3 为基础的硅片化学清洗技术仅以三道工艺步骤就可完成相当于用传统“RCA”工艺中必须经过七道工艺步骤来达到同样的清洗目的的任务。但以 HF/O_3 清洗、干燥为基础的工艺所用的设备，其厂房面积的占用和化学试剂的消耗量却可减少至50%。这种工艺现已广泛应用于直径300mm抛光硅片的清洗工艺中。

综上所述，可知：

a. 用“RCA”法清洗对去除粒子有效，但对去除金属杂质Al、Fe效果很小。

b. DHF清洗不能充分去除Cu，HPM清洗容易残留Al。

c. 有机物、粒子、金属离心杂质在一道工序中被全部去除的清洗法，目前还不能实现。

d. 今后，为了去除粒子，应使用改进后的SC-1液即试剂“组成比”稀释的APM液，为去除金属离心杂质，应使用不附着Cu的改进的DHF液。

e. 为达到更好的效果，应将上述各种新清洗方法适当组合，使其达到最佳的清洗效果。

3.18.4 使用不同清洗系统对抛光片进行清洗

① 用FSI MERCURY-MP离心喷淋式化学清洗。用FSI公司MERCURY-MP离心喷淋式化学清洗机来洗抛光硅片。系统内可按不同工艺编制、贮存各种清洗工艺程序，常用的工艺是：

FSI“A”工艺：　　SPM+APM+DHF+HPM

FSI“B”工艺：　　SPM+DHF+APM+HPM

FSI“C”工艺：　　DHF+APM+HPM

RCA工艺：　　APM+HPM

SPM. Only工艺：　　SPM

Piranha HF工艺：　　SPM+HF

上述工艺程序中：

SPM＝$H_2SO_4+H_2O_2$　4∶1　　去有机杂质沾污

DHF＝HF+DI. H_2O　（1%～2%）　去原生氧化物，金属沾污

APM＝$NH_3\cdot H_2O+H_2O_2$+DI. H_2O　1∶1∶5或0.5∶1∶5　去有机杂质，金属离子，颗粒沾污

HPM＝HCl+H_2O_2+DI. H_2O　1∶1∶6　去金属离子Al、Fe、Ni、Na等

为进一步降低硅片表面颗粒沾污，可用美国Ontrak公司DSS-200双面刷片机对已经化学清洗的抛光表面进行双面刷洗，洗后粒径可达≥0.2μm且<10个/片。

② 美国SSEC公司推出的利用清洗液与硅片之间的表面张力作用对直径300mm抛光片进行双面刷洗的Model 3303-9型Double-Sided Wafer Cleaning清洗装置，见图3-106。

③ 日本芝浦（SHIBAURA）公司的直径300mm硅片单片最终清洗系统，见图3-107。

图3-106 美国SSEC公司 Double-Sided Wafer Cleaning清洗装置
资料来源：美国SSEC公司产品样本

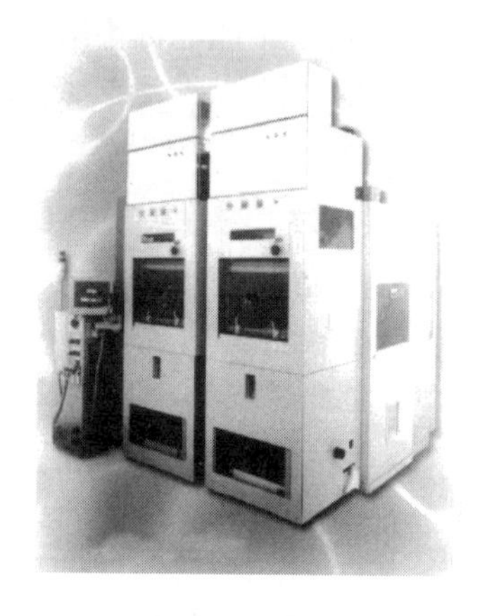

图3-107 日本芝浦（SHIBAURA）公司 300mm硅片单片最终清洗系统
资料来源：日本芝浦公司产品样本

④ 美国VERTEQ公司推出的Goldfinger Mach2直径300mm单片清洗系统，见图3-108。

图3-108 美国VERTEQ公司Goldfinger Mach2 300mm单片清洗装置
资料来源：美国VERTEQ公司产品样本

⑤ 美国 Akrion 公司推出的 V3 清洗系统，见图 3-109。

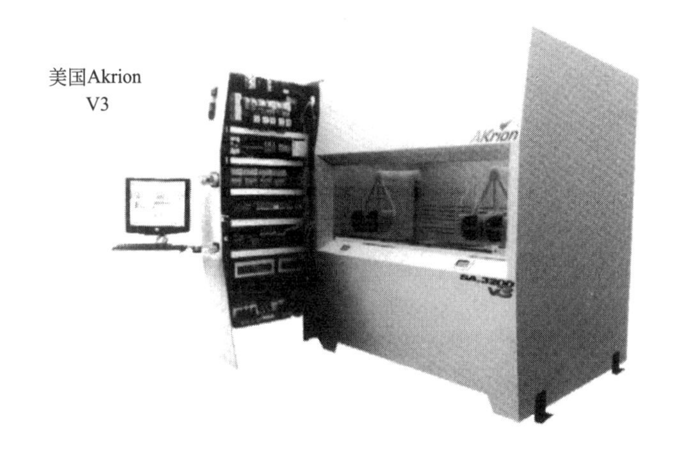

图 3-109　美国 Akrion 公司 V3 清洗系统
资料来源：美国 Akrion 公司产品样本

3.18.5　抛光片清洗系统中硅片的脱水、干燥技术

早期硅片脱水、干燥大都采用传统的 Spin Dry 离心甩干技术。近几年来，在异丙醇（IPA）脱水、干燥技术的基础上，在大直径硅片清洗中都采用了根据 Marangoni 效应开发出的各种硅片的脱水、干燥技术。

目前常用的硅片的脱水、干燥技术主要有如下几种。

（1）硅片的 Spin Dry 离心甩干脱水、干燥技术

利用硅片旋转时产生的离心力使水被甩离出硅片表面，传统的硅片 Spin Dry 离心甩干脱水、干燥原理见图 3-110。

（2）硅片的 IPA 脱水、干燥技术

利用 IPA 加热汽化、蒸发及表面张力作用达到脱水、干燥目的，其工作原理见图 3-111。

这种脱水、干燥技术由于 IPA 使用消耗量比较大，且使用安全性差，环保、防护复杂，目前已基本不再使用。

（3）硅片的 Marangoni Dry 脱水、干燥技术

根据 Marangoni 效应，利用 IPA 与硅片之间的表面张力进行的脱水、干燥技术的原理见图 3-112。

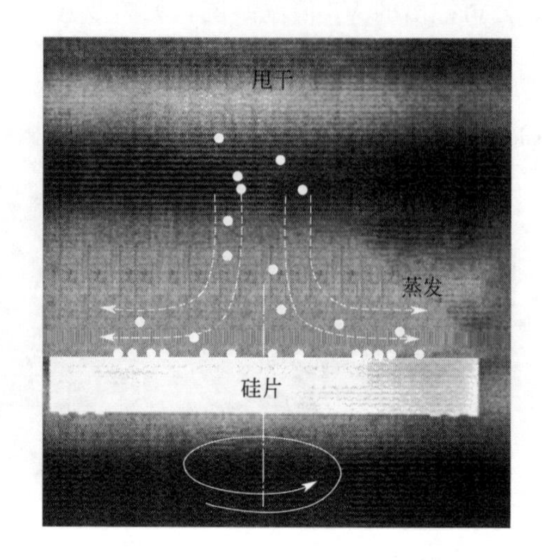

图 3-110 硅片的 Spin Dry 离心甩干脱水、干燥原理示意

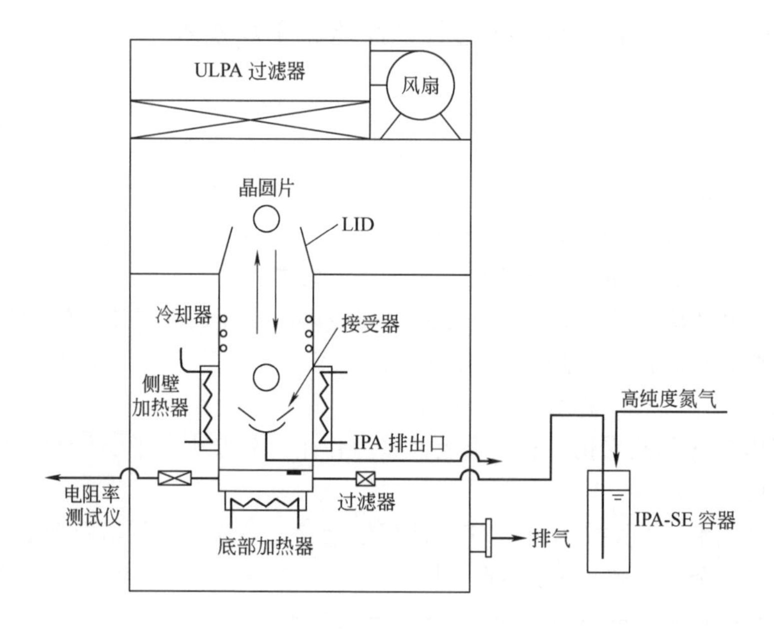

图 3-111 异丙醇脱水、干燥原理示意

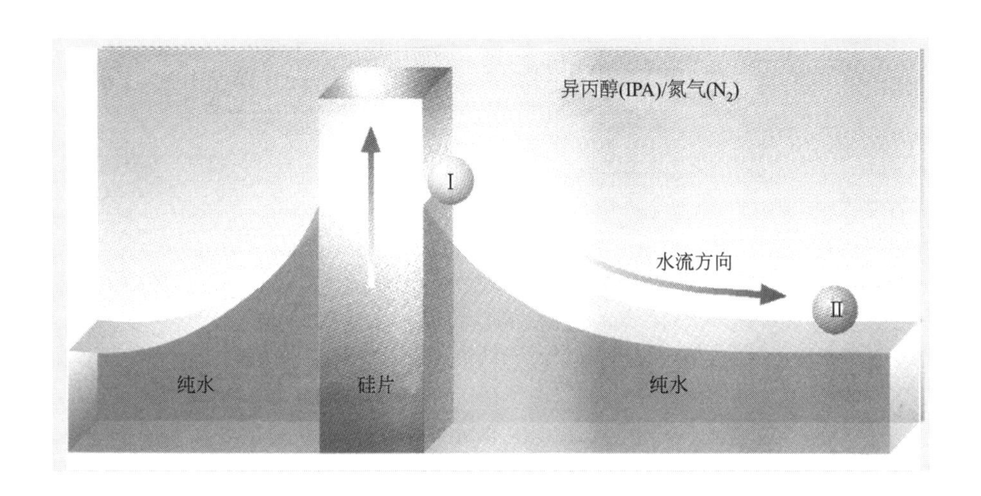

图 3-112　Marangoni Dry 硅片的脱水、干燥原理示意（参见文前彩图）

（4）硅片的 Rotational Marangoni Dry 脱水、干燥技术

美国 VERTEQ 公司和美国 IMEC 公司合作开发的 Rotational Marangoni Dry 硅片脱水、干燥技术原理见图 3-113。

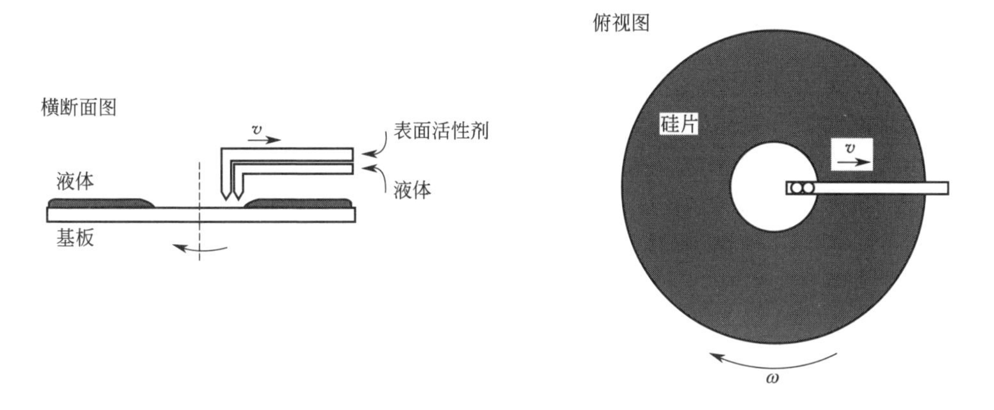

图 3-113　Rotational Marangoni Dry 硅片的脱水、干燥原理示意

（5）美国 Akrion 公司的 Dry 硅片脱水、干燥技术

美国 Akrion 公司的 LuCID2/Rinse Dryer 硅片脱水、干燥技术，此可视为是 Marangoni Dry 与 Spin Dry 离心甩干相结合的脱水、干燥技术，其脱水、干燥原理见图 3-114。

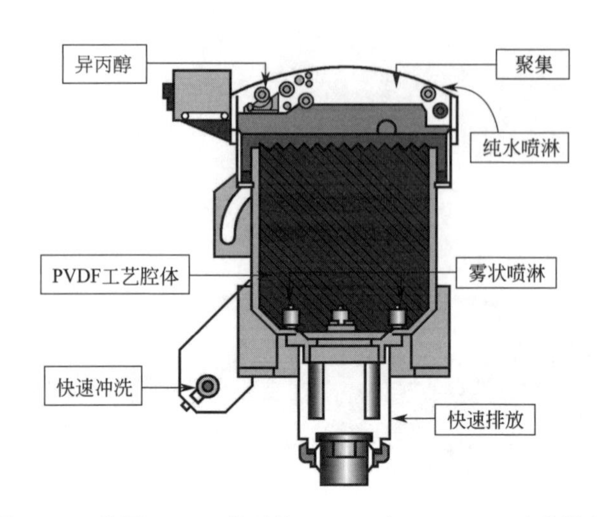

图 3-114 美国 Akrion 公司的 LuCID2/Rinse Dryer 硅片脱水、干燥原理示意（参见文前彩图）

资料来源：美国 Akrion 公司产品样本

(6) 德国 AP&S 公司的 Dry 硅片脱水、干燥技术

在超声波的作用下，被汽化的雾状、室温的异丙醇由喷管中射出，根据 Marangoni 效应，利用异丙醇与硅片表面之间的表面张力作用达到硅片的 Dry 脱水、干燥之目的。其脱水、干燥原理见图 3-115。由于该脱水、干燥技术是采用室温的异丙醇，其消耗量少，故使用安全、可靠，更易符合环保、防护之要求，是一种比较好的脱水、干燥技术。

大直径硅片经过抛光加工（单面或双面）后，在经过初步清洗（例如采用多片、槽式浸泡超声及化学清洗工艺）后，根据工艺技术要求，选择合理的化学清洗工艺，再进行预清洗、最终清洗便可以获得满足线宽＜0.13～0.10μm IC 工艺要求用的、高质量的抛光片。

在直径 300mm 抛光片生产过程中，抛光片的“预清洗”一般采用生产效率较高的多片、槽式浸泡式的化学清洗工艺，而抛光片的“最终清洗”则可采用多片、槽式浸泡式或采用单片的化学清洗工艺。常用的化学清洗工艺流程示意见图 3-116、图 3-117。

本工序监控的主要内容是：表面的颗粒，表面金属离子含量，R_a 及表面状态质量：无凹坑、亮点、小丘、橘皮、波纹、划痕、抛光雾（HAZE）缺陷及热氧化堆垛层错（OISF）和其他沾污等（全检）。

主要的不同加工工序中硅片典型的化学清洗工艺流程配置如表 3-24 所示（仅供参考）。

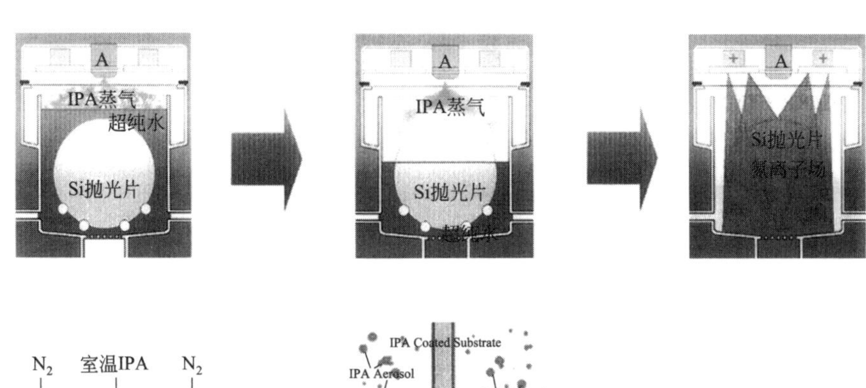

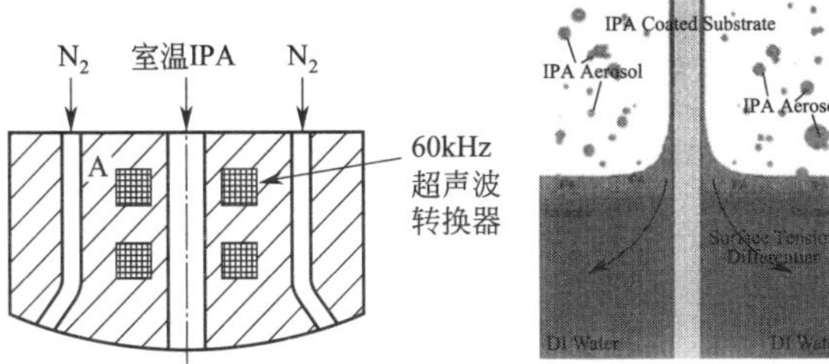

经过超声波作用被汽化的雾状、室温的异丙醇(IPA)由喷管中射出，根据Marangoni效应，利用异丙醇(IPA)与硅片表面之间的表面张力作用达到硅片的脱水、干燥之目的。

图 3-115　德国 AP&S 公司的硅片脱水、干燥原理示意（参见文前彩图）

资料来源：德国 AP&S 产品样本

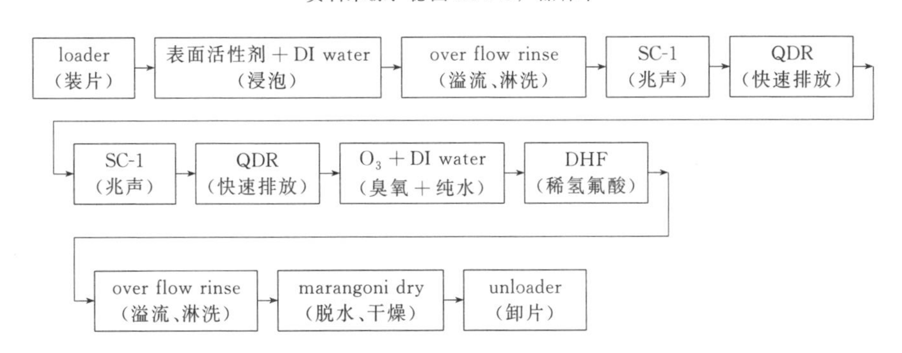

图 3-116　直径 300mm 抛光片的“预清洗”工艺流程示意(供参考)

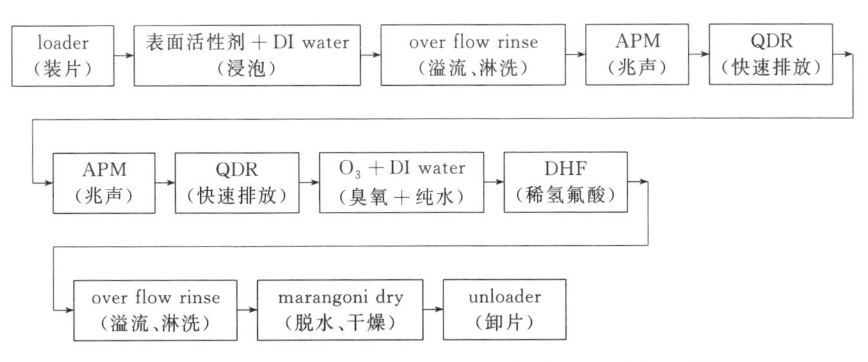

图 3-117　直径 300mm 抛光片的“最终清洗”工艺流程示意

表 3-24 主要加工工序硅片的清洗工艺流程（仅供参考）

序号	设备名称	工艺流程															备注
		1	2	3	4	5	6	7	8	9	10	11	12	13	14	15	
1	切割片清洗机	加载器 市水 RT	4 面 OVF 市水 40℃ 超声波 26kHz 或 38kHz	浸渍 NCW 1% 表面活性剂 40℃ 超声波 38kHz	淋浴 DIW+市水	4 面 OVF DIW 超声波 38kHz	浸渍 NaOH+NCW 65℃ 超声波 38kHz NaOH∶NCW∶DIW 3%∶1%	浸渍 NaOH+NCW 65℃ 超声波 38kHz NaOH∶NCW∶DIW 3%∶1%	4 面 OVF 市水 65℃ 超声波 38kHz	4 面 OVF 市水 65℃ 超声波 1.2kW 38kHz	温风干燥 温风送风 80℃	温风干燥 温风送风 80℃	卸载器				
2	倒角片清洗 EDGE GRINDING	湿进 WET 表面活性剂 Loader INPUT	QDR	KOH NaOH+ H_2O_2 <5%	DIW U/S 40～100kHz 1200W	QDR	Marangoni 4～6″	干出 DRY Unloader OUTPUT									左→右
3	激光刻字片清洗	干进 DRY Loader INPUT	QDR	DIW U/S 40～100kHz 1200W	QDR	Marangoni 4～6″	干出 DRY Unloader OUTPUT										
4	双面研磨片清洗 LAPING	湿进 WET Loader INPUT	DIW U/S 40～100kHz 1200W	QDR	KOH NaOH+ H_2O_2 <5%	QDR	SC-1 80±0.5℃ 3000W U/S 37～43kHz 1200W $NH_3\cdot H_2O$+ H_2O_2+DIW 2∶1∶25	H-QDR 80±0.5℃ 3000W	DHF 23±0.1℃ HF+ H_2O_2+ DIW 2∶1∶49	QDR	SC-2 80±0.5℃ 3000W HCl+ H_2O_2+ DIW 1∶1∶5.5	QDR Megasonic 1000kHz 3600W	DIW RINSE	Marangoni 4～6″	干出 DRY Unloader OUTPUT		左→右
5	硅片酸腐系统 MixedAcid Etcher	干进 DRY INPUT	GC	MAE 25～35±1℃ HF:12L HNO_3: 80L H_3PO_4 60L	QDR	湿出 WET OUTPUT	腐蚀量：≥40μm TTV 变化量：≤+0.4μm 表面颗粒：≥0.30μm，≤10/片(80%) 表面金属：～1×10^{11} 个/cm^2										左→右

续表

序号	设备名称	工艺流程 1	2	3	4	5	6	7	8	9	10	11	12	13	14	15	备注
6	退火前硅片清洗 ANNEALING	干进 DRY Loader INPUT	DIW U/S 40～ 100kHz 1200W	QDR	DHF 23±0.1℃ HF+ H_2O_2+ DIW 2∶1∶49	QDR	SC-1 Megasonic 1000kHz 80±0.5℃ 3600W $NH_3 \cdot H_2O$+ H_2O_2+ DIW 2∶1∶25	H-QDR 80±0.5℃ 3000W	SC-2 80±0.5℃ 3000W HCl+ H_2O_2+ DIW 1∶1∶5.5	QDR Megasonic 1000kHz 3600W	F/R	Marangoni 4～6″	干出 DRY Unloader OUTPUT				右→左
7	喷砂片清洗	干进 DRY Loader INPUT	DIW U/S 40～ 100kHz 1200W	QDR	Marangoni 4～6″	干出 DRY Unloader OUTPUT											左→右
8	边缘抛后清洗 EDGE POLISHING	湿进 WET Loader INPUT	DIW U/S 40～ 100kHz 1200W	QDR	SC-1 Megasonic 1000kHz 3600W 80±0.5℃ 3000W $NH_3 \cdot H_2O$+ H_2O_2+ DIW 2∶1∶25	H-QDR 80±0.5℃ 3000W	DHF 23±0.1℃ HF+ H_2O_2+ DIW 2∶1∶49	QDR	SC-2 80±0.5℃ 3000W HCl+ H_2O_2+ DIW 1∶1∶5.5	QDR Megasonic 1000kHz 3600W	F/R	Marangoni 4～6″	干出 DRY Unloader OUTPUT				右→左
9	抛光片初清洗	湿进 WET Loader INPUT （柠檬酸 或 活性剂）	DIW U/S 40～ 100kHz 1200W	QDR	湿出 WET Unloader OUTPUT		表面金属 Metal:～1×10 $^{11～10}$ atoms/cm^2										右→左
10	抛光片去蜡 预清洗 Dewax Tool Clean	湿进 WET Loader INPUT （柠檬酸 或 活性剂）	Kilala U/S 37～ 43kHz 1200W	QDR	SC-1 80±1℃ 3000W Megasonic	QDR	DHF 23±0.1℃ HF+ H_2O_2+ DIW 2∶1∶49	QDR	SC-2 (80±1)℃ 3000W HCl+ H_2O_2+ DIW 1∶1∶5.5	QDR	F/R	Marangoni 4～6″	干出 DRY Unloader OUTPUT				左→右
										表面颗粒：≥0.20μm≤30/(80%) ≥0.12μm ≤ 50/片							
11	抛光后最终清洗 Final Clean	干进 DRY Loader INPUT	DIW 浸泡 （柠檬酸 或 活性剂）	GC	DIW RINSE U/S 37～43kHz 1200W	SC-1 80±1℃ 3000W Megasonic	QDR	DHF 23±0.1℃ HF+ H_2O_2+ DIW 2∶1∶49	QDR	OF HCl	SC-1 80±1℃ 3000W Megasonic	QDR	FR Megasonic O_3	GC	Marangoni 4～6″	干出 DRY Unloader OUTPUT	右→左
										表面颗粒：≥0.20μm≤10/片(80%) ≥0.12μm ≤50/片 表面金属：～1×10 $^{10～9}$ 个/cm^2							

注：根据对产品技术的要求，建议最终清洗选用 O_3/HF 和 O_3 DIW RINSE 工艺。

硅片清洗后预期达到的技术指标是：

表面处理前（酸腐后）清洗：

粒子：0.30～10μm/片（80%）

金属：～1×10^{11}个/cm^2

抛光片预清洗：

粒子：0.20～30μm/片（80%）

0.12～50μm/片

抛光片最终清洗：

粒子：0.20～10μm/片（80%）

0.12～50μm/片

第4章 其他的硅晶片

为了适应纳米电子技术发展的要求，在大量使用硅抛光、外延片的同时，全球硅晶圆供应商正在加强开发适应 IC 特征尺寸线宽 0.18μm～0.13μm～0.10μm 各时代的硅片产品，见表 4-1 所示。各大供应商供应晶圆类别与尺寸有所不同，总体来看前三大供应商产品较为多样。前三大供应商能够供应 Si 退火片、SOI 晶片，其中仅日本信越能够供应直径 300mm 的 SOI 晶片。德国 Siltronic、韩国 SK Siltron 不提供 SOI 晶片，SK Siltron 不供应 Si 退火片。而 Si 抛光片与 Si 外延片各家尺寸基本没有差别。

表 4-1　全球硅晶圆主要供应商产品的市场份额

供应商	市场份额	Si 抛光片	Si 外延片	Si 退火片	SOI 晶片
日本信越 ShinEtsu	27%	√	√	√	6″,8″,12″
日本胜高 SUMCO	26%	4″,5″,6″,8″,12″	4″,5″,6″,8″,12″	6″,8″,12″	6″,8″
中国台湾环球晶圆	17%	2″～12″	4″,5″,6″,8″	8″,12″	4″,5″,6″
德国世创 Siltronic	13%	5″,6″,8″,12″	5″,6″,8″,12″	12″	—
韩国 SK Siltron	9%	5″,6″,8″,12″	5″,6″,8″,12″	—	—
其他	8%				

资料来源：Gartner，公司网站，中信证券研究部整理。

在向高质量型转化过程中，使用“退火（anneal）热处理”工艺来降低硅片缺陷密度的“退火硅片”已被人们高度重视。其同外延片的性能价格比，“退火硅片”的需求量已在扩大。同时，绝缘衬底上的“SOI 硅片”的需求，特别是高性能的以 MPU 为中心的需求量正在扩大。见表 4-2 所示。

表 4-2 世界硅片按产品分类的市场 单位：亿日元

项 目			1998	1999	2000	2001	2002	2003	2004	2005
100mm			257	207	191	131	113	95	88	73
125mm			551	527	542	373	381	377	372	311
150mm			1943	1761	1797	1174	1195	1227	1276	1040
200mm	正片 PRIME	抛光片	2004	2057	2558	1896	1935	2048	2318	2036
		退火片	152	215	355	301	344	376	581	585
		外延片	657	750	916	790	840	916	1071	949
		SOI 片	43	45	56	51	50	177	287	241
		小计	2856	3067	3885	3038	3169	3517	4257	3811
	假片 DUMMY		686	692	695	525	532	525	602	530
	回收片		188	244	274	206	221	240	285	248
	200mm 合计		3730	4003	4854	3769	3922	4282	5144	4589
300mm	正片 PRIME	抛光片	25	72	392	432	492	544	501	655
		退火片	0	1	6	7	8	23	41	88
		外延片	7	19	106	192	262	501	709	893
		SOI 片	0	0	11	12	59	135	281	272
		小计	32	92	515	643	821	1203	1532	1908
	假片 DUMMY		16	48	228	244	276	314	349	437
	回收片		0	4	21	30	40	56	68	86
	300mm 合计		48	144	764	917	1137	1573	1949	2431

资料来源：摘自 Electronic Journal，2002 年 11 月。

4.1 硅外延片

“外延”一词来源于希腊文 epitaxis，epi 意指“在上的”，taxis 意指是按顺序排列的意思。epitaxis 是指在单晶衬底上与衬底的晶体结构按一定的关系连续生长出单晶薄膜的过程。

新生长出的单晶薄膜是按其单晶衬底晶向生长的，可根据具体要求，可不依赖衬底固有的杂质种类和掺杂水平等参数来控制其导电型号、电阻率和薄膜厚度等参数。故外延生长出的结构是衬底与外延层呈一个连续的单晶体，但衬底与外延层的物质成分、晶体结构不一定相同。

4.1.1 外延的种类

(1) 根据衬底材料与外延层的化学组成分

1) 真同质外延

真同质外延（true-homoepitaxy）是指衬底与外延层的化学组成，包括其掺杂剂和浓度完全相同，这种外延材料至今尚未得到实际应用。

2) 赝同质外延

赝同质外延（pseudo-homoepitaxy）是指衬底与外延层的主体构成的元素是相同的，但其掺杂剂的种类和（或）浓度却不相同，这是目前用途最广、用量最大的外延片，通常称同质外延片。

3) 真异质外延

真异质外延（true-heteroepitaxy）是指衬底与外延层的化学组成完全不同。

4) 赝异质外延

赝异质外延（pseudo-heteroepitaxy）是指衬底与外延层的化学组成中有一个或部分组元是相同的。以上这两种外延简称异质外延片。

(2) 按其结构分

1) 平面外延

2) 非平面外延

3) 外延

4) 非选择外延

(3) 按其厚度分

1) 体外延

2) 薄膜外延

3) 超薄外延

4) 分子层外延

4.1.2 外延的制备方法

外延生长的方法较多，其中主要有以下几种。

(1) 化学气相外延（VPE）

(2) 金属有机物化学气相外延（MOVPE）

(3) 液相外延（LPE）

(4) 分子束外延（MBE）

利用分子束外延的原理，改变其源的形态，结合金属有机物化学气相外延，又派生出金属有机源分子束外延（MOMBE）；气态源分子束外延（GSMBE）；化学束外延（CBE）。外延生长方法及应用可见表 4-3 所示。

表 4-3 外延生长方法及应用

外延方法	工作原理	应用实例	备注
化学气相外延	无机化合物的还原、歧化或热分解	Si、GaAs、GaAsP	能大批量生产
金属有机化学气相外延	金属有机化合物与烷类的热分解	各种化合物半导体、各种量子阱与超晶格的微结构	能批量供应产品
液相外延	过饱和溶液中的溶质析出	Si、GaAs、GaP、GaAlAs 等固溶体	能批量生产
分子束外延	原子或分子束流的物理沉积	各种半导体材料、量子阱与超晶格的微结构	研究开发阶段、提供小批量产品
固相外延	固相的相变	SOI 结构	研究、开发试制阶段
离子束外延	离子经电磁场作用形成束流的物理沉积	稀土化合物	研究阶段

4.1.3 化学气相外延原理

硅的化学气相外延就是利用硅的气态化合物，例如四氯化硅（$SiCl_4$）、三氯氢硅（$SiHCl_3$）、二氯二氢硅（SiH_2Cl_2）或硅烷（SiH_4），在已加热的硅衬底表面与氢反应或自身发生热分解，还原成硅，并以单晶形态沉积在硅衬底表面。

气相外延的化学反应主要有三个反应过程：

（1）化学还原反应

一般采用元素的卤族化合物作为源与氢反应生成所需要的产物，例如：

$$SiCl_4(g)+2H_2(g)\longrightarrow Si(s)+4HCl(g) \tag{4-1}$$

$$SiHCl_3(g)+H_2(g)\longrightarrow Si(s)+3HCl(g) \tag{4-2}$$

$$2H_2(g)+4GaCl(g)+4As(g)\longrightarrow 4GaAs(s)+4HCl(g) \tag{4-3}$$

（2）歧化反应

$$2GeI_2(g)\longrightarrow Ge(s)+GeI_4(g) \tag{4-4}$$

$$6GaCl(g)+4As(g)\longrightarrow 4GaAs(s)+2GaCl_3(g) \tag{4-5}$$

（3）热分解反应

$$SiH_4(g)\longrightarrow Si(s)+2H_2(g) \tag{4-6}$$

$$SiH_2Cl_2(g)\longrightarrow Si(s)+2HCl(g) \tag{4-7}$$

目前，常采用化学气相外延技术来生长硅外延材料。

在 1960 年，硅外延问世后很快就被用于双极性集成电路，同时采用硅单晶片作为制备 MOS 的衬底材料。直到 1978 年，德国的得克萨斯仪器公司宣布在 64k DRAM 中采用了外延层。从此，贝尔实验室、西电公司、日本的一些公司等也相继采用硅外延技术。

由于外延生长温度都远低于从熔体中生长单晶的温度，故可获得较低污染、较低缺陷密度、较高纯度的外延层；此外，可在重掺（即电阻率很低）的衬底上，生长出具有较高电阻率的薄外延材料作为 ULSI 的衬底来制备出优质器件，可解决器件的穿击电压（一般讲，耐压高则要求电阻率要高）与串联电阻之间的矛盾、频率与功率之间的矛盾。在 MOS、CMOS 电路中，使用外延层可消除软误差（softerror）和门闩效应（latch-up），确保电路的可靠性。

4.1.4　硅外延系统

国外著名的硅外延系统制造公司有美国 APPLIED MATERIAIS 公司、荷兰 ASM 公司和意大利 LPE 公司。这些公司的硅外延系统是生长直径大于 150mm 的硅外延片，其质量稳定、成本合理，是颇受广大用户选择、使用的设备。

意大利 LPE 公司的硅外延系统，见图 4-1 所示。

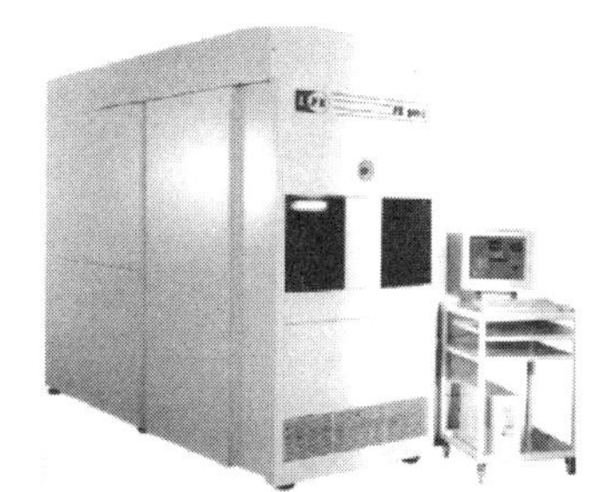

PE2061S硅外延系统
(适合直径50～150mm)

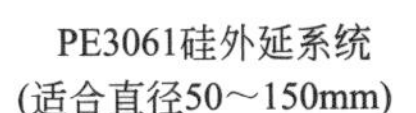

PE3061硅外延系统
(适合直径50～150mm)

图 4-1　意大利 LPE 公司的硅外延系统

资料来源：意大利 LPE 公司的产品样本

美国 APPLIED MATERIAIS 公司的直径 300mm 硅外延系统，见图 4-2 所示。

荷兰 ASM 公司的直径 200mm 和 300mm 硅外延系统，见图 4-3 所示。

图 4-2 美国 APPLIED MATERIAIS 公司的直径 300mm 硅外延系统

资料来源：美国 APPLIED MATERIAIS 公司的产品样本

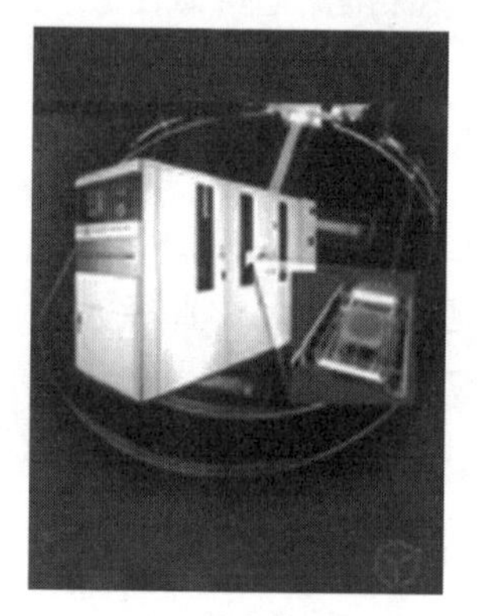

200mm硅外延系统

300mm硅外延系统

图 4-3 荷兰 ASM 公司的直径 200mm 和 300mm 硅外延系统

资料来源：荷兰 ASM 公司的产品样本

4.2 硅锗材料

硅锗（SiGe/Si）材料是在硅衬底上生长硅锗合金外延层。它是近十年来硅基材料的又一新发展。它可用于制作微波管、红外探测器及发光器件。在 1988 年，已用此材料试制出的异质结双极型晶体管（heterojunction bipolar transistor，HBT）的截止频率可高于 100GHz。

对在 1G～2GHz 波段能够使用的器件 GaAs FET 和 SiGe/Si HBT 而言，后者容易与 Si 的微电子工艺相兼容，故 SiGe/Si 材料的发展前景很广。

对 SiGe/Si 进行调制掺杂，可使高浓度掺 Si 一侧的载流子进入未掺杂

SiGe 势阱中输运成为二维的电子（空穴）气，进而使其迁移率大幅度提高，利用此效应可制作 MODFET 器件。

利用 SiGe/Si 的多量子阱结构可制作红外探测器，用于 1.3～1.5μm 和 8～12μm 红外区域，但由于其制备工艺复杂，其探测性能还达不到 CdHgTe 和 GaAs/GaAlAs 的水平。

利用短周期的 Si/Ge 超晶格的准直接禁带虽能证实可进行发光，但其量子效率很低，故目前正在研制、开发在 Si 衬底上生长 $Si_{1-y}C_y$ 和 $Si_{1-x-y}Ge_xC_y$ 的量子微结构材料来制作发光器件。

由于 Ge 与 Si 的晶格参数相差比较大（相差约 4%），故 $Si_{1-x}Ge_x$/Si 的界面存在失配应力。

用于异质结双极型晶体管（HBT）的 X 值为 0.15～0.25、用于光探测器的 X 值则为 0.6 左右。外延层的失配位错可达 $10^6 cm^{-2}$ 以上。为此，解决的方法，或者生长应变层使其厚度在临界厚度以下，或者生长过渡层。

制备这种材料的方法有分子束外延、超高真空化学气相沉积法（UHV-CVD）及快速加热化学气相沉积法（RT-CVD）。目前最常用的是超高真空化学气相沉积法，它的设备比较简单、掺杂容易，外延层的生长容易得到控制。

目前这种材料与器件已批量生产，用它制作的异质结双极型晶体管和 CMOS 电路，可在 1G～20GHz 频率下工作。在 2001 年，其工作频率已达到 210GHz 的 SiGe 晶体管已经问世，这样可在通信领域替代一部分化合物半导体器件。

SiGe/Si 器件将适用于移动电话、PC 系统、区域网络、交通管理及各种军事用途等微波设备中。

我国的 SiGe/Si 材料制备，也已经从研制、开发阶段向批量生产转化，从事材料与器件研究的单位有：清华大学微电子所、中科院半导体所、中科院物理所、南京大学、复旦大学和电子工业部 24 所、44 所等。现在已经制成直径 100mm、可用于 HBT 的 SiGe/Si 的外延片。

4.3 硅退火片

基于目前集成电路的工艺、技术水平，晶体中约 0.12μm 量级缺陷问题已基本解决。但是，对如何降低约 0.06μm 量级别的缺陷仍然是人们的研究课题。作为 IC 电路芯片生产厂，对面向 IC 工艺中 0.18～0.13μm 和线宽小于 0.10μm～65nm～45nm～28nm IC 电路芯片工艺各层次的高质量芯片的技术开发是很有必要的。

为了降低单晶 COP（晶体原生缺陷）缺陷，适应纳米电子技术发展的要求，使用“退火热处理”工艺来降低硅片缺陷密度的“退火硅片”已被人们高度重视。

美国 MEMC 公司于 2001 年初发表了使用该公司独自的 MDZ（magic denuded zones）方法和低缺陷结晶技术组合的退火硅片（optia），也已开始批量生产。它结合硅单晶制备工艺的改进技术，使晶体的中心部分产生一些空位缺陷，由于空位的扩散速度比氧扩散速度快得多，因此，成功研究出这种快速退火（rapid thermal process，RTP）吸杂工艺，简称 MDZ，该工艺可通过高温对硅片进行快速、短时间的退火处理，加强了内部的能力，使硅片达到与外延片同等水准的单晶质量。

在采用以“Ar 退火技术”制备“退火硅片”方面的开发、研究工作，各个公司也都投入了很大的力量。

日本信越半导体，在独自开发面向 0.18μm IC 线宽以下的高速存储器的 Ar 退火芯片（IG-NANA）的同时，向日本东芝陶瓷公司提供技术。还开发了在外延片上拥有高吸除（gettering）性能的硅片（EP-NANA）。

德国 WACKER-NSCE 公司（由德国 WACKER 收购日本日铁电子而新成立的公司）的 Ar“退火硅片”（A3，原日本日铁电子公司开发的），已在面向 IC 0.18～0.13μm 的工艺中被采用。日本三菱公司（Mitsubishi Materials）与韩国三星公司（Samsung Electronics）进行合作，共同开发了提高单晶质量的纯硅技术，其中一部分采取退火处理的超纯硅技术。

另外，日本三菱公司的高品质和日本住友金属公司的 H/Ar 退火硅片的强强联手，使用户选择面变得更大（日本住友金属公司和日本三菱公司以 SUMCO 合资公司为基础，已于 2002 年 1 月起，联合统一经营硅片事业，并改名为三菱住友硅业公司）。

日本 SUMCO 公司的“氢退火”硅片（EP-NANA 外延片），用于器件提高结晶质量（PURE silicon）和退火型（SUPER silicon）等等，日本小松电子公司也在面向 0.13μm 时代的高质量型“氢退火”硅片（Generation 6）投入了大量的开发、科研力量。

4.4 绝缘体上硅 SOI

SOI（silicon-on-insulator）是指把一层薄薄的硅单晶覆盖在由二氧化硅或玻璃做成的绝缘体之上（因此被命名为“绝缘体上硅”，常简称作 SOI）。其与仅仅构建在一块简单的硅片上相比，在SOI薄层上构建的晶体管，运算速度更快、功耗更低。

1998年8月3日，美国IBM公司宣布在世界上首次利用一种新的半导体衬底——绝缘硅（SOI）。用SOI技术成功地研制出高速、低功耗、高可靠的微处理器芯片。与常规的体硅CMOS技术相比，采用SOI技术，其晶体管开关时间比硅衬底减少了20%～25%，使芯片的功能提高了35%，又一次实现了摩尔定律中有关性能的跳跃发展。

2000年，IBM公司宣布AS/400是第一个使用基于SOI微处理器芯片的计算机系统。

由于工作速度提高了20%，相当于在使用块硅技术的条件下，把电路工艺水平从线宽0.22μm提高到0.18μm技术水平。这就意味着在使用相同光刻技术的情况下，SOI衬底技术可以使IBM公司在处理速度方面领先业界一代的水平。对此，有人似乎认为IBM公司打破了摩尔定律，领先了业界1～2年的时间，但是更多人认为，SOI等技术的突破只是跟上了摩尔定律的步伐。

SOI是近几年开发、研制出来用于制备抗辐射、低压低功耗、耐高温（其电路可在≥300℃环境下工作）、高速集成电路的首选材料，如今被国际上公认为是“21世纪的硅集成电路技术”。

SOI材料的种类及制备方法较多，主要有：在蓝宝石上进行硅外延技术；区熔再结晶ZMR技术；多孔氧化硅全隔离FIPOS技术；硅片直接键合SDB（silicon-wafer direct bonding，SDB）与背面腐蚀BESOI（bonded and etched-back，BESOI）技术；注氧隔离（separation by implanted oxygen，SIMOX）技术；以及最近才发展起来的氢注入剥离键合（smart-cut）技术；等。目前最有竞争力的SOI制备技术是注氧隔离技术、硅片直接键合SDB技术和氢注入剥离键合技术。

（1）注氧隔离技术

它是采用大剂量氧离子注入硅片表面内，然后进行高温退火，最后得到在单晶硅表层内形成SiO_2埋层的SOI材料。其制备过程见图4-4所示。

一般来讲，退火温度越高，所制备的SOI材料质量越好。退火温度一般在1300℃左右。

采用注氧隔离SIMOX技术制备的SOI材料的主要缺陷是位错。其位错密度越低，质量也就越好。

目前国外采用注氧隔离技术，已能提供出直径200mm、位错密度$<10^3cm^{-2}$的商用SOI材料。

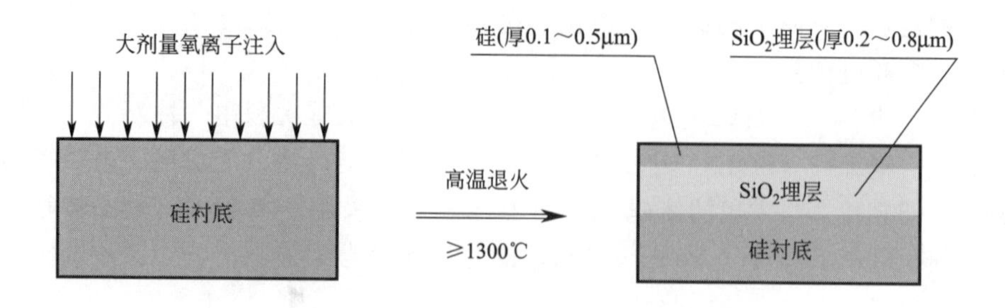

图 4-4 SIMOX 制备过程

(2) 硅片直接键合技术

它是将其中的一个表面经过热氧化生长工艺生长一层具有一定厚度的 SiO_2 层的两片抛光硅片，浸入具有适当配比的酸性溶液中进行亲水处理，使硅片表面被硅醇基所覆盖，依靠硅片之间羧基的相互作用而达到紧密结合，再将键合好的硅片置于有氮气保护的高温炉内加热到 700℃左右，使其界面发生脱水反应，让硅片界面形成 Si—O—Si 结构，然后再将炉温升到 1000℃以上，以达到两硅片之间的完全键合，见图 4-5 所示。

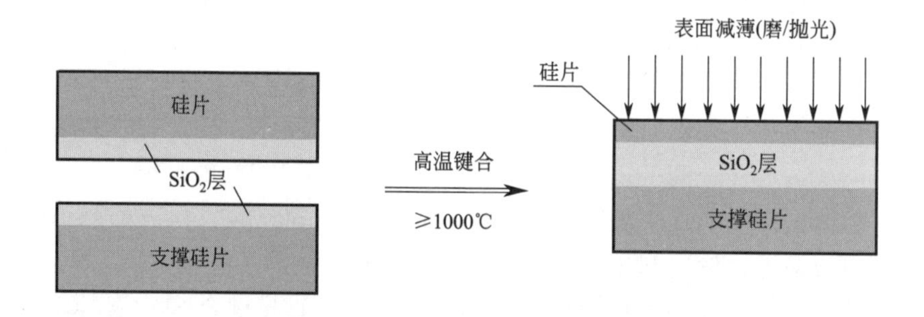

图 4-5 硅片直接键合 SDB 技术制备过程

键合后的一个硅片还要将其厚度从 500μm 左右进行表面减薄处理（磨/抛光）到几微米或更薄，以满足制备 SOI 器件或电路的要求。

(3) 氢注入剥离键合技术

氢注入剥离键合技术，是法国 LETI 公司的 M. Bruel 等提出的。其原理是利用 H^+ 注入后在硅片中形成的气泡层，将注氢片与另外一个支撑硅片键合（两个硅片之间至少有一片的表面有热氧化 SiO_2 覆盖层），经过适当的热处理使注氢片从气泡层完整裂开，形成 SOI 结构，最后对 SOI 片表面进行化学机械抛光。

目前都认为氢注入剥离键合技术是一种比较理想的 SOI 材料制备技术。

氢注入剥离键合技术的工艺过程见图 4-6 所示。

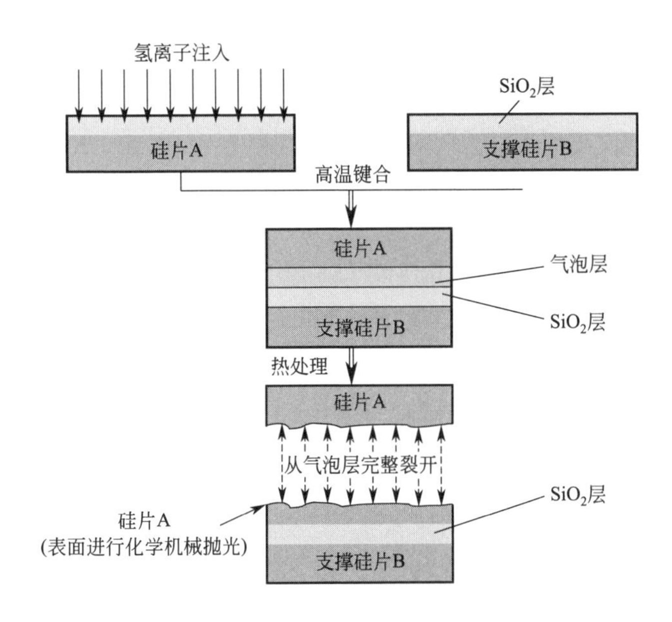

图 4-6 氢注入剥离键合技术的工艺过程

目前国际上主要的 SOI 材料生产公司是法国 SOITEC 公司和美国 IBIS 公司。法国 SOITEC 公司于 1998 年投资 5 千万美元在法国 Bernin，建立了新的基地，以氢注入剥离键合技术为基础，计划在 2002 年 SOI 材料产量可达到 100 万片/年，并计划将直径 200mm 的 t-SOI 材料的产量由 100000 片/年提高到 300000 片/年。

美国 IBIS 公司主要采用大剂量氧离子注入机 Ibis 1000 和 Advantox 工艺，生产直径 100～200mm 的 SIMOX-SOI 材料。

据美国半导体协会 Rose Associatcs（Los Altos，CA）市场分析，到 2005 年国际市场上 SOI 材料的销售将要达到硅材料市场的 10%。

SOI 硅片的需求，特别是高性能的以高速 MPU 的薄膜 SOI 芯片为中心的需求量正在扩大。2001～2007 年的 SOI 硅片需求的年平均增长率约为 47%，预测到 2007 年相同硅片的 50%是直径 300mm 的硅片。

随着集成电路技术的不断发展，所需用的硅片也已从纯互补式金属氧化物半导体（CMOS）材质向 SOI 等低漏电材质开发、过渡，当前全球半导体大厂中已有不少投入 SOI 技术的研发工作，硅片的生产厂商亦可同时与 SOI 生产厂商进行合作。日本三菱公司和法国 Ibis Technology 公司相互联手，注重 SIMOX 硅片的生产和销售。

2000 年末，法国 IBIS 和美国 IBM 联手，以使用美国 IBM 技术的 Advantox 改良低剂量（modified low dose，MLD）为基础，由日本三菱住友硅业生产 SIMOX 硅片来应对市场的需求。

德国 WACKER 公司让日本新日铁（现已被德国 WACKER 收购）开发 ITOX-SIMOX 硅片。此硅片在高温下，通过内部氧化处理，其氧化层（BOX）的品质得到了改善。

日本信越半导体公司和法国 SOITEC 公司联手，法国 SOITEC 已拥有直径 200mm 硅片年产 100 万片以上的批量生产体系，也已确立直径 300mm 硅片的批量生产计划。

ELTRAN 公司、佳能公司于 2001 年发表直径 150mm、直径 200mm SOI 硅片批量生产，月产 1 万片左右，也已制订直径 300mm SOI 硅片生产线的建设计划。

目前，美国 IBM 公司与日本东芝（Toshiba）、新力（Sony）将共同开发 90nm 以下的 SOI 材料，意法微电子公司（ST Microelectronics）亦将与荷兰飞利浦半导体公司（Philips）、台积电等就 SOI 技术的开发组成策略联盟。

关于直径 300mm SOI 硅片产品，德国 WAKER-NSCE 公司认为，目前能够稳定供应的市场也只有由日本信越半导体、日本三菱住友硅业和德国 WAKER 三家公司。

据美国 SEMATECH 和 SELETE 两个国际半导体发展规划组织公布的未来半导体工业发展技术路线，到 2005 年，半导体工业将着眼于直径 300～400mm 的硅基材料。故制备大尺寸、改进并提高 SOI 材料的质量已成为国际著名半导体公司的战略重点。

综上所述，根据硅抛光片的技术规范要求，选择合理的硅单晶抛光片制备的加工工艺流程，如图 4-7 所示（供参考）。同时选择合理的硅片加工工艺、技术，并配置相应的高加工精度工艺设备及测试仪器和进行科学、严格的生产管理，就可以获得满足线宽 40～28nm 直径 ϕ300mm 硅单晶抛光、外延片 IC 工艺要求以及高质量的硅抛光片，预期可达到的主要技术指标（水平）约为：

直径	(300.0 ± 0.2)mm
型号	P/N
晶向	<100>
电阻率	0.006～50Ω·cm
电阻率径向变化	

	<10% P 型
	<15% N 型
厚度	775μm
厚度公差	±25.0μm
翘曲度（warp）	≤15.0μm
局部平整度（SFQR）	
（25×32）	≤130.0nm
（26×8）	≤40～10 nm（待定）
总厚度偏差 GBIR（TTV）	≤10.0μm
颗粒	
≥0.20μm	<30 个/片
≥0.16μm	<40 个/片
≥0.12μm	<200 个/片
≥0.09μm	<120 个/片
≥65nm	<50 个/片
≥45nm	<40 个/片（待定）
≥28nm	<20 个/片（待定）
表面金属	$<1\times10^{10\sim9}$ 个/cm^2
氧含量	$(4.8\sim7.8)\times10^{17}\pm0.5$
氧含量径向变化	<10%
碳含量	$<2\times10^{16}$ 个/cm^3
表面纳米形貌（p-v）	≤16

满足线宽 40～28nm IC 工艺用直径 300mm 硅单晶抛光、外延片生产工艺流程示意如图 4-7（供参考）。

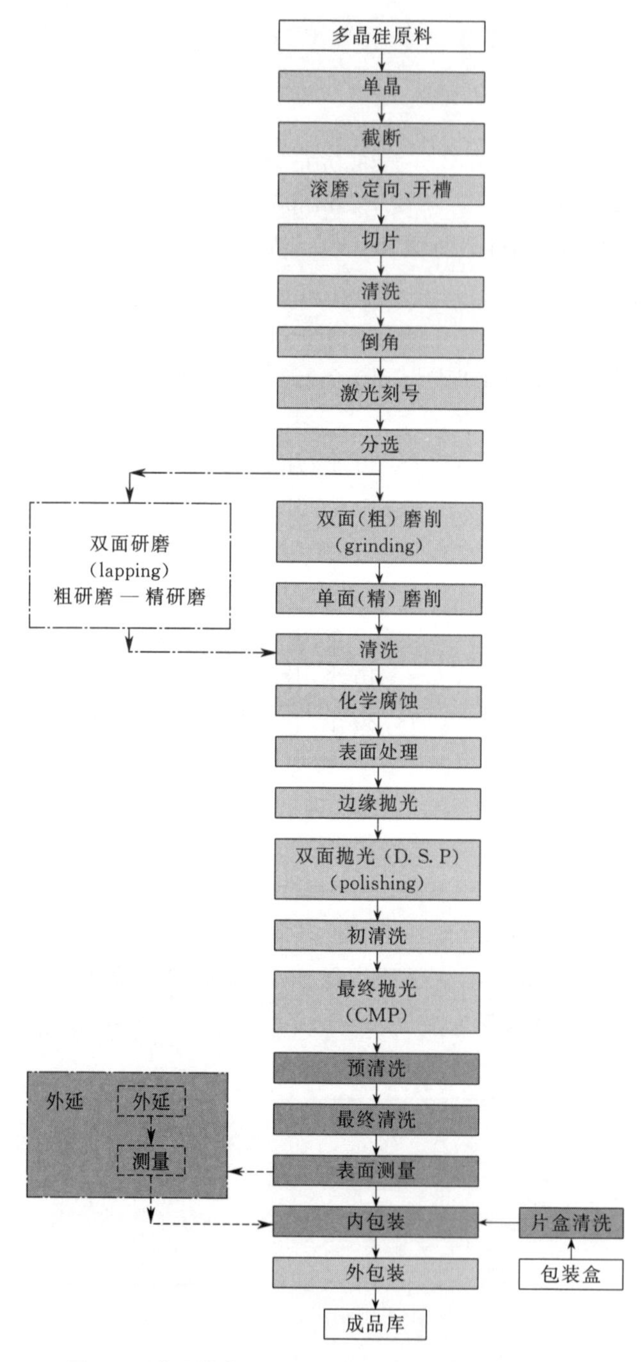

图 4-7 满足线宽 40～28nm IC 工艺用直径 300mm 硅单晶抛光、外延片生产工艺流程

第5章 硅片的运、载

为了减少沾污，半导体产业界经常使用由含氟高分子材料聚四氟乙烯（teflon）材料制成的各种传递容器、工装夹具、载物台架、化学试剂容器及输送用管道及各种管接件等制品。

5.1 氟塑料的基本特性

含氟高分子材料（氟塑料）的研究、开发工作起始于1934年，Schloffer、Scherer发现了聚三氟氯乙烯（PCTFE）。

在1938年，由美国杜邦公司R. J. Plunkett博士研制、开发出来的一种结合了化学、热、机械、电气等特性的含氟高分子聚合树脂材料。最初开发的是四氟乙烯（tetra-fluoro-ethylene，TFE）。之后于1958年研制出可溶性的氟化乙烯丙烯共聚物（fluorinated-ethylene propylene，FEP）树脂材料，1972年开发出全氟烷氧基（perfluoro-alkoxy，PFA）树脂材料，直到如今，聚四氟乙烯含氟高分子材料仍然被所有产业广泛使用。

1985年后，美国杜邦公司根据半导体产业界使用要求对PFA材料进行改良，又开发出新的、具有优质特性PFA树脂材料，广泛应用于半导体产业界经常使用的各种传递容器、工装夹具、载物台架、化学试剂容器及输送管道及各种管接件等制品。

1990年杜邦公司再度改良PFA，又开发出更新的PFA，且被命名为SUPER PFA。

聚四氟乙烯树脂材料具有其他树脂材料没有的特性，例如：

1）耐热性

连续最高使用温度，PTFE为260℃，FEP为200℃。

表 5-1 聚四氟乙烯的特性

特性			单位	PTFE	PFA	FEP	PVDF	ETFE
名称				聚四氟乙烯	四氟乙烯共聚合树脂	四氟乙烯-六氟丙烯共聚合树脂	聚偏二氟乙烯	乙烯-四氟乙烯共聚物
分子结构式				图 A	图 B	图 C	图 D	
物理性能	熔点		℃	327	310	250～270	156～170	270
	密度		g/cm³	2.14～2.20	2.12～2.17	2.12～2.17	1.75～1.78	1.70
热力学性能	热导率		W/(m·K)	0.25	0.25	0.25	0.10～0.13	0.24
	比热容		J/(g·K)	1.0	1.0	1.2	1.4	1.9～2.0
	线膨胀系数		10^{-5}/K	10	12	8.3～10.5	7～14	5.9
	瓶压温度		℃	180	230	170		185
	热变形温度	1.81MPa	℃	55	50	50	87～115	74
		0.45MPa	℃	121	74	72	149	104
	连续最高使用温度		℃	260	260	200	150	150～180
力学性能	拉伸强度		MPa	27.5～34.3	24.5～34.3	21.6～31.4	34.3～43.2	45.1
	展延		%	200～400	300～400	250～330	80～300	100～400
	压缩强度		MPa	11.8	16.7	15.2	66.7～96.1	49.1
	撞击强度		J/m	159.8	不破坏	不破坏	159.8～373.6	不破坏
	硬度						*R*77～83	*R*50
	硬度			*D*50～55	*D*60	*D*55	*D*75～77	*D*75
	弯曲弹性率		GPa	0.55	0.66～0.69	0.65	2.0～2.5	1.4
	抗拉弹性率		GPa	0.40～0.55	0.40～0.50	0.34	1.0～2.9	0.82
	动摩擦系数 (0.7MPa、3m/min)			0.1	0.2	0.3	0.4	0.4
电气性能	体积电阻率		Ω·cm	$>10^{18}$	$>10^{18}$	$>10^{18}$	2×10^{14}	$>10^{16}$
	绝缘破坏强度		kV/mm (厚 3.2mm)	19	20	20～24	10	16
	介电常数 (dielectric constant)	60Hz		<2.1	<2.1	<2.1	8.4	2.6
		10^3 Hz		<2.1	<2.1	<2.1	8.4	2.6
		10^6 Hz		<2.1	<2.1	<2.1	6.4	2.6

续表

特性			单位	PTFE	PFA	FEP	PVDF	ETFE
电气性能	逸散常数(dissipation factor)	60Hz		<0.0002	<0.0002	<0.0002	0.049	0.0006
		10^3Hz		<0.0002	<0.0002	<0.0002	0.018	0.0008
		10^6Hz		<0.0002	0.0003	<0.0005	<0.015	0.005
	耐电弧性		s	>300	>300	>300	50～70	75
耐久性	吸水率(24h)		%	<0.01	<0.03	<0.01	0.04～0.06	0.029
	燃烧性(3.2mm 厚度)			V-0	V-0	V-0	V-0	V-0
	临界氧气指数(LOI)			>95	>95	>95	44	30
	日光直射影响			无	无	无	无	无
耐腐蚀性能	酸			⊙	◎	⊙	○	◎
	碱			⊙	⊙	⊙	○	◎
	有机溶剂			⊙	⊙	⊙	△	◎

注：1. 上表中⊙表示非常优良；◎表示优；○表示略优；△表示可以使用。

2.

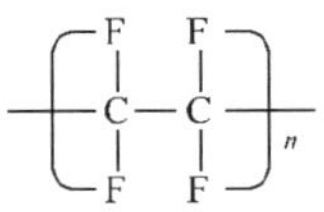

$$-\!\left[CF_2-CF_2\right]_n\!-$$

图 A　PTFE 分子结构式

3.

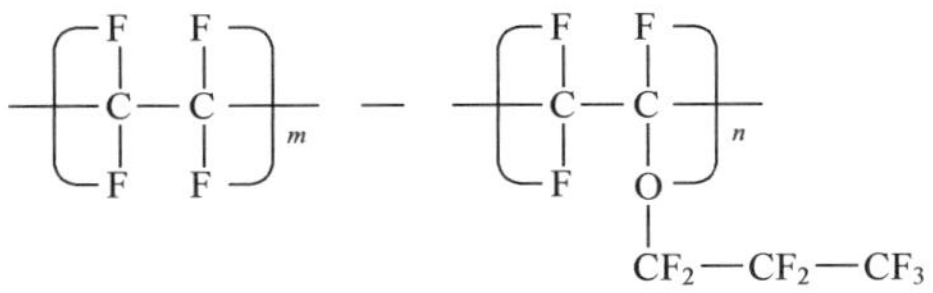

$$-\!\left[CF_2-CF_2\right]_m\!-\;-\;-\!\left[CF_2-CF(O-CF_2-CF_2-CF_3)\right]_n\!-$$

图 B　PFA 分子结构式

4.

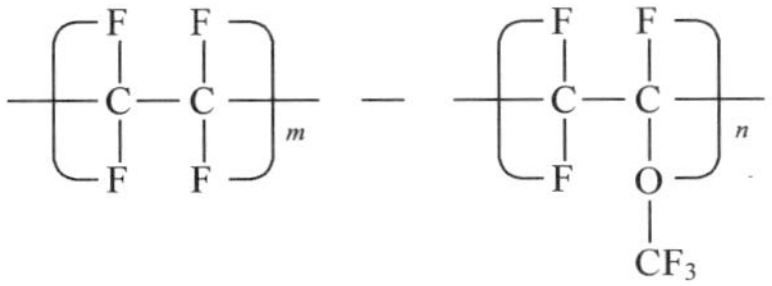

$$-\!\left[CF_2-CF_2\right]_m\!-\;-\;-\!\left[CF_2-CF(O-CF_3)\right]_n\!-$$

图 C　FEP 分子结构式

5.

$$-\!\left[CF_2-CH_2\right]_n\!-$$

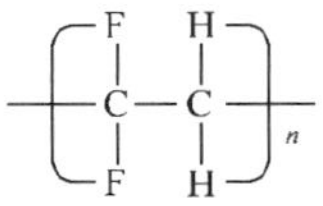

图 D　PVDF 分子结构式

2）耐化学试剂性

PTFE 几乎能适应所有化学药品和溶剂。

3）化学的不活泼性

除具有添加物的产品外，不会引起任何污染。

4）电气性

在固体绝缘材料中具有最小的介电常数、逸散常数、高频率、温度改变中呈现的稳定性、体积及表面电阻显示出最大值。

5）低摩擦性

在固体材料中显示出最低的摩擦系数。当加入玻璃纤维、碳素纤维、石墨、金属粉等无机物的填充物时可改善其磨耗性，并可在恶劣环境中使用。

6）非黏着性

其表面是固体材料中显示最佳的非黏着性及离型性。

7）低温特性

在极低温下（－196℃），PTFE 还有 5％的伸展度。另外，在极低温下的耐冲击特性也比其他树脂材料更佳。

8）难燃性

PTFE 是临界氧气指数（LOI）为 95％ 以上的难燃材料。燃烧热力非常低，火灾时绝对不会扩大延烧而形成二度火源。

9）耐候性

其耐候性极佳，在室外长时间使用不会氧化、引起表面污染、变色、品质变差等情形。

10）耐微生物分解性

对酵素及微生物的入侵是不活性的。

由于含氟高分子材料（氟塑料）具有上述优良的基本特性，其制品已广泛应用于半导体产业中。聚四氟乙烯的特性详见表 5-1。

5.2 半导体工业常用的塑料制品——硅片的运、载花篮及包装盒

目前集成电路技术已迈进采用直径 300mm 硅片、线宽小于 0.10μm 的时代，由于硅片直径变大（其面积是直径 200mm 硅片的 2.25 倍、质量却是直径 200mm 硅片的 2.4 倍），故对大直径硅片的运、载、传递与直径小于 200mm 硅片的运、载、传递方式相比发生了很大的变化，几乎全部都得采用

立体空间全自动的搬运方式（见图 5-1）。

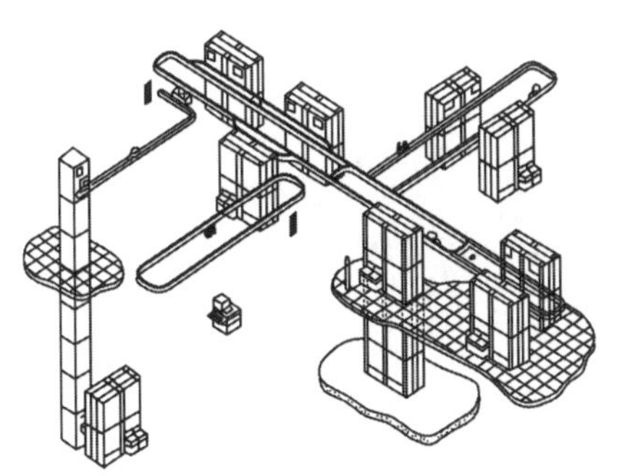

图 5-1　直径 300mm 硅片的立体空间自动搬运

直径 300mm 硅片与其他直径硅片相比较，其质量、面积均有很大的不同，其质量、面积之对比见表 5-2。

表 5-2　直径 300mm 与其他直径硅片的质量、面积的比较

直径 ø（公差）	mm	100 ±0.2	150 ±0.2	200 ±0.2	300 ±0.2	400	450
	英寸	4	6	8	12	16	18
厚度 T(公差)/μm		425.0～ 525.0±25	625.0～ 675.0±25	725.0±25	775.0±25		
面积 S/(mm^2/片)		7850	17662.5	31400	70650	125600	158962.5
面积比			2.25×S_4	1.78×S_6 4.0×S_4	2.25×S_8 4.0×S_6	1.78×S_{12} 4.0×S_8 7.1×S_6	1.27×S_{16} 2.25×S_{12} 5.1×S_8 9.0×S_6
质量 W/(g/片)		7.78～9.60	25.7～27.8	53.0	127.6		
质量比			3.30×W_4	(2.06～ 1.91)×W_6 6.8×W_4	2.40×W_8 (4.96～ 4.59)×W_6		

注：S_4、S_6、S_8 分别指 4 英寸、6 英寸、8 英寸硅片质量。1 英寸＝25.4mm。

目前美国 Entegris 公司，日本 KAKIZAKI（柿崎）、Shin-Etsu（信越）、KOMATSU（小松）等生产的各种规格尺寸硅片的运、载花篮及包装盒基本垄断了供应市场，其各种产品已被广大微电子企业采纳使用。图 5-2、图 5-3 为各种不同规格尺寸硅片的运、载花篮（carrier）和直径 300mm 硅片常使用的硅片运、载花篮及包装盒。

美国 Entegris 公司直径 300mm 硅片运、载花篮及包装盒的部分产品见图 5-2。

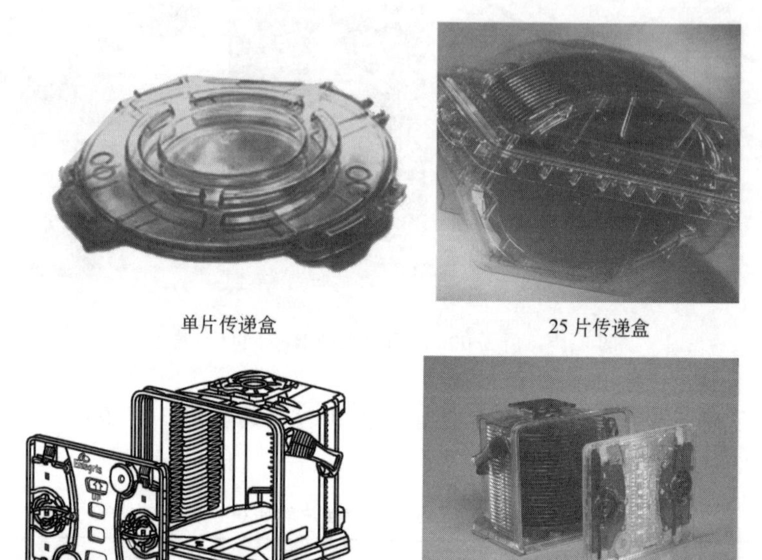

单片传递盒　　25 片传递盒

300mm晶圆传递盒

A300-25MJ-47C02

25 片传递花篮

A300-13HB-0215

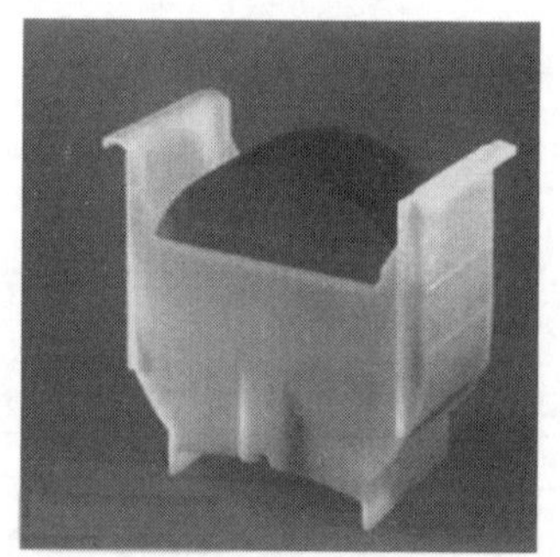

13 片清洗用花篮

图 5-2　美国 Entegris 公司的硅片的运、载花篮及包装盒

资料来源：美国 Entegris 公司产品样本

日本柿崎、信越等公司直径 300mm 硅片运、载花篮及包装盒的部分产品见图 5-3。

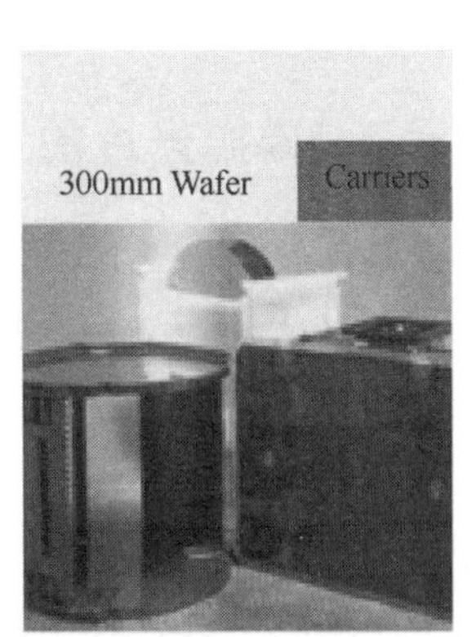

KAKIZAKI Technical Bulletin

300mm FOSB
KT-3002
(Front Opening Shipping Box)

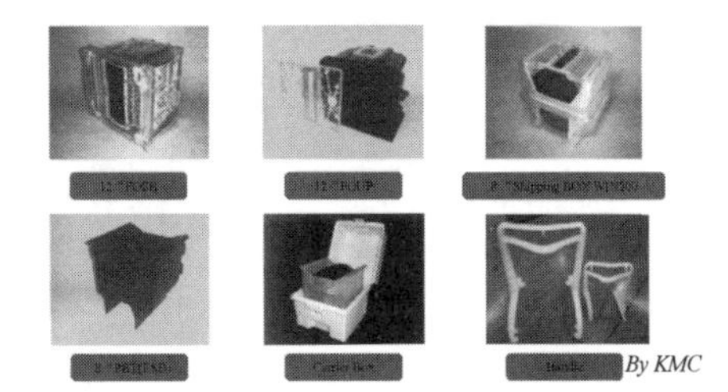

图 5-3　日本 KAKIZAKI（柿崎）、Shin-Etsu（信越）等公司硅片的运、载花篮及包装盒

资料来源：日本柿崎、信越公司产品样本

5.3 硅抛光片的洁净包装

为了确保硅片质量，又能实现打开包装盒后，硅片不需再清洗而直接投入IC工艺生产，故硅抛光片一般采用三层包装。

即：将硅片先装入硅片包装盒内，再装入内层包装袋中，最后装入外层包装袋中。

具体操作如下：

首先在1级或10级洁净室环境下，将合格的硅抛光片放入相适应的硅片包装盒内，合上盒盖，并在硅片盒四周用“无尘”不干胶带粘贴1～2圈。再将装有硅抛光片的包装盒放入内层洁净、透明的塑料薄膜内层包装袋中，然后进行真空（微小负压）或充气（常用洁净的高纯氮气的微正压）或常压对其内层包装袋口进行密封处理。最后将已封口的、装有硅抛光片的内包装袋传递到低一级的10级或100级洁净室环境下，再装入能防潮、除静电的金属和塑料的复合膜的洁净外包装袋中，采用真空（微小负压）或充气（微正压或常压）方式对其复合膜外包装袋口进行密封处理，包装完毕后即可转入成品仓库保存。

在包装过程中，需将产品标签用不干胶标签分别粘贴在硅片盒与外层包装袋上，并在内外包装袋中间放一小袋防潮“硅胶”，并需在洁净室中进行严格的规范操作。

合格的硅抛光片所用的运、载花篮及包装盒见图5-4、图5-5。

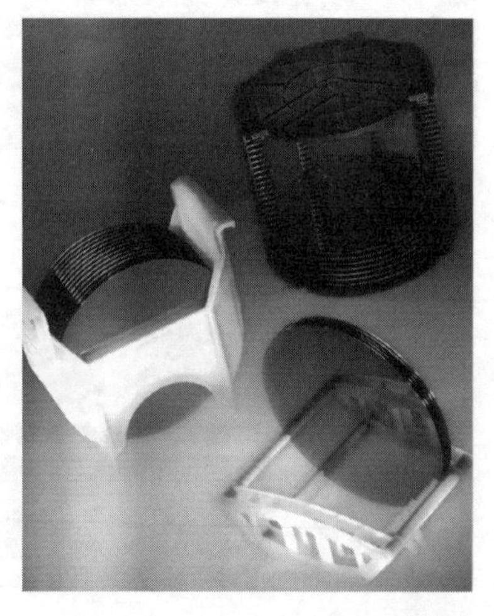

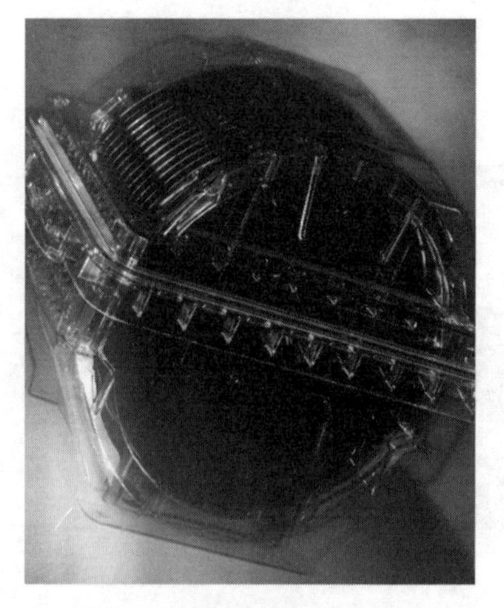

图5-4 美国Entegris公司的硅片的运、载花篮及硅片的洁净内包装

资料来源：美国Entegris公司产品样本

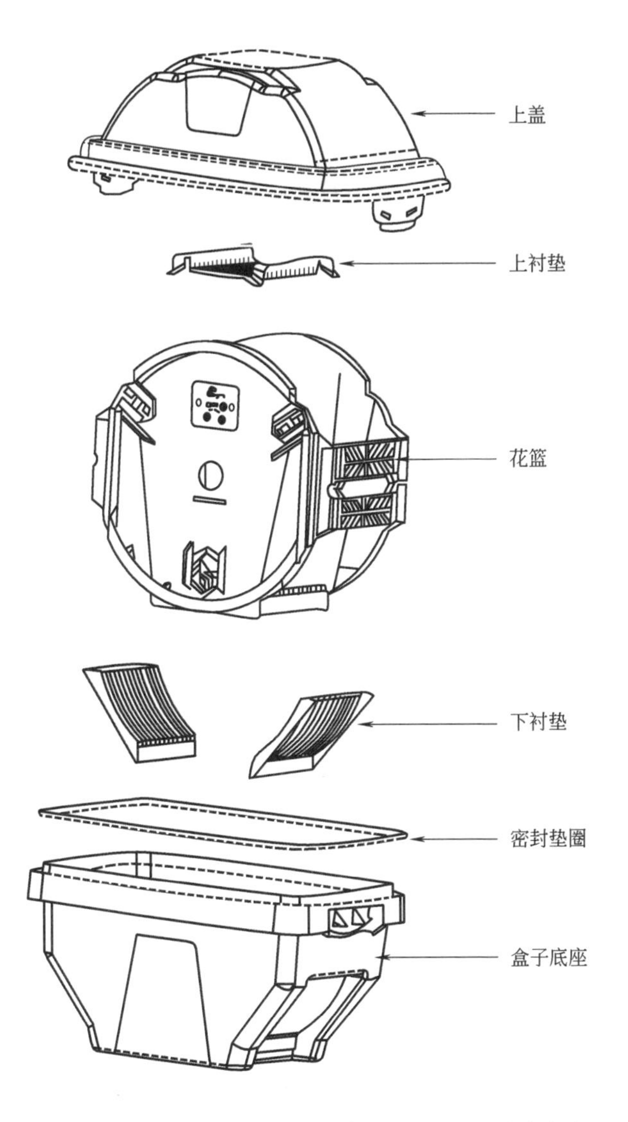

图 5-5 美国 Entegris 公司直径 300mm 硅片洁净内包装盒的结构示图

资料来源：美国 Entegris 公司产品样本

已经包装好准备转入成品仓库保存的直径 8 英寸、6 英寸硅抛光片产品见图 5-6。

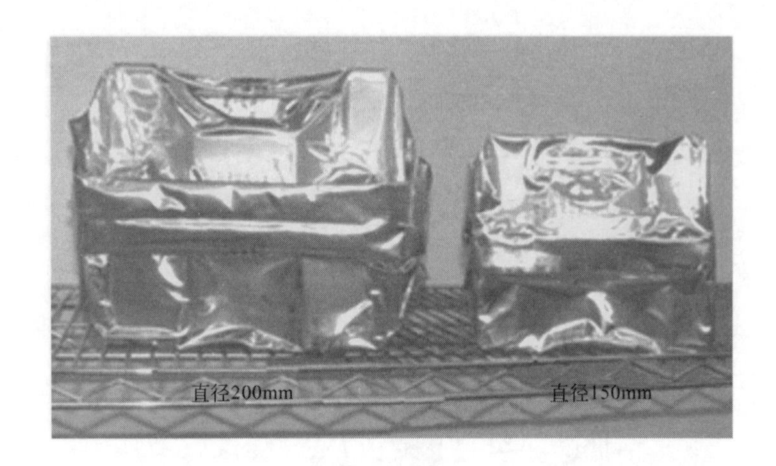

图 5-6 已包装好准备转入成品仓库保存的直径 8 英寸、6 英寸硅抛光片产品

5.4 其他相关的工装用具

在微电子企业中，根据工艺要求广泛使用各种真空吸笔、硅片移载器、硅片定位面整理器、硅片的表面目视检查器、读码器等器具。

在硅片传递过程中经常要把硅片从一个运、载花篮转移到另一个运、载花篮中，对直径小于 75mm 的硅片在不同的生产工序中，视要求不同还可以用真空吸笔或其他非机械方式完成硅片的传递、转移。为了保证产品质量，对直径大于 75～150mm 的硅片，尤其是对直径大于 200mm 的硅片必须使用相适应的硅片移载器，采用机械的、半自动或全自动的方式来完成硅片的传递、转移。图 5-7～图 5-12 是国外部分公司常用的硅片移载器、工作站、硅片定位面

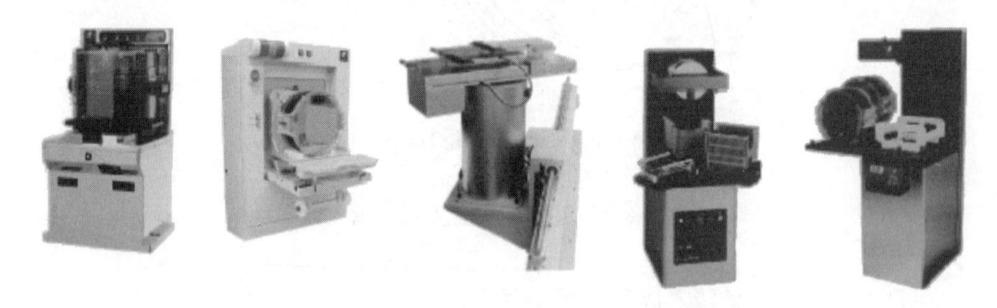

图 5-7 美国 Fortrend 公司部分规格的硅片移载器产品

资料来源：美国 Fortrend 公司产品样本

整理器和硅片的表面目视检查器、读码器等器具产品。

美国 Fortrend 公司的部分硅片自动移载产品见图 5-7。

美国 RECIF 公司的部分产品见图 5-8。

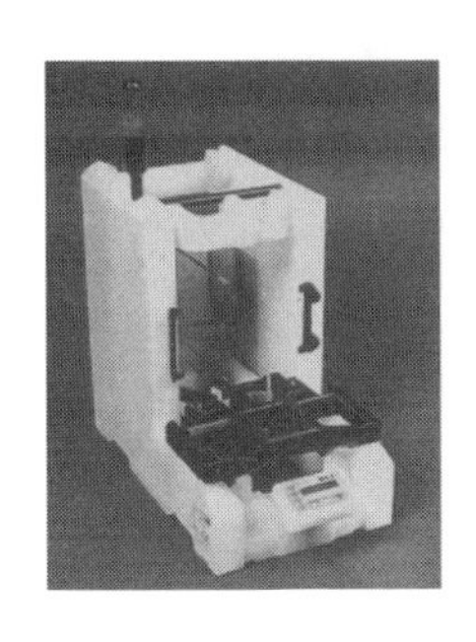
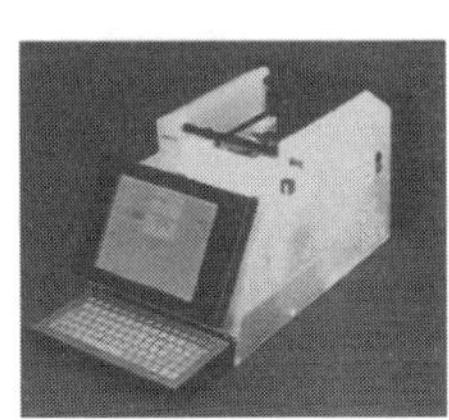
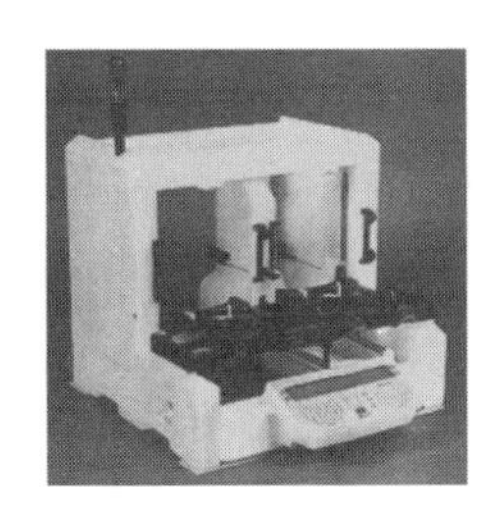
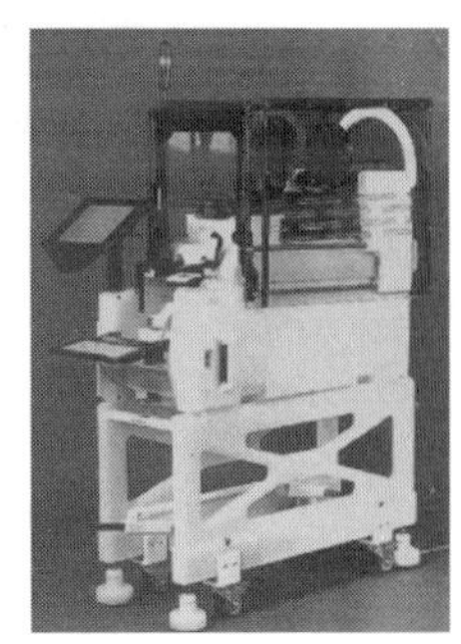

图 5-8　美国 RECIF 公司部分规格的硅片移载器产品

资料来源：美国 RECIF 公司产品样本

图 5-9 是日本全协化成工业株式会社的部分产品。

美国 Mactronix 公司的部分硅片自动移载产品见图 5-10。

美国 H-SQUARE 公司的部分产品见图 5-11。

日本 Fluoro mechanic 公司的部分镊子和真空吸笔头产品见图 5-12。

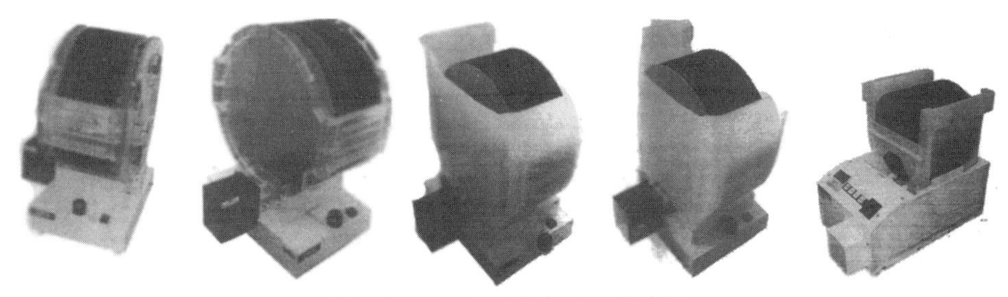

(a) 直径300mm 硅片的表面目视检查器

(b) 直径 125mm、150mm、200mm 硅片的表面目视检查器

图 5-9

(c) 直径150mm、200mm硅片花篮的部分提手把产品

图 5-9　日本全协化成工业株式会社的部分产品

资料来源：日本全协化成工业株式会社产品样本

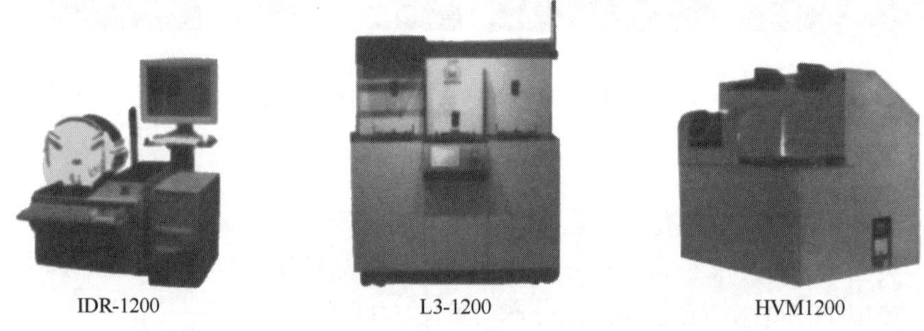

IDR-1200　　L3-1200　　HVM1200

图 5-10　美国 Mactronix 公司的部分硅片自动移载产品

资料来源：美国 Mactronix 公司产品样本

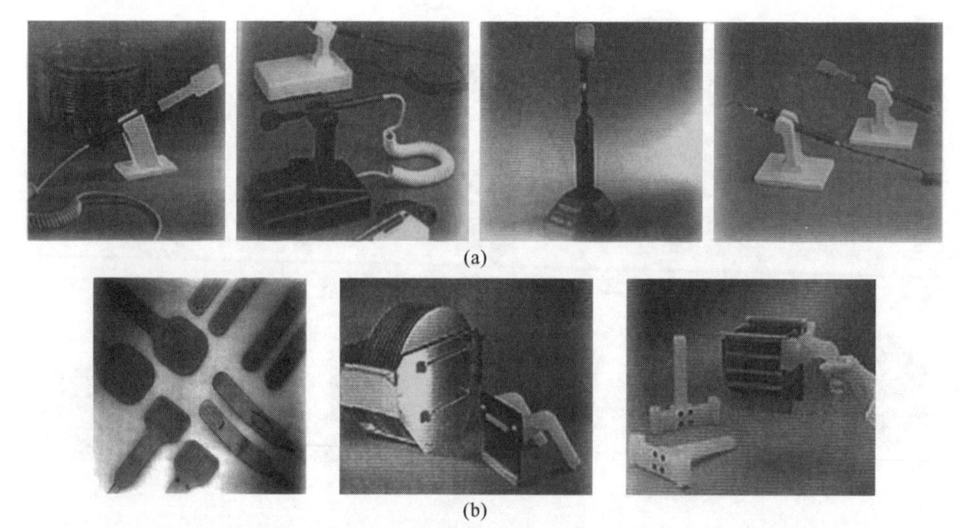

(a)

(b)

图 5-11　美国 H-SQUARE 公司部分规格的硅片真空吸笔头（a）及提手把产品（b）

资料来源：美国 H-SQUARE 公司产品样本

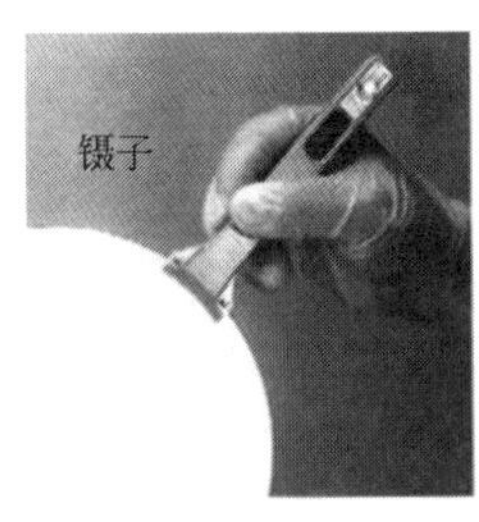

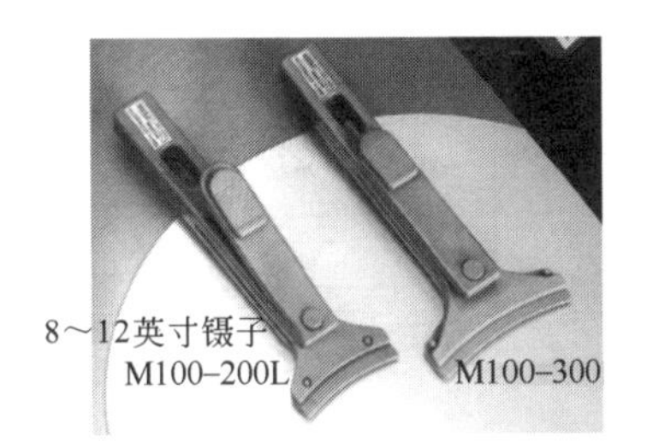

(a) 直径 200mm 和 300mm 镊子

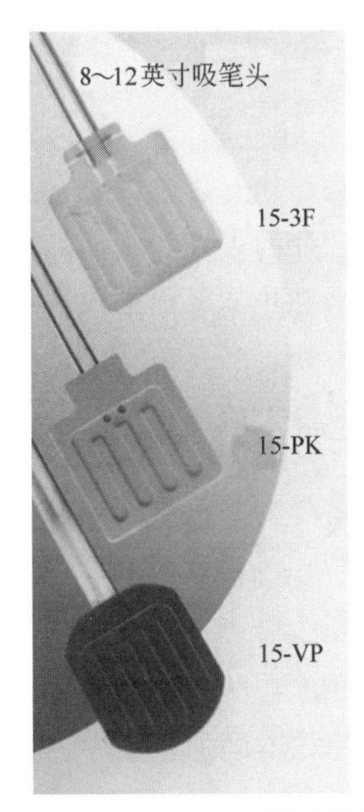

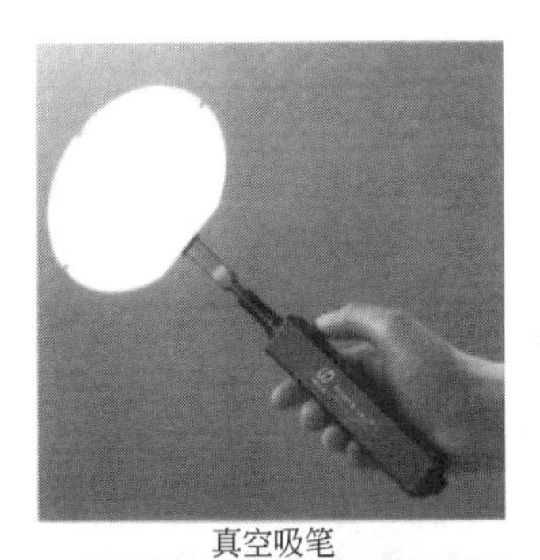

真空吸笔

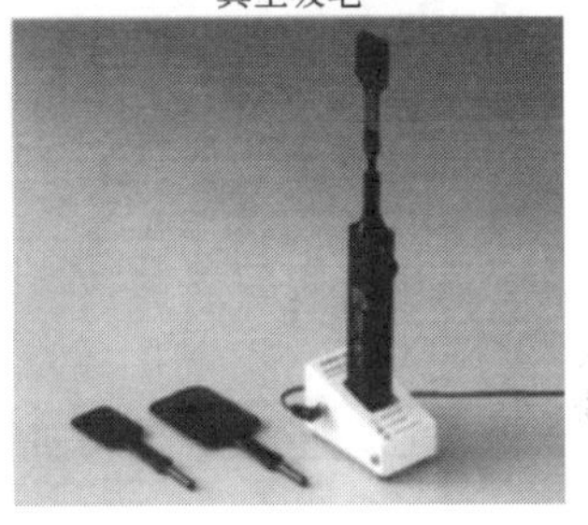

(b) 硅片的真空吸笔和真空吸笔头

图 5-12 日本 Fluoro mechanic 公司产品

资料来源：日本 Fluoro mechanic 公司产品样本

第6章
硅片的测试

硅片的各项质量特性参数可以说是互相关联、相互影响的，它是综合影响硅片的技术、质量特征的指标，它直接反映出硅片的内在和表面的加工质量。

通常控制硅片质量的主要特征参数包括表征硅片加工前的内在质量的特性参数和表征硅片加工后的几何尺寸精度的特性参数。主要包括：硅片的结晶学参数、电学参数、机械几何尺寸参数、表面金属离子沾污含量及表面洁净度和表面纳米形貌特性等。

（1）表征硅片加工前的内在质量的特性参数

1）硅片的结晶学参数

主要是指其氧及碳的含量、晶向和各种缺陷（位错、氧化诱生堆垛层错、晶体的原生缺陷——COP缺陷等）。虽说各种缺陷主要是取决于晶体生长本身的结晶完整性，但有些也是与其加工有关。硅片在不同加工工序过程中，还是可以重新引入相关的微缺陷。

2）硅片的电学参数

主要是指其导电型号、电阻率、电阻率均匀性、少数载流子寿命等。这些参数在一定条件下，主要取决于晶体生长的质量。硅片加工过程中一般是无法改变它本身相关的这些电学参数。

（2）表征硅片加工后的几何尺寸精度的特性参数

主要是指硅片表面的机械几何加工尺寸参数和表面状态的质量参数等，其直接决定于硅片的加工工艺、技术水平等。

1）硅片的机械几何尺寸参数

主要是指：直径 ϕ、厚度 T、主参考平面、次参考平面、总厚度偏差（TTV）、弯曲度（bow）、翘曲度（warp）、平整度（TIR或FPD）及局部平整度（STIR、SFPD或SFQR）SFQR、粗糙度（R_a）等。

2）表面状态质量参数

主要是指：表面颗粒含量、表面纳米形貌特性及表面金属杂质沾污含量等。

硅片的电学、物理和化学等性质和与其加工精度将直接影响到集成电路制备的特性及成品率，尤其是当今集成电路芯片的特征尺寸已进入小于0.1μm工艺的纳米电子技术发展的阶段，对硅单晶、抛光片的质量要求越来越严格。为了满足IC电路芯片制备工艺、技术的要求，必须采用先进的测试方法和具有较高测试精度的测试仪器，对硅单晶的晶向、缺陷、氧含量、碳含量、电阻率、导电型号、少数载流子浓度、少数载流子寿命、硅单晶抛光片的几何尺寸（例如：翘曲度、局部平整度、表面粗糙度、表面纳米形貌特性等）的机械加工精度和表面状态参数（表面的颗粒沾污、表面金属杂质离子沾污、表面纳米形貌等）等各项技术参数进行有效的测量，监控产品生产过程中的各道加工工序的质量，并为产品的开发、研究及工艺改进提供确切可靠的依据。

国内外对有关半导体材料的测试原理、方法和标准、仪器设备等及相关技术文献、资料有很多报道，也有不少专著，笔者不再作详细叙述。在此，仅对表征硅单晶、抛光片的一些主要质量参数的测量技术、方法及经常使用的测试仪器作简单介绍。由于当前科学技术的迅速发展，而且全球微电子、半导体产业的高端技术和对硅片加工用的工艺设备及测试仪器等设备的供应基本仍然被美国、日本、德国等发达国家所垄断，结合对半导体材料硅片的质量要求，国外不少设备供应商推出了很多新型的测试仪器（相关信息可查阅相关的各个设备供应商的检测设备产品样本资料），在此也不再作详细叙述。对硅单晶、抛光片的测量主要可包括以下内容：

（1）单晶检测

晶体的晶向、主参考面晶向、导电类型、电阻率及其径向变化、晶体结构缺陷、氧含量、碳含量、少子寿命、直径及直径公差等。

（2）硅片的检测

① 硅片的几何参数检测：直径、直径公差、晶向及晶向偏离度、定位面或切口的晶向、边缘轮廓（尺寸、粗糙度 R_a）、硅片的厚度、总厚度变化、弯曲度、翘曲度、平整度、局部平整度等。

② 硅片的电学参数检测：电阻率、少数载流子寿命。

③ 硅抛光片表面的状态检测：表面颗粒含量、表面金属离子含量、表面微粗糙度 R_a、雾（HAZE）缺陷及热氧化堆垛层错（OISF）密度、表面的纳米形貌等。

有关对硅抛光片的主要技术指标及测试标准可参照 SEMI 标准、ASTM 标准和其他标准。测试标准可详细参照中国标准出版社出版发行《国内外半导体材料标准汇编》和相关的国家标准要求。

6.1 硅片主要机械加工参数的测量

随着半导体工艺的发展，根据 IC 工艺要求，一般均采用非破坏性、电容式的无接触测量的方法来测定硅片加工后的各项技术参数。

首先对抛光硅片表面进行宏观的常规检验，一般可在暗场（或暗室）下采用目视检验或显微镜检测其表面的划痕、波纹、橘皮、蚀坑、小丘、雾及杂质条纹等宏观缺陷，然后采用无接触物理测量的方法来测定硅片加工后的各项技术参数。

硅片表面的机械几何加工尺寸参数和表面状态质量参数等决定了硅片的加工工艺和技术水平。

1）硅片的机械几何尺寸参数

主要指：直径 ϕ、厚度 T、主参考平面、次参考平面、总厚度偏差、弯曲度、翘曲度、平整度及局部平整度、粗糙度 R_a 等。

2）表面状态质量参数

主要指：抛光硅片表面的宏观缺陷和表面颗粒含量、表面金属杂质沾污含量、表面纳米形貌及表面损伤、应力等。美国 Nikon、德国 Leica、日本 Olympus 的光学显微镜及美国 ADE、美国 KLA-Tencor、日本 KOBE 和日本 TECHNOS 等著名公司的各种系列硅片特性参数测量仪已被广泛应用于半导

(a) 德国 Leica 公司 INS 3300

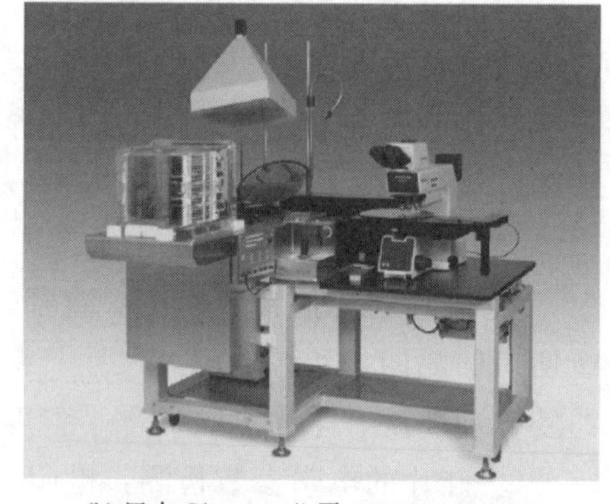

(b) 日本 Olympus 公司 AL 110-LM B12

图 6-1 德国 Leica 公司和日本 Olympus 公司的硅片表面测试系统

资料来源：德国 Leica 公司产品样本和日本 Olympus 公司产品样本

体材料加工及集成电路工艺制备中的在线或离线的测量。

图 6-1～图 6-8 所示的是适用于直径 300mm 硅抛光片的各种无接触测量的全自动测试系统。

图 6-1 所示的是德国 Leica 公司和日本 Olympus 公司的硅片表面测试系统。

图 6-2 所示的是美国 MTI Instruments 公司 PROFORMA 直径 300mm 厚度仪。

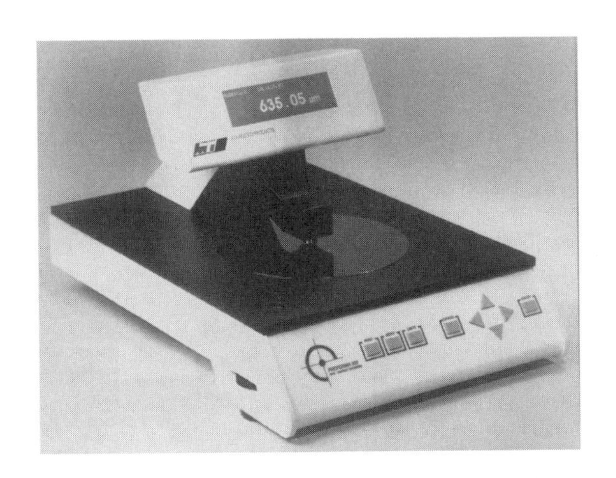

图 6-2 美国 MTI Instruments 公司 PROFORMA 直径 300mm 厚度仪
资料来源：美国 MTI Instruments 公司产品样本

图 6-3 美国 KLA-Tencor 公司 SP1 直径 300mm 表面颗粒检测仪
资料来源：美国 KLA-Tencor 公司产品样本

图 6-3 所示的是美国 KLA-Tencor 公司 SP1 直径 300mm 表面颗粒检测仪。

图 6-4 所示的是日本 KOBE 公司适用于直径 300mm 硅片各项参数的自动测试系统。

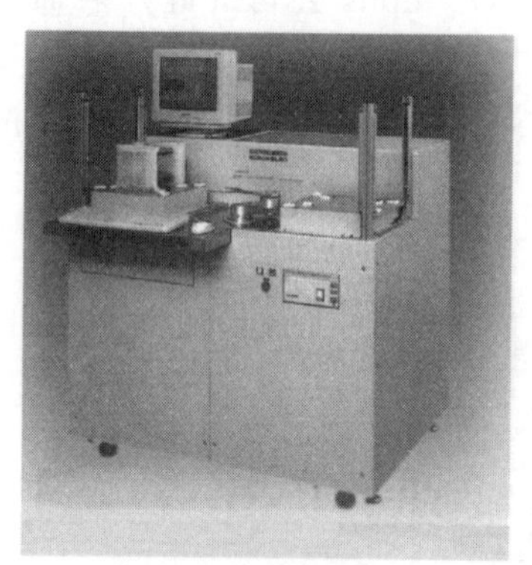

(a) LEP-1200 边缘轮廓仪

(b) LRP-550EO 硅片分选仪

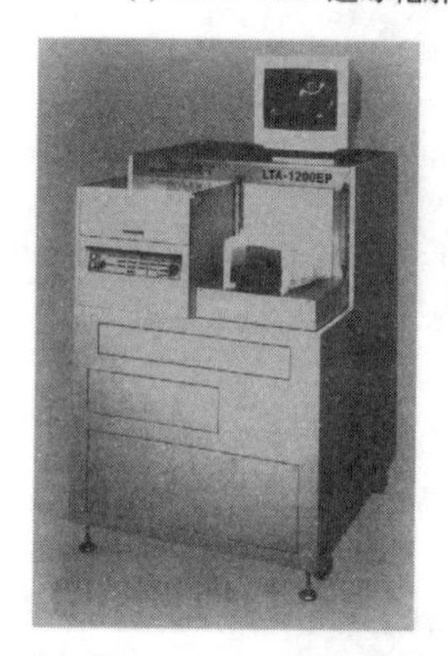

(c) LTA-1200EP 硅片寿命仪

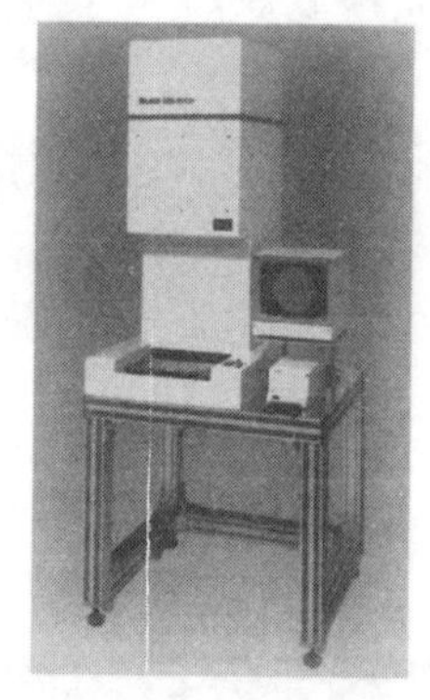

(d) MIS-301M 魔镜仪

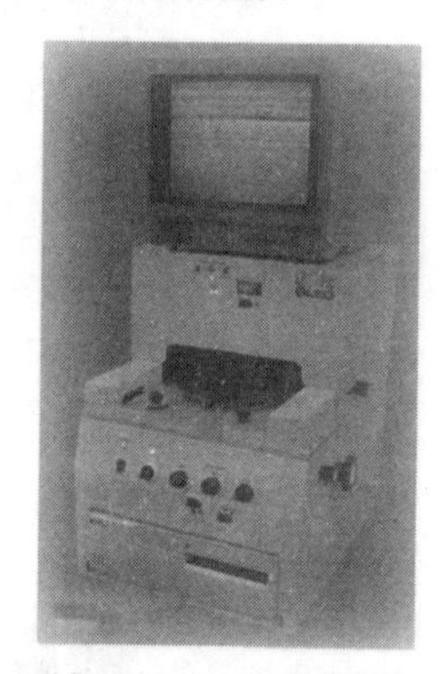

(e) LEM-210 边缘显微镜

图 6-4　日本 KOBE 公司用于直径 300mm 硅片各项参数的自动测试系统

资料来源：日本 KOBE 公司产品样本

图 6-5 所示的是美国和日本 ADE 公司适用于直径 300 和 200mm 全自动硅抛光片的各项参数的无接触测试系统。

图 6-6 所示的是日本 Technos 公司直径 300mm 全反射 X 荧光光谱仪。

图 6-7 所示的是美国 SDI 公司 300-SPV 重金属污染测试系统。

图 6-8 所示的是美国 Chapman 公司 MP3100 和 MP2000 适用大直径硅抛光片的表面粗糙度测试系统。

(a) 美国 ADE 公司6300 硅片厚度测试仪

(b) 美国 ADE 公司直径 300mm 薄膜厚度测定仪

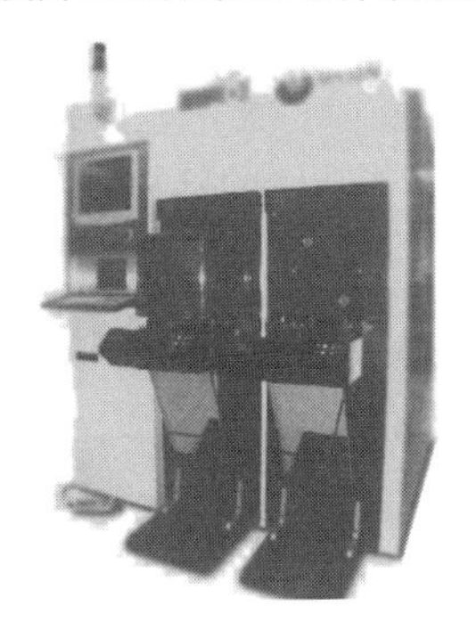

(c) 美国 ADE 公司300mm AMS/AFS 3200
全自动硅抛光片综合参数测量仪

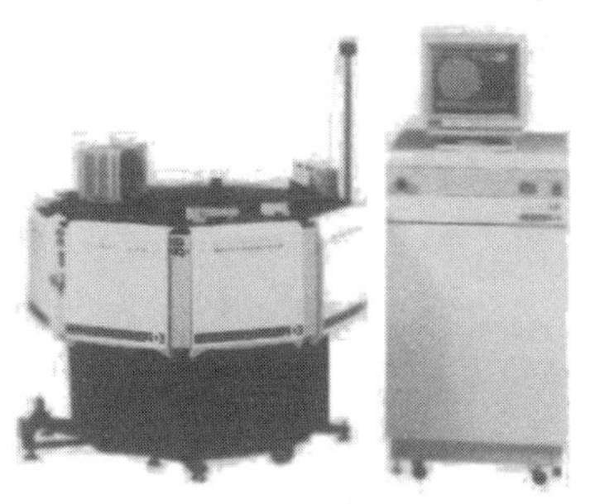

(d) 日本 ADE 公司200mm 9800
全自动硅抛光片综合参数测量仪

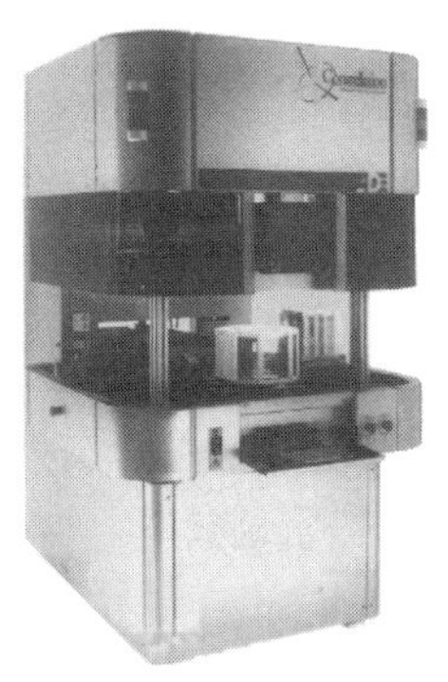

(e) 美国 ADE 公司直径 300mm 表面颗粒检测仪

(f) 美国 ADE 公司表面纳米级起伏 (形貌)
Nano Mapper FA 测量系统

图 6-5　美国和日本 ADE 公司用于大直径硅片各项参数的无接触测试系统

资料来源：美国和日本 ADE 公司产品样本

(a) 日本 Technos TREX 630
全反射 X 荧光光谱仪

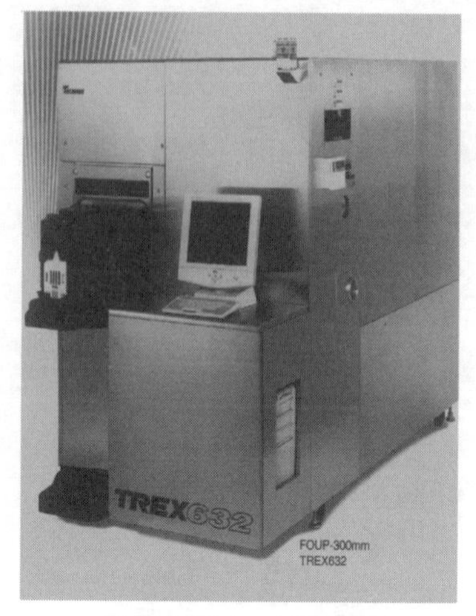

(b) 日本 Technos TREX 632
全反射 X 荧光光谱仪

图 6-6 日本 Technos 公司直径 300mm 全反射 X 荧光光谱仪

资料来源：日本 Technos 公司产品样本

图 6-7 美国 SDI 300-SPV 表面重金属污染测试系统

资料来源：美国 SDI 公司产品样本

(a) 适用直径 300mm 硅抛光片

(b) 适用直径 200mm 硅抛光片

图 6-8　美国 Chapman 公司 MP3100、MP2000 表面粗糙度测试系统

资料来源：美国 Chapman 公司产品样本

6.2　硅单晶棒或晶片的晶向测量

为了满足 IC 芯片电路的技术要求，可以参照 SEMI 标准和《国内外半导体材料标准汇编》所制定的测试规范及相关标准对硅单晶棒和硅晶圆片进行各项参数的测量。

《国内外半导体材料标准汇编》一书已于 2004 年 3 月由中国标准出版社出版发行，书样见图 6-9 所示。

图 6-9　《国内外半导体材料标准汇编》书样

由于硅单晶一般是按（100）或（111）晶向生长的，而且现所采用的直拉或区熔方法生长的硅单晶棒的外圆直径表面还不够平整，直径也不符合最终抛光片所规定的尺寸要求，故常先使用 X 射线衍射的方法对其进行确定硅单晶棒晶体方向的定向测量，以确保其在切片机上的正确位置，确保硅切片的质量；再在 X 射线定向仪上，根据 IC 电路芯片技术要求（可参照 SEMI 标准）对硅单晶棒的外圆表面进行定向、磨削加工。

为了识别硅单晶棒或晶片上特定的结晶方向，以利于在 IC 芯片工厂中，对晶片在不同工序中的识别、定位要求，一般都是在完成硅单晶棒的定向、外圆表面磨削加工之后，根据 IC 芯片工艺要求，可参照 SEMI 标准，采用 X 射线衍射法测定硅单晶棒的结晶方向，然后再进行晶片的定位面（参考平面）或 V 型槽（缺口）的加工。

由于一般 MOS 器件衬底常使用（100）晶向的硅片，故单晶片通常需采取正晶向切割。其晶向误差以不影响 MOS 器件特性为准。而硅双极电路衬底常使用（111）晶向的硅片，其（111）晶向的单晶片可根据外延工艺要求进行偏向切割，一般是要偏离（111）晶向 2°～4°。

为此，晶向及晶向偏离度是一个重要的技术参数。测定晶向的方法较多，大致可分成两类：一类是借助于可直接观察的一些可辨别的特征，如晶体生长的小平面或腐蚀坑；另外一类是借助专用设备或仪器来进行测量。

X 射线衍射法则是最常被采用的测量硅单晶棒或晶片晶向的方法。

单晶体内的原子在晶格结构中是按规律有序排列着的。这样的晶格排列，可视为由一系列结晶平面堆积而成，其中相邻的结晶平面的间距为 d，如下图 6-10 所示。

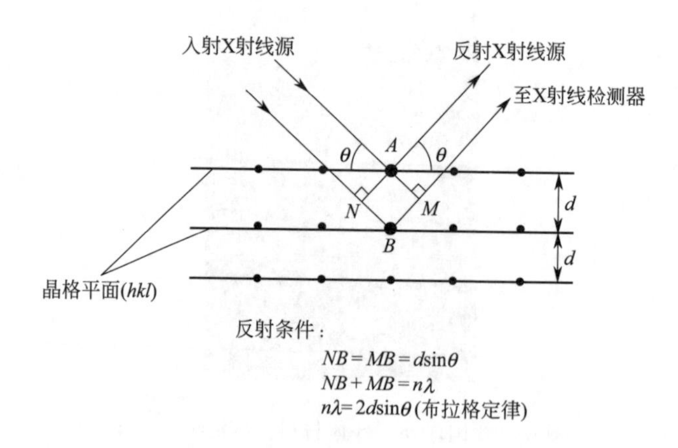

图 6-10　X 射线在单晶中的几何反射条件

当一波长为 λ 的平行单色 X 束射线投射到这些结晶平面时，如果 X 射线在临近两个平面的路径距离的差距恰为波长 λ 的整数倍（即等于 $n\lambda$，n 为整数），则其所能产生衍射（diffraction）现象。当满足以上的几何反射条件时，自平行的结晶平面反射出现的光束将正好与其同向，并且可得到最大强度的 X 射线。因此，从图 6-10 中，可以得到满足布拉格定律（Bragg′s law）的关系式：

$$n\lambda = 2d\sin\theta \tag{6-1}$$

式中 λ——X 射线的波长；

θ——入射 X 射线与反射面之间的夹角（布拉格角）；

n——反射次数；

d——相邻的结晶平面（hkl）的间距。

晶面（hkl）的间距 d 可按表 6-1 所列公式进行计算。

表 6-1 晶面间距 d 的计算公式及某些立方晶体的 d 值

立方晶系	$d=a/(h^2+k^2+l^2)^{1/2}$		
四方晶系	$1/d^2=(h^2+k^2)/a^2+(l/c)^2$		
六方晶系	$1/d^2=4/3(h^2+hk+k^2)/a^2+(l/c)^2$		
正交晶系	$1/d^2=(h/a)^2+(k/b)^2+(l/c)^2$		
	Si	Ge	GaAs
d_{100}	5.43Å	5.66Å	5.65Å
d_{110}	3.83Å	3.99Å	3.99Å
d_{111}	3.13Å	3.26Å	3.26Å
d_{123}	1.56Å	1.63Å	1.62Å

由表 6-1 可知，对立方晶系可按式(6-2) 计算出晶面间距 d 值。

$$d=a/(h^2+k^2+l^2)^{1/2} \tag{6-2}$$

式中 a——晶格常数（lattice constant）；

h、k、l——米勒指数（Miller index）。

根据上述分析，可以导出入射角 θ 在满足以下关系时，即可以获得最大强度的 X 射线。

$$\sin\theta=[n\lambda(h^2+k^2+l^2)^{1/2}]/(2a) \tag{6-3}$$

由于硅单晶的原子排列属于金刚石立方结构，其结晶平面（hkl）只有在满足以下规律关系之一时才能出现反射。

① 米勒指数 h、k、l 必须全部为奇数时，即：

$$h^2+k^2+l^2=4n-1\ \text{时}(n=\text{任何奇整数}) \tag{6-4}$$

② 米勒指数 h、k、l 必须全部为偶数，并且 $h+k+l$ 为 4 的倍数时，即：

$$h^2+k^2+l^2=4n-1 \text{ 时}(n=\text{任何偶整数}) \tag{6-5}$$

对此，目前已有不少设备制造商特地为 X 射线晶体定向测量制作了专用的设备，现一般都采用铜靶管（copper-target tube）来产生 X 射线，然后经过聚焦系统，再通过一个镍滤光系统（nickel filter）形成单波长的 X 射线。X 射线检测器固定安装在 2 倍布拉格角 θ 的位置上，被测样品置于一个可以慢慢旋转的样品台或测角仪上，以改变 X 射线的入射角，见图 6-11 所示。

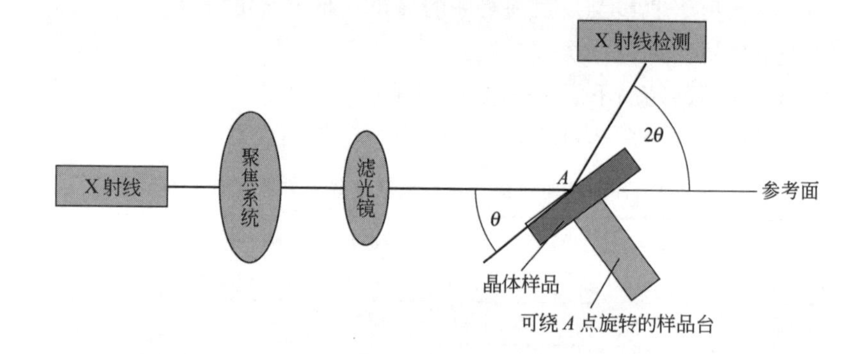

图 6-11　X 射线衍射法测定晶向的示意图

对使用铜靶 X 射线，其波长 $\lambda=1.54178$Å，当投射到半导体单晶样品时，可获得最大强度的 X 射线的结晶平面（hkl）与入射角 θ 的关系，见表 6-2 所示。

表 6-2　对 CuK_α 辐射的 X 射线衍射的布拉格角 θ 值（波长 $\lambda=1.54178$Å）

反射平面 (hkl)	Si $a=(5.43073\pm0.00002)$Å	Ge $a=(5.6575\pm0.0001)$Å	GaAs $a=(5.6534\pm0.00002)$Å
111	14°14′	13°39′	13°40′
220	23°40′	22°40′	22°41′
311	28°05′	26°52′	26°53′
400	34°36′	33°02′	33°03′
331	38°13′	36°26′	36°28′
422	44°04′	41°52′	41°55′

当 X 射线的入射角达到表 6-2 所列的对应数值时，由样品反射出的 X 射线的强度由盖革计数器（Geiger counter）所检测接收。其入射的 X 射线与盖革计数器之间的夹角为 2θ。

在测量过程中，如果硅单晶样品的切割面不平行于结晶平面，而存在一个倾斜角 Φ 时，可通过测定倾斜角 Φ，进行倾斜角的两个分量（α 和 β）计算。

倾斜角 Φ 测量的方法，见图 6-12。具体操作如下：

① 首先测量出旋转被测样品进行调整时，X 射线检测器显示出最大反射

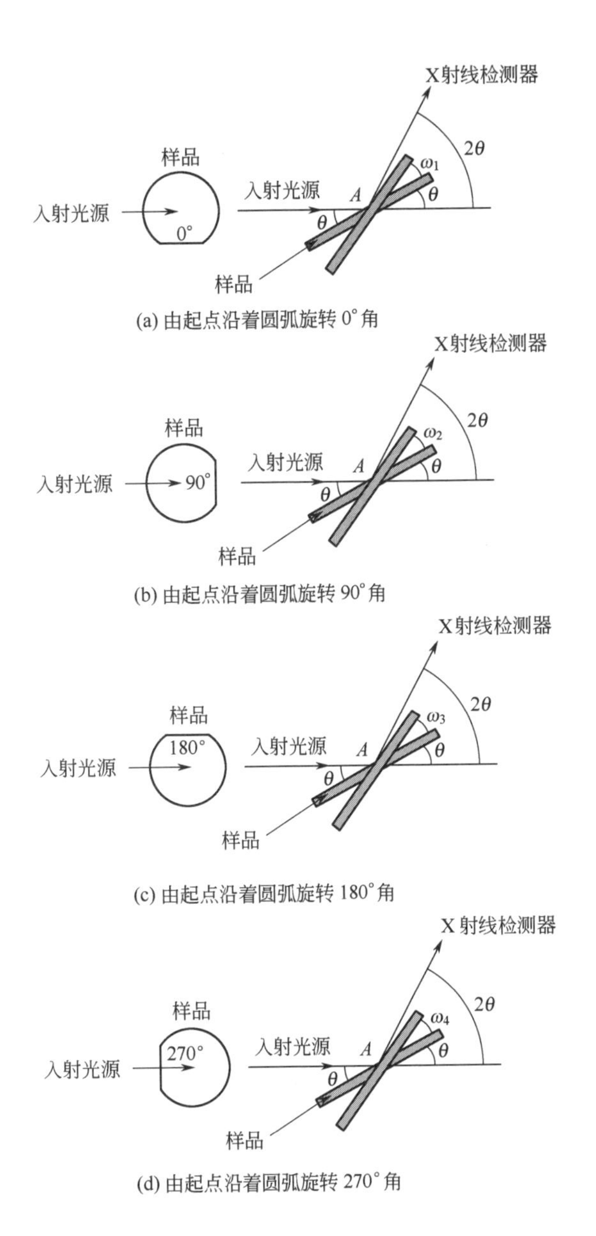

图 6-12　倾斜角 Φ 测量方法示意

强度时的移动角度 ω_1，见图 6-12(a)。

② 将样品沿着圆弧旋转 90°后，再重复①步骤，测出当旋转样品使 X 射线检测器显示出最大反射强度时的移动角度 ω_2，见图 6-12(b)。

③ 将样品沿着圆弧旋转 180°后，重复①步骤，测出当旋转样品使 X 射线检测器显示出最大反射强度时的移动角度 ω_3，见图 6-12(c)。

④ 将样品沿着圆弧旋转 270°后，重复①步骤，测出当旋转样品使 X 射线检测器显示出最大反射强度时的移动角度 ω_4，见图 6-12(d)。

根据以上所测出的 4 个移动角度，可按式(6-6) 和式(6-7) 计算出其倾斜角的两个分量（α 和 β）是：

$$\alpha=1/2(\omega_1-\omega_3) \tag{6-6}$$

$$\beta=1/2(\omega_2-\omega_4) \tag{6-7}$$

然后再由式(6-8) 计算出其倾斜角 Φ 值：

$$\tan^2\Phi=\tan^2\alpha+\tan^2\beta \tag{6-8}$$

如果倾斜角 $\Phi<5°$，上式(6-8) 可简化为：

$$\Phi^2=\alpha^2+\beta^2 \tag{6-9}$$

采用这种 X 射线衍射法测定晶向的精度约为±15′。

6.3 导电类型（导电型号）的测量

导电型号是半导体材料的一个重要的、常规测量的电学参数，根据硅单晶制备时所掺的元素不同（受主元素还是施主元素），硅单晶可分成 N 型和 P 型两大类。N 型硅单晶的多数载流子是电子，主要是依靠电子导电，故又称电子半导体；P 型硅单晶的多数载流子是空穴，主要是依靠空穴导电，故又称空穴半导体。

硅单晶的导电性质是由掺杂物（dopant）的种类所决定，P 型硅单晶（带正电）的掺杂物为ⅢA 族元素硼，N 型硅单晶（带负电）的掺杂物为ⅤA 族元素磷、砷、锑。

测量半导体材料导电型号的方法较多，常采用的是整流效应法和温差电动势法。具体的测试方法常有：单探针点接触整流法、冷热探针法、冷探针法、三探针法、四探针法。

(1) 点接触整流法

如果将半导体材料和直流微安表与交流电源连接成如下的串联电路，见图 6-13。与半导体材料的两个探针接触点中，一个探针触点必须保证是欧姆接触（要求是大面积接触，通常可用铟或铅箔），这时无论所加电压为正向还是反向，电流都随着电压增加而迅速增大，相当于一个很小的电阻；另外一个探针触点是整流接触，这时能呈现出类似P-N结的单向导电性。所使用的两个探针均由高导电性材料制成（例如用铜、铝、钨、银等），其串联电路中流经点接触探针的电流方向将指示为半导体材料的导电型号。对于N型半导体材料，检流计上的指针会指向“－”；对于P型半导体材料，检流计上的指针会指向“＋”。

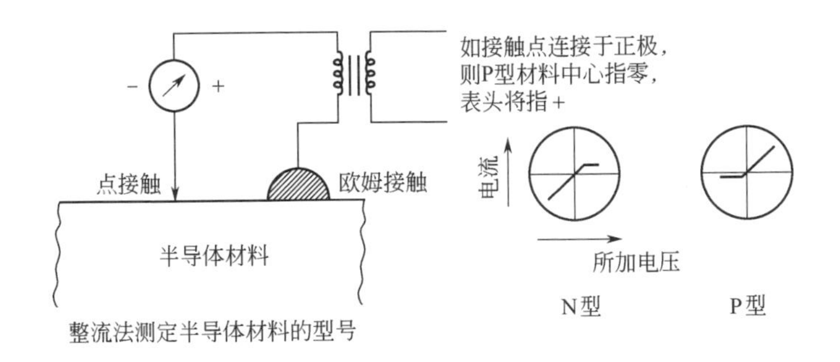

图6-13 点接触整流法半导体材料的导电型号测试原理

（2）冷热探针法

冷热探针法是利用两根不同温度的金属探针与半导体材料（硅单晶棒或片）接触，根据温差电动势的方向判定它的导电型号，见图6-14。

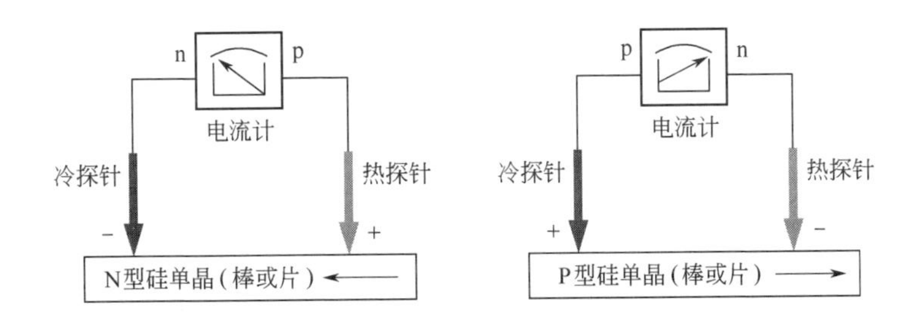

图6-14 冷热探针法半导体材料的导电型号测试原理

对于N型半导体材料，热探针相对于冷探针为正电；反之，对于P型半导体材料则为负电。所以对于N型半导体材料，检流计上的指针会指向“－”方；对于P型半导体材料，检流计上的指针会指向“＋”方。

根据美国ASTM标准要求，对半导体材料的导电型号测量有如下建议：

① 对N型、P型，电阻率小于50Ω·cm的锗和电阻率小于1000Ω·cm的硅，建议用热探针法。

② 对N型、P型，电阻率小于20Ω·cm的锗和电阻率小于1000Ω·cm的硅，建议用冷探针法。

③ 对N型、P型，电阻率在1～1000Ω·cm的硅，建议用整流法（此方法对锗不适用）。

目前半导体材料生产工厂一般习惯采用热探针方法来测量半导体材料的导电型号，其热探针常用不锈钢或镍制成，探针的尖端一般呈60°圆锥体形状。探针的温度应保持在40～80℃范围内，对探针施加的压强要适中。

6.4 电阻率及载流子浓度的测量

电阻率是半导体材料的一个重要的电学参数，它反映了补偿后的杂质浓度，其与半导体中的载流子浓度有直接关系。例如，N型半导体材料的室温电阻率可以表示如下：

$$\rho=1/[(N_D-N_A)\mu_n \cdot q] \tag{6-10}$$

式中，N_D是施主的杂质浓度，N_A是受主的杂质浓度，μ_n是电子迁移率，q是电子电荷量。

半导体内的电阻率、载流子浓度及杂质浓度三者是互相联系的，通常测定这三个值的任何一个都可按照式(6-10)进行换算出其他数值。

（1）半导体的电阻率测量

测量半导体材料电阻率的方法主要有如下几种：

① 两探针法；

② 四探针法（four-probe method）；

③ 扩展电阻探针法（spreading resistance probe method）；

④ C-V法（capacitance-voltage method）；

⑤ 范德堡法；

⑥ 涡电流法（eddy current method）。

目前，在半导体材料生产过程中常采用接触式、非破坏性的直流四探针法来测量硅单晶、切、磨等硅片的电阻率，而采用非接触式、非破坏性的电容耦合方法来测量硅抛光、外延及SOI等片的电阻率。

直流四探法是将位于同一直线上、用间隔都是约1mm的四根探针同时压在半导体样品的平整表面上，如图6-15所示。当利用恒流电源给外侧两根探针通以电流时测量出跨越中间两根探针的电位，其内侧中间两根探针之间的电压差（V）则视为被测量以计算样品的电阻率。在无穷大的样品上，如果探针之间的相互间距为 S，则被检测位置的电阻率 ρ（Ω·cm）可由式(6-11）计算得到：

$$\rho=2\pi S(V/I) \tag{6-11}$$

若探针间相互间距 S 被设定为 0.159cm，则 $2\pi S=1$，这时电阻率 ρ 在数值上由 V/I 给出。直流四探法一般适用于测量电阻值介于 0.0008～2000Ω·cm 的 P 型硅单晶及电阻值介于 0.0008～6000Ω·cm 的 N 型硅单晶。其测量误差大约为 1.5%。

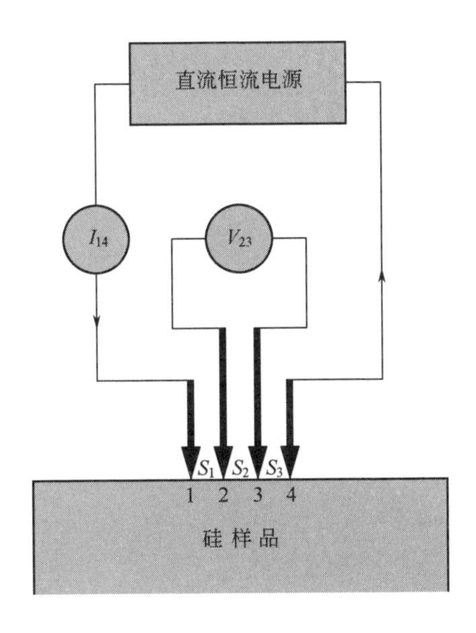

图 6-15　直流四探法电阻率测试原理

半导体材料的电阻率测量与被测量样品温度有关，故测量电阻率时必须确认样品温度，而且所加的电流必须小到不会引起产生电阻的加热效应。故通常进行直流四探针法测量样品电阻率时的参考温度为（23±0.5)℃（要在恒温环境内进行测量)，如果检测的环境温度异于此参考温度，则可以根据其温度系数（C_T)，见图 6-16，并按照式(6-12）通过计算进行修正。

$$\rho_{23℃}=\rho_T-C_T(T-23) \tag{6-12}$$

式中　C_T——电阻温度系数；

ρ_T——温度 T 时所检测到的电阻值。

为了得到可靠的测量值，要求样品的厚度及探针位置至样品边缘的距离保

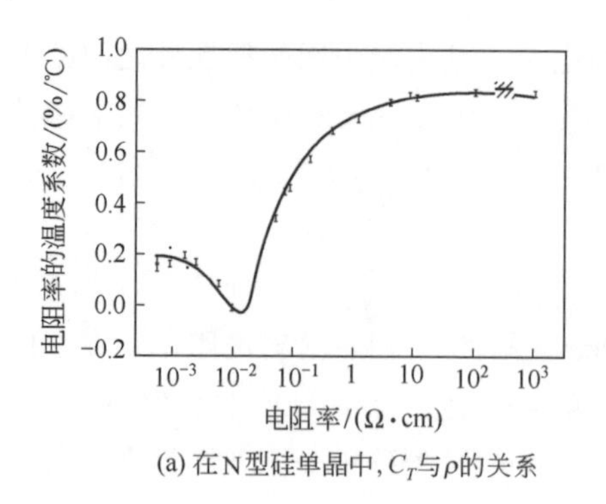

(a) 在N型硅单晶中，C_T与ρ的关系

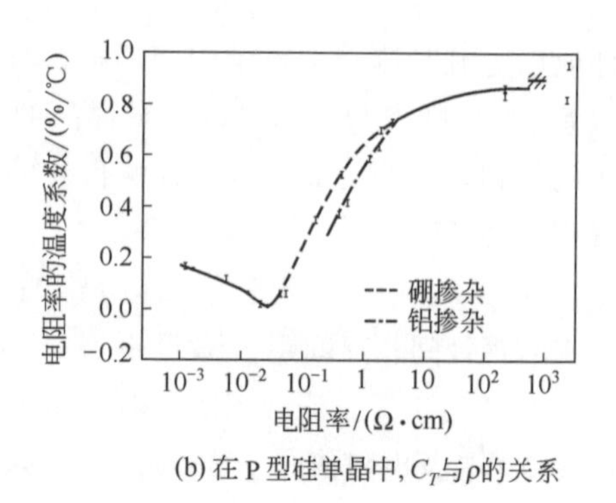

(b) 在P型硅单晶中，C_T与ρ的关系

图 6-16 半导体材料的电阻率都具有显著的 C_T

证大于探针之间的相互间距 S 的 4 倍以上，如果样品的厚度及探针位置至样品边缘的距离大于 1 但是小于 $4S$，可参照美国 ASTM 标准要求进行校正。

随着半导体工业的发展，各种硅片的电阻率全自动测试仪器规格、型号很多，适合大直径硅片测量的是日本国际电气公司 KOKUSAI VR-120 系列四探针全自动电阻率测试仪及美国 ADE 公司各种先进的测试仪器（例如：直径 200mm 用 ADE 9800、直径 300mm 用 AMS/AFS-3200 硅抛光片全自动综合参数测试仪）产品，如图 6-17、图 6-18 所示。

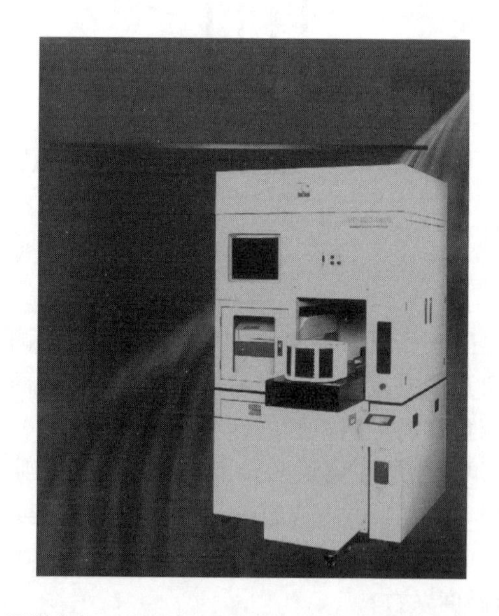

图 6-17 日本国际电气 KOKUSAI VR-120/08S 全自动四探针电阻率测试仪

资料来源：日本国际电气公司产品样本

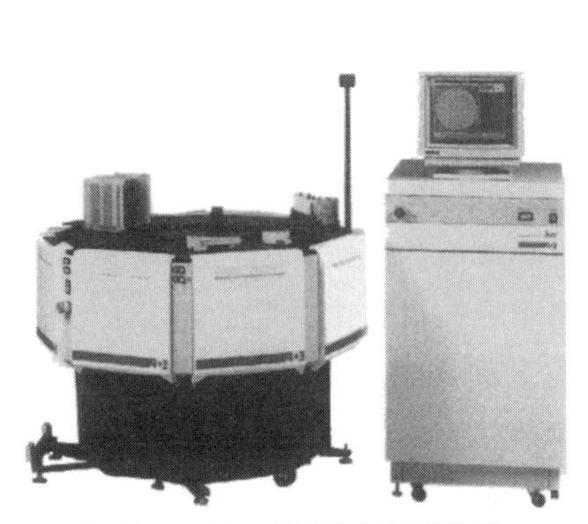

(a) 200mm ADE 9800综合参数测试仪

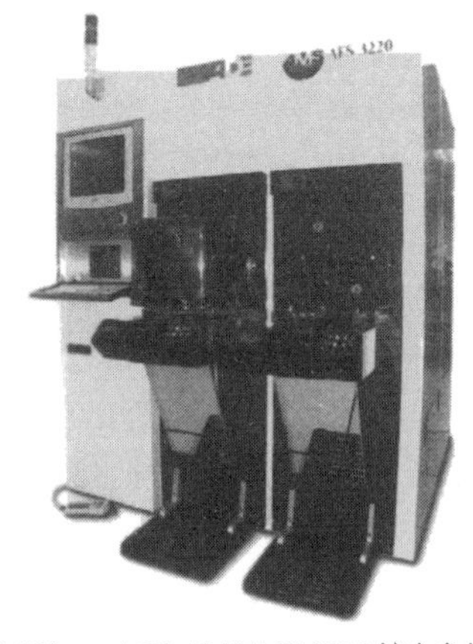

(b) 300mm ADE AMS/AFS 3200 综合参数测试仪

图 6-18 美国 ADE 公司直径 200mm、300mm 硅抛光片全自动综合参数测试仪

资料来源：美国 ADE 公司产品样本

日本国际电气公司 KOKUSAI VR-120 系列四探针全自动电阻率测试仪，可同时满足重掺 CZ 和特高阻 FZ 大直径硅单晶电阻率测试要求，其主要技术参数是：

测量尺寸（ϕ）：76.2～300.0mm

体电阻率（bulk）：$1.0\times10^{-3}\sim10\times10^{6}\Omega\cdot cm$

片电阻率（slice）：$0.9\times10^{-6}\sim12\times10^{6}\Omega\cdot cm$

方块电阻（sheet）：$4.0\times10^{-3}\sim90\times10^{6}\Omega/m^{2}$

测量精度：±1%

测量准确度：0.2%

（2）半导体的载流子浓度测量

半导体材料的载流子浓度可通过半导体材料的霍尔系数或其他方法进行测量。

但是，由于半导体内的载流子浓度、电阻率及杂质浓度这三者是互相联系的，故通常可根据载流子浓度、电阻率之间的关系换算出其半导体内的载流子浓度值。

6.5 少数载流子寿命测量

半导体的非平衡载流子寿命也是表征单晶质量的一个重要参数，它是与半导体中的重金属含量、晶体结构的完整性相关的物理量。

晶体中非平衡载流子由产生到复合存在的平均时间的间隔，等于非平衡少数载流子浓度衰减到起始值的 1/e（e=2.718）所需要的时间。故又称少数载流子寿命，体寿命。寿命用 τ 表示，单位为微秒（μs）。

目前常用的测量非平衡少数载流子寿命的方法，一般可分成两大类。一类是直接法（瞬态法）。例如常用的光电导衰减法，它是通过电脉冲或光脉冲使得半导体内激发出非平衡载流子，调制了半导体内的电阻，再通过测量其体电阻或被测样品两端电压的变化规律直接观察半导体材料中的非平衡少数载流子的衰减过程，从而测定出其寿命。另外一类是间接法（稳态法）。这类方法是利用稳态光照，使半导体材料中的非平衡少数载流子的分布达到稳定状态，然后通过测量半导体中的某些与寿命有关的物理参数，继而换算出其寿命值。这类测量方法常采用扩散长度法和光磁法。

（1）光电导衰减法

光电导衰减法（photoconductivity decay method，PCD）测量分直流光电导和交流高频光电导，如图 6-19、图 6-20 所示。

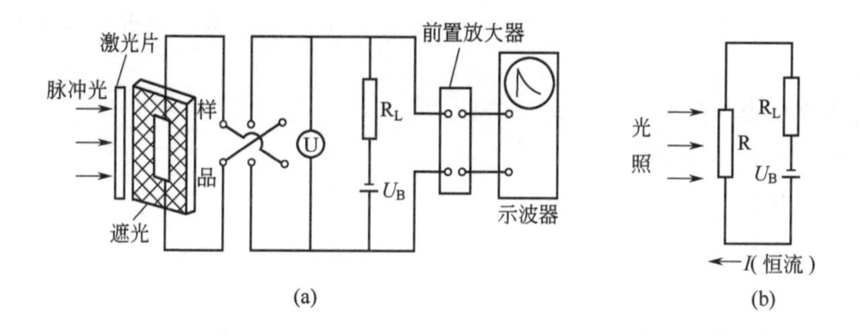

图 6-19　直流光电导测试系统示意图（a）及其等效电路（b）

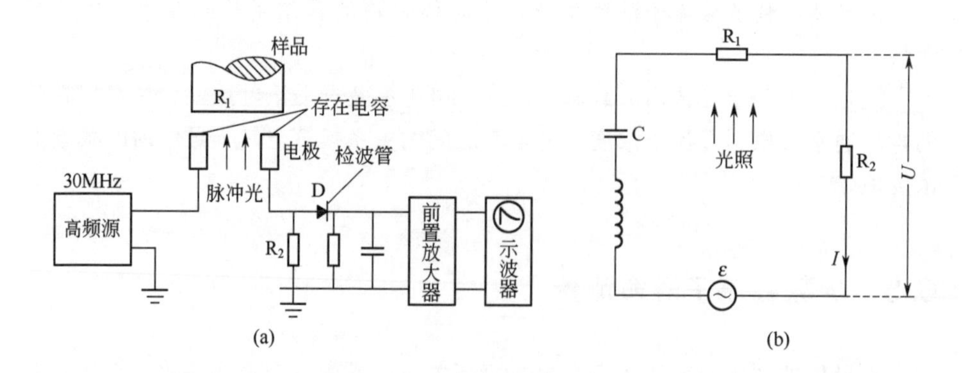

图 6-20　交流高频光电导测试系统示意图（a）及其等效电路（b）

光电导衰减法测量少数载流子寿命时，主要通过观察测试系统中的示波器的荧光屏上显示出的指数衰减曲线，然后计算出少数载流子寿命值，见图 6-21。

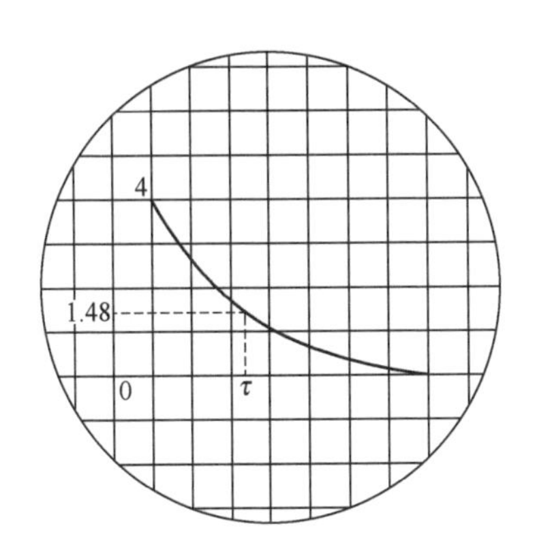

图 6-21 光电导测试系统中示波器的荧光屏上显示出的指数衰减曲线

假设示波器的荧光屏上被显示出的最大讯号为 n 格（若 1 格为 1cm），从荧光屏上显示出的指数衰减曲线可读出是 4 格，则取得 $n/\mathrm{e}=n/2.718$ 个格点，即 $4/\mathrm{e}=1.48$ 格，然后可在 x 轴上查找出对应的格数（即图 6-21 中的 2.4 格）。

如果水平扫描时间设定为 100μs/格，那么将格数×扫描时间，即为其少数载流子寿命 τ。

即：$\tau=2.4$ 格×100μs/格=240μs。

（2）扩散长度法

少数载流子寿命 τ 值亦可间接利用测量少数载流子的扩散长度（diffusion length）L_D 而换算求得。τ 值与 L_D 之间的关系如式(6-13) 所示：

$$\tau=L_D^2/D \tag{6-13}$$

式中 τ——少数载流子寿命；

L_D——扩散长度；

D——少数载流子的扩散系数。

当光照在没有结的半导体表面上，表面产生的光电压（V_{spv}）将类似于是在 P-N 结上建立的电压。用电容耦合表面，可不直接接触检测电压并用于测量载流子的扩散长度。

表面光电压（surface photovoltage，SPV）法是一种测量半导体扩散长度的有效方法，其测试系统原理见图 6-22。

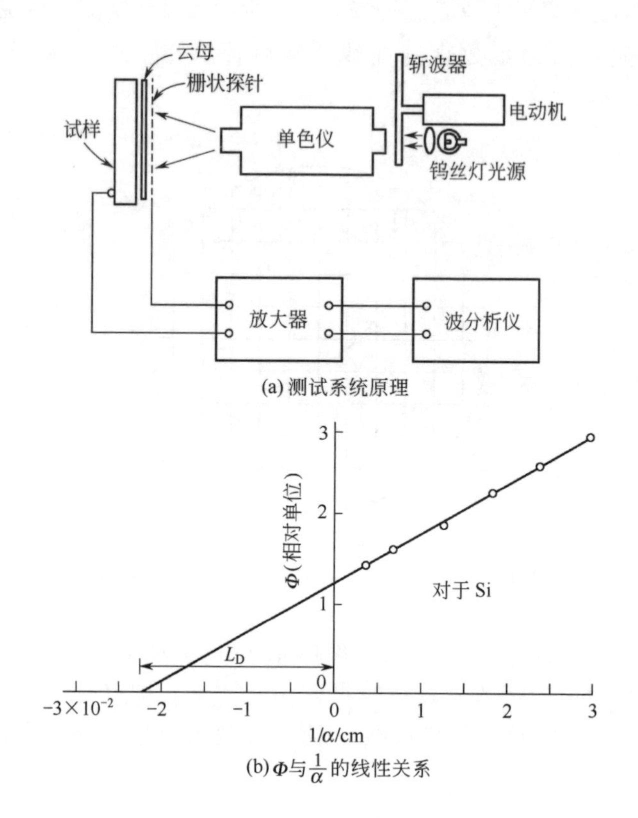

图 6-22　表面光电压法的测试系统原理及其线性关系

资料来源：根据 Joseph Horak，“硅材料少子寿命测量用于电子辐照研究” AF Contract F 19628-67-0043，Scientific Report，1968

被测样品的背面呈欧姆接触，而其正面则与一种绝缘物质（薄云母片、SiO_2 或 Si_3N_4）以形成电容耦合，它是利用卤素灯光源（钨灯丝光源）产生的光束，经过斩波器（斩光频率 100～600Hz），然后通过单色仪处理后射到被测量样品的正表面上，经光束激发产生的少数载流子被扩散到样品正表面后建立一个相对于背面的背面电压（V_{spv}）。

表面光电压法是利用光束激发来确定扩散长度 L_D 的一种稳定状态(steady-state) 的测量技术，其扩散长度 L_D 为少数载流子在受到光激发及蜕变之间所移动的平均距离。根据美国 ASTM 标准 F391 方法，就可求出扩散长度 L_D 值。即：

$$入射光源强度\ \Phi=K_1V_{spv}\left(1+\frac{1}{\alpha}L_D\right) \tag{6-14}$$

式中，K_1 是个常数，V_{spv} 为表面光电压，由此便可作出入射光源强度 Φ 相对于光学吸收系数 α 的倒数（$1/\alpha$）的关系图，见图6-22(b) 所示。据此线性关系图外插到 $\Phi=0$ 时，即可求出其扩散长度 L_D 的值。

表面光电压法所用测试样品需要做严格的表面处理，根据美国 ASTM 标准建议，对 N 型硅单晶样品，可将其置于沸腾的超纯水中 1h；对 P 型硅单晶样品，可将其置于 20mL HF＋80mL H_2O 中进行 1min 腐蚀处理。由于在表面光电压法测量过程中其波长会发生变化，其波长 λ（μm）是个自变量，而光学吸收系数 α（cm^{-1}）则是个因变量。为了测得准确的扩散长度可按照以下经验公式进行修正。

$$\alpha(\lambda)=(84.732/\lambda-76.417)^2 \tag{6-15}$$

而式(6-15) 只有在波长 $\lambda=1.04\sim0.7\mu m$ 之间才有效。表面光电压法是一种非破坏性、无接触式的测量，被测样品的制备比较简单，现已成为半导体工业生产中一种常用的测试技术，亦被定为美国 ASTM 标准的测试方法。

由于铁在硅单晶中的含量直接影响到其少数载流子寿命，间隙铁 Fe 在掺硼的 P 型硅晶格中存在二个能级（0.4eV 的深能级和 0.1eV 的 Fe-B)，其中这个 Fe-B（铁-硼键对）可以在加热到 200℃ 前后或借入射的强光而予以打断。故硅单晶中所含铁的浓度可以利用表面光电压法测量出硅单晶样片在加热到 200℃ 前后的扩散长度值，从而可定量计算出被测硅单晶中所含铁的浓度。

$$c(\mathrm{Fe})=1.06\times10^{16}(1/L_1^2-1/L_0^2) \tag{6-16}$$

式中，L_0、L_1 分别为 Fe-B 键解离前后的扩散长度值。表面光电压法对铁浓度的检测下限，完全取决于表面光电压法测量仪器所能测得到的最大扩散长度，其检测灵敏度约可达 1×10^9 个/cm^3（以原子数计）。

6.6 氧、碳浓度测量

氧在硅熔点时的最大溶解度约为 3×10^{18} 个/cm^3；而在接近硅熔点时，液态硅中碳溶解度约为 $3\times10^{18}\sim4\times10^{18}$ 个/cm^3，固态硅中碳溶解度约为 5.5×10^{18} 个/cm^3。故氧和碳是硅单晶中最多、最主要的杂质。

采用典型的直拉法生长的硅单晶中的氧含量约为 $10^{17}\sim10^{18}$ 个/cm^3；碳的含量约为 $10^{16}\sim10^{17}$ 个/cm^3。而采用区熔法生长的硅单晶中的氧和碳含量要比直拉硅单晶低。氧和碳在硅单晶中都呈螺旋条纹状分布。氧的分凝系数是 1.25，大于 1，所以熔体一侧的氧浓度要比固态单晶一侧的氧浓度低，故在采用直拉法生长的硅单晶中，其头部的氧浓度比较高，而尾部的氧浓度比较低。

碳的分凝系数是0.07，小于1，因此在采用直拉法生长的硅单晶中，熔体中的碳浓度是逐渐增加的，在硅单晶中将沿着轴向呈不均匀分布，即其头部碳浓度低，而尾部碳浓度高。

硅单晶中位于间隙式的氧原子浓度在超大规模集成电路（VLSI或ULSI）制备中起着特别重要的作用，它可以在IC器件制备中形成可控制的氧沉淀（oxide precipitate）而达到内吸除（intrinsic gettering）的效果。硅单晶中位于间隙式的氧原子浓度的高低，除了会影响晶体中微缺陷的形成，也会影响到硅单晶片的机械性质。因此，氧和碳在硅单晶内的浓度（含量）和氧浓度分布（oxygen radial gradient，ORG）是表征晶体内在质量的一个重要参数。故控制晶体中的氧及碳含量可获得缺陷密度低、电阻率均匀的硅单晶。

目前已有很多用于测定硅单晶中氧含量的方法，主要的测量方法见表6-3所示。

表6-3 硅单晶中的氧含量的测量方法

方法	测量方法的名称
物理方法	红外吸收光谱法(infrared absorption spectrometry,FTIR)
	二次离子质谱法(secondary ion mass spectrometry,SIMS)
	布拉格间隙比较法(bragg spacing comparator,BSC)
化学方法	气相熔融分析法(gas fusion analysis,GFA)
	带电粒子激活法(charged particle activation,CPA)
	光子激活法(gamma photon activation,GPA)
电子方法	深能级瞬态光谱法(deep-level transient spectroscopy,DLTS)

上述测试方法中最被半导体工业生产所采用的是红外吸收光谱法（FT-IR），该方法亦被定为美国ASTM标准的测试方法之一。

用红外吸收光谱法测定氧和碳含量时，所测得的氧和碳含量并不是硅单晶中的总氧和总碳的含量，而是测得晶体晶格中的间隙氧的浓度或替位碳的浓度。

红外吸收光谱法测量原理见图6-23。

傅里叶变换红外吸收光谱是目前测量半导体材料硅中氧含量的常用仪器。它是通过分光器将红外光源分成两条光束路径：一路光束射到达一个固定镜后被反射回来，另外一路光束射到达一个移动镜后也被反射回来。此二路反射光束再射经分光器混合后，通过样品聚焦后被探测器接收。如果移动镜至分光器的距离不等于固定镜至分光器的距离，上述二路光束会出现相位差而产生干涉光谱（interference spectrum）。然后经过傅里叶变换的数学计算得到所有光谱信息资料，从而得出被测量硅中的氧含量。

图6-24为某公司CZ法生长的硅单晶样品在室温测得的傅里叶变换红外吸收光谱图。

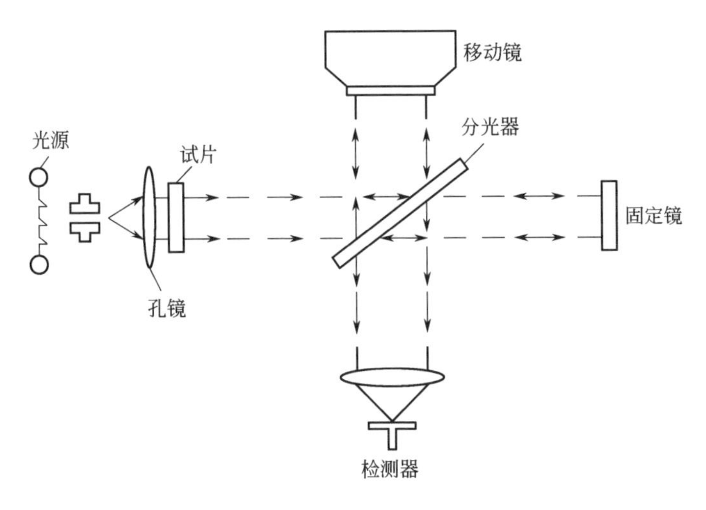

图 6-23　红外吸收光谱法测量原理

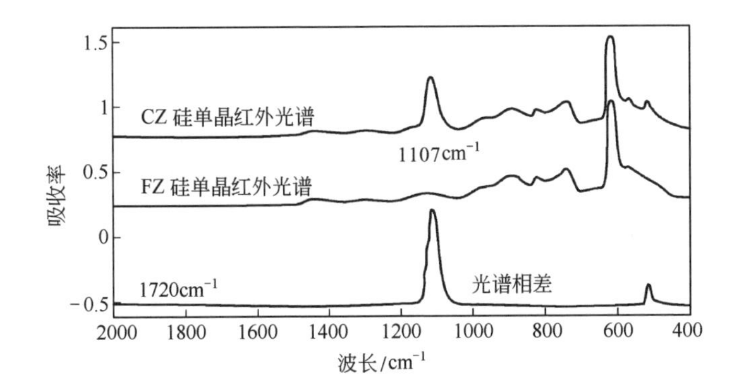

图 6-24　某公司 CZ 法生长的硅单晶样品在室温测得的傅里叶变换红外吸收光谱

根据 Beer′s law 定理，由于杂质所产生的吸收强度与浓度有关，故可利用傅里叶变换红外吸收光谱的吸收强度来测量 CZ 硅单晶中的氧含量。图 6-24 中，在 $1107cm^{-1}$ 处具有最大的吸收强度，所以常常以此来测量氧含量。

红外吸收光谱法同时也已普遍用于硅单晶中碳的浓度测量。如图 6-25 所示。据美国 ASTM 标准，硅单晶中碳的浓度（个$/cm^3$），可由碳的吸收系数 a_c 及校正系数 a 计算得到：

$$c(C)=8.2\times10^{16}a_c \tag{6-17}$$

例如：

$$c(C)=1.64\ 个/cm^3$$

目前美国 BIO-ROD 公司 QS-FRS、QS-312、QS-500 的傅里叶变换红

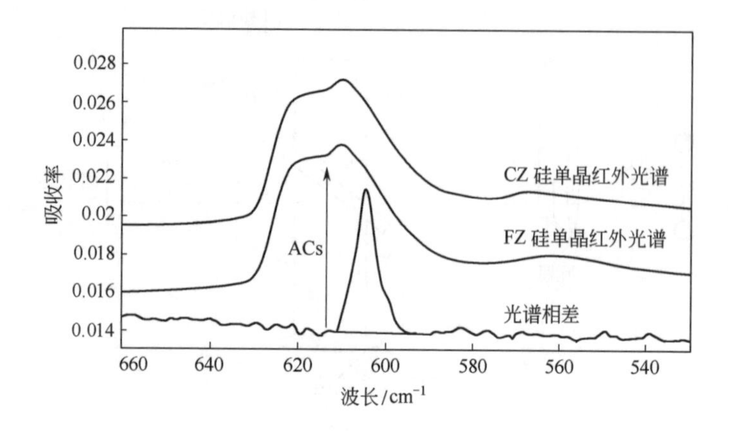

图 6-25 硅单晶红外吸收光谱

外吸收光谱系统是灵敏度、分辨率较高的硅单晶氧及碳含量的测试系统，如图 6-26 所示。

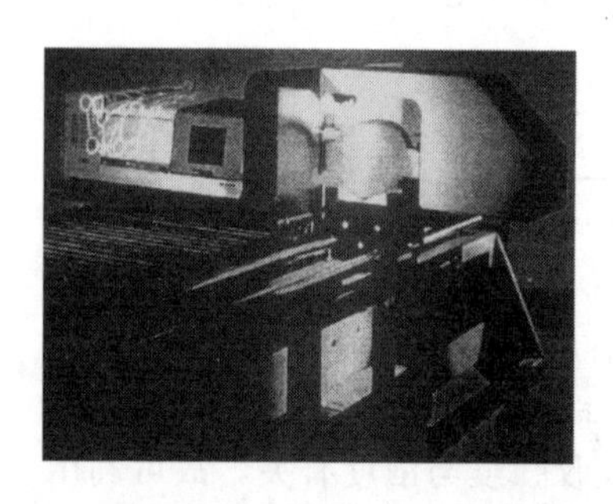
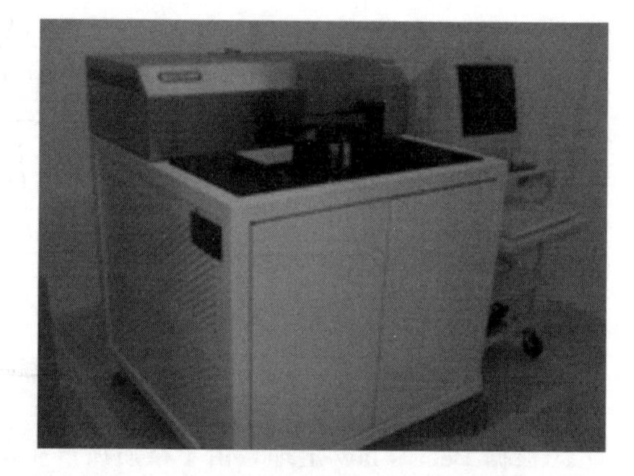

图 6-26 美国 BIO-ROD 公司 QS-FRS、QS-500 的傅里叶变换红外吸收光谱系统

资料来源：美国 BIO-ROD 公司产品样本

6.7 硅的晶体缺陷测量

半导体晶体在其生长过程或集成电路器件制备过程中都会产生多种晶体的结构缺陷。其中，有不少缺陷［例如：位错、氧化诱生堆垛层错（OISF）、D 缺陷、A 缺陷、BMD 及 FOD 缺陷等］都会严重影响 IC 器件性能及产品的合格率，这些缺陷是在任何程度上都不希望有的；而有些在适量的程度内、均

匀分布会对改善其性能有帮助；而另外有一些缺陷，例如外来的掺杂原子，则是绝对必要的。

为此，在半导体晶体的生长和加工过程中控制晶体结构缺陷的产生和消除以及加强对晶体结构缺陷的观察、检测及研究是极其重要的。

半导体的晶体缺陷可分为宏观缺陷（例如双晶、杂质析出及夹杂、星形结构、系属结构等）和微观缺陷（例如点缺陷、位错、层错、晶体的原生缺陷——COP缺陷等微缺陷）以及晶格的点阵应变、表面损伤等。

（1）点缺陷

这种缺陷局限于小的区域，它们的特征是不完整区域可以被去除，并代之以完整的截面，而不会产生附加的晶格畸变。

常见的点缺陷主要有空位、间隙原子、复合缺陷（络合体）及外来原子。

1）空位

这是一种最简单的点缺陷。晶格点阵上的原子由于热运动或受辐射离开其平衡位置转移到晶格的空隙或晶体的表面，从而在原子点阵上留下了空位（即在晶格上失去单个原子的地方）。

在半导体中，如果是闪锌矿结构型的ⅢⅤ族化合物半导体，则存在两种空位，即每一种成分的原子各形成一种空位，它们可以处于不同的电荷状态。所有晶体中都存在空位，空位在热力学上是稳定的。

然而，对硅和锗半导体，即使接近其熔点，空位的浓度也只有约10^{18}个/cm^3（以原子数计），而在室温时其空位的浓度更少。由于晶体生长后温度很快被冷却，晶体中在高温下形成的大量空位还来不及扩散到晶体的表面就被“冻结”在体内。

此外，空位还可与许多杂质原子形成络合体。故晶体中的实际空位的浓度是与热力学平衡浓度不同的，很多杂质的扩散速度都与晶体中存在的空位浓度有关，因此，可从扩散速度推算相对的空位浓度。在金刚石型结构的晶体中形成空位时，四个共价键被断开，自由电子很容易与其配对形成杂化键，此可被看作是受主，从而改变了半导体晶体中的电子或空穴的浓度。反之，半导体的施主浓度也会影响到空位的浓度，施主浓度越高，空位的浓度也越高。

晶体中的空位虽然可借助场离子电子显微镜观察到，但还是无法估测它的密度值。研究晶体中的空位最有效的方法是利用电子顺磁共振效应（EPR）。

晶体中的空位可以聚集成团，但当空位团最终崩塌时，可形成位错环。这些位错环比单个的空位或空位团更容易被检测，例如使用腐蚀方法通常就能看到它呈现浅的蚀坑图形，利用透射电子显微镜则就可观察到整个完整的位错环。

2）间隙原子

间隙原子是指那些占据在正常原子位置之间的额外原子。对于金刚石型结构的晶体，晶体中有相当大的空隙来容纳间隙原子。间隙原子的形成能反而比空位小。如果一个间隙原子和一个空位同时发生在邻近的位置，称这种间隙原子-空位对为弗仑克尔缺陷（Frenkel defect）。间隙原子可以与空位现结合而相互湮灭，也可以自身聚集成团，崩塌后会形成间隙性位错环。综合光学、电子顺磁共振和电学的测试数据，通过计算即可用来确认间隙原子，另外在某些情况下，也可利用原子背散射来研究间隙原子。

3）复合缺陷（络合体）

单个原子缺陷（即空位和间隙原子）还可以产生更加复杂的复合缺陷（络合体）。例如，两个并排的空位（即称为空位对），一个空位和一个束缚电子的复合体（在碱金属卤化物晶体中被称为 F 中心），一个空位和在它旁边的一个替代式杂质原子的复合体（在硅晶体中的空位与磷原子相结合形成的空位-磷原子对被称为 E 中心、与氧原子相结合形成的空位-氧原子对被称为 A 中心等）。许多复合缺陷是电活性的，它可影响半导体的载流子浓度。电子顺磁共振是研究半导体中复合缺陷的最佳方法。

4）外来原子

晶体中外来原子可以以间隙形式或替代形式存在，若是以替代形式存在则可被称为替代式杂质。例如，硅中的氧、碳及重金属杂质原子，其往往能与硅原子结合成键。一般讲，可通过它们对半导体电学特性的影响、变化进行间接的检测。

（2）位错

位错是半导体中最主要的晶体缺陷，它属于线缺陷，常称其为位错线。晶体中的位错可以设想是由晶体滑移所形成。当晶体的一部分相对于另外一部分产生滑移时，已滑移区和未滑移区的分界线就是位错线。见图 6-27。

图 6-27(a) 表示滑移前完整的晶体，若该晶体的上下两部分受到剪切应力作用，则会发生相对滑移；图 6-27(b) 表示一种滑移方式，在 *BC* 处会出现多余的原子半平面，则 *BC* 就是位错线所在的位置，这种位错称为刃型位错；图 6-27(c) 表示另外一种滑移方式，在 *BC* 右边的晶体上下发生相对滑移错动，则 *BC* 线就是位错线所在的位置，这种位错称为螺型位错。由此可以看出，在位错周围不大的区域内的晶格会发生很大的畸变。在金刚石型结构的晶体中，容易出现一种位错线方向与伯格斯矢量成 60°角，即 60°位错，这种位错具有刃型位错的特点，故常称为准刃型位错。

位错线是有一定长度的，它的两端必须终止于晶体的表面或界面上，也可

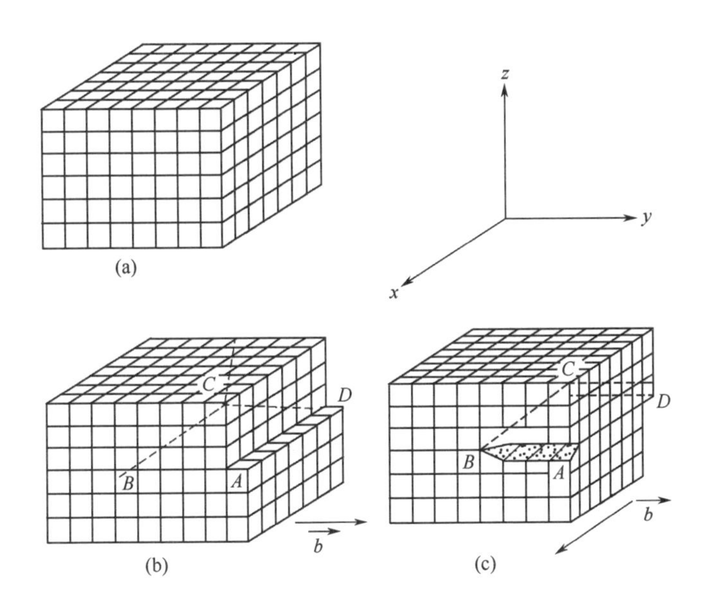

图 6-27　晶体中的位错示意

以头尾自己相接构成位错环。

采用化学腐蚀的方法就可以将半导体中的位错显示出来。硅单晶中的位错，见图 6-28。

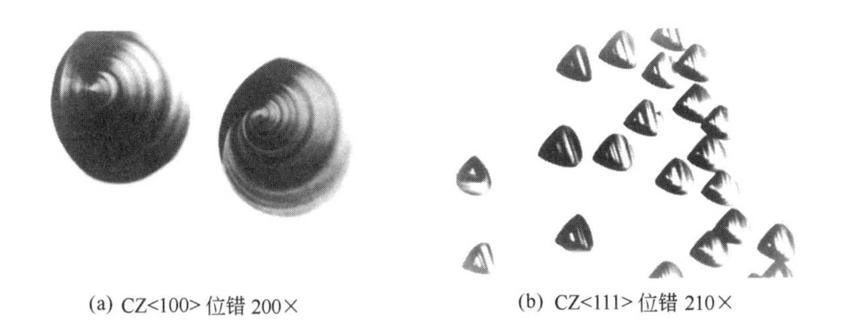

(a) CZ<100> 位错 200×　　(b) CZ<111> 位错 210×

图 6-28　硅单晶中的位错

(3) 堆垛层错

堆垛层错是晶体中由于原子层堆积错误而形成的，它是一种面缺陷，简称为层错。见图 6-29。

采用化学腐蚀法显示出来的层错，见图 6-30。

关于半导体晶体缺陷检测的方法，目前大多数仍然是先采用择优腐蚀

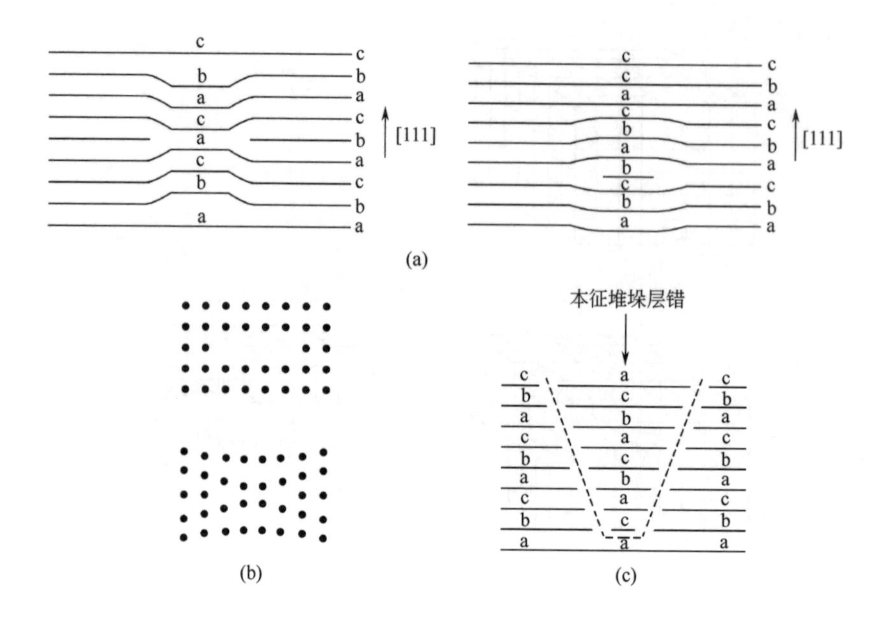

图 6-29　晶体中的层错结构

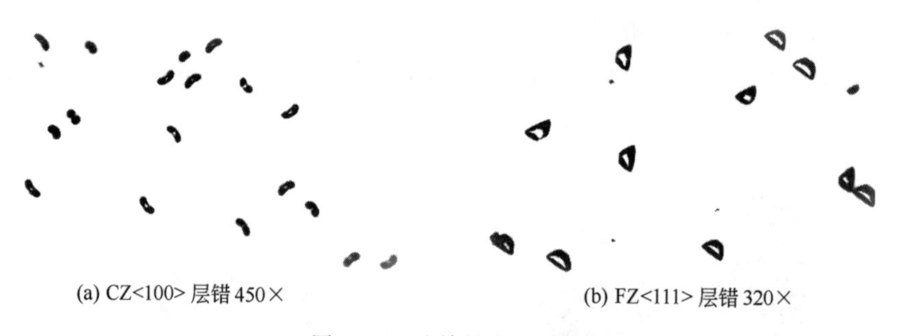

(a) CZ<100> 层错 450×　　(b) FZ<111> 层错 320×

图 6-30　硅单晶中的层错

(preferential etching）的方法，再采用光学显微镜（optical microscope，OM）进行光学放大的金相显微技术来观察及计量。光学显微镜是一种最常用的成本较低、比较快捷的检测方法，它已在半导体材料和器件的研究、生产工艺中得到了广泛应用，已成为研究、观察晶体缺陷的基本分析手段。它的成像原理是利用可见光（可见光的波长约达 5000Å）在被测样片表面因局部散射或反射的差异，形成不同的明暗对比，并且经过放大显示出被观察物的影像。此外，半导体内的缺陷还可采用其他比较先进的测试方法，例如 X 射线形貌技术、红外显微镜（需先将缺陷进行缀饰处理）、透射电子显微技术等进行观察、检测和研究。

在采用化学腐蚀法显示半导体内缺陷的方法中，常用于显示硅单晶缺陷的化学腐蚀剂（见表 6-4）。

表 6-4 显示硅单晶缺陷的化学腐蚀剂

序号	腐蚀剂名称	配方	腐蚀时间或速率	备注
1	Sirtl(西尔特)腐蚀液	先将 50g 的 CrO_3 溶解于 100mL 的 H_2O 中，再以 1∶1 的比例与浓度 49%的 HF 混合	约 3.5μm/min	1. 特别适合{111}方向硅单晶的腐蚀； 2. 此液会使{100}表面模糊，故不适合用于{100}方向； 3. 腐蚀反应时会使得腐蚀液温度升高，故需注重温度的控制
2	Dash(达希)腐蚀液	HF∶HNO_3∶CH_3COOH=1∶3∶(8～10)		1. 同时适合{111}及{100}方向硅单晶表面的腐蚀； 2. 更加适合 P 型硅单晶的腐蚀
3	ASTM 铜腐蚀液	A 溶液(5mL)+B 溶液(1mL)+H_2O(49mL) 其中， A 溶液：H_2O(600mL)+HNO_3(300mL)+[$Cu(NO_3)_2$] B 溶液：H_2O(1000mL)+1 滴 1mol/LKOH+3.54gKBr+0.708g$KBrO_3$	室温 4h	1. 适合显示(111)面的位错； 2. A 溶液和 B 溶液应预先配制好，使用前再将这两种液进行混合； 3. 腐蚀时如果不出现腐蚀坑，则需将表面磨去 10μm 厚后重新抛光，并延长腐蚀时间至 4h 以上
4	Secco(塞科)腐蚀液	先将 11g $K_2Cr_2O_7$ 溶解于 250mL H_2O 中(即 0.15M)，再以 1∶2 的比例与浓度 49%的 HF 混合	约 1.5μm/min	1. 特别适合{100}方向硅单晶的腐蚀； 2. 不适合 P^+ 型硅单晶的腐蚀
5	Wright(雷特)腐蚀液	先将 A 溶液 B 溶液混合后，再加入 C 溶液。其中， A 溶液：45g CrO_3+90mL H_2O B 溶液：6g $Cu(NO)_3$ C 溶液：180mL CH_3COOH	约 1.0μm/min	1. 同时适合{111}及{100}方向硅单晶表面的腐蚀； 2. 如果将 Wright 腐蚀液以 1∶1 的比例与 H_2O 混合，即可用来腐蚀 P^+ 型硅单晶
6	Schimmel(施尔)腐蚀液	先将 75g CrO_3 溶解于 1000mL H_2O 中，再以 1∶2 的比例与浓度 49% 的 HF 混合	约 1.0μm/min	1. 适合{100}方向高电阻率的硅单晶的腐蚀； 2. 将 Schimmel 腐蚀液以 2∶1 的比例与 H_2O 混合，即可用来腐蚀低电阻率的硅单晶
7	Yang(杨)腐蚀液	先将 150g CrO_3 溶解于 1000mL H_2O 中，再以 1∶1 的比例与浓度 49% 的 HF 混合		同时适合{111}及{100}方向硅单晶表面的腐蚀
8	Seiter(塞特)腐蚀液	先将 120g CrO_3 溶解于 1000mL H_2O 中，再以 9∶1 的比例与浓度 49% 的 HF 混合	0.5～1.0μm/min	1. 适合{100}方向硅单晶的腐蚀； 2. 可用于观察层错(OISF)及差排

6.8 电子显微镜和其他超微量的分析技术

由于当今集成电路技术已迈进了线宽工艺小于 0.10μm 的纳米（1nm=10^{-9}m）电子技术的时代，使用的硅单晶抛光衬底片尺寸已由直径 200mm 向直径 300mm 过渡，同时对硅单晶抛光衬底片的质量要求也更加严格。为此，在硅单晶抛光片的制备过程中，对所使用的相关原辅材料及产品表面的纯度、杂质含量、表面及微区的形貌特性等除了使用常用的检测手段、方法，还可采用了许多检测灵敏度、检测精度更高的各种先进的电子显微镜和其他超微量分析技术，以满足 IC 工艺对硅片表面的结构的完整性、表面的低金属杂质含量（＜$10^{9\sim10}$个/cm^2）及低表面颗粒含量（粒径＞0.12μm，＜30 个/片）等更加高的质量要求。

现常使用的电子显微镜及超微量分析技术的方法主要有以下几种。

（1）电子显微镜

常用的光学显微镜由于其放大倍数的上限只有 1200 倍左右，而且在这样的放大倍数下观察样品的景深非常小，再加上如今绝大多数微电子电路中的扩散和金属化区域等之间的距离往往可以与光学显微镜所用的光波波长相当，故光学显微镜的使用已有明显的局限和不足，也因而导致电子显微镜的普及。电子显微镜是用几十千伏的电压加速了的高能电子束产生图像的，能分辨更加微小的物体，其电子的波长要比光波波长短得多（这也是其分辨率增加的主要原因）。

电子显微镜有两种基本的类型：一种是透射电子显微镜（transmission electron microscope，TEM），其类似于光学显微镜，有很高的分辨率（约 3～5Å）；另外一种是扫描电子显微镜（scanning electron microscope，SEM），它可对样品表面进行扫描，但其分辨率只有 100～200Å。可是，透射电子显微镜只能局限使用薄得足以使电子束明显穿透的试样。所允许的实际厚度与材料及所用的加速电压有关，一般小于 2000Å。扫描电子显微镜是根据一些不同的现象来构成衬度，所有的测量都能在该表面上进行。透射电子显微镜更适合于基本的材料研究，例如，寻找金属或非属沉淀物及研究晶粒结构和位错等。但是，对于集成电路器件工艺的控制及失效分析，使用扫描电子显微镜更为有用，它可作为光学显微镜使用的扩展，或用来检测任何其他方法都不容易辨别的缺陷。

1）透射电子显微镜

图 6-31 是透射电子显微镜的结构及测试原理。

当一束被几十千伏的电压加速了的高能电子束经过电磁透镜及物镜聚焦后投射到试样表面上，由于被测试样片厚度极薄，这束电子其实是直接穿透了被

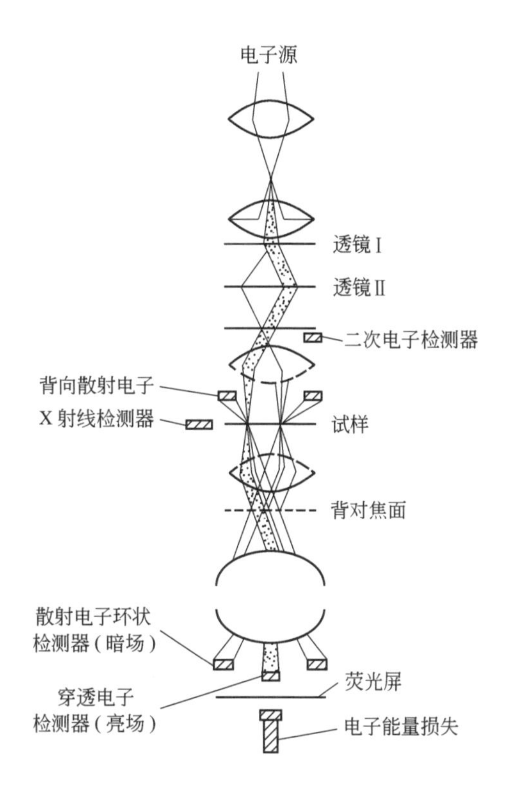

图 6-31 透射电子显微镜的结构及测试原理

测试的样片。这些穿透电子以及散射电子（scattered electrons）会使样片下方的荧光底片产生特殊的放大衍射影像，见图 6-32 所示。若仅仅是由穿透电子而引起的，则称之为“亮场影像（bright-field image）”，如图 6-32(a) 所示；若是由散射电子引起的，则称之为“暗场影像（dark-field image）”，如图 6-32(b) 所示。其产生的影像的对比度与通过样片的电子束强度有关。

由于 TEM 影像的对比效应是由原子相对于其完美位置的移动所产生，因此晶格缺陷的形式（即布拉格向量）可以由观察不同衍射条件下的影像而得到。在亮场影像下，晶体中的位错会以亮线的形态出现，而在暗场影像下，晶体中的位错会以暗线的形态出现。

透射电子显微镜是属于破坏性的分析技术，虽然具有很高的分辨率，但可以直接将半导体硅单晶中的点缺陷以 TEM 影像的方式显示出来。尽管 TEM 分析技术还不适用于半导体材料硅单晶片的缺陷检测上，但其仍然是半导体工艺研究的一种重要分析方法。为了有利于电子束的穿透，TEM 分析需要的样片制备相当烦琐、严格，需要结合机械抛光、化学蚀刻或离子束研磨等加工技

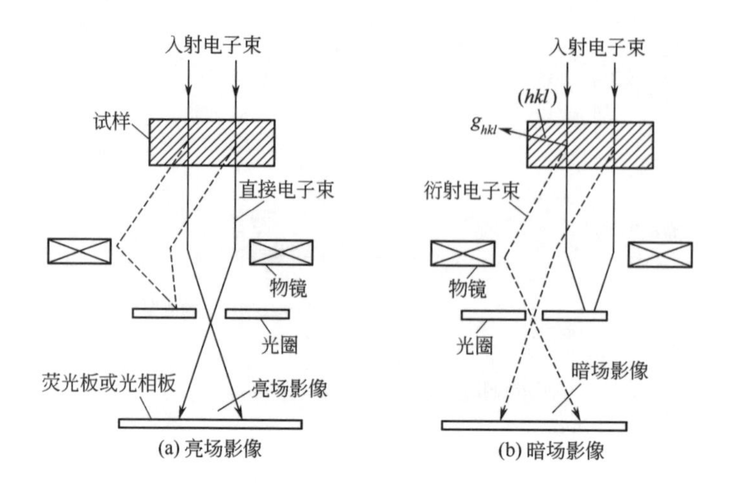

图 6-32　TEM 的两种成像方式

术，使得样片厚度变得极薄（仅约 1 ～2μm），以有利于电子束的穿透，获得最佳的 TEM 影像。

2）扫描电子显微镜

图 6-33 所示的是扫描电子显微镜系统的结构及测试原理。

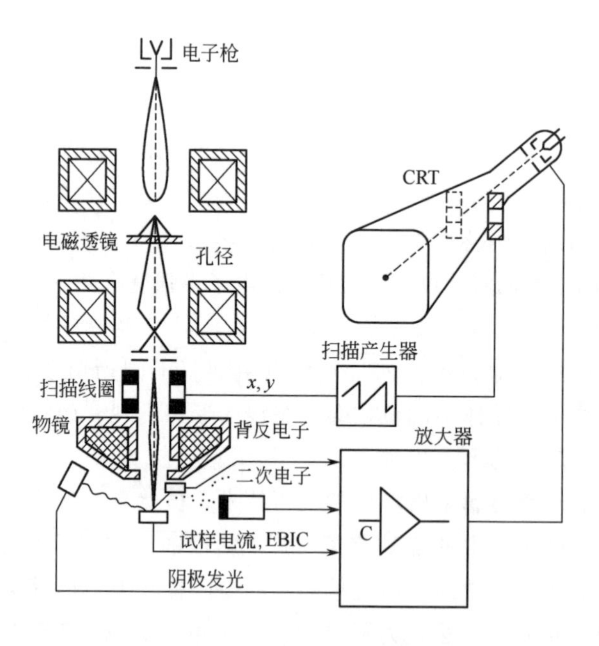

图 6-33　扫描电子显微镜系统的结构及测试原理

当被几十千伏的电压加速了的电子束入射到一个固体材料表面时会发生弹性与非弹性的碰撞并且引发一连串的反应。图 6-34 表示电子束入射到固体材料表面时引发的一连串反应。

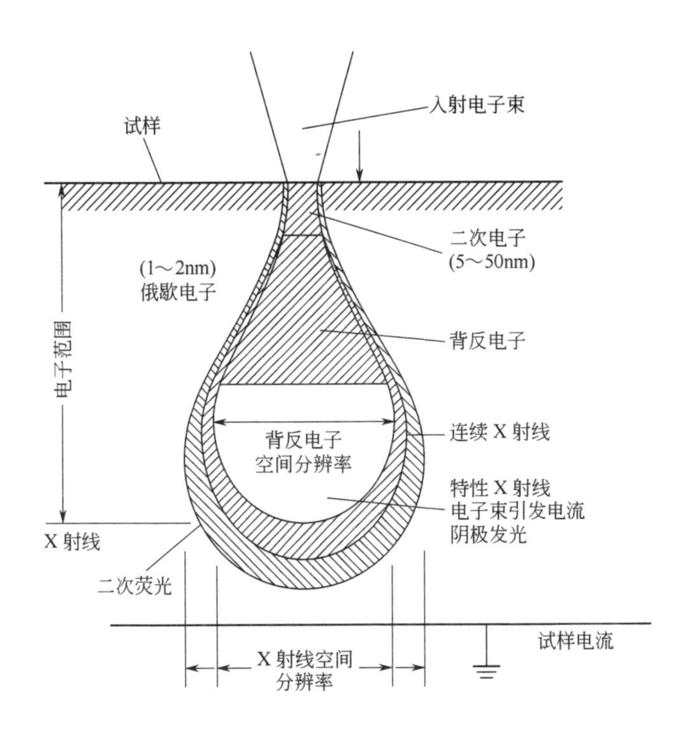

图 6-34 电子束撞击样片时产生讯号的范围及空间分布

在扫描电子显微镜系统中，被电压加速了的高能电子束对被测试的样片表面连续进行扫描，这一高能电子束称为一次电子。当它轰击到样片表面时会有一部分被吸收，其余的被反射，并且还能从样片中释放出二次电子（secondary electrons)、背反电子（backscattered electrons)、穿透电子、X 光射线（X-ray)、由 X 光射线产生的阴极发光（cathodoluminesence）及吸收电流等讯号，如图 6-34 所示。这些电子讯号经由电子接收器收集、放大后同步显示在阴极射线管（CRT）的显示屏上成像。

由于电子显微镜具有许多优点，因此，在各种学科中得到了广泛应用。尤其是在半导体材料和器件的研究、生产中，它不仅仅是光学显微镜分析的简单扩展，而且有着广泛的用途。例如：可用于观察半导体晶体中的位错、层错、晶格结构缺陷及寻找金属或非金属的沉淀物。

在半导体器件生产工艺中，用于观察半导体 P-N 结的位置、平面结的深度、结区内的缺陷和滑移面、结的漏电流及局部击穿、观察空间电荷层、表面的劣化层、隔离区等。也可用于器件工艺的控制及失效分析，直接观察材料中的原生缺陷和工艺中的二次缺陷等。可在观察微区形貌的同时，逐点分析样品的政策成分及结构。还可研究发光材料的性质和跃迁过程等的性质。

(2) X射线微探针分析技术

图6-35所示的是X射线微探针分析系统的结构及测试原理。

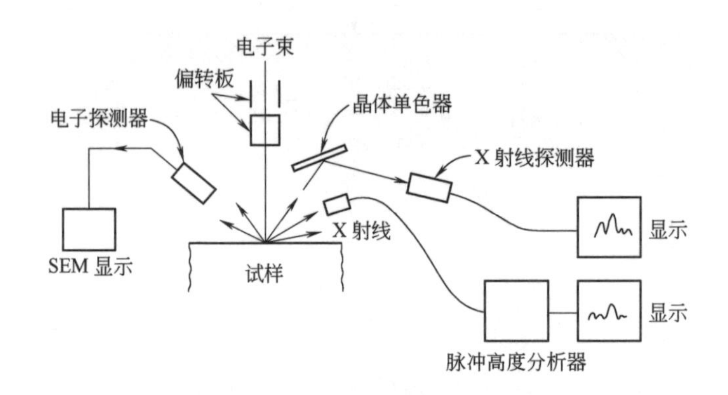

图6-35 X射线微探针分析系统的结构及测试原理

在X射线微探针分析系统中，经高能量的电子束照射样品表面时，就能发射出X射线。于是，各种元素的特征发射峰的存在与否就可用来作为成分分析的依据。

它通常与扫描电子显微镜结合在一起，通过入射电子束在样品表面上的扫描，就可得出选定元素的浓度分布图，此方法相对来讲属于非破坏性分析，故在半导体的杂质分析中获得应用。

(3) 原子力显微镜

原子力显微镜（atomic force microscope，AFM）用来检测晶片表面的粗糙度及表面纳米形貌特性。

它是利用一根探针来感应来自被测试样品表面的排斥力或吸引力。这根探针是由SiO_2或Si_3N_4经蚀刻制成的支撑杆（cantilever）一体成形制成的（图6-36）。

当探针自无限远处逐渐接近被测试样品时，会感应到被测试样品的吸引力。当探针进一步接近被测试样品表面时，被测试样品表面与探针之间的排斥力也会逐渐增强。原子力显微镜的测试原理如图6-37所示。

因此，探针所感受到的作用力会使得支撑杆产生弯折，而此弯折程度可利用低功率激光的反射角的变化程度来确定。反射后的激光会投射到一组感光二

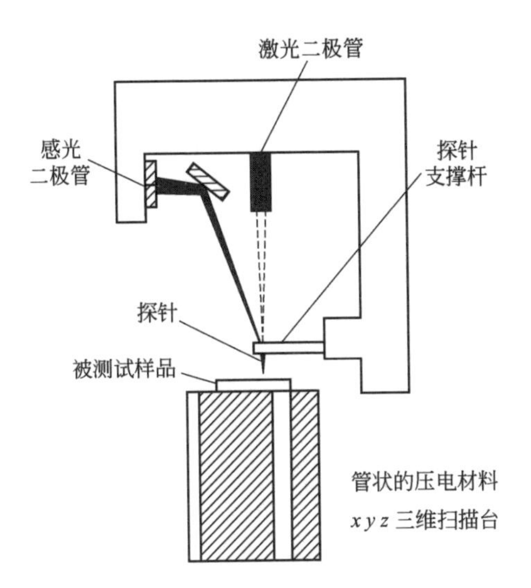

图 6-36　原子力显微镜仪器结构

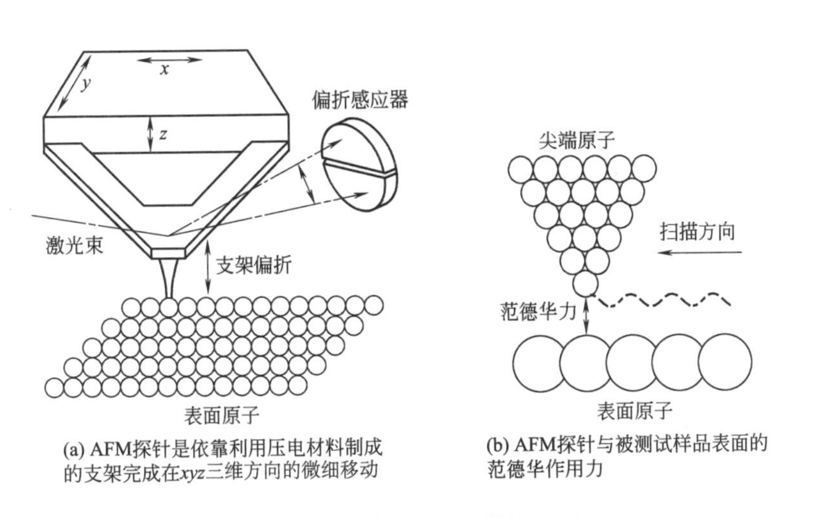

(a) AFM探针是依靠利用压电材料制成的支架完成在xyz三维方向的微细移动

(b) AFM探针与被测试样品表面的范德华作用力

图 6-37　原子力显微镜的测试原理

极管上，感光二极管上的激光斑的变化会引起二极管电流的变化，根据这电流的变化便可推算出支撑杆的弯折程度。

原子力显微镜的探针是依靠利用压电材料（piezoelectrics）制成的支架完成在 xyz 三维方向的微细移动，见图 6-37(a) 所示 。压电材料是一种可因施加的电压而产生机械应变的陶瓷材料，这种机械应变的程度与所加的偏压大小有关。在图 6-36 中，感光二极管、激光二极管及探针均固定在同一金属支座上，被测试样品置于一管状的压电材料扫描台上，利用管状压电材料扫描台的 xyz 三维方向的微细移动完成样品的平面扫描与垂直距离的调整。探针与样品表面之间的垂直距离，则视两者之间相互的作用力大小而定。使用一反馈电路可控制这垂直距离，从而确保探针与样品表面之间的作用力保持恒定不变。

原子力显微镜探针扫描的方式会直接影响原子力显微镜的取像质量。一般 AFM 的探针有三种扫描方式，如图 6-38 所示。

① 接触式（contact method）；

② 非接触式（noncontact method）；

③ 拍击式（tapping method）。

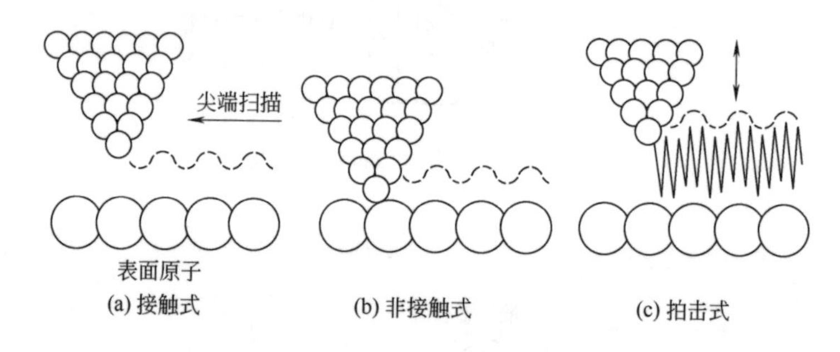

图 6-38　AFM 探针的扫描方式

接触式是指 AFM 的探针在进行扫描运动时，探针与被测试样品表面直接进行接触，有似一般机械式的表面粗糙度测量方法，此方法易使样品表面产生损伤及影像失真，且探针极易遭污染、损坏。

非接触式则是指 AFM 的探针在进行扫描运动时，探针与被测试样品表面有一定距离，使其不与样品表面接触，故探针与被测试样品表面之间的作用力主要为吸引力。反馈电路可以使支撑杆产生上下的变化，使其造成的振幅、相位的变化转换成 AFM 的影像。此方法，由于探针与被测试样品表面之间的作用力微弱，AFM 的影像分辨率变差。

拍击式则是指让探针以接近支撑杆的共振频率（50k～500kHz）的上下运动的方式，轻轻敲打被测试样品表面。由于其振动的振幅大于非接触式造成的振幅，故可避免探针在扫描过程中，不易受到样品表面的污染物（如水气凝结层）的黏附。该方法，对于被测试样品表面所产生的损伤较接触式扫描小，而探针与被测试样品表面之间的作用力较非接触式扫描要大。

原子力显微镜是分析硅片表面粗糙度及获得表面三维立体纳米形貌影像的

最佳分析手段。

(4) 利用感应耦合等离子质谱、全反射X荧光光谱等来监控晶片表面及相关材料的杂质含量

1) 感应耦合等离子质谱

感应耦合等离子质谱（inductively coupled plasma mass spectrometer，ICP-MS）的工作原理是由感应耦合等离子所产生的高温作为被测样品的激发源，其仪器的分析原理是由感应线圈上的电流形成的磁场强度和方向会做周期性变化的振荡磁场，因此磁场感应生成的电子流会受到加速作用而增加动能。此动能在不断地与氩气碰撞中产生高温而进行传递，最后发生加成性的离子化现象（additional ionization）而形成高温的等离子。由于耦合等离子激发源的温度可高达6000～8000K，被分析的样品在惰性的氩气等离子中停留时间又可达2ms，故能有效地将被分析物进行原子或离子化而予以激发。典型的感应耦合等离子质谱系统结构原理示意图及测试系统如图6-39所示。

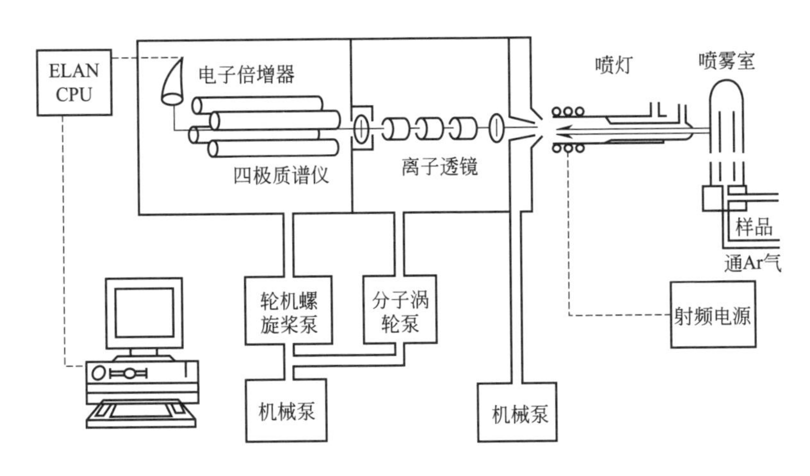

图6-39 典型的感应耦合等离子质谱系统结构原理

采用感应耦合等离子质谱分析时，只要对样品的导入接口及相关系统做适当的更换及调整，便可适应于固体或液体样品（如纯水、化学试剂等）的微量元素分析。ICP-MS系统对水溶液的分析，其检测限可低达10^{-6}(pg/mL）数量级，是目前检测灵敏度最高、又具有多元素同时分析的表面微量元素的分析系统。

2) 全反射X荧光光谱

全反射X荧光光谱（total reflection X-ray fluorescence spectrometer，

TXRF）的测试工作原理是利用X光管产生的X射线光源，先经由反射器以消除部分高能量的X射线，再以低临界的入射角度（critical angle）照射置于样品载体上的被分析样品，样品中待分析的元素经由入射X射线照射后，发出特定的X射线荧光，然后再经由半导体探测器记录其能量及强度，即可分析出元素的种类及浓度。全反射X荧光光谱的测试工作原理示意见图6-40所示。

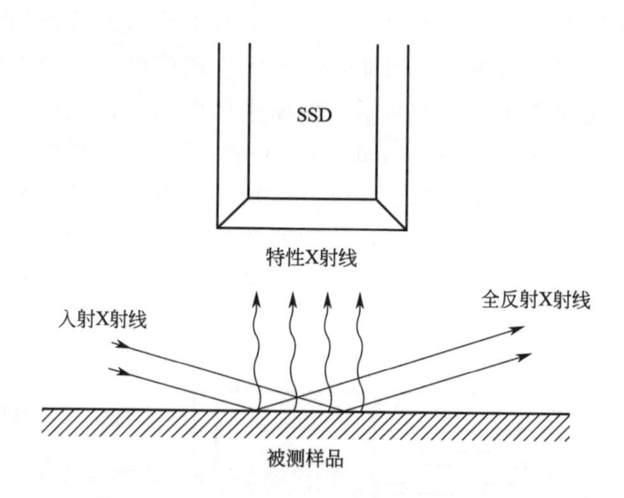

图6-40　全反射X荧光光谱的测试工作原理示意

该方法具有与感应耦合等离子质谱相接近的检测灵敏度，且又是一种非破坏性的分析方法。该方法的讯号之强弱比较容易受到基质元素的影响，但对于半导体工业所用的硅片及化学试剂，由于其基质较为固定且又单纯，故上述之干扰问题较易被克服。故此方法已被广泛用于半导体表面的污染及化学试剂杂质的分析。

（5）X射线形貌技术

X射线形貌（X-ray topography，XRT）是一种非破坏性的晶体缺陷的分析方法。

XRT是指将单一波长的X射线，照射到被分析的样品表面后会产生衍射现象，然后将衍射后的X射线记录在感光的底片上成像。如果被分析样品内部的结构存在缺陷，则XRT影像上会存在明暗不同的区域。例如，以硅单晶中的位错而言，它会在晶格内部产生局部的应变（strain），会使得XRT影像呈现出比较深的曝光。

XRT根据所收集的衍射X射线讯号方式的不同，可以分为以下三类：

1）穿透式 XRT

采用穿透式收集衍射 X 射线讯号是目前使用最普遍的 XRT 分析方法。这种方法一般也称为郎法（Lang method）。其测试仪结构、原理示意见图 6-41。

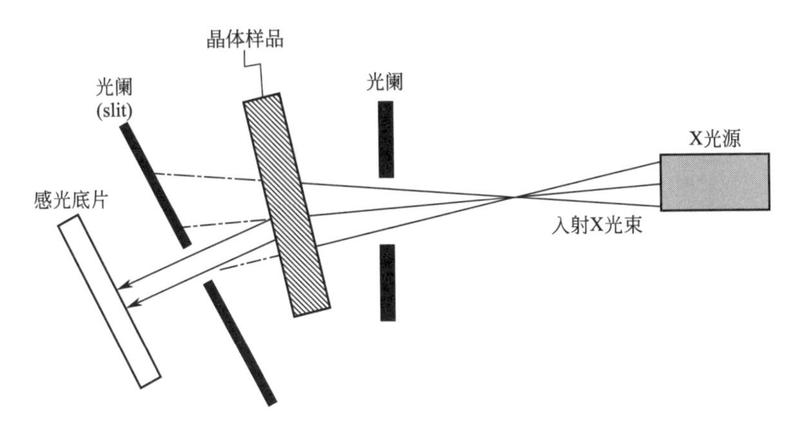

图 6-41 穿透式 XRT 测试仪的结构、测试原理示意

单一波长的 X 射线先通过一个光阑（狭窄孔隙）照射到被分析的样品表面，其部分 X 射线会穿透样品而被感光的底片收集成像。为了更好显示出晶体的缺陷，必须选择样品中最弱的衍射面，以使得晶体缺陷能呈现出相对较强的 X 射线衍射，故而可在感光底片上出现明显的明暗对比。这种穿透式 XRT 被广泛用于分析、研究由热应力所产生的各种缺陷（例如：晶体中的位错、堆垛层错等）。

2）反射式 XRT

图 6-42 所示的是反射式 XRT 测试仪的结构、测试原理示意。

这是一种结构最简单的 XRT 方法，一般常称之为柏尔格-白瑞特法（Berg-Barrett method）。这种反射式 XRT 方法能检测出靠近样品表面区域的缺陷，常用于分析、研究硅外延层或 IC 元件区域内的缺陷。

3）双晶 XRT

图 6-43 所示的是双晶（double crystal）XRT 方法的结构、测试原理示意。

这种双晶 XRT 法的衍射 X 射线是经由两个晶体反射而得到的，其中第一个晶体是使用完美晶体以产生高精度的平行单一波长的 X 射线。由于其采用了多重的布拉格反射，故能使得 X 光可被更准确地聚焦，以提高成像的精确度。

（6）俄歇电子能谱分析技术

俄歇电子能谱仪（Auger electron spectrometer，AES）是当前半导体工

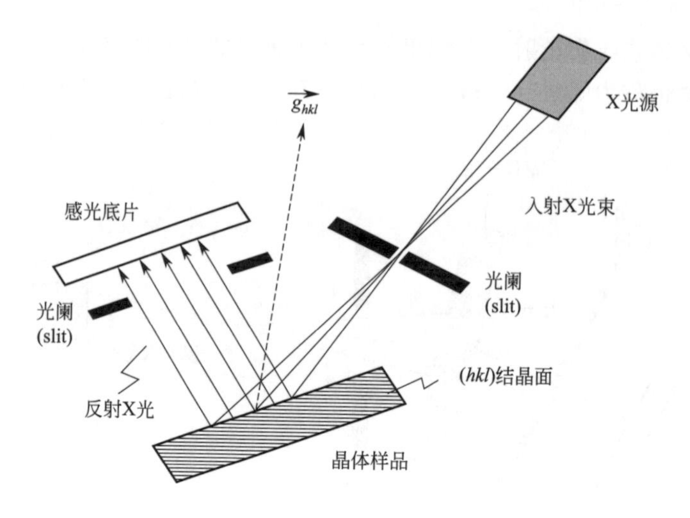

图 6-42 反射式 XRT 的结构、测试原理示意

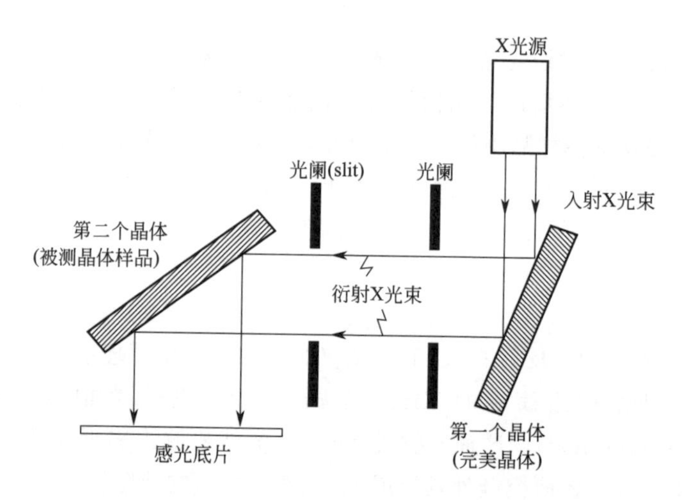

图 6-43 双晶 XRT 的结构、测试原理示意

业中最有用的一种电子能谱分析技术，如将它与溅射蚀刻技术结合起来，不但可分析微区材料表面的组成，还可半定量分析、研究其成分与深度的关系。俄歇电子能谱仪的分析深度约为 0.5～5nm，其平面分辨率可达 10nm，而测量灵敏度约为 0.1% 。目前除了氢及氦以外的元素，都可被俄歇电子能谱仪分析出来。

俄歇电子能谱仪的测试原理则是依据俄歇（Auger）在 1925 年提出的俄歇效应。俄歇电子能谱仪的电子原理如图 6-44(a) 所示。

当电子束（1～5keV）射入被测试样片时，原子内层轨道（如K层）的电子受激发而跑掉，这样使得原子处于不稳定的激发状态。此时，外层电子（如L_1）跃入填补空缺，而由于内（K）、外（L_1）层轨道的能级差异，电子在能级转换过程中，会释放出为$E_K-E_{L_1}$大小的能量。所释放出的能量会产生两个效应：

① 以特征X射线的形态释放出。X光能谱散射仪（X-ray energy—dispersive spectrometer，EDS）则就是利用分析特征X射线的一种分析仪器，根据特征X射线的能量及波长，便可测得样片中的元素组成（该分析方法对轻元素的分辨率较差）。

② 用以激发更外层（如$L_{2\cdot 3}$）的电子脱离原子的束缚，此所脱离电子即为该元素的俄歇电子（$KL_1\ L_{2\cdot 3}$）。

俄歇电子能谱仪则正是利用分析所激发的俄歇电子的能量，来获知该样片的化学组成。图6-44(b)所示为一典型的俄歇电子能谱仪系统结构、测试原理。

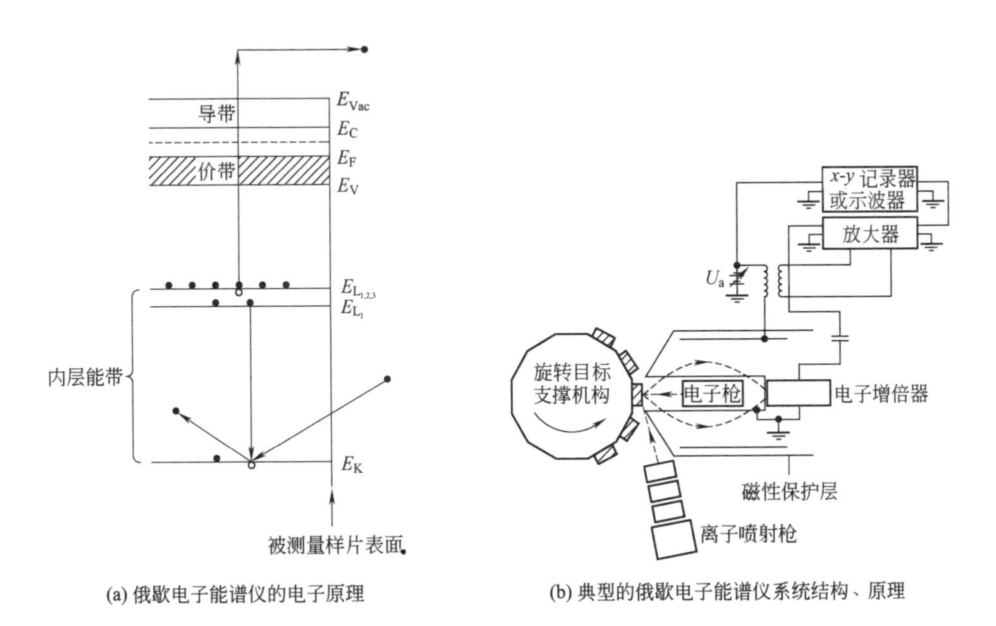

图6-44 俄歇电子能谱仪的电子原理及典型的俄歇电子能谱仪系统结构、原理

(7) X射线光电子能谱分析技术

X射线光电子能谱仪（X-ray photo electron spectrometer，XPS）有时也被称为电子能谱化学分析仪（electron spectroscopy for chemical analysis，ES-

CA)。

XPS 光电子能谱仪的测试分析原理是依据光电效应（图 6-45）。

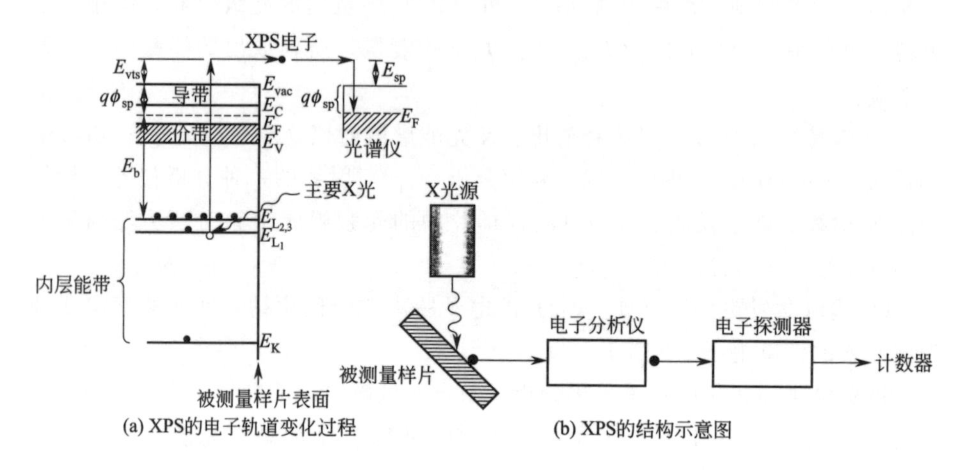

图 6-45　XPS 的电子轨道变化过程及 XPS 光电子能谱仪系统结构

当 X 光射线（通常采用镁或铝的 $K\alpha$X 光射线）被用于照射到被测试样片表面时，被测试样片表面组成元素的内层电子被激发且脱离试样片表面，此脱离试样片表面的电子即为光电子。光电子所具有的特性能量 E_{sp} 可由下数学公式表示为：

$$E_{sp}=h\upsilon-E_b-q\Phi_{sp} \tag{6-18}$$

式中　$h\upsilon$——X 光射线的能量；

E_b——被激发元素的电子束缚能；

$q\Phi_{sp}$——被测试样表面的功函数。

通过对光电子能量的分析，利用式(6-18) 便可得知其被激发元素的电子束缚能 E_b，又因为电子束缚能与原子种类及原子周围化学环境有关，故通过对光电特性能量的分析，不仅能得知其组成元素的种类，更可进一步分析化合物。

XPS 光电子能谱的测试灵敏度约为 0.1％或 $5\times10^{19}cm^{-3}$。

(8) 离子微探针质谱分析仪

质谱分析是将被分析样品中所含的杂质按其比例转变成带有一定电荷的离子，然后使得这束离子在质量分析室中通过一个特殊设计的电场和磁场，离子束中的各种离子，由于它们的荷量与质量之比（荷质比）不同，在电场和磁场中所受到的力也不同，其运动轨迹也就有所不同，因而会按照其各自荷质比的差异而分散开来。如果在这离子束的焦平面放置一照相干板，则就可得到一张按荷质比大小排列的谱线图，此图常被称为质谱图。

图 6-46 所示的是离子微探针质谱分析系统的结构、测试原理。

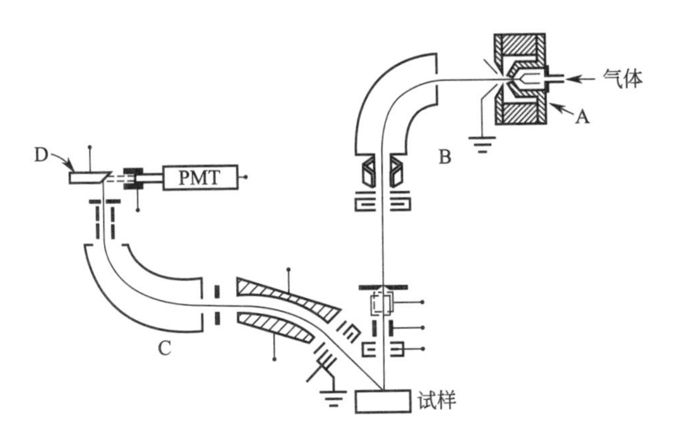

图 6-46　离子微探针质谱分析系统的结构、测试原理

A—系统的离子源，产生离子束；B—系统的磁和静电光学的聚焦透镜，用于聚焦离子束；C—质谱分析系统，分析从样品材料激发出的二次离子；D—二次离子在 D 处产生电子它可用一个闪烁晶体-光电倍增管组合系统来检测，并通过相应的方法来显示

根据质谱图上不同谱线的位置，可以确定该离子的荷质比，从而可定性分析出样品中所含相应杂质的种类。在质谱图中，谱线的峰值所对应的离子流强度即谱线的黑度代表了这离子束中这种离子的浓度，因而也就代表原始样品中这种杂质元素的浓度，这就是质谱的定量分析。

(9) 离子背散射分析技术

图 6-47 所示的是离子背散射分析系统的结构、测试原理。

这种分析技术能可用于半导体表面的薄膜和沾污层的分析、研究。例如：沉积在硅表面的氮化硅和氧化铝薄膜的成分分析、无定形硅膜的密度测定、二次薄膜的生长（沉积在硅表面上的金膜上的 SiO_2 层）及各种表面沾污的分析、研究。

(10) 中子活化分析

中子活化分析（neutron activation analysis，NAA）的原理对置于原子能反应堆中的样品，经核子反应后，被分析的元素产生同位素并释放出 β 射线及 γ 射线。利用中子辐照样品后，使得样品中的一部分杂质原子转化为某种放射性物质，然后监测其放射性的衰变期，根据 γ 射线的能量及强度便能测定出被分析物质中元素的种类和浓度。

中子活化分析的检测限约为 10^{10} cm^3，它已被广泛用于测量晶体生长前后

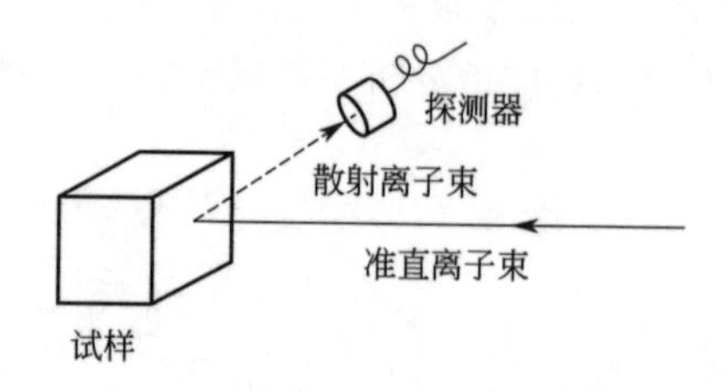

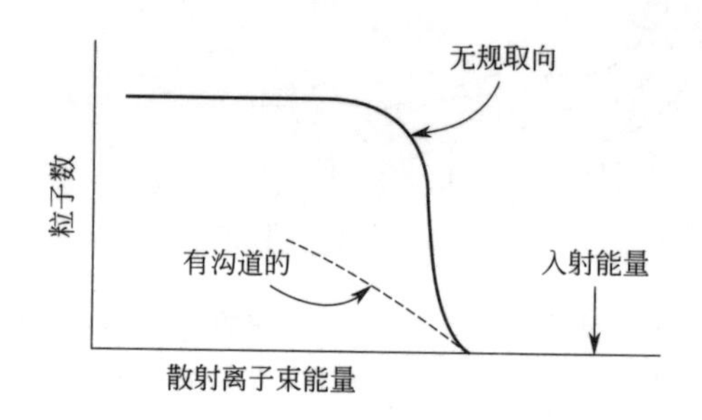

图 6-47 离子背散射分析系统的结构、测试原理

硅的纯度及硅晶片加工过程中所引入的不纯物的浓度。

第三篇

太阳能光伏产业用硅片

第7章 太阳能光伏产业用硅片的制备技术

7.1 太阳能光电转换原理

太阳能光伏发电系统是利用太阳电池半导体材料的光电效应原理，将太阳能直接转换为直流电能的太阳能光电转换器件（太阳电池），太阳能光伏发电的技术也就是利用半导体材料的光电效应原理直接将太阳的辐射能量转换为直流电能的技术。

目前应用最广泛的是晶体硅太阳电池。

太阳能光电转换原理——光生伏特效应（简称光伏）如下。

当半导体材料的表面受到太阳光线照射时，若其中有些光子的能量大于或等于半导体材料的禁带宽度，就能使电子挣脱其原子核的束缚，在半导体材料内产生大量的“电子-空穴对”，这种物理现象被称为“内光电效应”。而对原子把电子打出金属的物理现象通常称为“外光电效应”。半导体材料就是依靠“内光电效应”把“光能”转化成为“电能”。

因此，要实现“内光电效应”必要且充分的条件是所吸收的光子能量要大于或等于半导体材料的禁带宽度，即：

$$h\nu \geqslant E_g \tag{7-1}$$

式中 $h\nu$——光子的能量；

E_g——半导体材料的禁带宽度。

由于光速 $C=\nu\lambda$，式中 C 为光速，λ 是光波的波长，式(7-1) 可改写成：

$$\lambda \leqslant (hC)/E_g \tag{7-2}$$

式中 h——普朗克常数；

ν——光波的频率。

由式(7-2)可知，光子的波长只有满足式(7-2)要求后，才能产生“电子-空穴对”，通常将该波长称为截止波长，用 λ_g 表示，波长大于 λ_g 的光子将不能产生载流子。

不同的半导体材料由于其禁带宽度不同，故要求用来激发产生“电子-空穴对”的光子的能量也不同。在同一块半导体材料中，大于其禁带宽度的光子被半导体吸收以后转化成为电能，而光子的能量小于其禁带宽度的光子被半导体吸收以后则转化成为热能，这非但不能产生“电子-空穴对”，反而使得半导体的温度升高。由此可见，对于太阳电池而言，其禁带宽度越大，可供利用的太阳能就越少，它使得各种太阳电池对所吸收的太阳光的波长都有一定的限制。

太阳能光电池的主要功能是将“光能”转换成“电能”，这个现象被称为光伏效应（photovoltaic effect）。光伏效应在 19 世纪就被发现，早期用来制造硒光电池，直到晶体管发明后半导体特性及相关技术才得到逐渐成熟和发展，从而使得太阳能光电池的制造产业得到了不断的发展。

将太阳能转化为电能的太阳能光电转换器件，即太阳能光电池，其基本结构是半导体 P-N 结。

当太阳光线照射到太阳电池表面时，一部分被太阳电池表面反射掉，另外一部分则被太阳电池表面所吸收，而还有少量则可透过太阳电池表面。

在被太阳电池表面所吸收的光子中，那些能量大于半导体禁带宽度的光子，就可以激发半导体中原子的价电子，在半导体材料中的 P 区、空间电荷区和 N 区都会产生“光生电子-空穴对”，也可称为“光生载流子”。这样所形成的“电子-空穴对”由于热运动而向各个方向迁移。“光生电子-空穴对”在空间电荷区中产生后，立即被内建电场所分离，“光生电子”被推进 N 区，“光生空穴”被推进 P 区。在空间电荷区边界处总的载流子浓度近似为零。

在 N 区，“光生电子-空穴对”产生后，“光生空穴”向 P-N 结的边界扩散，一旦到达 P-N 结的边界便立刻受到内建电场的作用，而在电场力作用下做漂移运动，越过空间电荷区进入 P 区，而“光生电子”（多数载流子）则被留在 N 区。

在 P 区，“光生电子”也会向 P-N 结的边界扩散，并且在到达 P-N 结的边界后，同样由于受到内建电场的作用而在电场力作用下做漂移运动，越过空间电荷区进入 N 区，而“光生空穴”（多数载流子）则被留在 P 区。

因此，在太阳电池的 P-N 结两侧产生了正、负电荷的积累，形成与内建电场方向相反的“光生电场”。这个“光生电场”除了一部分抵消内建电场外，还使 P-N 结中的 P 层带正电、N 层带负电。因而产生了光生电动势，这就是光生伏特效应（简称光伏）。

在有太阳光线照射时，太阳电池的上、下电极之间就存在一定的电动势，当用导线连接负载后就能产生直流电。

如果使得太阳电池开路，即负载电阻为无穷大 $R_L=\infty$，被 P-N 结分开的全部过剩载流子会积累在 P-N 结附近，于是会产生最大光生电动势。假如使得太阳电池短路，即负载电阻 $R_L=0$，则所有可到达 P-N 结的过剩载流子都可以穿过 P-N 结，并且由于外电路闭合而产生了最大可能的电流 I_{SC}。如果把太阳电池连接上负载电阻 R_L，则被 P-N 结分开的过剩载流子中就有一部分把能量消耗于降低 P-N 结势垒，即用于建立工作电压 U_m，而剩余部分的光生载流子则用来产生光生电流 I_m。

理想的太阳电池的等效电路见图 7-1 所示。

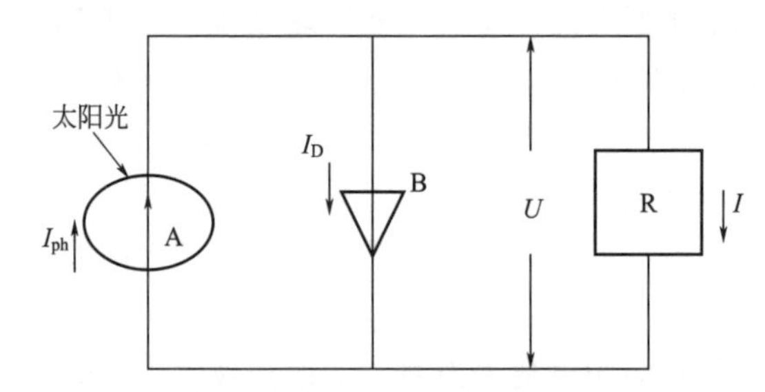

图 7-1 理想的太阳电池的等效电路

当已经连接负载 R 的太阳电池 A 受到太阳光照射时，太阳电池 A 可看成是产生光生电流 I_{ph} 的恒定电源，与之并联着的是一个处于正偏置下的二极管 B，通过二极管 B 的是 P-N 结的漏电流 I_D 暗电流，它是在没有太阳光照射时由于外加电压作用下 P-N 结内的电流，其方向与光生电流 I_{ph} 方向相反，会抵消部分光生电流，P-N 结的漏电流 I_D（暗电流）的数学表达式为：

$$I_D=I_o[e^{qU/(AkT)}-1] \tag{7-3}$$

式中 I_o——反向饱和电流，其等于在黑暗中通过 P-N 结的少数载流子的空穴电流和电子电流的代数和；

q——电子电荷；

U——等效二极管的端电压；

k——玻尔兹曼常数；

T——热力学温度；

A——二极管的曲线因子，通常取值为 1～2 之间。

因此，流过负载 R 两端的工作电流 I 是：

$$I=I_{ph}-I_D=I_{ph}-I_o[e^{qU/(AkT)}-1] \tag{7-4}$$

由于太阳电池本身存在一定的电阻，包括串联电阻和并联电阻（又称为旁路电阻)。其串联电阻主要是由半导体材料的体电阻、金属电极与半导体材料的接触电阻、扩散层的横向电阻和金属电极材料本身的电阻四个部分组成产生的 R_s，其中扩散层的横向电阻是其串联电阻的主要部分，其串联电阻通常小于 1Ω；而并联电阻是由于太阳电池表面的污染、半导体材料的晶体缺陷引起的边缘漏电或者由 P-N 结耗尽区内的复合电流等原因产生的旁路电阻 R_{sh}，一般有几千欧姆。故实际的太阳电池的等效电路见图 7-2 所示。

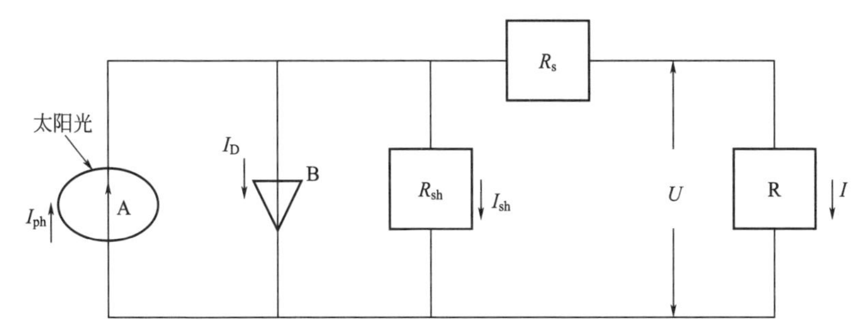

图 7-2　实际的太阳电池的等效电路

由此可知：

在旁路电阻 R_{sh} 的两端电压 U_j 是：

$$U_j=(U+IR_s) \tag{7-5}$$

流过旁路电阻 R_{sh} 的电流 I_{sh} 是：

$$I_{sh}=(U+IR_s)/R_{sh} \tag{7-6}$$

则流过负载 R 的电流 I 是：

$$I=I_{ph}-I_D-I_{sh}=I_{ph}-I_o[e^{q(U+IR_s)/(AkT)}-1]-(U+IR_s)/R_{sh} \tag{7-7}$$

很显然，太阳电池的串联电阻越小，并联电阻越大，就越接近理想的太阳电池，该太阳电池的性能也就越好。根据目前太阳电池的制备工艺水平，要求不是很严格时，可以认为其串联电阻接近于零，而其旁路电阻趋近于无穷大，也就可当作理想的太阳电池，则流过负载 R 的电流 I 可用式(7-4) 来代替式(7-7)。

此外，实际的太阳电池的等效电路还是应该包含由于半导体 P-N 结形成时的结电容和其他分布电容。但是，考虑到太阳电池是一种直流设备装置，其通常是没有交流分量，故而可忽略这些电容的影响。

7.2　太阳电池的主要技术参数

衡量太阳能光电池质量的技术参数主要是指：太阳电池的开路电压 U_{oc}、

太阳电池的短路电流 I_{sc}、太阳电池的填充因子 F、太阳电池的光电转换效率 η、太阳电池的电流温度系数 α、太阳电池的电压温度系数 β、太阳电池的功率温度系数 γ、太阳的辐射照度等。

制备出的太阳能光电池的前三项参数乘积越大，可获得并具有的光电转换效率越高。

根据上述分析，由式(7-7) 可知，当负载 R 由零变到无穷大（即从小变到大）时，负载 R 的两端电压 U 和流过负载 R 的电流 I 之间构成的关系曲线，即为太阳电池的负载特性曲线，通常称为太阳电池的伏安特性曲线（也称为 I-V 特性曲线）。见图 7-3 所示。

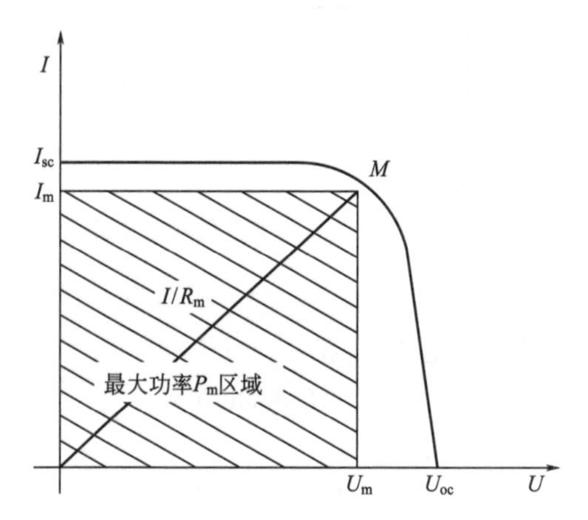

图 7-3 太阳电池的伏安特性曲线

M 点—最大功率输出点（最佳工作点）；I_m—该太阳电池的最佳工作电流；

U_m—该太阳电池的最佳工作电压；U_{oc}—该太阳电池的开路电压；

I_{sc}—该太阳电池的短路电流

(1) 太阳电池的开路电压 U_{oc}

在一定的工作温度和太阳光辐照度的条件下，太阳电池在空载（开路）情况下的端电压称为太阳电池的开路电压，通常用 U_{oc} 表示。

对于一般的太阳电池，可以认为接近于理想的太阳电池，即太阳电池的串联电阻接近于零，而其旁路电阻趋近于无穷大。故太阳电池在空载情况下，$I=0$，电压 U 即为开路电压 U_{oc}，可根据式(7-4) 得到：

$$U_{oc}=(AkT/q)\ln(I_{ph}/I_o+1)\approx(AkT/q)\ln(I_{ph}/I_o) \tag{7-8}$$

太阳电池的开路电压 U_{oc} 与太阳电池面积大小无关，一般单晶硅太阳电池的开路电压大约为 450～600mV，最高可达到 700mV。

（2）太阳电池的短路电流 I_{sc}

在一定的工作温度和太阳光辐照度的条件下，太阳电池在端电压为零时的输出电流，也就是太阳电池的伏安特性曲线与纵坐标的交点所对应的电流值，通常用 I_{sc} 表示。根据式(7-4) 可知，当 $U=0$ 时，$I_{sc}=I_{ph}$。

太阳电池的短路电流 I_{sc} 与太阳电池面积大小有关，面积越大，其短路电流 I_{sc} 也越大，一般 $1cm^2$ 的单晶硅太阳电池的短路电流 $I_{sc}=16\sim30mA$。

（3）太阳电池的最大功率输出点（最佳工作点）M

在一定的工作温度和太阳光辐照度的条件下，太阳电池的伏安特性曲线上的任何一点都是太阳电池的“工作点”。太阳电池的“工作点”与太阳电池的伏安特性曲线的坐标原点的连接线称为该太阳电池的“负载线”，该“负载线”斜率的倒数即为该太阳电池的“负载电阻”R_L 值。与“工作点”对应的纵坐标为其工作电流 I，与“工作点”对应的横坐标为其工作电压 U。工作电流 I 与其工作电压 U 的乘积就是该太阳电池的输出功率 P。当调整太阳电池的“负载电阻”R_L 值达到 R_m 时，可在太阳电池的伏安特性曲线上得到一个点 M，所对应的工作电流 I_m 和对应的工作电压 U_m 的乘积就是该太阳电池的最大输出功率 P_m。即：

$$P_m=I_mU_m \tag{7-9}$$

这个点 M 就是该太阳电池的最大功率输出点（或最佳工作点），I_m 为最佳工作电流，U_m 为最佳工作电压，R_m 为最佳“负载电阻”，P_m 为最大输出功率。

（4）太阳电池的填充因子 F（也称曲线因子）

填充因子 F 是表征太阳电池性能的一个重要参数，定义为太阳电池的最大功率与太阳电池的开路电压 U_{oc} 和太阳电池的短路电流 I_{sc} 的乘积之比，通常用 F 表示。

$$\begin{aligned}F&=(I_mU_m)/(I_{sc}U_{oc})\\&=1-(AkT)(qU_{oc})^{-1}\ln[1+(qU_m)(AkT)^{-1}]-(AkT)(qU_{oc})^{-1}\end{aligned} \tag{7-10}$$

式中 I_mU_m——太阳电池的最大输出功率；

$I_{sc}U_{oc}$——太阳电池的极限输出功率。

在太阳电池的伏安特性曲线（I-V 特性曲线）图中，通过太阳电池的开路电压 U_{oc} 所作的垂直线与通过太阳电池的短路电流 I_{sc} 所作的水平线和纵坐标及横坐标所包围的矩形面积 A，为该太阳电池的极限输出功率值；而通过太阳电池的最大输出功率点 M 所作的垂直线和所作的水平线与纵坐标和横坐标所包围的矩形面积 B，则是该太阳电池的最大输出功率值；这两者之比值即是该太阳电池的填充因子，通常用 F 表示。即：

$$F=B/A \tag{7-11}$$

太阳电池的串联电阻越小，并联电阻越大，则其填充因子也越大，该太阳电池的伏安特性曲线图中所包围的面积也越大，这表示该太阳电池的伏安特性曲线图中所包围的面积接近于正方形。这也就意味着该太阳电池的最大输出功率越接近于所能够达到的极限输出功率，该太阳电池的性能就越好。

(5) 太阳电池的光电转换效率 η

太阳电池接受太阳光照射后的最大输出功率与入射到该太阳电池上的全部辐射功率的百分比称为太阳电池的光电转换效率，通常用 η 表示。即：

$$\eta=(U_m I_m)/(A_t P_{in}) \tag{7-12}$$

式中 U_m、I_m——该太阳电池的最大输出功率点 M 所对应的最佳工作电压和最佳工作电流；

A_t——包括栅线面积在内的太阳电池总面积（也称太阳电池的全面积）；

P_{in}——单位面积入射光的功率。

从上述分析可知，要使得太阳电池的光电转换效率达到最大值，该太阳电池的填充因子 F、太阳电池的短路电流 I_{sc} 和太阳电池的开路电压 U_{oc} 都应该达到最大值。在室温 300K 和大气质量为 AM1，单位面积太阳光入射光的功率 $P_{in}=100mW/cm^2$ 时，太阳电池的光电转换效率为：

$$\eta=FI_{sc}U_{oc} \tag{7-13}$$

目前，根据以硅片为载体的晶体硅太阳电池的制造技术，在实验室的光电转换效率上，单晶硅太阳电池最高的光电转换效率可达 24.7%，多晶硅太阳电池的光电转换效率为 20.3%。就理论而言，单晶硅太阳电池的光电转换效率可以高达 29%。近几年来，由于一系列新技术的突破，硅太阳电池的光电转换效率产业化水平是：

单晶硅太阳电池的光电转换效率约为 16%～18%，多晶硅太阳电池的光电转换效率约为 15%～17%。

而目前若采用新技术 Sunpower 的背接触单晶硅电池，其转换效率可达到 20%～21.5%，而德国 ISFH 研制的背连接微孔电池转换效率也可以达到 21%。从工艺与理论角度上来说，晶体硅太阳电池转换效率还有一定的提升空间。但是，根据目前的晶体硅电池效率路线图与太阳电池的制造技术，进一步提升效率的难度是相当大的。

(6) 太阳电池的电流温度系数 α

当温度变化时，太阳电池的输出电流也会发生变化，在规定的试验条件下，温度每变化 1℃，太阳电池的短路电流 I_{sc} 的变化值称为太阳电池的电流温度系数，通常用α表示，即：

$$I_{sc}=I_o(1+\alpha\Delta T) \tag{7-14}$$

对于一般的晶体硅太阳电池，其太阳电池的电流温度系数为：

$\alpha=+(0.06\sim0.1)\%/℃$。这表示在温度升高时，其短路电流也会略有上升。

(7) 太阳电池的电压温度系数β

当温度变化时，太阳电池的输出电压也会发生变化，在规定的试验条件下，温度每变化1℃，太阳电池的开路电压U_{oc}的变化值称为太阳电池的电压温度系数，通常用β表示，即

$$U_{oc}=U_o(1+\beta\Delta T) \tag{7-15}$$

对于一般的晶体硅太阳电池，其太阳电池的电压温度系数为：

$\beta=-(0.3\sim0.4)\%/℃$。这表示在温度升高时，其开路电压会有所下降。

(8) 太阳电池的功率温度系数γ

当温度变化时，太阳电池的输出功率也会发生变化，在规定的试验条件下，温度每变化1℃，太阳电池的输出功率P_m的变化值称为太阳电池的功率温度系数，通常用γ表示。根据式(7-13)和式(7-14)，其中I_o为25℃时的短路电流，U_o为25℃时的开路电压，因此其理论的最大输出功率P_{max}是：

$$\begin{aligned}P_{max}&=I_{sc}U_{oc}=I_oU_o(1+\alpha\ \Delta T)(1+\beta\ \Delta T)\\&=I_oU_o[1+(\alpha+\beta)\Delta T+\alpha\beta(\Delta T)^2]\end{aligned}$$

忽略上式平方项，可得到：

$$P_{max}=P_o[1+(\alpha+\beta)\Delta T]=P_o[1+\gamma\Delta T] \tag{7-16}$$

对于一般的晶体硅太阳电池，其太阳电池的功率温度系数γ为：

$\gamma=-(0.35\sim0.5)\%/℃$。这表示在温度升高时，其输出功率也会有所下降。

总之，当温度升高时，虽然太阳电池的工作电流有所增加，但是其工作电压相对下降得比较多，因而其总的输出功率要下降，所以应当尽量让太阳电池在比较低的环境温度下工作。

(9) 太阳的辐射照度

太阳电池的开路电压U_{oc}与太阳光的入射光谱辐照度的大小有关，在太阳光的入射光谱辐照度比较弱时，太阳电池的开路电压与太阳光的入射光谱辐照度近似呈线性变化。而当太阳光的入射光谱辐照度比较强时，太阳电池的开路电压与太阳光的入射光谱辐照度近似却呈对数变化。也就是在太阳光谱辐照度从小变到大时，其开路电压上升比较快，而在太阳光谱辐照度较强时，开路电压上升的速度就会减小。因此，太阳光的入射光谱辐照度的变化对于太阳电池

的短路电流影响是很大的。同时，太阳电池的最大功率输出点（最佳工作点）M 也会随着太阳光的入射光谱辐照度的增强而变化。

例如某个太阳电池当太阳光的入射光谱辐照度由 $200W/m^2$ 增强到 $1000W/m^2$ 时，相应的最佳工作电压变化不大，只从 0.42V 增加到 0.49V，但是它的短路电流却从 0.6A 增加到 3.0A，相当于增加近 4 倍。

7.3 晶体硅太阳电池的结构

将太阳能转化为电能的太阳能光电转换器件（即太阳光电池），其基本结构是半导体的 P-N 结。典型的晶体硅太阳电池的结构示意见图 7-4 所示。

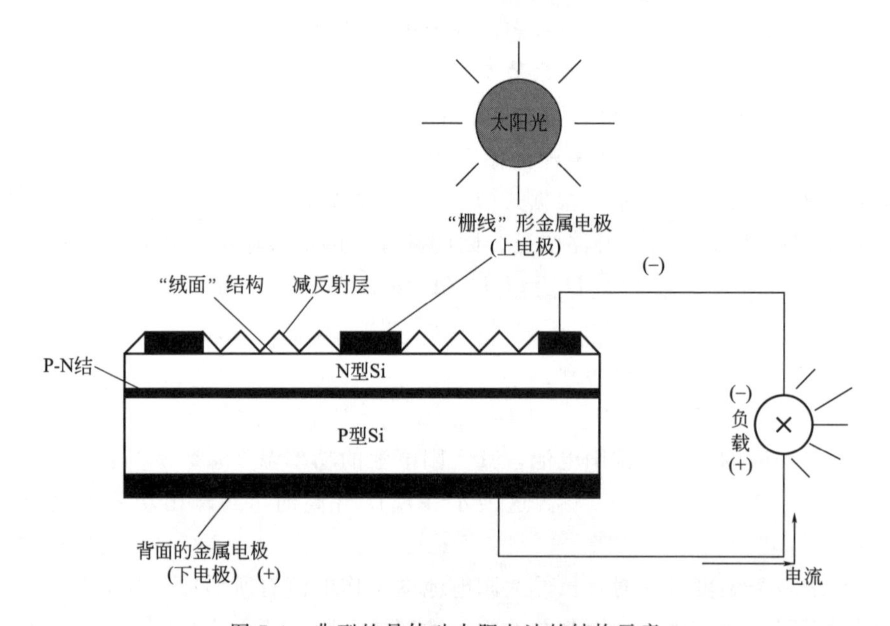

图 7-4 典型的晶体硅太阳电池的结构示意

硅太阳能光电池的基本结构是要在 200～500μm 厚度的 P 型硅晶片上，通过扩散等技术形成结深为 0.20～0.50μm 左右厚度的 N 型半导体层，构成一个 N^+/P 型的 P-N 结。其中 P 型硅作为基极，N^+ 型硅作为发射极。

而在 N^+ 型硅晶片表面上又制备了能减少入射太阳光的反射损失，增加电池对太阳光能的吸收、呈“金字塔”形状的“绒面”结构以及能减少入射太阳光的反射的减反射层（减反射层所沉积的薄膜，一般可均匀沉积 60～100nm 左右 SiO_2 或 Si_3N_4 等材料薄膜）。然后再在其表面上制备有呈“梳齿”的“栅线”形状的金属电极（习惯称为上电极，为了减少电子和空穴的复合损失，通常采用铝-银材料制成）。而在 P 型硅晶片表面上直接制备出背面的金属电极（习惯称为下电极，为了减少电池内部的串联电阻，通常采用镍-锡材料制成布满下表面的板状的背面金属电极）。

上、下电极分别与 N^{+} 区和 P 区形成良好的欧姆接触。

7.4　晶体硅太阳电池用的晶体硅材料的制备

制备晶体硅太阳电池的晶体硅材料一般可分为单晶硅和多晶硅两种，单晶是指整个材料的晶格原子都是按照同一间距规则在空间进行周期性排列的晶体材料，又因单晶硅通常是采用直拉法制备而成，单晶棒呈圆柱形，故其单晶硅太阳电池晶片的形状通常是四角呈圆弧的“准方”形。而多晶的整个材料则是由很多个小单晶（晶粒）组成，其各个晶粒的方向（晶向）不同，故所制备的多晶硅太阳电池晶片表面可呈现出很多闪亮的斑点，两者是很容易区分的。见图 7-5 所示。

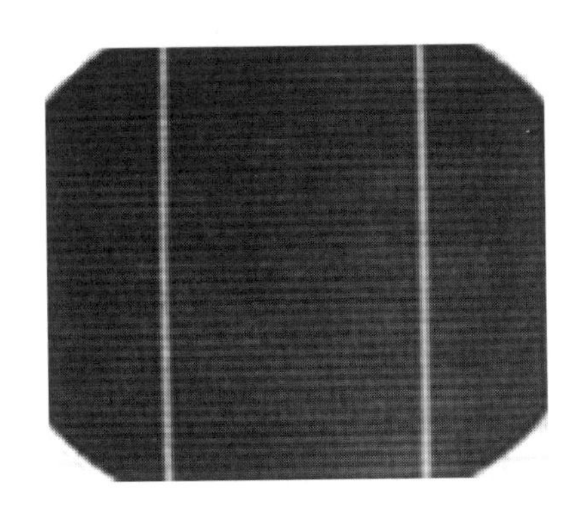

(a) 单晶硅太阳电池晶片

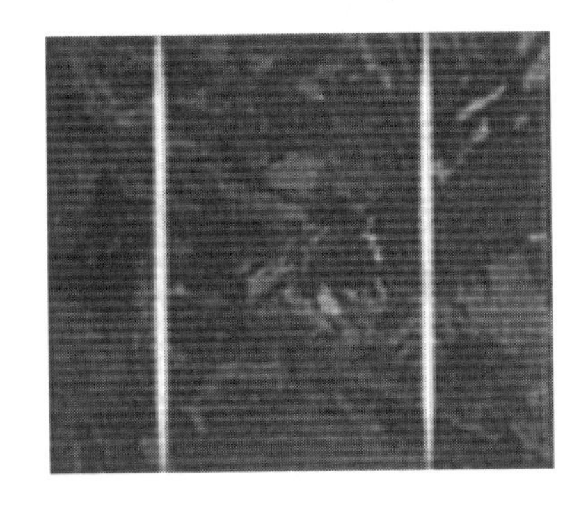

(b) 多晶硅太阳电池晶片

图 7-5　晶体硅太阳电池晶片

在晶体硅太阳电池组件中所使用的电池片晶片，可以采用单晶硅或多晶硅来制备，单晶硅太阳电池晶片和多晶硅太阳电池晶片的制备工艺除晶体硅材料的制备和对晶体硅棒（锭）的切割加工方式有所不同之外，其他的加工工序基本相同。

晶体硅太阳电池用的晶体硅材料制备的主要生产工艺流程可见图 7-6 所示。

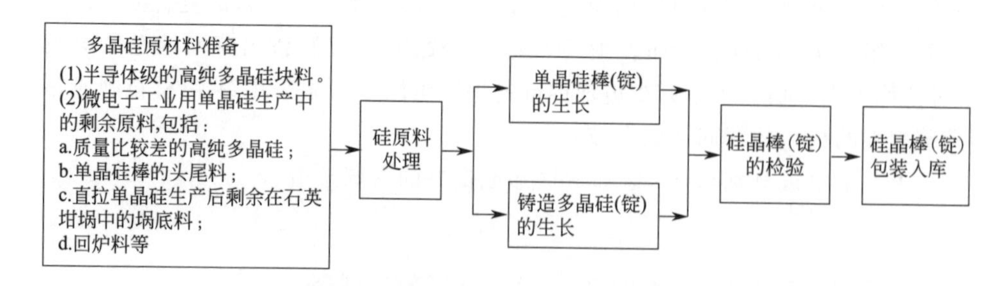

图 7-6　晶体硅太阳电池用的晶体硅材料制备的主要生产工艺流程

要确保晶体硅太阳电池组件的质量，使其具有比较高的光电转换效率，无非是要在适合的“生产环境”下对其主要的几个关键生产工序进行严格、有效的质量控制。即主要对铸造多晶硅的制备工艺（包括多晶硅原材料的准备）、硅晶片的扩散工艺、硅晶片表面“绒面”结构的制备工艺、硅晶片减反射层的沉积等进行严格有效的质量控制。为此，为了防止杂质污染，可在厂房的“生产环境”中适当配置、建设一定面积的 10000 级“洁净区”，在资金使用许可的情况下，在生产厂房建设中，拟将晶体硅材料制备工序、主要的晶体硅材料的加工设备（例如多晶硅原料准备、铸锭炉、破锭机、线切割机、扩散炉、HF 腐蚀机、PECVD、全自动丝印烧结系统、电池分选测试仪等）全部配置在至少为 10000 级洁净区或者在局部的 1000 级洁净区内。

7.4.1　多晶硅原材料的准备

在太阳能硅电池产业生产中，当前制备太阳电池用的硅材料的原料主要有两种：制备直拉单晶硅、铸造多晶硅和带状多晶硅是利用高纯多晶硅等为原料，而薄膜非晶硅和薄膜多晶则是利用高纯硅烷等气体为原料。前者可直接利用半导体级高纯多晶硅为原料，但是，由于制备半导体级高纯多晶硅的工艺复杂、生产成本很高，同时又因太阳电池和器件中对杂质的容忍度相对于微电子器件而言要大得多，故为了降低生产成本通常利用微电子工业用单晶硅材料废弃的头、尾料、各种报废硅材料或质量比较低的电子级高纯多晶硅。

铸造多晶硅的原材料可以使用半导体级的高纯多晶硅，也可以使用微电子工业用单晶硅生产中的剩余原料：包括质量比较差的高纯多晶硅、单晶硅晶棒的头尾料、直拉单晶硅生产后剩余在石英坩埚中的埚底料等。在使用原材料选择中，与前者相比，使用后者的成本比较低，但是其质量相对较差，尤其是在 N 型和 P 型掺杂单晶硅混杂，容易造成铸造多晶硅的电学性能的不合格，故在使用这种原料时要更加精细的进行控制。

与单晶硅生长方法相比，铸造多晶硅生长对硅原料的纯度具有比较大的容忍度，所以生长铸造多晶硅的硅原料更多地使用微电子工业的剩余原料，从而使得其原料的来源更加广泛，其价格相对比较便宜，其生产成本比较低。而且，还可以重复使用多晶硅片制备过程中剩余的硅材料。经验证明，只要硅原料中加入的剩余原料的比例不超过 40%，还是能够生长出合格的铸造多晶硅的。

生长铸造多晶硅所用的多晶硅原料一般可分为两种。“免洗多晶硅料”可以直接使用，对于非免洗硅料包括回炉料、头尾料等，经过破碎后可用 HF：HNO_3 的混合酸进行化学腐蚀、清洗、烘干，而后再使用。

为了防止杂质污染，“原料准备”和晶体硅生长（单晶硅或铸造多晶硅）应在比较洁净的环境下（可能的话在 10000 级洁净区域内）进行，当然这样会增加厂房的投资、增加产品的生产运行成本，但对提高晶体硅（单晶硅或铸造多晶硅）的质量是有利的。

7.4.2　太阳电池产业用的硅系晶体材料

目前应用于太阳电池产业中的硅系晶体材料主要包括有直拉单晶硅、铸造多晶硅、带（片）状多晶硅和非晶硅薄膜、多晶硅薄膜。

7.4.2.1　太阳能光伏产业中用的直拉单晶硅棒（锭）

到目前为止，太阳能光伏产业基本是建立在使用硅材料的基础上，世界上绝大部分的太阳能光电器件是利用晶体硅材料制造的，其中单晶硅太阳电池是最早被开发、研究、试制和应用的，至今仍然是制备 P-N 同质结硅太阳电池的主要材料。

当前，广泛在太阳能硅电池产业生产中使用的圆柱棒形单晶硅仍然是采用传统的直拉单晶生长工艺制备而成的。

如今，用单晶硅制备的太阳电池光电转换效率的实验室水平已达到了 24.7% 。在实际的太阳电池生产线中，高效硅太阳电池（主要应用于空间领域）的光电转换效率已超过 20%。对于常规地面用商业直拉单晶硅太阳电池的光电转换效率一般可达到 13%～16%，期望在不久的将来能接近 17%～20%。

随着太阳能光伏产业的不断发展，最近德国西门子公司开发、研制出一种应用于制备太阳电池用的直拉三晶晶体硅。

直拉三晶晶体硅的特点是其机械强度较普通直拉硅单晶高很多，故能使制备太阳电池用的硅片厚度减少到 150μm 以下，可以大大地降低生产成本，图 7-10 所示为直拉三晶晶体硅和所使用的籽晶及三晶晶硅的截面示意。

这种直拉三晶晶体硅的生长技术与传统的直拉法基本相同，但所用的籽晶是三晶硅，并且其在晶体生长过程中的生长速度比较快，故可有效地缩短晶体硅生长的时间。

这种直拉三晶晶体硅晶体与通常用的〈111〉或〈100〉晶向的单晶硅是不同的，它是由三个都是〈110〉晶向的单晶共同组成的。在这三晶硅中存在三个孪晶界，它们都是垂直于（110）面，在晶体中心相交，形成三星状，其孪晶之间的夹角是 120°，如图 7-7 所示。

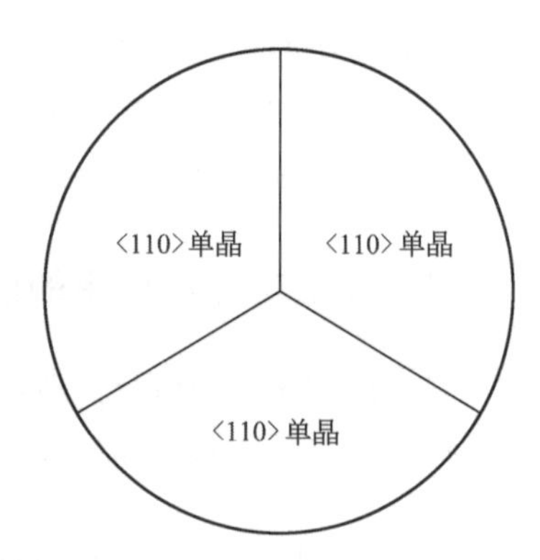

图 7-7　直拉三晶晶体硅和相关籽晶及三晶晶体硅的截面示意

由于这种直拉三晶硅的晶体生长方向是〈110〉晶向，故引晶过程中在籽晶中形成的位错就不能通过 Dash 缩颈工艺被完成消除，故直拉三晶硅不可能是无位错的晶体，这些位错通常成网络状分布在晶体中，其头部位错最大密度约为 $10^{5}\mathrm{cm}^{-2}$，晶体的尾部位错密度约为 $10^{7}\mathrm{cm}^{-2}$。

7.4.2.2　太阳能光伏产业中用的铸造多晶硅（锭）

在 1975 年，德国 Wacker 公司首先在国际上利用浇铸法制备出的多晶硅材料（SILSO）来制备太阳电池。与此同时，其他研究组织也提出了不同的铸造工艺来制备多晶硅材料，例如美国 Solarex 公司的结晶法、美国晶体系统公司的热交换法、日本电气公司的模具释放铸锭法等。

自 20 世纪 80 年代铸造多晶硅（multicrystalline silicon，mc-Si）的发明和应用以来，其以生产效率高、相对生产成本低的优势不断挤占单晶硅的市场，成为最有竞争力的太阳能硅电池材料。21 世纪初已经占 50% 以上市场，成为最主要的太阳能硅电池材料。

铸造多晶硅是利用浇铸或定向凝固的铸造技术，在方形坩埚中制备晶体硅材料，其生长方法简单，一次能生长出数百公斤大尺寸的多晶硅锭，也易进行自动化生长的控制，之后也易于切割成方形的硅片。与生长直拉单晶硅相比，其能耗小、切割加工的材料损耗小，又因铸造多晶硅技术对所使用的硅原材料纯度的容忍度要比直拉单晶硅高，故而使得其生产成本得到进一步的降低。

但是，其缺点主要是因其含有大量的晶粒、晶界、高密度位错、微缺陷和相对比较高的杂质浓度，晶体质量明显低于单晶硅，从而降低了太阳能硅电池的光电转换效率，铸造多晶硅太阳电池的光电转换效率要比直拉单晶硅太阳电池的光电转换效率低 1%～2% 。铸造多晶硅和直拉单晶硅的比较见表 7-1。

表 7-1　铸造多晶硅和直拉单晶硅的比较

晶体性质	直拉单晶硅(CZ)	铸造多晶硅(MC)
晶体形态	单晶	多晶
晶体形状	圆形	方形
晶体质量	无位错	高密度位错
晶体大小	～300mm	>700mm
能耗/(kW・h/kg)	>100	～16
光电转换效率	15%～17%	14%～16%

自 20 世纪 90 年代以来，由于铸造多晶硅有明显的优势，国际上新建的太阳电池和材料的生产线大部分是铸造多晶硅锭生产线，目前铸造多晶硅已占太阳电池材料的 53% 以上，成为最主要的太阳电池材料。

7.4.2.3　太阳电池用的带（片）状多晶硅片材料

自 20 世纪 80 年代以来，带（片）状多晶硅片材料的研究和生产得到了国际上太阳能光伏产业界的关注。国际上已经有十多家研究机构或公司长期致力于生长带（片）状的多晶硅片材料的研究工作，其中包括有著名的 ASE 公司、Evergreen 公司、Ebara 公司、Bayer 公司、Fraunhofer 太阳能研究所等。

带（片）状多晶硅片材料是可利用不同技术，直接从硅熔体中生长出带（片）状的多晶硅片材料，它由于具有可减少硅片加工工艺、减少因切割而造成的硅材料损耗等优点得到了太阳能光伏产业界的关注，并已在太阳电池工业中得到初步的应用，其市场占有率约为 3%～4%，有一定的发展潜力。

但是，到目前为止，虽然已经开发出 20 多种带（片）状多晶硅片材料的生长技术，但大部分技术仍然处于研究阶段。由于其生长速率、冷却速率比较快，晶粒细小，缺陷密度高，金属杂质含量相对较高，故导致所制备的带（片）状太阳电池的光电转换效率偏低、经济成本较高。

7.4.2.4 太阳电池用的非晶硅薄膜材料

早在20世纪60年代，人们就开始了对非晶硅（amorphous silicon，a-Si）的基础研究，70年代非晶硅就开始被应用于太阳能光电材料中。1976年，卡尔松（D. E. Carleson）等首先报道了利用非晶硅薄膜材料制备的太阳电池，其光电转换效率约为2.4%，以后很快使其光电转换效率增加到4%。目前非晶硅薄膜材料制备的太阳电池已成为实用、廉价的太阳电池产品，主要应用在计数器、手表、玩具等室内小功耗器件中。

7.4.2.5 太阳电池用的多晶硅薄膜材料

多晶硅（polycrystalline silicon，poly-Si）薄膜材料是一种既具有晶体硅电学特性，又具有非晶硅薄膜材料太阳电池生产成本低、设备简单且可大面积制备等优点的太阳电池材料，正成为国际上研究的热点。

7.4.3 直熔法制备铸造多晶硅的生产工艺

铸造多晶硅是在专用的多晶硅铸锭炉内，利用浇铸或定向凝固的铸造技术制备出方形的多晶硅锭。利用铸造技术制备多晶硅主要有两种工艺。

一种“浇铸法”，即在一个坩埚内将硅原料熔化，然后浇铸到另外一个经过预热的坩埚内冷却，通过控制冷却速率，采用定向凝固技术制备晶粒的铸造多晶硅。

另外一种是直接熔融定向凝固技术，简称“直熔法”，又称布里奇曼法。它是在坩埚内直接将多晶硅原料熔化，然后通过坩埚底部的热交换等方式，使得硅熔体冷却，采用定向凝固技术制备铸造多晶硅。故这种工艺也称为热交换法（heat exchange method，HEM）。

采用直熔法生长的铸造多晶硅质量比较好，它可通过控制垂直方向的温度梯度使得固液交界面尽量平直，这有利于生长取向性较好的柱状多晶硅锭。而且这种技术所需要的人工少，晶体生长过程容易控制，易实现自动化，在晶体生长结束后，由于一直保持在高温下，对多晶硅晶体起着“原位热处理”的作用，致使晶体内热应力的降低，而使晶体内位错密度的降低。这种技术在国际太阳电池产业界得到了广泛的应用。

在铸造多晶硅的制备过程中，可利用方形的高纯石墨或石英作为坩埚。高纯石墨方形坩埚成本比较低，但是其碳和金属的污染较高，而石英方形坩埚的成本较高，但是其碳和金属的污染较少，容易制备出优质的铸造多晶硅。

在铸造多晶硅的制备过程中，由于硅原料的熔化和晶体硅的结晶过程，硅熔体和石英坩埚内表面的长时间接触会产生黏滞现象。由于两者的热膨胀系数不同，容易在晶体冷却时使得晶体硅或石英坩埚破裂。此外，由于硅熔体和石英坩埚内表面的长时间接触，会造成石英坩埚内表面的腐蚀，使得多晶硅中的氧浓度增高。为了解决这个问题，一般可采用坩埚内表面具有 Si_3N_4 或 SiO/SiN 等涂层的石英坩埚。这样不仅隔离了硅熔体和石英坩埚内表面的直接接触，彻底解决了两者的黏滞现象，而且可以降低多晶硅中的氧、碳杂质的浓度，还可以使得石英坩埚得到重复使用而达到降低生产成本的目的。

当前，国际上已有专用的铸造多晶硅生长设备。例如美国某公司生产的生长铸造多晶硅的铸锭炉（HEM furnace），已经广泛应用于太阳电池的产业生产中。某公司生长铸造多晶硅所用的铸锭炉如图 7-8 所示。

图 7-8 某公司生长铸造多晶硅所用的铸锭炉

直熔法制备铸造多晶硅的生产工艺过程有如下几个。

(1) 装料

将适量的硅原料安装到放置在热交换台（冷却板）上、内表面具有 Si_3N_4 或 SiO/SiN 等涂层的石英坩埚中，然后安装好相关的加热系统、隔热系统等装置，之后将铸锭炉关闭抽真空，使得炉内压力降至 0.05～0.1Mbar（1Mbar=

100Pa)。保持真空后，再通氩气作为保护气体，使得炉内压力基本保持在400～600Mbar。

(2) 加热

通过石墨加热器进行缓慢预加热，首先将炉内石墨部件（石墨加热器、坩埚板、热交换台等）、隔热层、硅原料等表面吸附的湿气蒸发后，再缓慢加热，使得石英坩埚的温度达到1200～1300℃，该过程大约需要4～5h。

(3) 化料

铸锭炉内在通入氩气作为保护气体，使得炉内压力基本保持在400～600Mbar。在氩气气氛下逐渐增加加热功率，使得石英坩埚内的温度达到1500℃左右，硅原料开始熔化，熔化过程中一直保持在1500℃左右，直到硅原料全部熔化结束，该过程大约需要9～11h。

(4) 晶体硅的生长

在硅原料全部熔化结束后，按照一定的降温速率降低加热功率，使得石英坩埚内的温度降到1420～1440℃硅熔点左右。石英坩埚逐渐向下移动或使隔热装置逐渐上升，使得石英坩埚缓慢脱离加热区，与周围形成热交换；同时，冷却板内通入冷却水，使得硅熔体的温度自底部开始降低，晶体硅首先从底部开始形成，并且呈柱状向上生长，生长过程中的固液交界面始终保持与水平面平行（即采用平面固液界面凝固技术），直至晶体硅生长完成，该过程大约需要20～22h。

(5) 退火

当晶体硅生长完成后，由于晶体底部和上部存在比较大的温度梯度。因此，晶体硅锭中会存在热应力，在硅晶片加工和电池制备过程中容易造成硅片的碎裂。故晶体硅生长完成后，晶体硅锭要保持在其熔点温度附近大约2～4h，使得晶体硅锭的温度均匀，以减少晶体硅锭中的热应力。

(6) 冷却

晶体硅锭在炉内经过退火后，关闭加热功率，提升炉内的隔热装置或完全下降晶体硅锭，同时向炉内通入大流量的氩气，使得晶体硅锭的温度降低至室内温度附近；与此同时使炉内气压逐渐上升，直至达到大气压。之后，打开炉子取出晶体硅锭，该过程大约需要10h。

对于生长质量为250～300kg的铸造多晶硅锭，一般晶体生长的速度大约为0.1～0.2nm/min，其铸造多晶硅锭生长的时间共计需要35～45h。

图7-9所示的是某公司制备240kg的直熔法铸造多晶硅锭生长过程中加热功率和熔体温度与时间的关系。

该铸造多晶硅锭面积为69cm×69cm，晶体生长的速度大约为111g/min，与直拉单晶硅的晶体生长速度相仿，在晶体生长初期大约前10h内，晶体原料

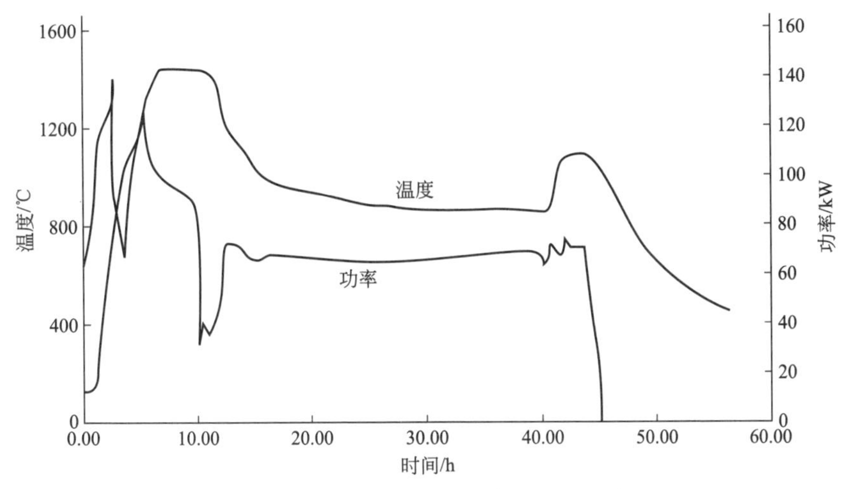

图 7-9　直熔法铸造多晶硅锭生长过程中
加热功率和熔体温度与时间的关系

熔化阶段需要保持比较高的加热功率和温度，而在其后的晶体凝固过程中所需要的加热功率和温度相对比较低，并基本保持一个稳定值，在经过 35h 后，可以关闭加热功率系统，温度逐渐降低。

为了保证铸造多晶硅的质量，在铸造多晶硅的生长过程中，主要控制、解决的是使其保持有均匀的固液交界面温度，使得铸造多晶硅锭存在尽量小的热应力，能生长出尽量大的晶粒，尽可能减少来自坩埚的污染。

在不同的热场设计中，固液交界面的形状呈“凹形”或“凸形”，由于硅熔体和晶体硅的密度不同，加上地球引力的作用会影响晶体的凝固过程而产生晶粒细小、不能垂直生长等问题。

为了解决这个问题，需要具有一个合适的热场，使得硅熔体在凝固过程中，晶体的凝固一般自坩埚底部开始到上部结束，采用平面固液界面凝固技术在生长过程中使其固液交界面始终保持与底部水平面平行。这样制备出来的铸造多晶硅硅片的表面和晶界垂直，可避免所制备出的太阳电池的界面有不良影响。

通常高质量的铸造多晶硅应该没有裂纹、孔洞等宏观缺陷，晶锭的表面比较平整。从正面观看，铸造多晶硅呈多晶状态，其晶界和晶粒清晰可见，多晶硅晶粒大小平均可达 10mm 左右。从侧面观看，铸造多晶硅的晶粒呈柱状生长，其主要晶粒是自底部向上部几乎垂直于底部水平面生长，如图 7-10 所示。

图 7-11 所示的是在不同热场情况下生长出的铸造多晶硅晶锭的剖面图。如图 7-11(a)～(d) 所示，随着晶体生长的热场的不断调整，晶粒逐渐呈现与固液交界面始终保持垂直方向的生长。

(a) 正面　　(b) 剖面

图 7-10　铸造多晶硅的正面俯视图和剖面图

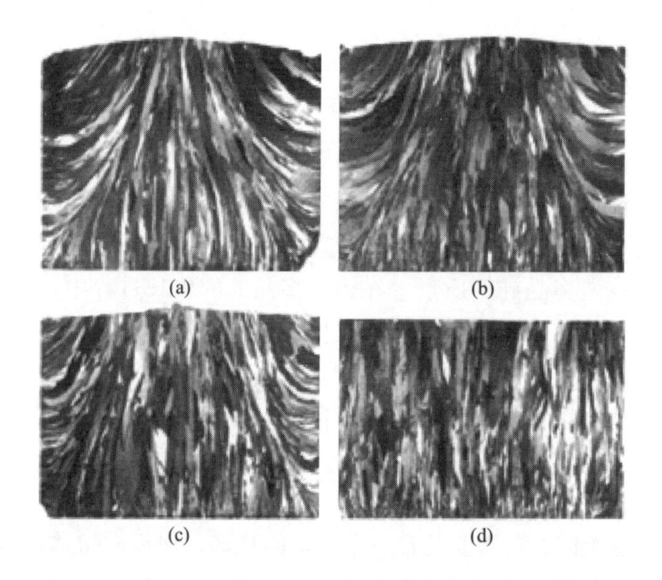

(a)　(b)　(c)　(d)

图 7-11　不同热场情况下生长出的铸造多晶硅晶锭的剖面图

如图 7-11(a) 所示，晶体在底部成核并逐渐向上部生长的同时，很快由于晶锭的四周也会有新的核心生成并从边缘向中心逐渐生长，从而会产生晶粒细化、部分晶粒生长的方向与底部水平面不垂直的情况，这说明其固液交界面不是水平平直的。如图 7-11(d) 所示，几乎所有晶粒都是沿着晶体生长方向生长的，是与底部水平面呈垂直状态的柱状，这说明此时晶体的固液交界面在晶体生长方向一直是与底部水平面平行的，而且还可以看出晶锭底部的晶粒比较细小，而到上部的晶粒逐渐变大。

在晶体的凝固过程中，晶体的中部和边缘部分存在一定的温度梯度。温度梯度越大，多晶硅中的热应力也就越大，则会导致晶锭内部位错的生长，甚至会导致晶锭的破裂。因此，在铸造多晶硅的生长系统中必须有很好的隔热、保温系统，以保持熔区温度的均匀性而不出现较大的温度梯度，同时也可保证在晶体部分凝固、熔体体积减小后，温度也没有变化。

影响温度梯度的因素，除了系统热场本身的设计之外，晶锭的冷却速率也起到决定性作用。为了保持一定的晶体生长速率，需提高劳动效率、保持尽量小的温度梯度，以降低晶体中的热应力和减少晶体中的缺陷。通常在晶体生长初期，应保持尽量小的晶体生长速率，使得其温度梯度也尽量小，从而保证晶体以最少的缺陷密度生长。然后，在可以保持晶体的固液交界面平直和尽量小的温度梯度情况下，尽量增大晶体的生长速率以提高劳动生产效率。

在实际的工业生产中，要求铸造多晶硅的晶粒越大越好，一般为1～10mm，高质量的多晶硅晶粒大小平均可达10～15mm。铸造多晶硅的晶粒分布一般是因为晶体硅在底部形成核时，核心数目相对较多而使得其晶粒尺寸较小。随着晶体生长的进行，大的晶粒会变得更大，而小的晶粒会逐渐萎缩，因此晶粒尺寸会逐渐变大，如图7-11所示。图7-12所示为铸造多晶硅晶粒的平均面积随着铸造多晶硅晶锭的高度变化。晶锭上部的晶粒的平均面积几乎是底部晶粒尺寸的2倍。

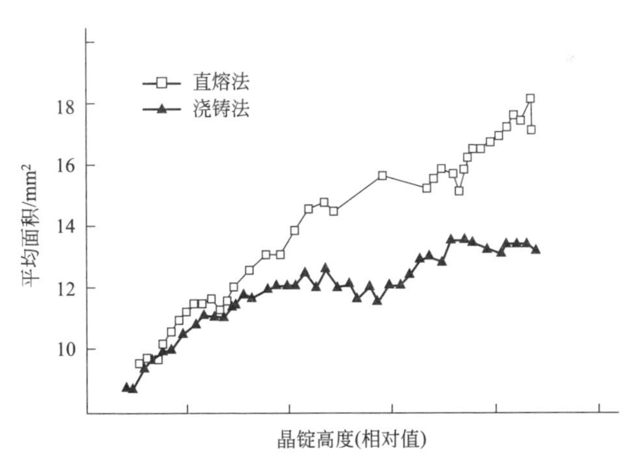

图7-12　铸造多晶硅晶粒的平均面积随着铸造多晶硅晶锭的高度变化

晶粒尺寸的大小也与晶锭的冷却速率有关。若晶锭冷却得越快，温度梯度就越大，晶体形核的速率也越快，而使其晶粒多而细小，这也是“浇铸法”制备的多晶硅晶粒尺寸小于“直熔法”制备的多晶硅的原因。另外，由于坩埚也与硅熔体接触，与中心部位相比，其温度相对比较低，晶体凝固过程中，凝固界面与石英坩埚壁接触处不断会有新的核心生成，会导致在多晶硅晶锭的边缘生成一些尺寸相对比较小、形状不是很规整的晶粒，如图 7-11 所示。

在铸造多晶硅晶锭的周边区域一般都存在一层不能用于太阳电池制备的少数载流子寿命较低的低质量区域，这层低质量区域与多晶硅晶体生长后在高温的保留时间有关。一般认为，晶体生长速率越快，这层低质量区域就越小，则可利用的材料就越多。这部分材料虽然不能制备太阳电池，但还是可以回收使用。不过在这种回收边料中，因其存在较多的碳化物和氮化物杂质，过多的使用会使材料的质量下降。所以，在多晶硅晶锭的生长过程中需要尽量减少这层低质量区域。

为了使硅材料具有一定的电学性能，也需要对铸造多晶硅进行有意的掺杂。为了考虑到生产成本、分凝系数和太阳电池制备工艺等因素，实际产业中主要用硼作为掺杂剂来制备 P 型的铸造多晶硅。

由于硼氧复合体对高效硅太阳电池的效率有衰减作用，故用镓（Ga）作为掺杂剂来制备 P 型和用磷作为掺杂剂来制备 N 型的铸造多晶硅已引起人们的广泛注意。

对 P 型掺硼的铸造多晶硅，电阻率一般在 0.1～5Ω·cm 范围内都可用来制备太阳电池，但是最佳的电阻率是在 1Ω·cm 左右，其硼的掺杂浓度约为 $2\times10^{16}cm^{-3}$。在制备铸造多晶硅晶锭过程中，可将适量的 B_2O_3 和多晶硅原料一起放入坩埚中，待多晶硅料熔化时 B_2O_3 被分解而使得硼溶入硅熔体内，其反应式如下：

$$2B_2O_3 = 4B+3O_2$$

由于硼在硅中的分凝系数为 0.8，所以自晶体底部开始到上部最后凝固部分，硼的浓度相当均匀，使得整个铸造多晶硅晶锭中的电阻率分布也比较均匀。图 7-13 为铸造多晶硅晶锭电阻率的理论和实际的分布曲线。

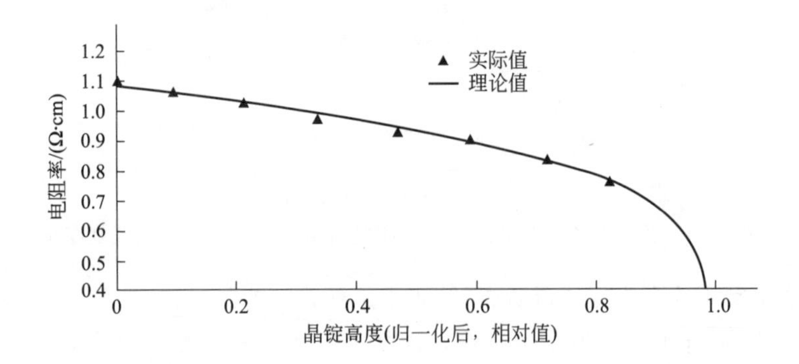

图 7-13 铸造多晶硅晶锭电阻率的理论和实际的分布曲线

掺镓 P 型铸造多晶硅虽然可以制备优质的太阳电池，但镓在硅中的分凝系数太小，只有 0.008。因此，晶体底部和上部的电阻率相差很大，不利于规模生产。同样，在掺磷的 N 型铸造多晶硅中，磷在硅中的分凝系数仅为 0.35，况且掺磷的 N 型铸造多晶硅中的少数载流子（空穴）的迁移率比较低，若进一步使用 N 型铸造多晶硅，势必要对现常用的太阳电池的生产工艺和设备进行改造。对于掺磷的 N 型铸造多晶硅要通过硼扩散制备 P-N 结，但由于硼扩散温度要高于磷。所以，无论是掺镓 P 型还是掺磷的 N 型铸造多晶硅，都与相应的直拉单晶硅一样目前仍然处于研究、开发阶段。

铸造多晶硅与直拉单晶硅相比，它具有高密度的晶界、位错和微缺陷，其碳含量远高于直拉单晶硅中的碳浓度，此外由于氧、氮、氢和金属杂质的作用是导致铸造多晶硅太阳电池的转换效率降低的重要原因。也正是因它含有相对比较多的杂质和缺陷而明显影响太阳电池的转换效率。所以铸造多晶硅太阳电池的转换效率始终低于直拉单晶硅的转换效率。

碳在硅中的分凝系数为 0.07，远小于 1。故在铸造多晶硅凝固时，首先从底部开始凝固，最后到上部，碳浓度逐渐增加，在晶体硅的上部接近表面处碳浓度可超过 $1\times10^{17}\mathrm{cm}^{-3}$，甚至还可超过碳在硅中的固溶度（$4\times10^{17}\mathrm{cm}^{-3}$）。图 7-14 为铸造多晶硅中氧、碳、氮杂质浓度沿着晶体生长方向的分布。

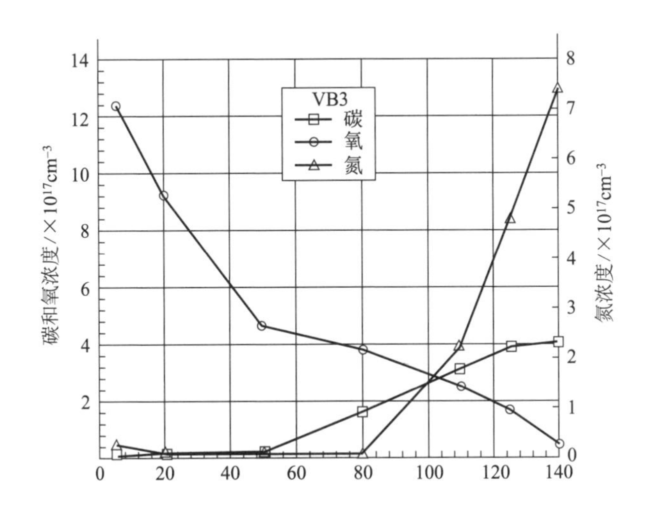

图 7-14　铸造多晶硅中氧、碳、氮杂质浓度沿着晶体生长方向的分布

图 7-15 为在铸造多晶硅中金属杂质 Cu、Fe、Co 自晶体上部（0）到晶体底部（1）的浓度分布。

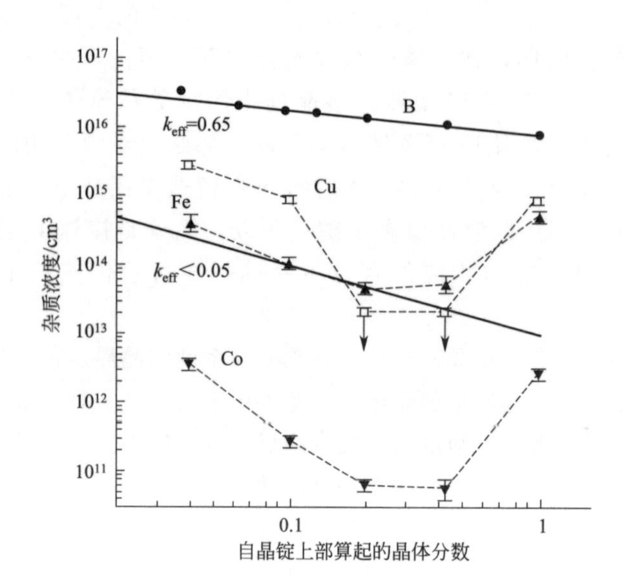

图 7-15　铸造多晶硅中金属杂质 Cu、Fe、Co 自晶体上部到晶体底部的浓度分布

图中直线是根据分凝系数计算出的浓度分布，B 的有效分凝系数采用 0.65，Fe 的有效分凝系数采用 0.05

图 7-16 为在铸造多晶硅中金属杂质 Zn、Cr、Ag、Au 自晶体上部（0）到晶体底部（1）的浓度分布。

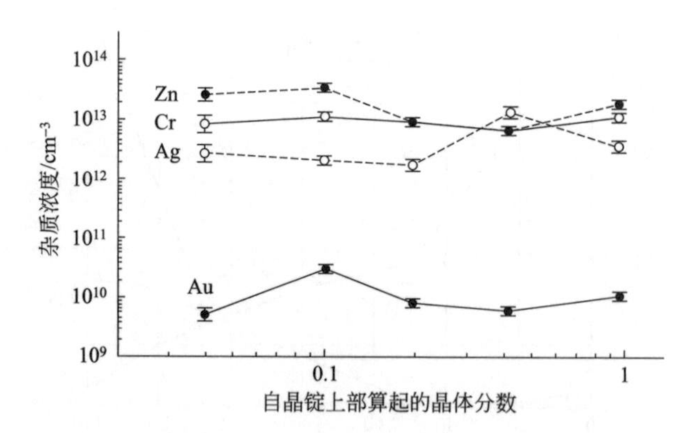

图 7-16　铸造多晶硅中金属杂质 Zn、Cr、Ag、Au 自晶体上部（0）到晶体底部（1）的浓度分布

图 7-17 所示的是铸造多晶硅表面的氢浓度分布。

图 7-18 所示的是铸造多晶硅中氮氧（N-O）复合体的浓度沿着晶体生长

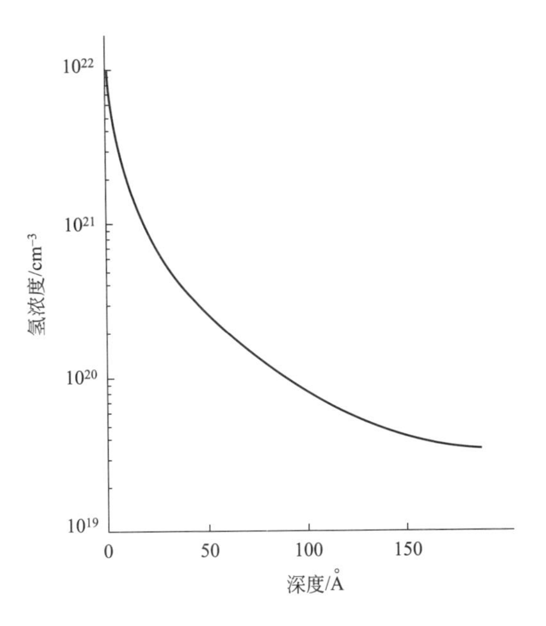

图 7-17　铸造多晶硅表面的氢浓度分布

方向的分布。

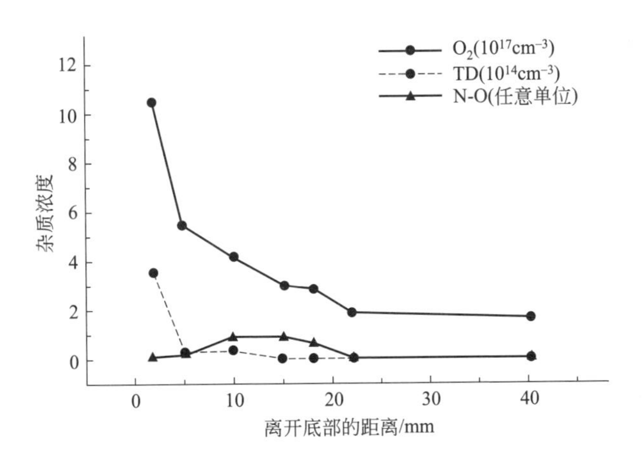

图 7-18　铸造多晶硅中氮氧（N-O）复合体的浓度沿着晶体生长方向分布

O_2—间隙氧；TD—热施主；N-O—氮氧复合体

图 7-19 所示的是铸造多晶硅中铁的总浓度和间隙态铁的浓度在晶体中的分布。

图 7-20 所示的是铸造多晶硅中位错密度沿着晶体生长方向的分布。

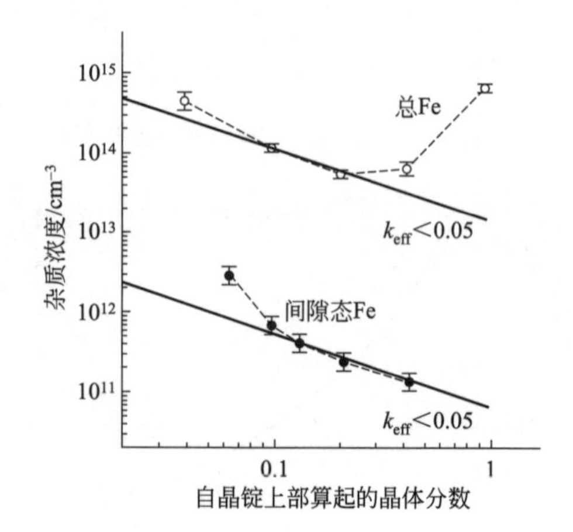

图 7-19 铁的总浓度和间隙态铁的浓度在铸造多晶硅中自晶体上部（0）到晶体底部（1）的浓度分布

图中直线是根据分凝系数计算出的浓度分布，Fe 的有效分凝系数采用 0.05

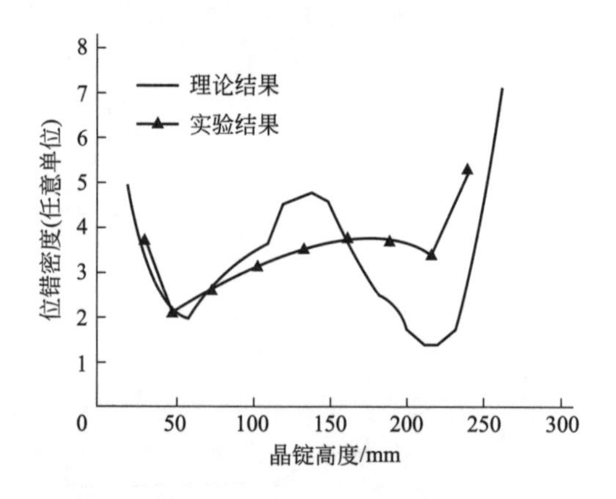

图 7-20 铸造多晶硅中位错密度沿着晶体生长方向的分布

在方形坩埚中制备铸造多晶硅材料，其生长方法简单、易生长出大尺寸的硅锭，也易于自动化生长的控制，之后也易于切割成方形的硅片。与生长直拉单晶硅相比其能耗小、切割加工的材料损耗小，又因铸造多晶硅技术对所使用的硅原材料纯度的容忍度要比直拉单晶硅高，故其生产成本得到进一步的降低，也因此被广泛应用于太阳电池的产业生产中。

7.5　对太阳能光伏产业用的硅片的技术要求

当前对应用于太阳电池产业的硅材料，国际上部分国家（地区）对发展光伏发电有确定规划的展望。2007年6月美国能源部发表的《国家太阳能项目路线图》，分别对不同类型太阳电池的现状进行了分析，并提出了太阳能用晶体硅电池路线图中到2015年或2020年时要达到的目标（表7-2）。

表7-2　美国2007年6月美国能源部发表的《国家太阳能项目路线图》

项目	现状(2007年)	未来目标(2015年)
多晶硅价格/(美元/kg)	45～60	20
线切割成本/(美元/W)	0.25	0.15
硅片面积/cm^2	约250	约400
硅片厚度/μm	200～250	120
工厂规模/(MW/年)	100～200	500
自动化程度	部分	全部
实验室最高转换效率/%	25	27
商品组件效率/%	12～18	15～21
组件制造成本/(美元/W)	2美元/W(30美元/kg)	1美元/W

根据日本新能源发展组织（NEDO）在2004年6月发表的《面向2030年光伏路线图的综述》中提出单晶硅基片的厚度100μm、面积为125cm×125cm的效率达到21%；多晶硅基片的厚度100μm、面积为150cm×150cm的效率达到18%。

当前制备太阳电池的硅片主要用直拉硅单晶加工而成，其截面形状主要呈“圆形”和“正方形”两种。

早期太阳电池硅片主要是“圆形”截面，其截面尺寸常为直径3英寸和4英寸。

现在的太阳电池硅片通常是呈“正方形”或“准方形”的截面，其截面尺寸主要是100mm×100mm、125mm×125mm或150mm×150mm。

对于晶体硅太阳电池而言，晶体硅吸收层厚仅需约25μm，就足以吸收大部分的太阳光，而其余厚度的硅材料主要起到支撑电池的作用。这部分晶体硅材料的厚度如果太薄，则在硅片加工和太阳电池制备过程中，容易因其机械强度较低碎、裂而增加生产成本。但是，如果这部分晶体硅材料的厚度太厚，一是浪费了材料而增加生产成本，二是在电池制备P-N结后所产生的光生载流子需要经过更长距离的扩散，这部分材料中的缺陷和杂质会造成少数载流子寿命和扩散长度的降低，最终也就降低了太阳电池的光电转换效率。因此，目前除了不断改善硅太阳电池的制备工艺，更注重的是要减少晶体硅材料的厚度。

随着太阳电池工艺、技术的发展，减少晶体硅材料的厚度已成为降低硅材料消耗、节约生产成本的有效措施。30 多年来，晶体硅材料的厚度已减少了将近一半，大大节省了硅材料的使用，这对于降低硅太阳电池的生产成本起到了很重要的作用。当前晶体硅材料的晶片厚度为 200μm 的硅太阳电池已研制成功，并已开始进入市场。

7.6 晶体硅太阳电池用的硅片的加工技术

晶体硅太阳电池用的硅晶片加工工艺流程可见图 7-21 所示。

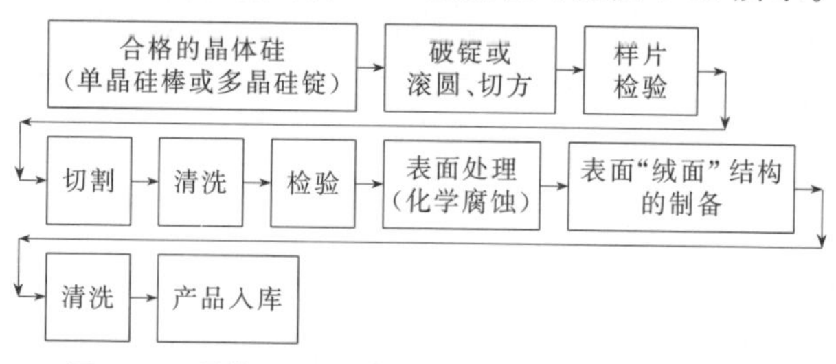

图 7-21　晶体硅太阳电池用的硅晶片加工工艺流程

7.6.1 硅晶棒（锭）的截断

硅晶棒（锭）的截断（cropping，也叫切断），其目的主要是要沿着垂直于晶体生长方向切除硅单晶棒（锭）的头（硅单晶的籽晶和放肩部分）、尾部及外形尺寸小于规格要求的无用部分、将硅单晶棒（锭）切割成切片机可处理长度的单晶棒（锭）段。同时对硅单晶棒（锭）切取样片，以检测其电阻率 ρ、氧/碳的含量、晶体缺陷等相关质量参数。

多晶硅锭的破锭系统及晶锭的切方加工见图 7-22 所示。

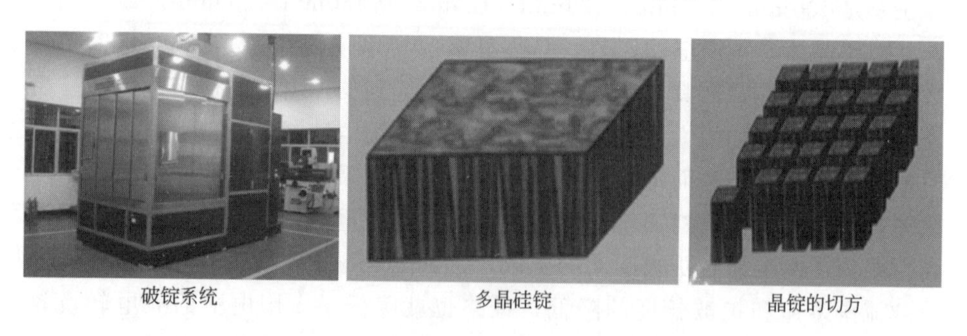

图 7-22　多晶硅锭的破锭系统及晶锭的切方加工

7.6.2　晶体硅的切片

晶体硅切片加工目的在于将晶体硅棒（锭）切成一定厚度的薄晶片，这就是硅切片。

太阳能光伏产业中用晶体硅的切片在太阳能光伏产业中，对太阳电池用晶体硅的晶片的表面加工精度要求不是很高，除需对硅片的厚度进行控制外，通常不再进行晶向、平行度、翘曲度的严格控制，当然如果晶片的晶向偏差过大会影响其光电转换效率，平行度和翘曲度过大会在太阳电池晶片或组件加工过程中产生碎裂而导致生产成本增加。

太阳电池用硅单晶片的厚度一般为 200～300μm，特殊情况下硅单晶片的厚度可为 100～150μm。

目前，由于线切割技术加工具有生产效率高、切缝损耗小（材料损耗相比可降低 25%以上）、表面损伤小、表面加工精度高等优点而被广泛应用于对太阳电池用硅晶棒（锭）的切片加工。图 7-23 所示的多晶硅锭的线切割系统。

线切割系统

单锭线切割

多锭线切割

图 7-23　多晶硅锭的线切割系统

当前线切割系统的主要供应商有瑞士 HCT 公司、Meyert Burger 公司、日本 Takatori（高鸟）和日本 HCT 公司等。

近几年为了提高硅片的加工精度逐步更新采用金刚线切割技术。目前新型的金刚线切割工艺是用砂浆的线切割，在切割度、成本和单片耗材等方面有明显的优势，且由于切片的厚度均匀性比较好，故可使切片的合格率大幅提高。见图 7-24、图 7-25 所示。

当今日本小松等企业技术较为领先，虽然采用“金刚线”切割工艺所使用的设备价格相对较低，但是所使用的耗材较贵。当然新型的“金刚线”切割工艺目前已经开始应用于太阳能光伏产业硅棒（锭）的加工之中。

在金刚线市场中，日本的旭金刚石（Asahi Diamond），中村超硬（Nakamura）占据较高市场份额，国内主要企业有岱勒新材、三超新材等企业。

图 7-24　金刚线切割

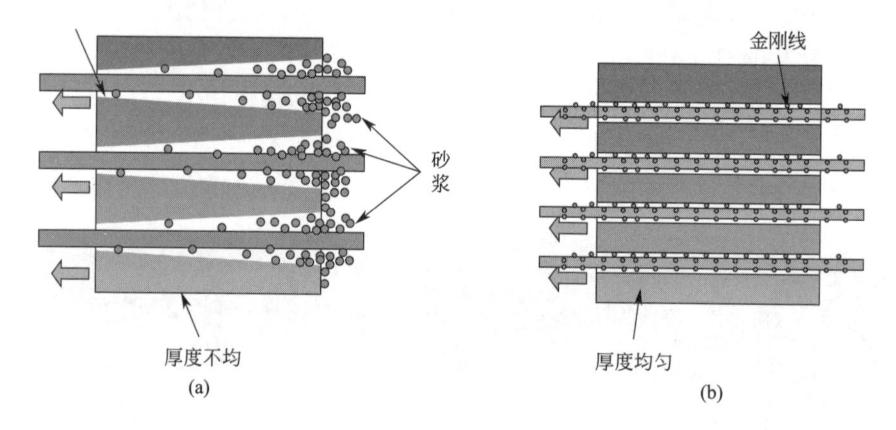

图 7-25　砂浆线切割工艺（a）和金刚线切割工艺（b）对比（参见文前彩图）

7.6.3　晶体硅片的化学腐蚀

硅片经过切片、研磨等机械加工后，其表面因机械加工产生的应力而形成有一定深度的机械应力损伤层，而且硅片表面有金属离子等杂质污染。通常采用化学腐蚀工艺（酸腐蚀或碱腐蚀）来消除硅片表面的机械应力损伤层和表面金属离子等杂质污染。化学腐蚀的厚度去除总量一般约20～30μm。

在对太阳能电池用晶体硅片进行化学腐蚀时，因为从生产成本的控制、环境保护和操作方便等因素的考虑，一般采用 NaOH 溶液进行化学碱腐蚀，化学碱腐蚀去除量要超过硅片存在的机械损伤层的厚度，约为 20～30μm（可视切割表面的损伤层厚度定）。

在用 NaOH 进行化学碱腐蚀时，可采用 10%～30%（质量比）的 NaOH

水溶液，腐蚀反应温度约在 70～90℃ 之间。

由于 NaOH 碱腐蚀是一种各向异性的化学腐蚀工艺，其腐蚀速率取决于表面悬挂键的密度，与硅晶片的各个表面结晶方向有关。腐蚀后硅片表面的平行度比较好，但其表面相对比较粗糙。

7.7　晶体硅太阳电池片的生产工艺流程

现以制备铸造多晶硅太阳电池组件为例，介绍太阳电池用的多晶硅电池晶片的生产工艺过程。

7.7.1　晶体硅太阳电池晶片的主要生产工艺过程

晶体硅太阳电池晶片的主要生产工艺流程可见图 7-26 所示。

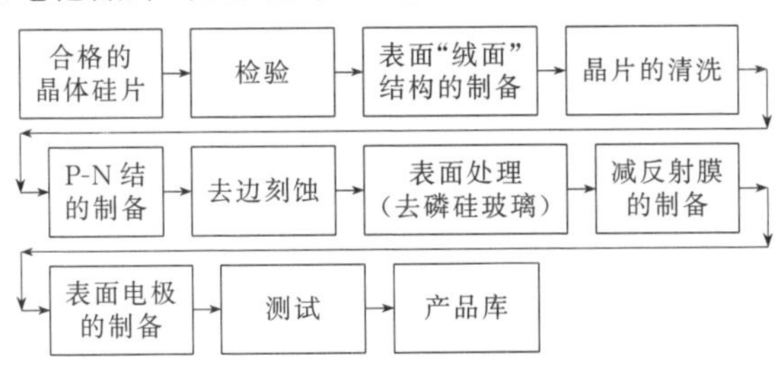

图 7-26　晶体硅太阳电池晶片的主要生产工艺流程

7.7.2　晶片表面“绒面”结构的制备

由于太阳光照射到硅片表面上后会有约 30％被反射损失，为了减少入射太阳光的反射损失提高太阳电池的性能，要在硅片表面置备一层呈“金字塔”形状的“绒面”结构层，这样可使得入射的太阳光经过多次反射增加电池对太阳光能的吸收。

太阳光照射到硅片表面上，硅片表面上有“绒面”结构层的电池要比没有“绒面”结构层的光面电池的入射太阳光的反射损失要小，如图 7-27 所示。

在制备太阳电池的实际工艺中，因为太阳电池是将单晶硅（100）晶面作为正表面，化学腐蚀剂对硅晶体表面的不同晶向的晶面具有不同的腐蚀速度，对（100）晶面腐蚀较快，对（111）晶面腐蚀较慢（即各向异性的化学腐蚀）。经过化学腐蚀后会出现表面为（111）晶面的四面方锥体结构，称其为“金字塔”结构。这种“金字塔”结构密布于电池表面，看起来像是一层丝绒面，习

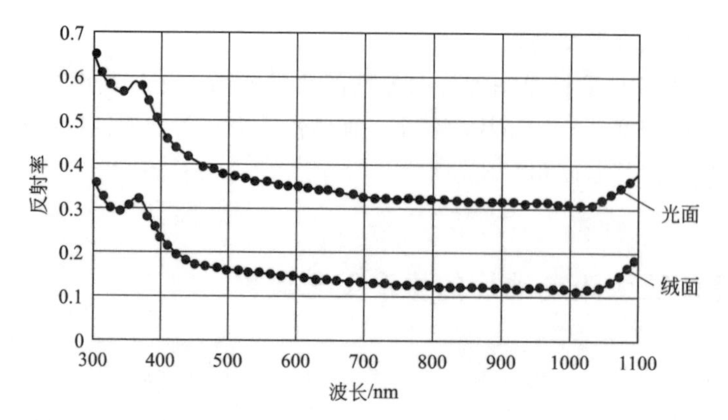

图 7-27 硅片表面上在制作有“绒面”结构层前、后的反射对比

惯称其为“绒面”结构层。

因此，控制碱腐蚀的时间，在相对比较长的碱腐蚀的时间内，硅片表面的不均匀腐蚀会出现“金字塔”结构，即习惯称为的“绒面”结构层，有效的“绒面”结构层可使得太阳的入射光在硅片表面进行多次反射和折射，增加光线的入射和吸收率。所以，在制备太阳电池的实际工艺中，常常将硅片的化学碱腐蚀和“绒面”结构层的制备工艺合二为一，以降低其生产成本。

单晶硅电池片的表面“绒面”结构层通常是利用某些化学腐蚀剂对硅片表面进行腐蚀而形成。常用的化学腐蚀剂一般有两类，一类是有机腐蚀剂，其包括 EPW（乙二胺、邻苯二酸和水）；另一类是无机腐蚀剂，其包括碱性腐蚀液，如 NaOH、KOH、LiOH、CsOH 和 $NH_3 \cdot H_2O$ 等。为了获得均匀的“绒面”结构层，往往在化学腐蚀剂溶液中添加醇类（常用乙醇或异丙醇）作为络合剂。由于腐蚀过程的随机性，其四面方锥体的大小并不相同，通常其高度控制在 3～6μm。

多晶硅电池片表面的“绒面”结构层通常是利用化学酸腐蚀工艺获得。这是因为多晶硅表面有不同晶向的晶面，且是随意分布的，故碱性腐蚀液的各向异性的化学腐蚀现象对于多晶硅表面讲其效果很不理想。由于碱性腐蚀液对多晶硅表面不同晶粒之间的反应速度不一样，表面会产生台阶和裂缝，无法形成均匀的“绒面”结构层。

为此，可采用化学酸腐蚀工艺来制备多晶硅电池片表面的“绒面”结构层。可使用 HF、HNO_3、H_3PO_4 的混酸溶液对硅片进行酸腐蚀。在酸腐蚀过程中，对硅的不同晶向的晶面有着相同的腐蚀速度（即各向同性的化学腐蚀）。为了降低各向同性的腐蚀速度，可采用较低的反应温度（5～10℃），使硅表面因切片加工产生的表面损伤（微裂纹）方向上保持比较高的腐蚀速度，从而加深、加宽表面的损伤，形成“绒面”结构层。由于多晶硅表面的晶向是任意分布的，经酸腐蚀后，在表面会产生许多不规则、密布于表面而类似“椭圆形小球”的凹坑，如图7-28显微镜观察到的多晶硅表面“绒面”结构层的形貌。

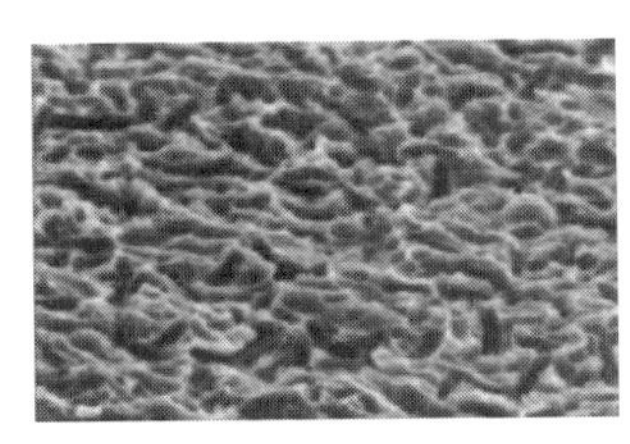
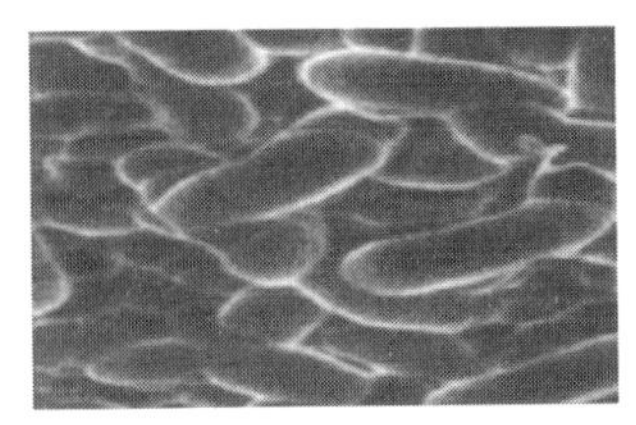

图7-28 多晶硅表面“绒面”结构层的形貌

由于利用酸腐蚀工艺来制作多晶硅表面“绒面”结构层的成本比较低，易于工业化生产，而且还能去除切片加工所产生的表面损伤层（约10～20μm），制作“绒面”结构层和化学清洗等多道工序结合在同一设备中完成。近几年来已开发的酸制绒清洗系统得到了广泛的应用，如图7-29所示。

图7-29 晶片表面酸制绒清洗系统

由于“绒面”结构层的质量不易控制，且其减反射的效果有限（腐蚀后的反射率一般仍在11%以上），生产中会产生大量的化学废液和酸碱气体，容易污染环境而不利于环境的保护。目前，反应离子刻蚀技术（RIE）是颇有发展前景的技术，它首先是在硅片表面形成一层掩膜层（MASK），再显影出“绒面”结构层模型，然后再利用反应离子刻蚀的方法制备“绒面”结构层。用这种方法制备出的减反射“绒面”结构层非常完美，其表面反射率最低可降至0.4%，而且均适用单、多晶硅片表面的“绒面”结构层制备，生产工艺与设备都可移植于IC工业，若其生产成本能够进一步降低，有望能取代化学腐蚀方法而被大规模使用。

例如，日本京瓷公司的多晶硅太阳电池产业生产中，就是采用了等离子刻蚀工艺，其太阳电池的光电转换效率可达到17.2%～17.7%。

7.7.3 P-N结的制备

在硅电池晶片材料上生成不同导电类型的扩散层，形成P-N结是硅太阳能光电池制备过程中的关键工序。通常可采用热扩散、离子注入、外延、激光或高频电注入等工艺来制备 P-N 结。

扩散是物质分子或原子运动所引起的一种物理现象。热扩散法制备 P-N 结是用加热的方法，在 N 型（或 P 型）半导体材料中，利用热扩散工艺掺入相反类型的杂质，使得 5 价杂质掺入 P 型或 3 价杂质掺入 N 型，使其在一部分区域内形成与体材料相反类型的 P 型（或 N 型）半导体层，从而形成 P-N 结。硅太阳能电池工业生产中常用的 5 价杂质元素是磷、3 价杂质元素是硼。见图 7-30 所示。

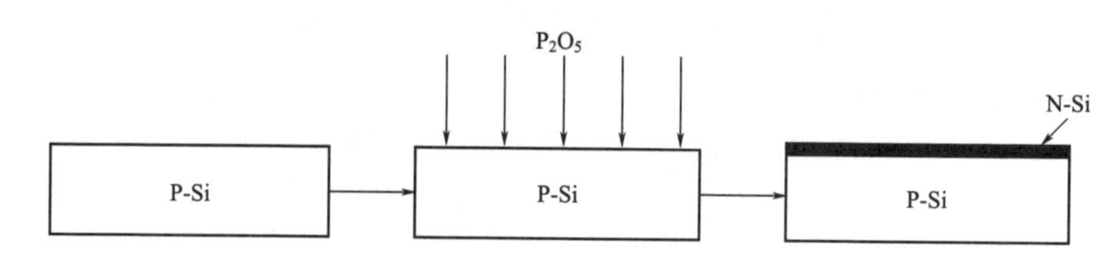

图 7-30　在 P 型硅半导体中扩散磷杂质形成 P-N 结的示意

具体的工艺过程是：首先将硅晶片加热到 800～1200℃，然后通入 P_2O_5 气体，P_2O_5 气体在硅表面热分解，磷沉积在硅表面并且扩散到硅晶片体内，在硅表面形成一层含高浓度磷的单晶硅，成为 N 型半导体，其与 P 型体硅材料的交界处就构成了 P-N 结。这种方法是硅太阳电池制备工艺中最常用的方法。

衡量扩散质量的主要参数是 P-N 结的深度和扩散层的方块电阻。如果 P-N 结的深度比较浅，其表面浓度低，电池的短波响应好，但是会增加串联电阻，只有提高电极栅线密度才能有效提高电池的填充因子，这样就会增加工艺难度。如果 P-N 结的深度比较深，其表面浓度增大，这会引起重掺杂效应，使得电池的开路电压和短路电流下降。在实际电池生产中，一般 P-N 结的深度控制在 0.30～0.50μm 厚度。

扩散层的方块电阻 $R_\square$ 是指单位面积的半导体薄层所呈现的电阻，它可反映出扩散工艺过程中进入体内的杂质总量。其方块电阻与扩散时间、扩散温度和气体流量大小等因素密切相关。一般讲，扩散杂质浓度越高，导电的能力越强，其方块电阻越小。通常控制在 20～70Ω 范围内。

在制造工艺上常采用氮气携带三氯氧磷管式高温扩散，这是目前制备 P-N 结的主流生产技术，其特点是产量大、工艺成熟、操作简单。目前，太阳电池向大尺寸、超薄化以及低的表面杂质浓度（表面方块电阻 80～120Ω、均匀性

±3%以内）方向发展。若采用减压扩散技术（LYDOP）则更为有利，工艺中低的杂质源饱和蒸气压可提高杂质的分子自由程，对 156 mm 尺寸的硅晶片每批次产量为 400 片的情况下，其扩散均匀性仍优于±3%，是高品质扩散的首选与环境保护型的生产方式。链式扩散设备由于处理硅片尺寸几乎不受限制，且其碎片率大大降低而迅速受到重视，其工艺有喷涂磷酸水溶液扩散与丝网印刷磷浆料扩散两种。

热扩散通常在卧式管状扩散炉内进行，某公司生产的卧式管状扩散炉的外形如图 7-31 所示。

图 7-31　某公司生产的卧式管状扩散炉的外形

其主要性能参数是：

处理硅片的尺寸	156mm×156 mm
生产能力	300～400 片/管
炉管数量	1～4
工作温度	400～1300 ℃
恒温区温度	600～1250 ℃
恒温区温度稳定性	（600～1250℃）±1℃/天
恒温区长度	1000 mm
扩散不均匀性	≤3%

7.7.4 去边刻蚀

在扩散过程中，硅片的周围表面也同时形成了扩散层。这种边缘扩散层的存在会使硅电池的上、下电极形成局部的短路现象，从而使得电池的并联电阻下降，影响电池的转换效率，所以必须清除硅片的周围表面上的扩散层。

硅太阳电池制备工艺中最常用的去边刻蚀方法主要有湿法化学腐蚀或等离子干法腐蚀。

湿法化学腐蚀法是将硅片的上、下表面均匀涂上耐酸的掩蔽胶（例如黑胶），然后在 HNO_3 和 HF 的混酸溶液中对硅片进行酸腐蚀约 30s，去除硅片周围表面上的扩散层，然后用水冲清洗后，再将硅片的上、下表面掩蔽胶清除干净。

目前工业化生产中大多采用等离子干法腐蚀。它是在辉光放电情况下通过氟和氧交替对硅片表面作用，可去除含有扩散层的硅片的周边。

等离子干法腐蚀的工作原理是：在外电场的作用下，气体中的微量自由电子会加速运动，当电子在外电场中获得足够的能量后便与气体分子发生碰撞，使得气体分子电离而发射出二次电子；二次电子又进一步与气体分子发生碰撞，之后电离，会产生更多的电子和离子；由于电子和离子互相复合的逆过程，电离与复合过程最终达到一个平衡状态，出现稳定的辉光放电现象而形成稳定的等离子体。在辉光放电过程中，除了形成电子和离子外，还会产生激发态的游离基（分子、原子和各种原子团）。这种具有高度化学活性的游离基与被腐蚀材料表面发生化学反应，形成可挥发的物质，致使材料不断被腐蚀。

图 7-32　某公司生产的等离子干法腐蚀系统的外形

目前工业化生产中常用的某公司生产的等离子干法腐蚀系统的外形如图 7-32 所示。

7.7.5　表面处理（表面去磷硅玻璃）

在扩散过程中，硅片表面会形成一层含有磷元素的 SiO_2，即称磷硅玻璃。这种磷硅玻璃比较疏松，会对后道镀膜工序质量和电池片的电气性能产生不利影响，所以必须在硅片表面镀膜之前将这层磷硅玻璃清除干净。

目前工业化生产中大多采用氢氟酸溶液的化学腐蚀方法来去除硅片表面的 SiO_2 层 。其化学反应是：

$$SiO_2 + 6HF \longrightarrow H_2(SiF_6) + 2H_2O \tag{7-17}$$

目前工业化生产中常用的某公司生产的去磷硅玻璃腐蚀系统的外形如图 7-33 所示。

图7-33 某公司生产的去磷硅玻璃腐蚀系统的外形

7.7.6 减反射膜层的制备

尽管硅片表面已经制备了一层呈“金字塔”形状的“绒面”结构层，可使得入射太阳光经过多次反射而增加电池对太阳光能的吸收，但是仍然会有大约百分之十几的反射损失。为了进一步减少入射太阳光的反射损失，可在硅片表面再制备一层透明的减反射膜层（沉积的薄膜厚度一般约为60～100nm），以提高硅片表面对入射太阳光的吸收率。多晶硅太阳电池晶片表面上在沉积有减反射膜层前、后的反射率对比见图7-34所示。

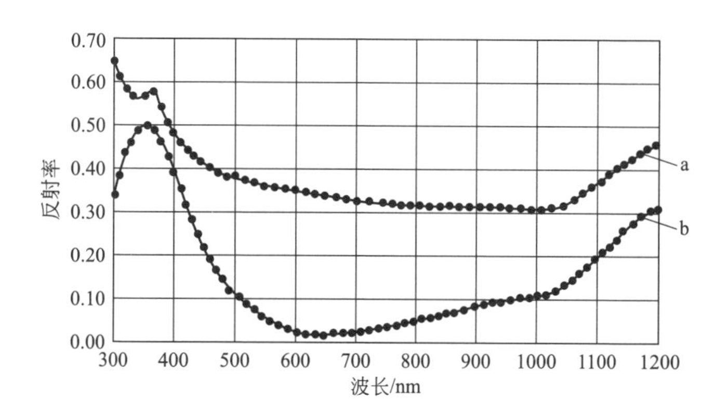

图7-34 多晶硅太阳电池晶片表面上在制作有减反射膜层前、后的反射率对比

a—多晶硅太阳电池晶片表面没有减反射膜层的反射率；

b—多晶硅太阳电池晶片表面沉积 SiN_x 有减反射膜层的反射率

减反射膜的工作原理是利用光在减反射膜上、下表面反射所产生的光程差，使得两束反射光干涉相消，从而减弱反射增加透射。

在使用不同材料制备的太阳电池中，减反射膜层的效果取决于减反射膜层的厚度和其折射率。

在晶体硅太阳电池的制备工艺中，最常用的减反射膜层的材料有 TiO_2、SiO_2、Si_3N_4等。这些常用来制作减反射膜层所用材料的折射率（表 7-3）。

表 7-3 制作减反射膜层所用材料的折射率

材料	MgF_2	SiO_2	Al_2O_3	SiO	Si_3N_4	TiO_2	TaO_5	ZnS
折射率	1.3～1.4	1.4～1.5	1.8～1.9	1.8～1.9	约 1.9	约 2.3	2.1～2.3	2.3～2.4

通常制备减反射膜层的工艺方法有真空镀膜法、离子镀膜法、溅射法、喷镀法和化学气相沉积、等离子化学气相沉积等方法。

工业生产中，广泛采用的是等离子化学气相沉积方法，沉积 Si_3N_4 减反射膜层。

由于采用等离子化学气相沉积制备减反射膜层工艺中的沉积温度比较低，对多晶硅中的少数载流子寿命影响较小，其生产能耗较低，但其沉积速率快，故生产效率高，而且生成的氮化硅薄膜均匀、缺陷密度较低，还具有抗氧化和绝缘性，有良好的阻挡钠离子、掩蔽金属和水蒸气扩散的能力，化学稳定性也好，故其减反射膜层质量较好。当然 SiO_2 和 SnO_2 等薄膜也常常在硅太阳电池生产工艺的研究、开发中被用作减反射膜。

为了减少入射太阳光反射减反射层，减反射层所沉积的薄膜，一般可均匀沉积 60～100nmSiO_2 等材料薄膜。

目前用于沉积减反射膜层的等离子化学气相沉积系统主要有平板式和管状式两类，见图 7-35 所示。

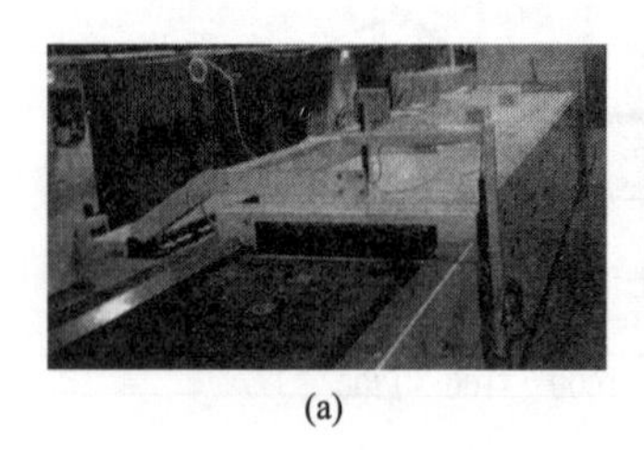
(a)

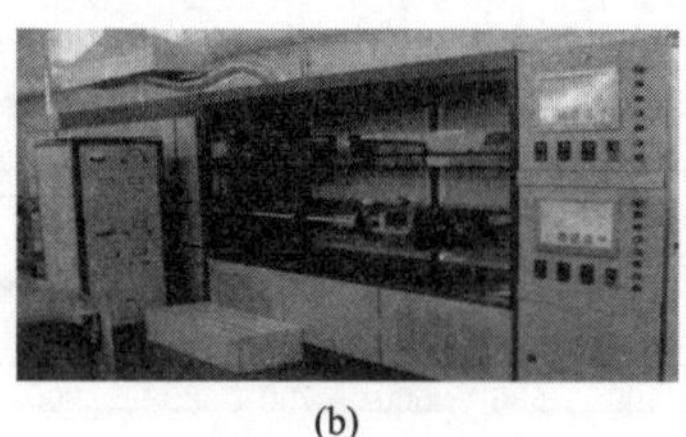
(b)

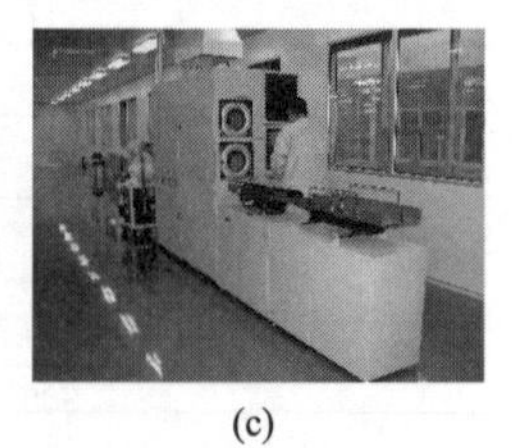
(c)

图 7-35 某些公司生产的平板式（a、b）和管状式（c）等离子化学气相沉积设备的外形

7.7.7 表面电极的制备

太阳电池在有太阳光照射时，在 P-N 结两侧形成正、负电荷的积累而产生光生电动势，在实际应用中需要通过上、下电极与负载相连接，才能有电流输出。

太阳电池的电极就是与 P-N 结两端形成良好欧姆接触的导电材料。习惯上将在电池的太阳接受光照射面上制作有呈“梳齿”的“栅线”形状的金属的电极称为上电极（一负极），为了减少电子和空穴的复合损失，通常是采用铝-银材料制成。而习惯把制作在电池背面的金属电极称为下电极或背电极（十正极）。为了减少电池内部的串联电阻，通常是采用镍-锡材料制成布满下表面的板状的背面金属电极。

表面电极的制备方法主要有真空蒸镀、化学镀镍、丝网印刷及银浆、铝烧浆印刷烧结等技术。

因为金属电极会遮挡、影响太阳光线的照射，减少受光面的太阳光吸收。因此，为了减少金属电极在电池接受光照面上的表面积，一般都可采用丝网印刷技术，在晶体硅太阳电池的两面制作呈“梳齿”的“栅线”形状的金属的电极。

丝网印刷制备电极技术是利用丝网印刷的方法，将金属导电浆料按照所设计的图形，印刷到已经扩散好杂质的硅晶片的正面和背面。然后，在适当的气氛下，通过高温烧结，使得金属导电浆料中的有机溶剂挥发，金属颗粒与硅片表面形成牢固的硅合金，并与硅片形成良好的欧姆接触，成为太阳电池的上、下电极。

一般制作的金属电极的膜厚约为 10～25 μm，金属“栅线”的宽度约为 150～250 μm。若采用光刻技术可使得金属“栅线”的宽度制作约小于 5 μm。

硅太阳电池的丝网印刷制备电极技术所用的金属导电浆料是以超细高纯银或铅为主体金属，然后再添加一定含量的辅助剂制成膏状配置。为了保证环境不受到污染，无铅银浆已经成为主要的印刷浆料。

丝网印刷制备电极技术因具有自动化程度高、产量大、重复性好、成本低的特点而得到广泛的应用。

目前太阳电池工业化生产中常用的某公司生产的全自动丝网印刷烧结系统如图 7-36 所示。

图 7-36 某公司生产的全自动丝网印刷烧结系统

7.8 晶体硅太阳电池组件的制备工艺技术

硅材料到制成太阳电池组件，需要经过一系列复杂的加工工艺过程，以制备晶体硅太阳电池组件为例，其主要的生产工艺过程包括：太阳电池用的多晶硅原料生产、太阳电池用硅晶体材料的生长、太阳电池用硅晶片的加工、太阳电池用晶体硅电池片的制备和晶体硅太阳电池组件的生产。

晶体硅太阳电池组件的主要生产工艺流程可见图 7-37 所示。

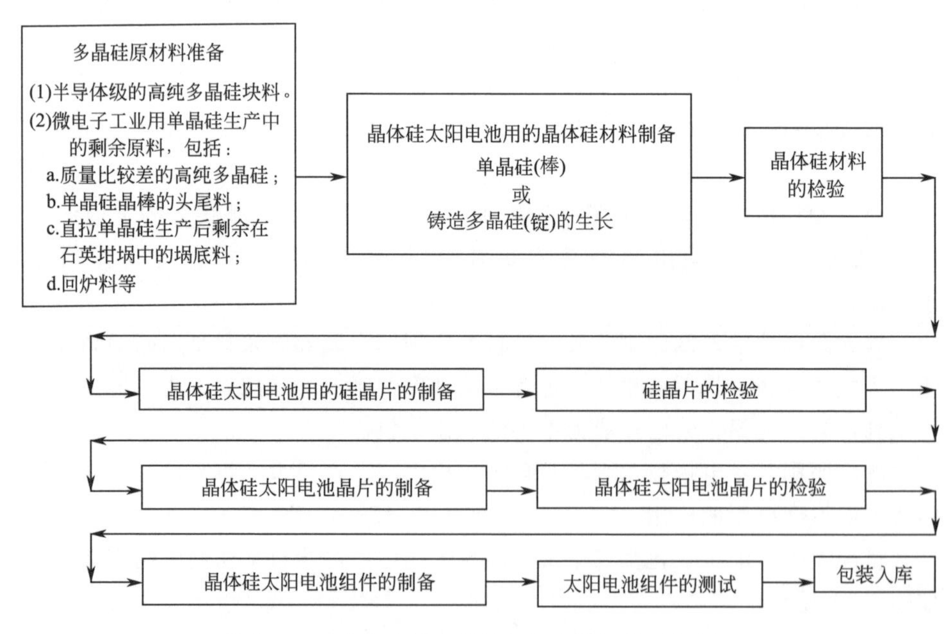

图 7-37 晶体硅太阳电池组件的主要生产工艺流程

7.9 晶体硅太阳电池组件装置封装的生产工艺过程

太阳电池组件（solar cell module）是具有封装及内部联结、能单独提供直流电输出的、最小不可分割的太阳电池组合装置。

由于单片的太阳电池晶片的工作电压通常小于0.6V，且因太阳电池晶片的厚度比较薄（通常为180～280μm），其机械强度差而易破碎，又因为大气中存在水分和各种腐蚀性气体而容易使得太阳电池晶片的电极逐渐氧化生锈而被腐蚀、失效，无法在露天大气中直接工作。为了满足“负载”供电的实际需要，太阳电池必须确保在电气、机械和抗击、化学等方面的保护而将单片的太阳电池晶片“封装”成太阳电池组件装置，使得若干个单片太阳电池晶片通过有效地内部连接，并且经过“装盒封装”成为能够独立提供直流电输出的、最小不可分割的太阳电池组件装置。

在太阳电池组件装置封装之前，要根据对“负载”供电的功率、电压的要求，对太阳电池晶片的尺寸、数量、布置、连接方式、电池接线盒的位置等进行精心的设计和计算。

单晶硅太阳电池和多晶硅太阳电池组件装置的结构、封装方法基本相同，都是用黏结剂将上盖板和太阳电池与底板黏结在一起，然后在四周加上边框，底板的背后是电池接线盒。

单晶硅太阳电池组件和多晶硅太阳电池组件见图7-38所示。

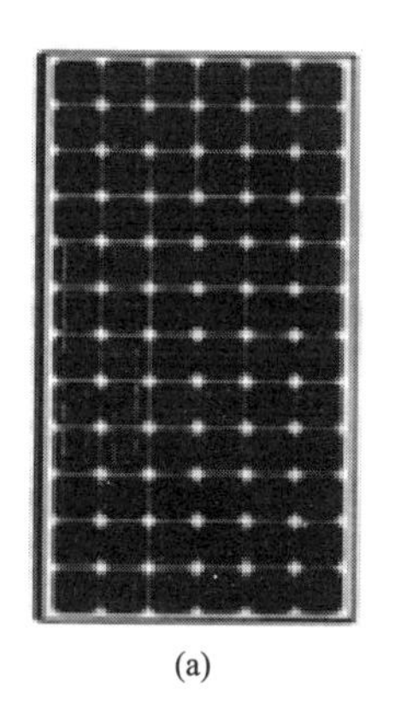
(a)

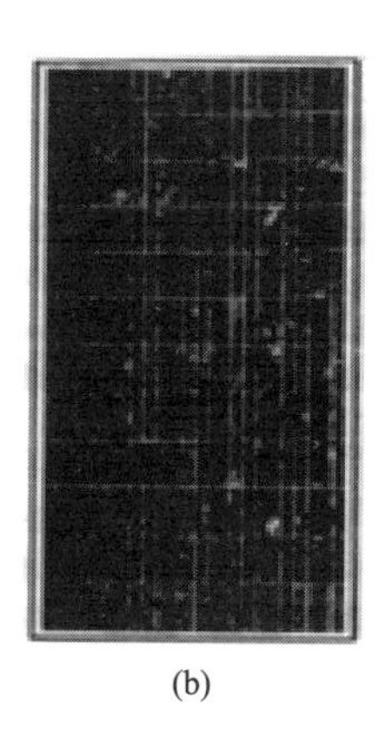
(b)

图7-38 单晶硅太阳电池组件（a）和多晶硅太阳电池组件（b）

因为单晶硅太阳电池晶片的形状通常是四角呈圆弧的“准方”形，封装后在相邻的太阳电池晶片之间会有一个小“方孔”，其表面颜色常常是呈深蓝色或黑色。而多晶硅太阳电池组件中的多晶硅太阳电池晶片之间留有均匀的细缝隙，又由于其晶向不同，多晶硅太阳电池晶片的表面有闪亮的斑点，故两者是很容易区分的。

由于离网光伏系统大多数是采用铅酸蓄电池作为储能装置，最常用的蓄电池电压是 12V。为了使用方便，早期的晶体硅太阳电池组件通常是由 36 片太阳电池晶片串联而成的。在实际使用中，为考虑防反充二极管和线路的损耗，在工作温度不算太高的情况下能保证蓄电池的正常充电，故太阳电池组件的工作电压不是 12V，而是 17.5V 左右，这也是晶体硅太阳电池组件的最佳工作电压。

目前，绝大多数晶体硅太阳电池组件的功率已经超过 100W，故大多数是采用 72 片、尺寸大于 125mm×125mm 的太阳电池晶片串联而成，其最佳工作电压是 35V 左右，为 24V 的蓄电池充电。当然，也有的是将两组 36 片太阳电池晶片分别串联后再并联输出，这样它的最佳工作电压是 17.5V 左右。

总之，在给“负载”供电的实际需要中，一般可认为 3 片硅太阳电池串联可供给 1V 的蓄电池充电，而用 4 片硅太阳电池串联可供给 1.2V 的镍镉电池充电。另外，还可根据光伏系统的工作环境温度进行调节，在工作环境温度比较高的地区使用时，由于工作温度升高时最佳工作电压要下降，可以适当考虑增加太阳电池晶片的串联数量。

7.9.1 晶体硅太阳电池组件装置封装的生产工艺流程

不同类型的晶体硅太阳电池组件装置封装的生产工艺有所不同，现以平板形晶体硅太阳电池组件装置封装的制作为例，简单介绍晶体硅太阳电池组件装置封装的生产工艺过程。

在晶体硅太阳电池组件装置封装的生产过程中，所需要的主要设备有激光划片机、太阳电池自动焊接机、太阳电池层压封装系统、太阳电池组件的边框和电池接线盒的安装设备以及相关的各种太阳电池性能测试仪器等。

图 7-39 所示的是晶体硅太阳电池组件装置制备的主要生产工艺流程。

太阳电池的光电转换效率在相同情况下，输出功率与太阳电池的面积成正比。目前，太阳电池的尺寸只有少数的几种规格，若太阳电池片的输出功率要比所需要的时候大，可根据设计要求对太阳电池片进行激光切割。

晶体硅太阳电池晶片组件经过电气性能参数（输出功率、电压、电流等）测试合格后，经过分选再采用组合焊接（单片的太阳电池晶片的焊接和太阳电

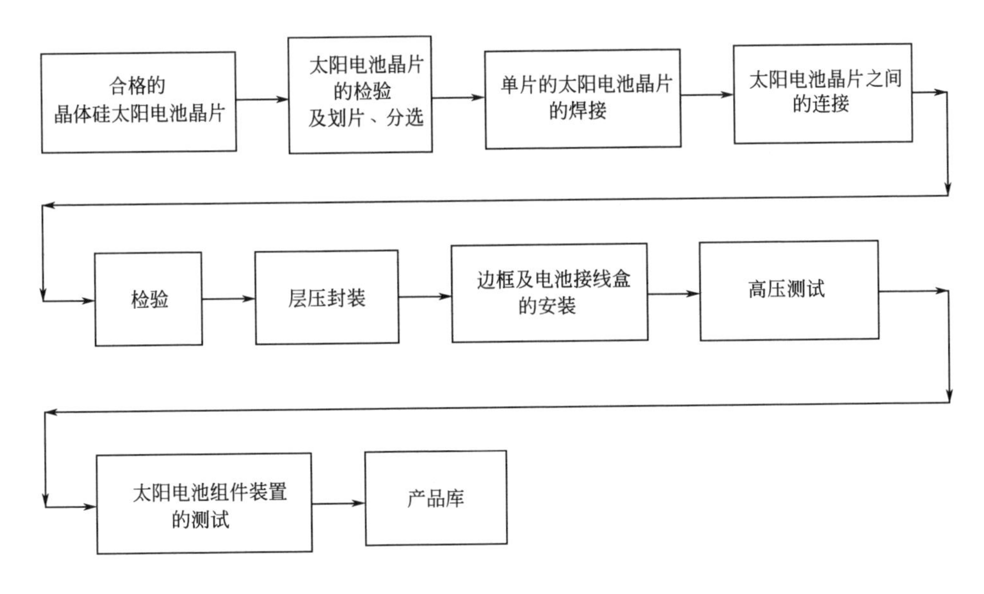

图 7-39　晶体硅太阳电池组件装置制备的主要生产工艺流程

池晶片之间的连接焊接)，再用金属互连条将太阳电池晶片的上、下电极按照设计要求进行串联焊接形成太阳电池串，然后再用汇流带进行并联焊接，最终汇合成一端是正电极和一端是负电极的电极引出端。

在完成太阳电池背面串接，并经测试合格后的太阳电池串，可与上盖板玻璃和已经切割好的 EVA 胶膜、玻璃纤维、背板等按照要求、一定的层次敷设之后，进行太阳电池组件的层压封装。

太阳电池组件的层压封装是太阳电池组件制备的关键工序，层压封装的质量将直接影响到太阳电池组件装置的质量水平。具体的工艺过程如下：在经清洗并烘干的上盖板玻璃上平铺一层 EVA 胶膜，在上面放置已经焊接好的太阳电池串，然后再覆盖一层 EVA 胶膜和太阳电池组件的 TPT 复合材料底板，即可在层压机上完成太阳电池组件的层压封装。图 7-40 所示的是某公司生产的太阳电池组件的 2m×2m 层压封装系统。

当在层压封装机中抽真空、加热至 130～150℃后，进行加压，使得熔融的 EVA 胶在挤压的作用下，经流动充满上盖板玻璃表面、太阳电池片和 TPT 底板表面之间的所有间隙，同时将内存的气泡排净，使得玻璃、太阳电池片和 TPT 底板通过 EVA 胶紧密黏合在一起，冷却并固化后取出（也可以在层压后放入烘箱进行固化）。在层压封装过程中，层压时间、加热温度、真空度等条件要合适，假如加热温度过高或抽真空时间过短，层压后的太阳电池组件中会

图 7-40 某公司生产的太阳电池组件的 2m×2m 层压封装系统

出现气泡而影响太阳电池组件的质量。

层压后使用专用的边框安装设备，在去除太阳电池组件玻璃上盖板四周多余的 EVA 胶残留物后，在玻璃上盖板四周安装好密封橡胶衬垫后再涂上密封黏结剂，即可完成太阳电池组件边框的安装。然后，安装太阳电池底板背后的电池接线盒，分别将太阳电池串的正、负端与太阳电池接线盒的输出端相连接，并用黏结剂将太阳电池接线盒固定在太阳电池组件的背面或侧面。

目前在太阳电池的大规模生产中，常常使用专用的边框安装和太阳电池接线盒的安装设备。

太阳电池组件装置制备结束后，可按照企业标准使用太阳电池组件测试台对其进行各项性能参数指标的测试，主要包括对太阳电池组件装置的外观、绝缘性及电性能的测试。太阳电池组件装置的电性能测试一般是采用大面积单次或多次太阳光谱模拟器对太阳电池的短路电流、开路电压、输出功率等直流输出特性进行测试，从而确定该太阳电池组件装置的质量等级。

太阳电池的分等标准应符合《地面用晶体硅太阳电池组件质量分等标准》(SJ/T 9550.30—1993) 的规定。晶体硅太阳电池组件的技术性能应符合国家标准《光伏发电使用的地面用薄膜晶硅的测试标准》(GB/T 9535—2005) 的规定和《太阳电池组件参数测量方法（地面用)》(GB/T 14009—92) 的规定。

合格的太阳电池组件应该在其背面贴上标签，标明产品的名称、型号，太阳电池组件的主要特性参数包括：太阳电池的输出的最大功率、太阳电池的开路电压、太阳电池的短路电流、最佳工作电压、最佳工作电流、填充因子和太阳电池的伏安特性曲线图、产品制造厂名称和生产日期等。然后，可进行产品的包装、入库。

7.9.2 晶体硅太阳电池组件装置封装用的主要材料

7.9.2.1 太阳电池组件的上盖板

上盖板是覆盖在太阳电池正面（透光面）的最外层材料，是保护太阳电池最主要的部分。要求其具有抵抗冲击力能力强、坚固耐用、透明且透光率高、能尽量减少入射光的反射损失、使用寿命长的特点。

目前，大型的太阳电池组件常常采用厚度为 3～4mm、透光率 90%以上的低铁超白钢化玻璃制作而成。为了进一步减少入射光的反射损失，可采用对玻璃表面进行理化处理的“减反射工艺”方法制作成“减反射玻璃”，以进一步提高其透光率。对一些小型的太阳电池组件也可使用透光率高、材质轻、便于加工成不规则形状的聚碳酸酯、聚丙烯酸类树脂等材料作为封装用的材料。

7.9.2.2 黏结剂

在玻璃与太阳电池及太阳电池与背面之间均需要用黏结剂来黏结。

目前，在太阳电池产业中常常使用 EVA 胶膜。EVA 胶膜是一种乙烯和醋酸乙烯酯的共聚物，它具有透明、柔软、熔融温度低、流动性好、热熔黏结性好等特性。但是，它的缺点是耐热性差、内聚强度低、容易产生热收缩而引起太阳电池破碎或使得黏结脱层，长时间在户外使用易老化、产生龟裂和变色。故在实际生产使用中，制备 EVA 胶膜过程，可适量加入能使其性能更加稳定的添加剂，例如热稳定剂、紫外光吸收剂和提高交联度的有机过氧化物交联剂等。

EVA 胶膜的主要性能如下：

透光率＞90%以上；

工作温度在－40～90℃范围内性能稳定；

交联度在（70±10)%；

剥离强度：玻璃/EVA 胶膜大于 30N/cm，TPT/EVA 胶膜大于 15N/cm；

抗老化、具有比较高的耐紫外和热稳定性；

有良好的电气绝缘性；

规格尺寸：厚度0.3～0.8mm，宽度1100mm、800mm、600mm等。

7.9.2.3 太阳电池组件的底板

太阳电池组件的底板用的背面材料主要取决于使用环境。可采用耐温塑料或玻璃钢。通常是采用专门的TPT复合材料，由聚氟乙烯薄膜与聚酯铝膜或铁膜等合成夹层结构作为太阳电池背面的保护层，它具有防潮、密封、阻燃、耐气候性等性能。这种TPT复合材料呈白色，具有比较高的红外反射率，可降低太阳电池组件的工作温度，能对太阳光起反射作用而提高太阳电池组件的效率。

对双面透光的太阳电池组件或将太阳电池组件制作成光伏幕墙及制作成光伏屋顶的BIPV材料等，仍然采用玻璃作为太阳电池组件的底板用的背面材料，成为双面玻璃组件，这样可提高强度，但其质量也会增加不少。

目前，通常是采用专门的黏结剂（EVA胶膜）将上盖板和太阳电池与底板黏结在一起，然后在四周加上边框，底板的背后是电池接线盒。

7.9.2.4 太阳电池组件的边框

为了保护太阳电池组件，必须在层压后的玻璃和太阳电池四周做一个边框。太阳电池组件的边框材料常常采用铝合金、不锈铁或增强塑料等。

7.9.2.5 其他材料

主要是指太阳电池组件所需要用的电池接线盒、接线电缆、电池互连线等材料。

7.10 太阳电池的应用

自从太阳电池被开发出来后，首先是服务于空间电源，但是其价格十分昂贵。为了推动太阳电池在地面上的应用，单靠市场需求是不行的。因此，20世纪自70年代开始，世界各国政府都投入了很大的力量来支持太阳电池产业的发展。美国于1973年首先制订了政府太阳能光伏发电的发展计划，明确了近、中、远期的发展战略目标；日本于1974年开始执行“阳光计划”，投资5亿美元，迅速发展成为世界太阳电池的生产大国。自80年代以来，其他的发达国家，如德国、英国、法国、意大利、西班牙、瑞士、芬兰等，也纷纷制订了太阳能光伏产业发展计划，并投入了大量资金进行技术开发和加速工业化进程。从 20 世纪 80 年代末至今，西方发达国家从环境和能源的可持续发展的角度出发，纷纷制定政策，鼓励和支持太阳能光伏并网发电。美国于 1988 年开始实施 PVUSA 计划，建立集中型太阳能光伏并网发电系统（1MWp～10MWp）；1995 年实施与屋顶结合的 PVBONUS 计划；1997 年又宣布美国百万太阳能屋顶计划，总太阳能光伏安装量将可达到 3025MWp，太阳能光伏发电的电价将由现在的 20 美分降至 6 美分。1990 年德国提出 1000 屋顶发电计划，所发出的电由电力部门收购；1998 年进一步提出了 10 万套屋顶计划；1999 年的太阳能光伏上网的电价为 0.99 马克/（kW·h），极大地刺激了德国乃至世界的光伏市场。日本继“阳光计划”之后，1994 年提出朝日七年计划，计划到 2000 年推广 16.2 万套太阳能光伏屋顶，1997 年又宣布了 7 万套光伏屋顶计划，到 2010 年安装 7600MWp 太阳电池。此外，意大利、印度、瑞士、荷兰、西班牙都有类似的计划。从全世界范围来讲，太阳能光伏发电已经基本完成了初期的开发和示范阶段，现已正在向大批量生产和规模应用的方向发展，从最早作为小功率电源发展到现在作为公共电力的并网发电，其应用范围也已遍及几乎所有的用电领域。

我国通过“七五”“八五”和“九五”的发展计划，已在太阳能光伏水泵、独立运行逆变器、并网逆变器、通信用控制器、太阳能光伏系统专用测量设备等部件攻关上取得进展，而且在太阳能光伏电站、风光互补电站、太阳能光伏户用系统和并网发电系统的开发上取得一定经验。同时在产品的系列化、模块化、标准化、智能化以及工业化生产方面也已取得一定进展。除太阳电池和蓄电池外，其他如逆变器、控制器、直流灯具等也都有了专业生产厂家。太阳能光伏发电系统中除了太阳电池，蓄电池、控制器和逆变器都是其主要的、不可缺少的部件。

总之，太阳能光伏发电的应用领域可遍及我们日常生活的各个方面，如通信、交通、公共设施（如照明）、家庭生活用电等。尤其是在边远的地区，太阳能光伏发电更能够显示出它的优势。例如可集体应用在：

① 独立光伏电站：建设国家“光明工程”——送电到乡；

② 并网发电：建设联网阳光电站；

③ 通信领域：无线通信、移动通信、微波通信、光缆通信、卫星地面站、电视差转及农村程控电话等；

④ 城市公共建设领域：太阳能屋顶、太阳能隔音墙、太阳能幕墙、住宅及各种家用电器的用电、草坪灯、庭院灯、广告灯箱、站台、电话亭、候车亭等；

⑤ 气象、水利领域：主要用作各种监测设备的电源等；

⑥ 军事领域：军用设备的电源、备用电源、便携式电源等。

在今后的十几年中，太阳电池的市场走向将会发生很大的变化，到 2010 年以前我国太阳电池多数是用于“独立光伏发电系统”（独立光伏电站），2002 年由国家发改委负责实施的“光明工程”送电到乡和即将实施的送电到村的工程中均采用了太阳能光伏发电技术。

第四篇

半导体晶片加工厂的厂务系统要求

第8章 洁净室技术

8.1 概述

为了满足超大规模集成电路技术发展，半导体材料及器件的生产，从硅单晶制备、晶片（抛光或外延片等）加工，直至硅集成电路的制造均需在一个特定洁净室（clean room）内进行。

洁净室的作用在于不论室外空气条件如何变化，其室内仍能使空气中的微尘粒子、有害气体、细菌等污染物排除，室内温度、湿度、洁净度、室内空气压力、气流分布、气流速度、噪声、振动、照明、静电等特性控制在某一特定需求范围内。

不论室外空气条件如何变化，为了使室内仍能维持原先所设定之洁净度、温度、湿度、室内空气压力、气流分布、气流速度等特性，洁净室必须具有以下主要功能：

① 能除去空气中飘浮的微尘粒子；

② 能防止微小粒子的产生；

③ 温度、湿度能控制在一定范围内；

④ 室内空气有一定压力、气流速度及气流分布；

⑤ 能排除有害气体（废气）；

⑥ 有除静电防护、防电磁干扰；

⑦ 有安全、节能措施。

洁净室目前已被广泛应用于半导体工业、生物化学、医药、食品等工业之中。

8.2 洁净室空气洁净度等级及标准

1963年12月，由美国原子能协会、航空航天局（NASA）、公众卫生局等合作完成了美国联邦洁净室标准 Federal Standard No. 209，即常提到的国际上第一套洁净室标准——美国联邦标准《FS-209》。

随着半导体工业的不断发展，集成电路的集成度在 20 世纪 80 年代还只是生产 64k 动态随机存储器（dynamic random access memory，DRAM），在 1987 年后则已可生产出 1M 电路，直至目前已能生产出 4M、16M、64M、256M 及集成度大于 1G DRAM 的电路。故对此套美国联邦标准进行多次修改。即从最初 1963 年 12 月的《FS-209》修整变化为《FS-209D》，并于 1992 年 12 月后修整为《FS-209E》标准。在《FS-209E》标准中，还增加了公制单位。见表 8-1、表 8-2。

表 8-1 为美国联邦标准《FS-209D》洁净室标准。

表 8-1　美国联邦标准《FS-209D》洁净室标准

洁净等级	微尘粒子		压力/mmHg	温度						风速与换气率次	照度 lx
	粒子尺寸/μm	粒子数目/(个/ft³)		值域/℃	推荐值/℃	误差值/℃	最大 max/%	最小 min/%	误差/%		
1	≥0.5	≤1	>1.3	19.4～25	22.2	±2.8 特殊需求±1.4	45	30	±10 特殊需求±5	层流方式 0.35～0.55 m/s	1080～1620
	≥5.0	0									
10	≥0.5	≤10									
	≥5.0	0									
100	≥0.5	≤100									
	≥5.0	≤1									
1000	≥0.5	≤1000								乱流方式≥20 次/h	
	≥5.0	≤10									
10000	≥0.5	≤10000									
	≥5.0	≤65									
100000	≥0.5	≤100000									
	≥5.0	≤700									

注：以 0.5μm 粒子为基准。1mmHg＝0.1333224kPa。

标准中的中间等级的粒子浓度限值可近似地用式（8-1）计算：

$$\text{粒子数/立方米}=10^{M}(0.5/d)^{2.2} \tag{8-1}$$

式中，M 是采用国际单位制时洁净等级的表示值；d 是以微米为单位的微尘粒径。或者：

$$粒子数/立方英尺=N_c(0.5/d)^{2.2} \tag{8-2}$$

式中，N_c 是采用英制时洁净等级的表示值；d 是以微米为单位的。

表 8-2～表 8-7 所示的是美国、日本、德国的洁净室标准。

表 8-2　美国联邦标准《FS-209E》洁净室标准

洁净等级		微尘粒子									
		0.1μm		0.2μm		0.3μm		0.5μm		5.0μm	
		容积单位		容积单位		容积单位		容积单位		容积单位	
公制	英制	m^3	ft^3	m^3	ft^3	m^3	ft^3	m^3	ft^3	m^3	ft^3
M1	1	350	9.91	75.7	2.14	30.9	0.875	10.0	0.283		
M1.5		1240	35.0	265	7.50	106	3.00	35.3	1.00		
M2		3500	99.1	757	21.4	309	8.75	100	2.83		
M2.5	10	12400	350	2650	75.0	1060	30.0	353	10.0		
M3		35000	991	7570	214	3090	87.5	1000	28.3		
M3.5	100			26500	750	10600	300	3530	100		
M4				75700	2140	30900	875	10000	283		
M4.5	1000							35300	1000	247	7.00
M5								100000	2830	618	17.5
M5.5	10000							353000	10000	2470	70.0
M6								1000000	28300	6180	175
M6.5	100000							3530000	100000	24700	700
M7								10000000	283000	61800	1750

注：$1ft^3=0.0283168m^3$

美国联邦标准是以英制每立方英尺为单位，而日本则是采用公制单位，即以公制每立方米为单位。

美国联邦标准《FS-209D》与日本《JIS（B9920—1989）》标准中另外的不同点为美国《FS-209D》是以 0.5μm 之粒子数为计数基准，而日本 JIS 则是以 0.1μm 之粒子数为计数基准，日本《JIS（B9920—1989）》标准见表 8-3。

表 8-3　日本《JIS（B9920—1989）》洁净室标准

粒径/μm	等级 1	等级 2	等级 3	等级 4	等级 5	等级 6	等级 7	等级 8
0.1	10^1	10^2	10^3	10^4	10^5	10^6	10^7	10^8
0.2	2	24	236	2360	23600			

续表

粒径/μm	等级 1	等级 2	等级 3	等级 4	等级 5	等级 6	等级 7	等级 8
0.3	1	10	101	1010	10100	101000	1010000	10100000
0.5			35	350	3500	35000	350000	3500000
5.0					29	290	2900	29000

注：以 0.1μm 粒子为基准。

世界上几个主要国家根据其自身的需要，分别制定了自己的洁净室标准。德国根据自身需要于 1967 年制定了德国的洁净室标准，见表 8-4。

表 8-4　德国洁净室标准

洁净等级	微尘粒子/μm			与其他国家等级比较	
	0.5	1.0	5.0	美国	法国
3	4×10^3	1×10^3		100	4000
4	4×10^4	1×10^4	0.03×10^4		
5	4×10^5	1×10^5	0.03×10^5	10000	400000
6	4×10^6	1×10^6	0.03×10^6	100000	4000000

注：以 0.5μm 粒子为基准。

中国、英国、法国、澳洲、韩国均有相应的洁净室标准。世界各国洁净度等级标准对照见表 8-5。

表 8-5　世界各国洁净度等级标准对照

国名	美国	美国	美国	日本	英国	德国	法国	澳洲	韩国	中国
标准	ISO-14644	FS-209E	FS-209D	JIS B 9920	BS 5295	VDI 2083	AFN 4410	AS 1386	KS	GB 50073
年度	2001	1992	1988	1989	1989	1990	1981	1989	1991	2013
基准粒子/μm	0.5	0.5	0.5	0.1	0.5	0.5	0.5	0.5	0.3	0.5
容积单位	m^3	m^3	ft^3	m^3	m^3	m^3	m^3	m^3	m^3	m^3
洁净等级	ISO 1			1					M1	
	ISO2	M1		2		0			M10	
	ISO3	M1.5	1	3	C	1		0.035	M100	1
	ISO4	M2.5	10	4	D	2		0.35	M1000	10
	ISO5	M3.5	100	5	E 或 F	3	4000	3.5	M10000	100

续表

国名	美国	美国	美国	日本	英国	德国	法国	澳洲	韩国	中国
洁净等级	ISO6	M4.5	1000	6	G 或 H	4		35	M 100000	1000
	ISO7	M5.5	10000	7	I	5	400000	350	M 1000000	10000
	ISO8	M6.5	100000	8	J	6	4000000	3500	M 10000000	100000
	ISO9	M7			K	7				

注：以 0.5μm 粒子为基准进行对照。

美国、日本洁净度等级换算见表 8-6。

表 8-6 美国、日本洁净度等级换算

日本	美国	日本	美国
洁净等级 3	等级 1	洁净等级 6	等级 1000
洁净等级 4	等级 10	洁净等级 7	等级 10000
洁净等级 5	等级 100	洁净等级 8	等级 100000

图 8-1～图 8-4 是美国、日本、德国的洁净室标准对其尘埃粒子含量的另外一种形式的表示。

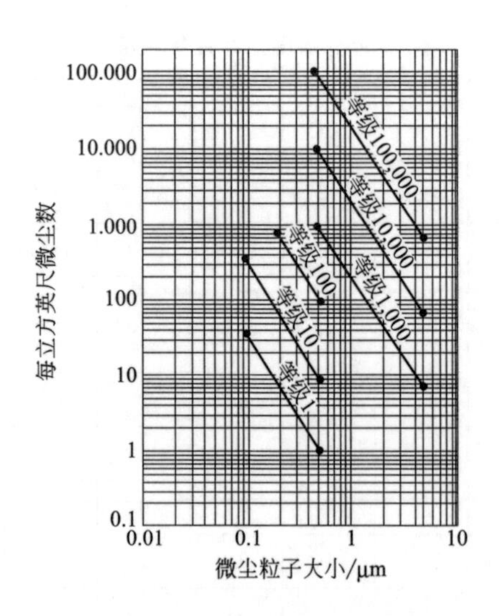

图 8-1 美国联邦标准《FS-209D》表示图

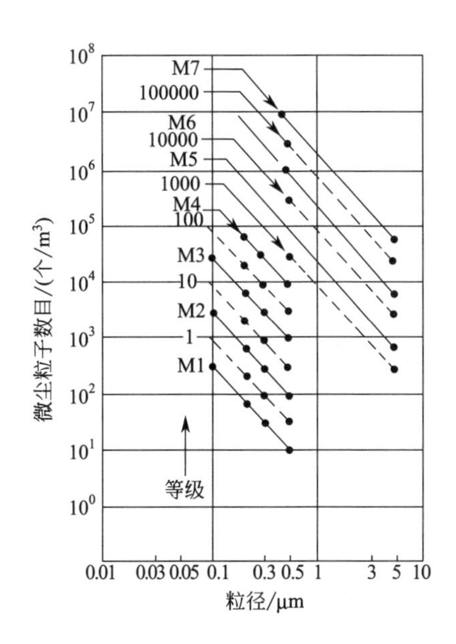

图 8-2 美国联邦标准《FS-209E》表示图

资料来源：Clean Room Technology BY Crystal Cs. The Nederlands

现在国际上采用的 ISO 洁净室等级的划分标准是由全球各国标准化团体联合会的 ISO/TC 209 洁净室及相关受控环境技术委员会编制的洁净室标准系列八个标准中的一个组成部分。ISO-14644 洁净室及相关受控环境的总标题包括列八个标准。

ISO 14644-1　Classification 有关洁净室等级的划分；

ISO 14644-2　Specifications for periodic testing 为保证 ISO 14644-1 连续有效的测试和监测规范；

ISO 14644-3　Metrology for characterizing the performance of cleanrooms 洁净室的计量与测试方法；

ISO 14644-4　Design，construction and start up of cleanroom facilities 洁净室的设计、施工和启动；

ISO 14644-5　Operating a cleanroom 洁净室的运行；

ISO 14644-6　Vocabulary（draft）有关术语、定义及单位；

ISO 14644-7　Separative devices 微环境与隔离；

ISO 14644-8　Classification of airborne molecular contamination（AMC and SMC）悬浮分子污染的分类；

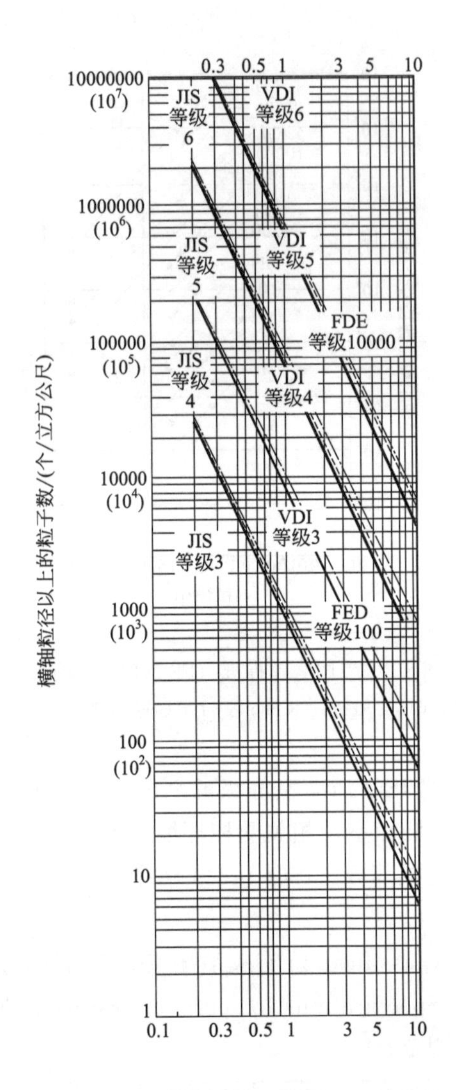

图 8-3　日本、德国与美国标准的比较

资料来源：日本 Air Tech 公司技术资料

JIS CLASS 为日本标准；Crystal VDI CLASS 为德国标准；Fed CLASS 为美国邦标标准。

现在《ISO 14644-1 Air Cleanliness》已经作为国际洁净室标准使用。美国《FS-209E》洁净室标准亦于 2001 年 11 月宣布停止使用。其与美国《FS-209D》洁净室标准的对应关系（$1m^3=35.31\ ft^3$）可见表 8-7 所示。

在国际《ISO 14644-1Air Cleanliness》洁净室标准中，微尘粒子是以 0.1μm、0.2μm、0.3μm、0.5μm、1.0μm、5.0μm 六种粒径尺寸之粒子数为

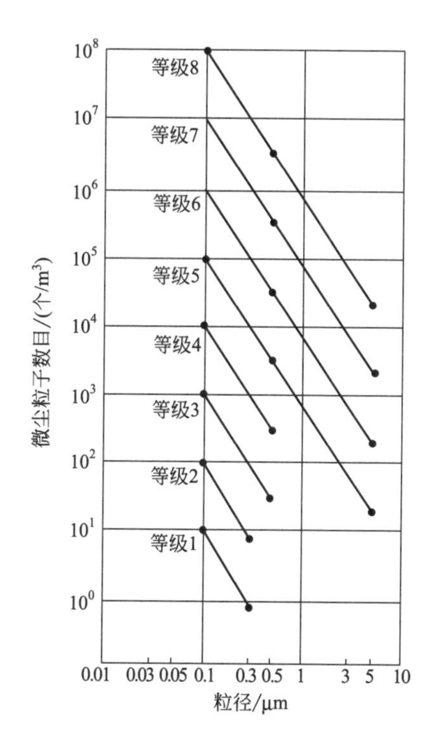

图 8-4　日本 JIS B 9920 标准表示图

资料来源：Clean Room Technology BY Cs. The Nederlands

计数基准（单位：个/m^3）进行分级。

表 8-7　国际《ISO 14644-1 Air Cleanliness》洁净室标准与美国《FS-209D》对应关系

空气洁净等级(N)	国际《ISO-14644-1 Air Cleanliness》洁净室标准						美国《FS-209D》洁净室标准
	大于或等于表中粒径的最大浓度限值(个/m^3)						个/ft^3
	0.1μm	0.2μm	0.3μm	0.5μm	1.0μm	5.0μm	以 0.5μm 计
ISO 等级 1	10	2					
ISO 等级 2	100	24	10	4			
ISO 等级 3	1000	237	102	35	8		1
ISO 等级 4	10000	2370	1020	352	83		10
ISO 等级 5	100000	23700	10200	3520	832	29	100
ISO 等级 6	1000000	237000	102000	35200	8320	293	1000
ISO 等级 7				352000	84200	2930	10000

续表

空气洁净等级（N）	国际《ISO 14644-1Air Cleanliness》洁净室标准						美国《FS-209D》洁净室标准
	大于或等于表中粒径的最大浓度限值（个/m^3）						个/ft^3
	0.1μm	0.2μm	0.3μm	0.5μm	1.0μm	5.0μm	以0.5μm计
ISO 等级 8				3520000	832000	29300	100000
ISO 等级 9				35200000	8320000	293000	

空气中悬浮微尘粒子的洁净度的等级以序数 N 来表示，其微尘粒子在空气中的最大允许浓度 C_n 可由式（8-3）计算确定。

$$C_n = 10^N \times (0.1/D)^{2.08} \tag{8-3}$$

式中 C_n——所考虑的悬浮微尘粒子在空气中的最大允许浓度（个/m^3），是以四舍五入至相近的整数来表示，通常有效位数不超过三位数；

N——洁净度的分级序数，数字不超过 9，分级序数整数之间的中间数可作规定，N 的最小增量为 0.1；

D——所考虑的微尘粒子的粒径，μm；

0.1——常数，其量纲为 μm。

国际《ISO 14644-1 Air Cleanliness》标准中的空气洁净度分级限定在 ISO1 至 ISO9，但也可规定中间的等级号，且其最小允许递增量为 0.1，即可规定为 ISO1.1 至 8.9 级。洁净室以“ISO Class N”来表示。

随着我国洁净技术的发展，在 1978 年由国家建委组织编写了《洁净厂房设计规范》。1984 年由国家计委批准《洁净厂房设计规范》（GBJ 73-84）作为国家标准并正式发布，并于 1985 年 6 月起实施。经过十几年的使用，又于 2001 年初完成标准的修订工作，得到国家技术质量监督局、国家建设部的批准，《洁净厂房设计规范》（GB 50073—2001）从 2002 年 1 月发布实施。

《洁净厂房设计规范》（GB 50073—2001）标准等同采用国际《ISO 14644-1Air Cleanliness》洁净室标准中的有关规定，空气洁净度等级从 4 个级别增加到 9 个级别，控制微尘粒子的粒径从 2 个（0.5μm、5.0μm）增加到 6 个（0.1μm、0.2μm、0.3μm、0.5μm、1.0μm、5.0μm），并且空气洁净度等级允许采用洁净度等级整数间的中间级别，即可从 1.1～8.9 级，实际上空气洁净度等级可达 81 个级别。

《洁净厂房设计规范》（GB 50073—2013）标准从 2013 年 1 月发布实施，空气洁净等级见表 8-8。

表 8-8 《洁净厂房设计规范》(GB 50073—2013)

空气洁净等级(N)	大于或等于表中粒径的最大浓度限值/(个/m^3)					
	0.1μm	0.2μm	0.3μm	0.5μm	1.0μm	5.0μm
ISO 等级 1	10	2				
ISO 等级 2	100	24	10	4		
ISO 等级 3	1000	237	102	35	8	
ISO 等级 4	10000	2370	1020	352	83	
ISO 等级 5	100000	23700	10200	3520	832	29
ISO 等级 6	1000000	237000	102000	35200	8320	293
ISO 等级 7				352000	84200	2930
ISO 等级 8				3520000	832000	29300
ISO 等级 9				35200000	8320000	293000

8.3 洁净室在半导体工业中适用范围

在半导体集成电路或硅单晶抛光片的生产过程中，造成成品率降低的主要因素是微尘粒子（particles）。故集成电路或硅单晶抛光片的生产必须在微尘粒子得到控制的洁净室内进行。

在半导体集成电路（IC）的设计中，要求 IC 线宽能被允许的微尘粒子粒径一般是线宽的 1/10。由于目前 IC 集成度日益增大，IC 线宽日趋微细且已经进入了小于 0.1μm 的纳米电子技术时代，则要求半导体集成电路或硅单晶抛光片生产的环境具有其微尘粒子降至最低并保持有一定的环境温度、湿度等。大规模集成电路技术对洁净室要求见表 8-9。

表 8-9 1980 年以来 VLSI 技术发展及对洁净室的要求

年　代	1980	1984	1987	1990	1993	1996	2004
硅片直径/mm	75	100	125	150	200	200	300
线宽/μm	2.0	1.5	1.0	0.8	0.5	0.3	0.2～0.1
电路技术(DRAM)	64k	256k	1M	4M	16M	64M	1G
晶粒尺寸/cm^2	0.3	0.4	0.5	0.9	1.4	2.0	4.5
电路制备工序次数	100	150	200	300	400	500	700～800
洁净室等级	100～1000	100	10	1	0.1	局部微环境隔离式	完全区分隔离式
工厂设施供应纯度/ppb	1000	500	100	50	5	1	0.1

注：ppb 为十亿分之一。

IC 技术对洁净室的要求见表 8-10。

表 8-10 IC 技术对洁净室的要求

项目	洁净度		温度/℃	相对湿度/%
	粒径/μm	粒子数量/(个/ft^3)		
16k Bit	0.3～0.5	≤100	(21～25)±0.5	35～60
64k Bit	0.2～0.3	≤100	(21～25)±0.2	45±5
256k Bit	0.1～0.2	≤50～100	(21～25)±0.1	45±5
1M Bit	0.1～0.2	≤10	(21～25)±0.1	45±3
4M Bit	0.05～0.1	≤1	22±0.2	43±2
16MBit	0.05～0.1	≤1	22±0.1	43±1.5
64M Bit	0.05～0.1	≤1	22±0.1	43±1

IC 生产中的主要工序（区域）对洁净室的要求见表 8-11。

表 8-11 半导体用洁净室各区域的要求

区域	粒子数量/(个/ft^3)	尺寸/μm	温度/℃	相对湿度/%
工艺区	≤1	≥0.1	22±0.3	43±3
工作人员区	≤10	≥0.1	22±0.3	43±3
光刻区	≤1	≥0.1	22±0.1	43±2
工艺区中央走道区	≤10	≥0.1	22±0.3	43±3
维修区	≤1000	≥0.3	22±2	43±5
参观走道区	≤10000	≥0.5	22±2	43±10

按洁净室的用途和结构、类型不同可有以下几种形式。

(1) 洁净室的类型

按洁净室的用途不同可分：

① 工业用洁净室（industrial clean room，ICR）；② 生化及医药用洁净室（biological clean room，BCR），又称无菌室。

工业洁净室广泛应用于半导体、电子工业、光学仪器、精密机械、精细涂料、新材料及航天太空等领域，主要是控制其相关生产环境中的尘埃粒子。

生化及医药用的洁净室则是以过滤或杀菌的方式对生物粒子加以控制。常常用于食品、生物制品、制药、遗传基因及生命科学研究等领域。其主要控制的对象是微生物，其功能在于保护及防止作业人员与高浓度细菌、微生物接触而产生生命危险，并防止有害细菌、微生物或气体扩散至外界，以至严重影响广大群众之身心健康。

大直径硅单晶抛光片和集成电路制造中的主要工序对洁净度要求见表 8-12（仅供参考）。

表 8-12 大直径硅单晶抛光片和集成电路制造中的主要工序对洁净度要求

生产工序	洁净等级				
	1	10	100	1000	10000
单晶制备				■	■
切片、倒角片、双面磨削片（研磨）				■	■
切片、倒角片、双面磨削片的清洗			■	■	
切片、倒角片、双面磨削片的测量				■	■
边缘及表面粗抛光（单或双面）				■	■
抛光片的清洗	■	■			
表面处理	■	■			
表面的最终抛光		■			
抛光片的测量	■				
外延生长	■				
外延片的测量	■				
抛光或外延片的内包装	■				
抛光或外延片的外包装		■			
表面薄膜生长	■				
氧化、扩散		■			
离子注入		■			
制版、光刻	■				
蚀刻	■				
芯片测试	■	■			
半成品储存		■			
芯片封装	■	■	■	■	
IC 成品包装及储存				■	■

注：1. 1 级和 10 级均以基准粒径为 0.1μm 计，100 级则以基准粒径为 0.3μm 计。

2. 1000 级和 10000 级则均以基准粒径为 0.5μm 计。

（2）洁净室的分类

洁净室按其空气流动方式和使用环境、场所或目的不同，可分成以下三类：

1）紊流式

紊流式（turbulent flow），也称乱流式，适用于洁净室等级为10000～1000级，其空气气流以非直线型运动而成不规则之乱流或涡流状态。其优点是结构简单、造价低。缺点则是因为空气流动是乱流而造成微尘粒子存在室内空间飘浮而不易排出、易污染工艺过程中的产品。

2）层流式

层流式（laminar）空气气流运动呈一均匀之直线形分布，分水平层流和垂直层流两种，其适用于洁净室等级为100～1级。

① 水平层流：空气自过滤器单方向吹出，由对边墙壁之回风系统回风，尘埃随风向排于室外，一般在下流侧污染较严重。其优点是结构简单，缺点是造价比乱流高。

② 垂直层流：室内天花板完全以高效过滤器（HEPA）覆盖，空气由上往下吹，可获得较高之洁净度。在工作区域人员所产生的尘埃可迅速排出室外而不影响其他工作区域。其优点是管理容易，缺点是造价更贵。

3）复合式

复合式（mixed type）系紊流式及层流式复合并用，可提供局部超洁净之空气，常有以下三种形式：

① 洁净隧道（clean tunnel）。其以HEPA或ULPA过滤器将工艺区域100%覆盖，使其洁净室的等级可提高至10级以上，此结构形式能将操作人员之工作区域与产品和设备及其维修予以隔离，可减少设备维修时对工艺区域和产品的污染，可节省安装及运行的费用。

② 洁净管道（clean tube）。此结构形式可将产品的生产环境进行局部净化处理，使其洁净室的等级提高至100级以上，可使操作人员和产品及发尘环境予以隔离。

③ 拼装局部洁净室（clean spot）。此结构形式可将洁净室等级为100000～10000级内的局部区域之洁净等级提高至1000～10级以上供生产使用，例如洁净工作台、洁净柜等。

洁净室一般可用HEAP、ULPA过滤空气，一般要求“洁净室”空气气流速度是0.25～0.5m/s，其对尘埃的收集率为99.97%～99.99995%。

不同形式的“洁净室”比较，见表8-13

表 8-13 不同形式的“洁净室”比较

项　目	乱流方式	水平层流方式	垂直层流方式	洁净隧道	洁净管道	局部洁净方式
洁净度	1000～100000	10～1000	1～100	1～100	1～100	10～1000
换气率/次/h	15～60	100～300	300～500	300～500	100～400	100～300
送风速度/(m/s)	0.1～0.3	0.25～0.5	0.25～0.45	0.3～0.5	0.35～0.5	0.25～0.45
压差值/mm H_2O	0.5～1.0	1.0～2.0	1.0～2.5	0.5～1.0	1.0～2.5	0.5～1.5
建设成本	小	大	最大	大	中	最小
维护费用	小	大	最大	大	小	最小
灵活能力	难	容易	难	容易	难	稍难
维修难易	中	中	容易	容易	难	中
噪声程度	小	大	最大	大	中	中

8.4 洁净室的设计

(1) 设计原则

为了满足生产工艺的要求，洁净室在设计时除了应综合考虑其配置的空调系统、电力、特殊气体、超纯水、废水处理、化学品供应和安全监视等系统，确保“洁净室”的正常运行，还要特别考虑以下各个因素：尘埃粒子之产生、排除、不沉积及温度、湿度、气流速度和压力的控制等。

洁净厂房的设计可参照《ISO 14644-1 Air Cleanliness》国际洁净室标准或中华人民共和国国家标准《洁净厂房设计规范》(GB 50073—2013)。见表 8-8。

(2) 洁净室设计时还需考虑的其他因素

1) 震动

洁净室之震动对半导体产品（例如硅片表面粗糙度 R_a 及其他表面形貌特性参数等）的某些技术参数的测量及对半导体集成电路的某些主要工序（例如曝光、光刻等）影响较大，衡量震动大小的度量单位有加速度（cm/s^2）、速度（cm/s）、振幅（cm）、分贝（db）、频率（Hz）等物理量。

震动的大小可参照日本气象厅的表示方法，分成微小震动区域、公害震动区域、中程度震动区域和大地震区域，见表 8-14 所示。

表 8-14 震动的分类

区域	加速度基准/db	震级	感觉程度	现象	加速度/gal
微小震动区域	0～58	0	无感	人体无感觉，在地震仪上有记录	0～0.8
公害震动区域	58～68	Ⅰ	微震	灵敏度较高的人，在静止状态时有感觉	0.8～2.5
	68～78	Ⅱ	轻震	大多数人都有感觉	2.5～8.0
	78～88	Ⅲ	弱震	房屋和门动摇，电灯等悬重物摇动，杯中水摇动不止	8.0～25
中程度震动区域	88～98	Ⅳ	中震	房屋激烈摇动，杯中水漾出，走路的人都能感觉到，大部分人跑出屋外	25～80
	98～107	Ⅴ	强震	壁生裂纹，对石屋产生破坏	80～250
大地震区域	107～110	Ⅵ	烈震	房屋倒塌30%以下，山崩地裂，大多数人站立不稳	250～400
	>112	Ⅶ	激震	房屋倒塌30%以上，山崩地裂，发生断层	>400

注：1. 目前尚无合适的对照表，以便可立即查知与国际上通用的里氏地震级数和加速度大小之对应参考的数值。

2. $1gal=9.8\times10^{-3}m/s^2$。

2）噪声

洁净室的噪声虽不至于对产品造成影响，但对于工作人员身心健康都有极密切的关系，若工作人员长期处于高分贝环境下，除听力受害外，还会影响情绪，导致工作效率降低。

3）静电防护

静电会造成半导体电路破坏，也会引起微尘粒子在洁净室或硅片表面大量吸附，造成产品及洁净室的严重沾污。若静电过大会造成静电放电，室内若有可燃性或易爆炸气体，极易引起爆炸。表 8-15 为常用半导体器件对静电的敏感度，表 8-16 为在不同的相对湿度与在不同的动作时所产生的静电值。

表 8-15 常用半导体器件对静电的敏感度

半导体器件种类	击穿电压/V
金属氧化半导体/场效应晶体管(MOS/FET)	100～200
场效应晶体管(J-FET)	140～10000

续表

半导体器件种类	击穿电压/V
互补金属氧化半导体(CMOS)	250～2000
肖特基二极管(Schottky diode)	300～2500
肖特基(Schottky TTL)	1000～2500
双极型晶体管(bipolar transistor)	380～7000
混合型电路(ECL)	500
可控硅整流器(SCR)	68～1000
液晶薄膜显示器(TFT-LCO)	300～2000

资料来源：台湾电子工业人才培训上课讲义。

表 8-16　不同的相对湿度发生不同动作时产生的静电值

单位：V

产生静电的动作	相对湿度(10%～20%)	相对湿度　(65%～90%)
在地毯上行走	35000	1500
在塑料地板上行走	12000	250
在工作台上工作	6000	100
防干扰工作用的塑料布	7000	600
从工作台上拿起塑料桶	20000	1200
带有聚氨酯套的椅子	18000	1500

在半导体材料硅片的生产过程中，为了确保其加工质量，应视工艺要求在控制其温度、湿度的同时，对其生产环境参照美国 ANSI/ESD S20.20—1999 静电控制标准采取相应的除静电的措施。

4）电磁的干扰

在半导体材料或集成电路生产中为了确保洁净室的正常运行和产品的质量，半导体工厂的电力供给是有特定要求的，除了需要采用双路电网及配置应急电源供电以外，还必须采取相应措施，对供电网络进行电网的谐波治理。

8.5　洁净室的维护及管理

对于半导体洁净室内污染来源的产生，测试结果表明，作业人员引入的污染约占 80%。在洁净室中不规范的动作会产生大量尘埃粒子，从而严重影响洁净室的洁净度。大量实验数据表明，作业人员进出洁净室时微尘粒子有明显的增加，有人动作时其洁净度马上会恶化，可见室内的人是影响洁净室洁净度的主要因素。见表 8-17、表 8-18。

人体不同动作时尘埃粒子产生数，见表 8-17。

表 8-17 人体的不同动作所能产生的微尘粒子数

单位：个/（人·min）

人体的动作	粒子尺寸					
	≥0.3μm			≥0.5μm		
	一般工作服	无尘服		普通工作服	无尘服	
		白大褂形	全覆盖形		白大褂形	全覆盖形
站立(静姿态)	543000	151000	13800	339000	113000	5580
坐下(静姿态)	448000	142000	14800	302000	112000	7420
手腕上下动	4450000	463000	49000	2980000	298000	18600
上身前屈	3920000	770000	39200	2240000	538000	24200
手腕自由运动	3470000	572000	52100	2240000	298000	20600
头颈上下、左右动	1230000	187000	22100	631000	151000	11000
屈身	4160000	1110000	62500	3120000	605000	37400
原地踏步	4240000	1210000	92100	2800000	861000	44600
步行	5360000	1290000	157000	2920000	1010000	56000

资料来源：台湾“中国生产力中心技术研讨会资料”。

由于作业人员的行动而产生增加污染的倍率，可见表 8-18。

表 8-18 由于作业人员的行动而产生增加污染的倍率

人员的动作	环境周围污染增加的倍率
操作人员动作	
4～5 人同时聚集在一起	1.5～3.0
正常的步行	1.2～2.0
静静地坐下	1.0～1.2
将手伸入层流式的无尘工作台中	1.01
层流式的无尘工作台无操作	无
操作人员自身行为	
正常的呼吸状态	无
吸烟后的 20min 内吸烟者的呼吸	2.0～5.0
打喷嚏	5.0～20.0
用手擦脸上的皮肤	1.0～2.0

续表

人员的动作	环境周围污染增加的倍率
操作人员用的工作服(合成纤维产品)	
刷工作服的袖子时	1.5～3.0
不穿鞋套踏地板时	10.0～50.0
穿鞋套后踏地板时	1.5～3.0
从口袋内取出手帕时	3.0～10.0

资料来源：NASA P-5047。

对洁净室的微污染控制管理主要是表现在对人、物入室的管理，工作条件与洁净工程管理的配合，室内空调及清洁卫生管理问题，等。

(1) 作业人员的管理（即人流的管理）

洁净室内的工作人员应具有洁净度的思想观念，需进行净技术的培训学习，特殊关键岗位人员需经考核、持证上岗后方许进入洁净区。

进入洁净室的人员数以维持作业最小限度为原则（愈少愈好），并按洁净室进出标准流程进出洁净区，洁净室内人员进、出流程见如图 8-5 所示，离开洁净室则按其相反方进行，可不经空气吹淋处理。

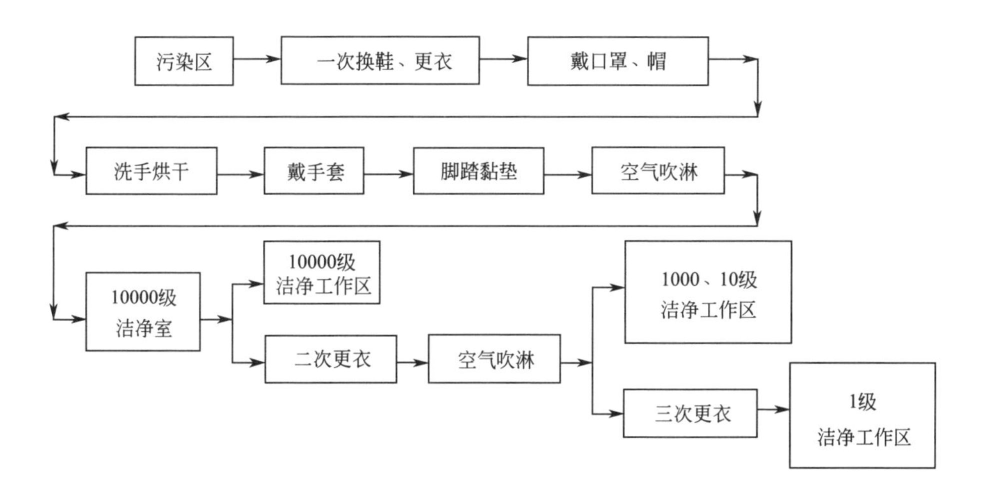

图 8-5　洁净室内人员进、出流程

工艺操作人员应保持自身清洁卫生，除需常洗手、剪指甲外，手还应保养，以预防各类皮肤疾病的产生。男性每天刮胡子，女性不许化妆。

洁净工作服的穿戴（包括面罩、口罩、手套、帽等）应符合规范。

操作人员在洁净室内动作要规范，下列操作人员不准进入洁净室：

① 非操作人员不许进入洁净室；

② 未按规定穿戴洁净工作服（包括面罩、口罩、手套、帽）者；

③ 刚做过激烈运动流汗者；

④ 吸烟或吃东西后尚未超过半小时者，根据试验测试表明吸烟者所产生的尘埃在初期约为非吸烟者的 90 倍，须经 30min 后才可降低至约 15 倍；

⑤ 如有下列健康状态者，原则上不能进入洁净区工作：皮肤病患者，对化纤或有机溶剂等化学过敏者，易出手汗者，易掉头皮屑、皮肤或头发者。女性化妆或涂口红者、精神病者，因哮喘常咳嗽或易打喷嚏者；

⑥ 非洁净室物品严禁带入洁净室。

总之，洁净室的洁净度维持之最大控制的对象是工艺操作人员，因此对操作人员之数量、行动状态、进出规则，均需符合洁净室的管理要求，并对操作人员要反复进行洁净意识的宣传、教育。

(2) 洁净室内用的原材料、设备等进出管理（即物流的管理）

除了人员进出洁净室须予以规范管理外，原材料及设备的进出也必须经过洁净处理。

洁净室内用的原材料、设备等进出洁净区流程见图 8-6。至于物料、设备的搬出则按其相反方向而行，可以不经清洁处理。

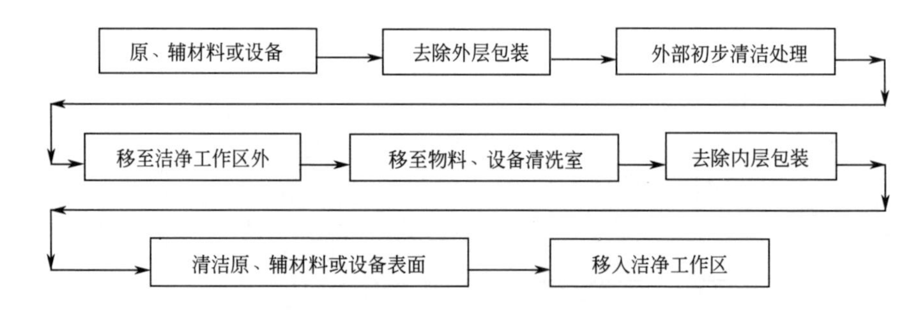

图 8-6　洁净室内用的原材料、设备等进出洁净区流程

一般要求原、辅材料或设备进出用洁净室等级是 10000 级或 1000 级。工作人员对原、辅材料或设备进行清洁处理时必须穿着洁净工作服，使用无尘纸或不脱纤维的无尘布，清洁剂除使用超纯水外，还可加入 3%～5%浓度的 IPA 或丙酮，以增强去污能力，由于 IPA 或丙酮具有挥发性，故此房内应有排气（风）措施。

搬运设备时，事先应在洁净地板上铺设已清洁过的不锈钢板或胶板以保护洁净地板等。

(3) 洁净室内物品的管理

洁净室内用品除了进出洁净室用的洁净工作衣、鞋、帽、口罩、手套、防护眼镜外，还有文具纸张、桌子、椅子、晶片传递盒、片架、搬运小车、真空吸尘器及废弃物垃圾箱等。

洁净衣、帽、鞋等需由专人管理，定期在洁净室内清洗，可用超纯水加清洗剂，并经约 0.2 μm 过滤后进行洗涤，一般洗涤周期视洁净等级而定，在高洁净区（如 1 级）为 1～2 天/次，其他区域则为 3～5 天/次。进入高洁净区的（如 1 级、10 级）所使用的洁净衣、帽、鞋等原则上只允许使用一次，即在离开此高洁净区后再次进入此高洁净区时，需要使用未使用过的洁净衣、帽、鞋等（原则上规定，高洁净区的工作人员每次进入后不允许随意出入高洁净区），洗涤干燥后应密封保存（用洁净塑料袋真空封装）。洁净衣帽、手套等置放场地亦为与其有相应的洁净等级区，备用品或新品贮存在洁净柜内，正在使用者则用吊挂衣架置于相应洁净室内。

工作桌、椅宜用经表面加工处理的不锈钢制品，晶片传递片架、盒宜用不易磨损、不发尘、易清洁的材料制成，如 PFA 或 PP，并按工艺要求，定期洁净处理，用专用真空吸尘器，并在排气口装有 HEPA 过滤器进行室内除尘洁净处理，工艺、测量设备应经常进行洁净处理。另外，根据工艺生产要求，考虑是否配备除静电设施（佩戴除静电手腕带或静电接地系统）。

(4) 洁净室的测定

对洁净室内的尘埃粒子含量可参照国家标准《洁净厂房设计规范》(GB 50073—2013) 或参照国际《ISO 14644》洁净室标准（或仍然可按美国联邦标准《FS-209 D》洁净室标准）进行测定。

具体也可执行 1991 年 7 月颁发实施的由中国建筑科学研究院主编的国家行业标准《洁净室施工及验收规范》(JGJ 71—90) 进行测定。

1) 对洁净室需在三种状态下进行测试

① 工程完成后状态。指室内无设备、无操作人员的状态。

② 停止工作状态。指室内设备处于运转中，但无操作人员的状态。

③ 作业中即正常运转状态。指室内设备处于运转中，同时室内有操作人员在工作中的状态。

2) 其他项目的测定

① 可参照美国 IES-RP-CC 006-84-T Testing clean Room (IES: Institute of EnvironmentalScience，环境科学组织）规定对洁净室内的噪声、震动、静电、电磁干扰等，进行测试。

② 可参照美国 ANSI/ESD S20.20—1999 标准对电器、电子零件、装置和设备的放电控制进行测试。

(5) 洁净室各系统的维护保养管理

洁净建筑物内应定期清洁、检查，洁净室内清扫频度可参照表 8-19 所示进行。

表 8-19 洁净室内清扫的频度

项目	洁净等级		
	1 级、10 级	1000 级	10000 级
地　板	交接班和下班时用 A 每天 A 每周 A	交接班和下班时间用 A 每天擦洗 B 每周擦洗 C	每天 A 每天 B 每周 C
墙	每月 B	每月 C	每月 C
吊　顶	每月 B	每月 A	每月 A
门、窗	每周 C	每周 C	每周 C
作业面	每天 C	每天 C	每天 C
垃圾箱	无	每作业班倒换	每天倒换
洁净度测定频度	1 次/天	1 次/天	2 次/月

注：A—真空吸尘；B—用超纯水擦洗；C—用含洗涤剂的超纯水擦洗。

(6) 环境特性的测定及管理

洁净室内的运行状况，如微尘粒子数、温度、湿度应在每天由专人负责测量记录，如遇测定数据有异常，可立即进行紧急处理。

1) 洁净室内空调系统的维护

对温度、湿度、尘埃颗粒测试仪器应定期校验，定期更换空气过滤网、检查空调系统、送风机运行状况；洁净室停止运转再开机启动运行后，应立即进行室内尘埃颗粒的测试，待洁净室的尘埃颗粒恢复稳定、正常后方可进行工艺生产。

2) 洁净室工业安全及环境保护的管理

由于半导体材料硅晶片加工过程中，需使用大量、各种性质不同的酸、碱、有机溶剂等化学试剂和各类含极毒、腐蚀性、易爆性、自燃性与窒息性的气体，洁净室应配置相应的安全防护及防止灾害发生的有关工业安全和环境保护设施。

3) 废液处理系统

工艺废液按其物理性质及浓度采取相应排液处理措施。

对浓酸、浓碱液需要经专用管道排入相应酸、碱废液槽内，由指定专业单位定期运至指定废液处理场所。

对浓度较低的酸、碱液经中和处理，达到工业排放标准后才可进入城市废水处理系统排出。

4）废气处理系统

定期检查所配置的毒气泄漏及泄漏报警系统，当出现气体泄漏报警时，现场工作人员应立即从应急门撤离洁净区，并由有关管理人员做紧急处理，直至状况解除，方准许作业人员再进入洁净区工作。

5）消防排烟与防护器具的管理

洁净区的外部需按规定设置消防箱和消防软管等消防器材，以利于紧急时使用。洁净室内按规定配置手提式二氧化碳灭火器。

定期检查排烟系统的状态，确保能在应紧状态下正常使用，要配置相关的防护器具，如消防衣、空气防护、面罩、耐酸碱防护衣、防毒面具等。

6）废弃物（垃圾）的处理

工艺生产过程中所产生的各种废弃物，应做规划性的后处理，无论是深度掩埋、固化、焚烧或化学反应处理，均需以影响环境最低且不造成二次公害为出发点，对有些化学试剂的空容器等物品，除由原厂商做回收处理后再利用外，其余必须与其他废弃物经由具有环保核准的指定专业单位运走处理，而不可任意堆置或丢弃。

第9章 半导体工厂的动力供给系统

为了满足半导体材料及器件生产的工艺要求，各个生产工序［例如从硅单晶制备、硅晶片（抛光或外延片等）的加工、硅集成电路的制造］均需在一个特定的“洁净室”内进行。不论室外空气等外部环境条件如何变化，必须仍能维持原先所设定之洁净度、温度、湿度等要求。为此，半导体工厂的动力供给系统与一般工业厂房的配置明显不同。

9.1 电力供给系统

为了确保半导体工厂按工艺要求配置的各种等级洁净室内所需之洁净度、温度、湿度等要求，工厂的空调、排风系统必须是24h连续运行；半导体工厂中的三废（废水、废气、废物）处理系统中对各种酸、碱、有机溶剂及有毒气体的排放也不允许出现任何的停顿状况；另外，在生产过程中，所用的各种生产工艺设备（例如：单晶炉、抛光机、外延炉等）及各种测试仪器对电力的稳定、可靠供给尤为重要，任何分、秒的停电都会产生巨大的经济损失，故半导体工厂除有计划的停电外，绝对不允许出现任何停电事故的发生。因此，为了确保洁净室及生产的正常运行，半导体工厂的电力供给系统需有特殊要求。

为了确保稳定、可靠的电力供给，半导体工厂必须有完备的供电设施，一般均配置“双回路”以上的供电系统，并且还必须采取相应的措施，对供电网络的接地系统（采用三芯五线制或三芯四线制供电）和抗电磁干扰防护进行电网的谐波治理。

半导体工厂配置的应急电源供电系统，例如自备的紧急发电机组和UPS不间断电源与城市的电力供给系统的配合使用将会给半导体工厂提供安全、稳定、可靠的电力供给。半导体工厂的电力供给系统见图 9-1 所示（仅供参考）。

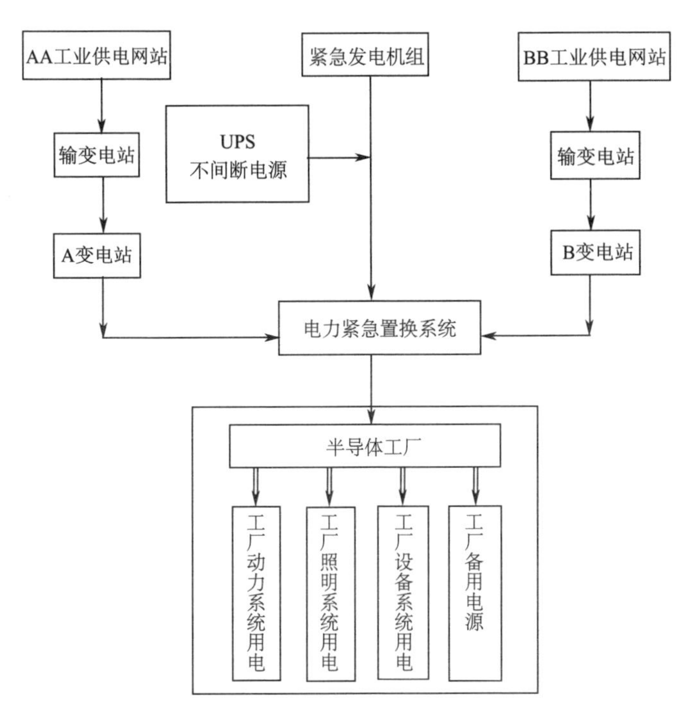

图 9-1　半导体工厂的电力供给系统示意

工厂设备系统用电采用三芯四线制或三芯五线制供电

9.2　超纯水系统

在半导体及集成电路的制备过程中，硅片进入相关工序时，需要进行严格的洁净清洗。在清洗过程中所使用的水却是保证各种清洗工艺效果直接且十分重要的材料。

随着 IC 工艺线宽特征尺寸的不断缩小而进入纳米电子技术时代，水的纯度、内含颗粒的大小及数量、所含的金属杂质对于硅片的洁净度以及器件的性能、成品率都有着极大的影响。

由于一般水（城市自来水或地下水等）中含有以下大量的不纯物质，其中主要有：

① 各种杂质离子。例如，钾（K^{+}）、钠（Na^{+}）、钙（Ca^{2+}）、镁（Mg^{2+}）等阳离子。

硫酸根（SO_4^{2-}）、碳酸根（CO_3^{2-}）、硅酸根（SiO_3^{2-}）、氯（Cl^-）等阴离子。

② 各种颗粒（微粒子）。

③ 各种有机物。

④ 各种溶解性气体（主要指溶解氧）。

⑤ 各种悬浮粒子和胶体粒子。

⑥ 微生物。

若使用这种含有大量杂质离子的水去清洗硅片，不但不能把硅片洗净，反而会沾污硅片的表面。故要获得高质量硅片，在加工过程中，控制好加工后的几何尺寸精度和内在的电学参数固然是很重要，但在很大程度上，硅片的质量好坏还不如说是靠“用纯水洗”出来的！

因此，在对硅片清洗时，必须要使用金属杂质离子极少的“超纯水”（常称“去离子水”）。

由此可知，“超纯水”系统的功能就是将一般水（城市自来水或地下水等）进行纯化处理后，以期达到满足半导体材料及 IC 制备工艺的使用要求。

9.2.1 半导体及 IC 工业对超纯水的技术要求

水未经纯化处理含有大量杂质，现仅以北京某地区为例，常用的自来水现有的水质理化分析结果，见表 9-1、表 9-2 所示。

表 9-1 北京某地区的自来水现有的水质理化分析、检测报告 W025-某公司水样（BS/C031301-01-98）（1）

感官性状指标			化学指标		
项目	国家标准	检验结果	项目	国家标准/(mg/L)	检验结果
色	色度不超过 15 度，并不得呈现其他异色	<5	pH	6.5-8.5	7.42
			耗氧量(O)	—	0.56
			溶解氧(O)	—	—
浑浊度	不超过 3 度，特殊情况不超过 5 度	0.04	化学需氧量	—	—
			五日生化需氧量		
臭和味	不得有异臭异味	—	氨氮(N)	—	—
			凯氏氮(N)	—	—
肉眼可见物	不得有肉眼可见物	—	亚硝酸氮(N)	—	—
			总磷(PO_4^{-3})	—	—
水温	—	—	游离二氧化碳(CO_2)	—	17.6

续表

化学指标			化学指标		
项目	国家标准/(mg/L)	检验结果	项目	国家标准/(mg/L)	检验结果
硫酸盐(SO_4^{2-})	≤250	52.2	钠(Na)	—	19.6
氯化物(Cl^-)	≤250	26.5	总铁(Fe)	≤0.3	<0.05
总碱度($CaCO_3$)	—	299	锰(Mn)	≤0.1	<0.001
酚酞碱度($CaCO_3$)	—	—	铜(Cu)	≤1.0	—
溶解性固体总量	≤1000	—	锌(Zn)	≤1.0	—
总硬度($CaCO_3$)	≤450	364	挥发酚类	≤0.002	—
钙盐($CaCO_3$)	—	245	阴离子合成洗涤剂	≤0.3	—
镁盐($CaCO_3$)	—	119	矿物油	—	—
钾(K)	—	2.2	电导率	—	870μs/cm

资料来源：摘自《国家城市供水水质监测网北京监测站》，对 W025-某公司水样（BS/C031301-01-98）的分析报告。

表 9-2　北京某地区的自来水现有的水质理化分析、检测报告 W025-某公司水样（BS/C031301-01-98）（2）

毒理学指标			毒理学指标		
项目	国家标准/(mg/L)	检验结果	项目	国家标准/(μg/L)	检验结果
氟化物	≤1.0	0.25	六六六	≤5	—
硝酸盐	≤20	7.8	苯并芘	≤0.01	—
氰化物	≤0.05	—	细菌学指标		
铬(Cr^{+6})	≤0.05	—	项目	国家标准	检验结果
砷(As)	≤0.05	—	细菌总数	≤100个/mL	3
汞(Hg)	≤0.001	—	总大肠菌群	≤3个/L	—
镉(Cd)	≤0.01	—	粪性大肠菌/(个/100mL)	—	—
铅(Pb)	≤0.05	—			
银(Ag)	≤0.05	—	游离余氯	与水接触30min后不低于0.3mg/L,管网末梢不低于0.05mg/L	0.03/0.45
硒(Se)	≤0.01	—			
铝(Al)	≤0.2	—			
碳酸根(CO_3^{2-})		0			
重碳酸根(HCO_3^-)		299	放射性指标		
总有机碳(TOC)		5.0	项目	国家标准/(Bq/L)	检验结果
氯仿	≤60	—	总α放射性	≤0.1	—
四氯化碳	≤3	—	总β放射性	≤1	—
滴滴涕	≤1	—			

资料来源：摘自《国家城市供水水质监测网北京监测站》，对 W025-某公司水样（BS/C031301-01-98）的分析报告。

由表 9-1、表 9-2 对水质的测试分析结果可知，水中含有大量的杂质，无法满足半导体工业生产的要求。

大直径硅片及甚大规模集成电路 ULSI（ultra-large-scale-integration）制备工艺对超纯水的技术要求，见表 9-3 所示。

表 9-3 大直径硅片及甚大规模集成电路 ULSI 制备工艺对超纯水的技术要求

序号	项目	IC 线宽/μm	5.0~2.0	1.2	0.8	0.5	0.35	0.25	0.18	0.13	≤0.10
		IC 集成度 DRAM	≤256k	1M	4M	16M	64M	256M	1G	4G	≥4G
		硅片直径/mm	75~150		150/200	150/200	200	200/300	200/300	300	≥300
1	电阻率(25℃)/(MΩ·cm)		≥17.0	≥18.2							
2	颗粒	粒径									
		≥0.1μm	—	≤500	≤100	≤100	≤100	≤100	≤100	≤100	≤100
		≥0.05μm	—	—	≤500	≤500	≤500	≤500~200	≤500~200	≤500~200	≤500~200
		≥0.03μm						≤1000			
		≥0.09μm							≤200		
		≥0.065μm								≤200	≤100
3	总有机碳含量(TOC)/$\times10^{-9}$		50~100	≤50	≤20	≤5	≤1~≤0.5				≤0.5
4	总硅含量(silica、SiO_2)/$\times10^{-9}$		≤10	≤5	≤3	≤3	≤1	≤1~≤0.5	≤0.3~≤0.1		≤0.1
5	溶解氧(dissolved oxygen,DD)/$\times10^{-9}$		—	—	≤50	≤50~≤20	≤50~≤1		≤15~≤1	≤10~0.5	≤0.5
6	细菌/(cfu/100mL)		≤100	≤10	≤1	≤0.1	≤0.1	≤0.1	≤0.01	≤0.01	≤0.01
7	离子含量$\times10^{-6}$	钠 Na^+	≤1000	≤100	≤50	≤10	≤7			≤5	≤5
		钾 K^+	≤2000		≤100	≤20	≤10				≤10
		钙 Ca^{2+}	—		≤50		≤20				≤20
		镁 Mg^{2+}	—				≤20		≤5		≤5
		氟 F^-	—		≤100	≤100	≤30				≤30
		氯化物 Cl^-	≤1000			≤20	≤20			≤10	≤10
		硝酸根 NO_3^-			≤50						≤1
		磷酸根 PO_4^-									≤10
		硫酸根 SO_4^{2-}			≤100	≤50				≤30	≤30

资料来源：摘自 USFilter 及 Sematech Roadmap 等资料。

超纯水中的总有机碳含量（TOC）过高会引起薄栅氧化中的缺陷密度增加，溶解氧含量（DO）会影响硅片表面自然氧化膜质量而使硅器件特性的恶化。这两项参数将集中体现了超纯水的技术水平。

在硅抛光片加工生产过程中，不同工序对超纯水的使用要求亦有所不同，见表 9-4 所示（仅供参考）。

表 9-4　大直径硅抛光、外延片生产过程中，不同工序对超纯水的使用要求

电阻率(25℃)/(MΩ·cm)	≥18.2	>16.0	3.0～5.0
工　序	多晶硅腐蚀、切片清洗、倒角片清洗、磨片清洗、退火前清洗、抛光及抛光片的清洗、外延及外延片的清洗、硅片的运、载花篮及包装盒的清洗等	倒角、磨片	截断、滚磨、切片、空调、冷冻循环等
水　量	约占 70%～75%	约占 20%～12.5%	约占 10%～12.5%
水　质	满足 IC 线宽　0.25～0.18～0.13～≤0.10μm 工艺要求		

9.2.2　超纯水的制备

欲将水中各种大量不纯物质去除达到净化目的，其纯化的主要方式有：

① 反渗透（RO）；

② 电渗去离子（EDI）；

③ 微过滤（MF）；

④ 紫外线杀菌；

⑤ 超净过滤（UF）。

超高纯水的制备一般可分为三个阶段：

（1）前级处理

其作用是让原水（一般指城市自来水或地下水等）在进入多层介质过滤器（纯化膜组）之前，添加适量的化学试剂（例如次氯酸钠）以氧化有机物，与高分子聚合物产生凝聚作用，降低原水中的浑浊度及污染指数。经多层介质过滤器（滤芯孔径常小于 10μm）过滤后的水，再添加适量的化学试剂（例如次氯酸钠）以去除水的余氯后，再进入软化处理系统以除去水的硬度（去除钙离子、镁离子）；同时在进入反渗透膜组系统之前，在水中还要添加适量的防垢剂。

前级处理系统中主要包括原水槽、原水泵、化学试剂添加系统、多层介质过滤器、软化处理系统等设备。

(2) 预处理

预处理系统中主要包含以下水处理过程。

1) 水的反渗透膜组处理系统

前级处理后的水再经过滤器（滤芯孔径常常小于 5μm）、紫外线杀菌装置后，通过纯水高压泵将水压力提升到反渗透膜组处理系统所需要的压力，以对水进行脱盐处理，一般常采用两级并联排列以提高其产水质及有机物的去除率。

2) 水的电渗去离子系统

目前，在制备超纯水系统中一般已不采用传统的离子交换法而是大都采用反渗透膜组系统来分离水中的糖类、氨基酸等有机物及无机盐类和微粒子等对水进行预处理。经过预处理后的水（常称其为“一次水”）的纯度已极大地得到了提高，其电阻率已可高达到 16.0MΩ·cm。

反渗透膜组处理后的水，经总有机碳含量系统处理进入水的电渗去离子系统，使其再次被纯化而变成具有高电阻率、低 TOC 的超纯水，并被存储在纯水箱内。

3) 超纯水的分配使用

纯水箱内的水分路输出，一路水在进入用水点之前，又经纯水高压泵增压后通过精过滤器（滤芯孔径常小于 0.2μm）以控制其颗粒含量；另一路水则由经纯水泵打入紫外线杀菌装置，通过不可再生精混床，再通过精过滤器（滤芯孔径常小于 0.2μm），将水收集于纯水槽中。

预处理系统中主要由反渗透膜组系统、纯水泵、纯水槽、热交换器、真空脱气装置、紫外线杀菌装置、混床、过滤器等组成。

(3) 水的抛光循环处理

为了获得更高的水质，超纯水箱内的水需经纯水泵打入水的抛光圈内做循环流动。

此过程中，超纯水通过系统配置的 TOC 去除装置、脱气膜装置、最终混床抛光装置、紫外线杀菌装置的微滤器（滤芯孔径常小于 0.2μm）及超滤器（滤芯孔径常小于 0.1μm）装置。此后，超高纯水将被送至各个用水点。

此过程的重点是利用波长为 185nm 的紫外线杀菌装置来分解水中残留的有机物，再经过离子交换树脂处理后，使水的电阻率达到 18.2MΩ·cm 以上，最后再经过超净过滤（滤芯孔径小于 0.1μm）的过滤器滤除细菌及微粒子，达到半导体工业用的超高纯水（常称其为“二次水”）的要求。

此后，超高纯水通过管路系统被输送到各个工序的用水处，未用完的超高纯水则再通过回收水的管路系统输送，经配有的 TOC 去除装置及微滤器以去除有机物及颗粒，再回送到纯水缓冲罐内，使水再精制循环使用。

为了避免水的污染，超高纯水的管路系统均使用PVC、U-PVC、PP、C-PVC、PVDF及PEEK等高分子材料。一般在预处理之前常使用U-PVC或C-PVC材料。而在水的抛光循环处理部分，则是使用PVDF及PEEK、PFA等含氟高分子材料（聚四氟乙烯“teflon”）材质。目前大量采用的是PVDF材料。为了防止微生物的产生，确保水质稳定，超纯水的管路设计均采用双回路输送系统。

水的抛光循环处理部分主要由纯水泵、TOC去除装置、脱气膜装置、最终混床抛光装置、紫外线杀菌装置、滤芯孔径常小于0.2μm的微滤器及超滤器（滤芯孔径常小于0.1μm）装置、超纯水缓冲罐及循环管路系统等组成。

满足大直径硅片生产工艺用典型的超纯水系统的流程示意见图9-2所示。

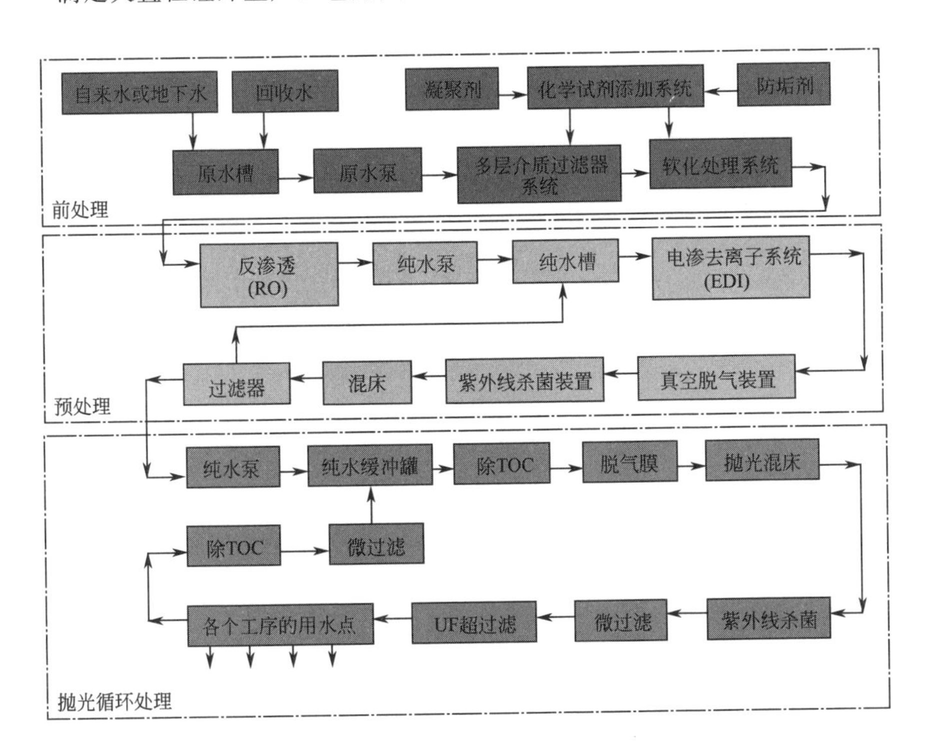

图9-2　满足线宽小于0.25μm工艺用典型的超纯水系统的流程示意（参见文前彩图）

满足半导体工业生产用的超纯水系统见图9-3所示。

在半导体材料硅抛光片或IC芯片的生产过程中，为了保证硅片在进入相

图 9-3 某半导体工业生产用的超纯水系统

关工序时能进行严格的洁净清洗，半导体工厂的超纯水的使用消耗量相当大。

根据对台湾十五家直径 200mm 硅片工厂的统计，其硅片加工能力目前约为 15000～40000 片/月，若平均按 30000 片/月计，共计约消耗 $208m^3/h$ 的超纯水。假如直径 300mm 硅片工厂的加工能力同上，则所消耗的超纯水量就会增大至约 $468m^3/h$，这对于水资源和运行费用均是重大的消耗和负担。故对半导体材料及 IC 工厂而言，今后不只是怕“水质”不好，更怕的是“缺水”现象。

为了降低生产的运行成本，半导体工厂水的回收再利用则是个很重要的问题。故在新建设一个半导体材料或集成电路工厂时，除了要不断改进清洗工艺外，还必须在超纯水系统设计时认真考虑水的循环回收再利用。一般要使水的回收率达到 70%以上。

半导体材料或集成电路工厂的超纯水系统中，其可对以下系统中的水进行回收再利用处理。

① 反渗透浓盐水的排放水。

② 混床的淋洗水。

③ 超净过滤的淋洗和反冲水。

④ 真空脱气装置的冷却水。

⑤ 多层过滤的淋洗水。

⑥ 清洗工艺过程中的最后几次淋洗水。

⑦ 冷却塔的排放水。

总之，在半导体材料或集成电路工厂的超纯水系统中，采取以上措施可谓是“开源”之法，更重要的是如何去“节流”。

其降低生产运行成本的方法主要考虑以下几个方面的问题。

① 增加反渗透膜的采水率。

② 减少多层过滤器、混床、超滤之淋洗用水量。

③ 控制化学系统之溢流及清洗量。

④ 其他方面的节水，如空调之定期排放水、减少工业卫生用水量等各种措施。

9.3 高纯化学试剂及高纯气体

9.3.1 半导体工业用的高纯化学试剂

半导体工业所常用的化学试剂可分为酸、碱、有机溶剂和有机物质及氧化物等五大类，分别用于不同的生产工艺过程。

随着 IC 技术的不断发展，尤其当今已迈进了线宽工艺小于 0.10μm 的纳米电子时代，对硅单晶抛光片的表面加工质量的要求也愈来愈高，同样对所用的超高纯化学试剂提出了更高的技术要求，要求其颗粒、杂质的含量要比一般减少 1～3 个数量级，并对其包装、储、运等也提出了相应的新要求。

半导体硅晶片的化学清洗工艺所用的超高纯化学试剂的 SEMI 标准的主要技术指标见表 9-5。

表 9-5　超高纯化学试剂的 SEMI 标准

标准代号		产品名称	33 项主要重金属杂质含量/$\times10^{-9}$	颗粒≥0.5μm /(个/mL)
SEMI-C7 适用于:1.2～0.8 μm 线宽	C7.5-93	H_2O_2	<10	10
	C7.2-90	HCl	<10	20
	C7.1-93	NH_4OH	<10	10～25
	C7.3-93	HF	<10	10～25
	C7.8-92	H_2SO_4	<10	25～30
SEMI-C8 适用于:0.6～0.2 μm 线宽	C8.5-92	H_2O_2	<1	<5
	C8.3-92	HCl	<1	<5
	C8.3-92	NH_4OH	<1	<5
	C8.3-92	HF	<1	<5
	C8.8-92	H_2SO_4	<1	<5

根据 SEMI 标准介绍，《SEMI-C7》标准的试剂适用于 1.2～0.8μm 线宽电路工艺生产，《SEMI-C8》标准的试剂可适用于 0.6～0.2μm 线宽电路工艺，

《SEMI-C12》标准的试剂则可适用于 0.2～0.09μm 线宽电路工艺。

国际上从事超高纯化学试剂的主要厂商有：德国 E. Merck 公司（包括日本的 Merck Kanto 公司）约占有全球市场份额的 36.4%。美国 Ashland 公司约占全球市场份额的 25.7%。Arch 公司约占全球市场份额的 9.5%。Mallinckradt Baker 公司约占全球市场份额的 4.4%。日本 Wako 公司约占全球市场份额的 10.1%。Sumitomo 公司约占全球市场份额的 7.1%。其他还有韩国东友（Dongwoo Fine Chem）、东进（Dongjin Semichem）、Samyoung Finechem 等公司。

国内外主要的化学试剂厂商的超高纯化学试剂的主要技术指标，见表 9-6。

表 9-6 国内外主要化学试剂厂商的超高纯化学试剂的主要技术指标

供应商		产品名称	颗粒 /(个/mL)			主要重金属杂质含量 /$\times10^{-9}$		
			>1.0μm	≥0.5μm	≥0.2μm	K	Na	Al
日本关东应化	ELS	H_2O_2、$NH_3\cdot H_2O$、HCl、HF、H_2SO_4			50～100	<10	<5～50	<10
						1×10^{-5}	1×10^{-5}	2×10^{-6}
德国 E. Merck		H_2O_2、$NH_3\cdot H_2O$、HCl、HF、H_2SO_4	64			1×10^{-5}	5×10^{-6}	5×10^{-6}
美国 Olin Hunt	SEMI-GRAD	H_2O_2、$NH_3\cdot H_2O$、HCl、HF、H_2SO_4	≤25			≤0.3	≤0.3	≤0.3
	10^{-9}			10～100		5	10	10
美国 Ashland	CR	H_2O_2、$NH_3\cdot H_2O$、HCl、HF、H_2SO_4	25			300～1000	300～1000	50～1000
	CR-LP		2～10	10～100		50～600	50～100	50～100
	CR-MB		2～10	10～50		<10	<10	<20
	CR-GIGA			10～25	100～250	1～2	1～2	1～2
北京化学试剂研究所	BV-Ⅲ	H_2O_2、$NH_3\cdot H_2O$、HCl、HF、H_2SO_4		<10	<100	10～20	10～30	10～20

由于半导体工业的化学试剂用量比较大，为了安全及避免系统的污染，均采用中央系统管理、供应方式的化学试剂的供给系统。

其酸、碱性化学试剂的输送均采用含氟的高分子材料 PFA 材质的双层管路系统，内层 PFA 材质管路输送酸、碱性化学试剂，外层一般采用透明的 U-PVC 材质管，以供泄漏监视之用，同时在内外管之间通入经稀释的氮气，并接至废气的排放管路系统中。

所用的有机溶剂常用不锈钢管 SUS316L（内壁经抛光处理）作输送管路。

由于酸、碱性化学试剂和有机溶剂会对人体造成很大伤害，故应有严格的安全、防护措施及装备、管路输送系统中应配置泄漏监视系统。

9.3.2 高纯气体

随着超大规模集成电路（ULSI）制造技术的发展，根据半导体材料、集成电路制备的工艺要求，对半导体材料和集成电路工厂所需用的高纯气体中的杂质含量的控制是越来越严格，其生产过程中常大量使用各种气体，主要包括以下三大类的气体供应系统。

（1）一般性气体

主要是指工艺用的无油、无水、洁净的压缩空气（compressed dry air，CDA）、仪器控制用的压缩空气（instrument compressed air，ICA）、呼吸用的空气（breathing compressed air，BCA）。

对所需用的压缩空气的品质控制可参照国际标准化组织 ISO/TC 118 委员会于 1991 年 12 月批准发布的 ISO 8573—91《一般用压缩空气第一部分：污染物和质量等级》，该标准主要适用于一般工业用的压缩空气，不包括直接呼吸用和医用的压缩空气。标准规定的压缩空气质量等级，见表 9-7 所示。

表 9-7 压缩空气质量等级

等级	最大粒子尺寸/μm	最大固体粒子浓度/(mg/m³)	压力露点/℃	最大含油量/(mg/m³)
1	0.1	0.1	−70	0.01
2	1	1	−40	0.1
3	5	5	−20	1
4	15	8	+3	5
5	40	10	+7	25
6	—	—	+10	—
7	—	—	不规定	—

注：粒子浓度和含油量是绝对压力为 0.1MPa，温度为 20℃，相对蒸汽压力为 0.6MPa 条件下得出的，压力大于 0.1MPa 时，所列的数值应相应增大。

我国在 1991 年颁发的国家标准《一般用压缩空气质量等级》（GB/T 13277—91）适用于一般工业所用的压缩空气，不适用于直接呼吸和医用的压缩空气。压缩空气质量等级是用“三个阿拉伯数字”来表示。见图 9-4 所示。

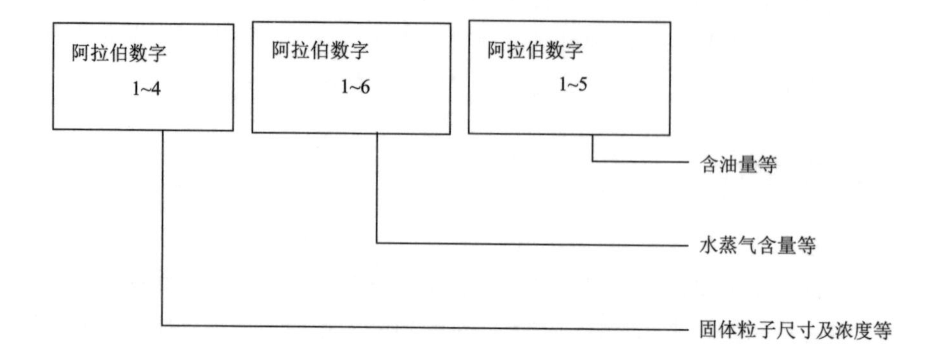

图 9-4 国家标准《一般用压缩空气质量等级》(GB/T 13277—91)的质量等级表示法

示例：4.6.5 表示压缩空气中固体粒子尺寸及浓度为 4 级、水蒸气含量为 6 级、含油量为 5 级。

国家标准《一般用压缩空气质量等级》(GB/T 13277—91)中对压缩空气中固体粒子尺寸及浓度、水蒸气含量、含油量的质量等级规定，见表 9-8 所示。

表 9-8 国家标准《一般用压缩空气质量等级》(GB/T 13277—91)的质量等级

等级	固体粒子尺寸及浓度的等级		水蒸气含量的等级	含油量的等级
	最大粒子尺寸 /μm	最大固体粒子浓度 /(mg/m³)	最高压力露点 /℃	最大含油量 /(mg/m³)
1	0.1	0.1	−70	0.01
2	1	1	−40	0.1
3	5	5	−20	1
4	40	10	+3	5
5	—	—	+7	25
6	—	—	+10	—

(2) 载性气体

在半导体生产工艺中常用的载性气体，有 N_2、H_2、O_2 等。

(3) 特种气体

在半导体生产工艺中常用的特种气体主要有：

① 腐蚀性的气体，HCl、Cl_2、NH_3、HBr、BCl_3、SiH_2Cl_2 等；

② 惰性气体，如 Ar、He、He/O_2 等；

③ 可燃及易爆炸气体，如 SiH_4、SiH_4/He、Si_2H_6 等；

④ 极毒性的气体，如 PH_3、AsH_3、B_2H_6、NF 等。

为了确保产品质量，对半导体生产工艺用的各种特种气体中的杂质含量的控制是相当严格的。国际半导体工艺协会（SIA）和《国际半导体技术路线指南》（ITRS）1997～2003 年对半导体工艺用的各种气体质量要求，见表 9-9 所示。

表 9-9 《国际半导体技术路线指南》（ITRS）对半导体工艺用的各种气体质量要求

项　目	年份						
	1997	1999	2001	2003	2006	2009	2012
线宽/μm	0.25	0.18	0.15	0.13	0.10	0.07	0.05
气体含的杂质：H_2O、O_2、CO、CO_2、CH_4/($\times10^{-12}$/种)	2	2	1	1	<1	<1	<1
气体含的颗粒/(个/m^3)	0.12～0.1	0.09～0.1	0.075～0.1	0.065～0.1	0.050～0.1	0.035～0.1	0.025～0.1

国际半导体设备与材料协会对半导体工业用的气体质量及其分析方法的标准，见表 9-10 所示。

表 9-10 国际半导体设备与材料协会对部分半导体工业用气体的质量标准

名称		砷烷	氯化氢	磷烷	磷烷	硅烷	氨	一氧化氮	氯	二氯硅烷
分子式		AsH_3	HCl	PH_3	PH_3	SiH_4	NH_3	N_2O	Cl	SiH_2Cl_2
纯度/%		99.9467	99.9940	99.9814	99.9828	99.9417	99.9986	99.9974	99.9961	97.0000
状态		瓶装	瓶装	瓶装	瓶装	瓶装	瓶装	瓶装	瓶装	瓶装
杂质含量/$\times10^{-6}$	CO	>2				>10	1	1	1	Al 1×10^{-9}
	CO_2		10	10	10	>10	1	2	10	As 0.5×10^{-9}
	H_2	500	10	100	100	500			1	B 0.3×10^{-9}（质量分数）
	N_2	10	16	50	50		5	10	20	C 10×10^{-9}（质量分数）
	O_2	5	4	5	4	10	2	2	4	Fe 50×10^{-9}（质量分数）
	THC(以CH_4计)	1	5	4	4		1	1	<1	P 0.3×10^{-9}（质量分数）
	HC(C_1～C_3)					10			Ni$<20\times10^9$（质量分数）	S0.5×10^{-9}（质量分数）
	PH_3	10							Fe$<200\times10^{-9}$（质量分数）	

续表

名称		砷烷	氯化氢	磷烷	磷烷	硅烷	氨	一氧化氮	氯	二氯硅烷
杂质含量/$\times 10^{-6}$	AsH_3			15	2				Cr<200	氨烷 3%
	稀有气体		5			Ar+He40				
	$SiCl_4$	总硫 1				10				
	H_2O	4	10	2	2	3	5	3	3	
	重金属	* *		* *	* *	* *				
	颗粒	* *		* *	* *	* *			* *	
	小计	533	60	186	172	583	14	26		

* * 表示协商确定。

我国对半导体工业用的气体研究、开发是从20世纪70年代开始的，但是对特种气体的研制却是在80年代中期才开始进行，现在已经能生产出十几种半导体工业用的高纯气体，国内部分高纯气、电子气体的质量标准，见表9-11所示。

表 9-11 国内部分高纯气、电子气体的质量标准

项目		SiH_4	PH_3	N_2O	NH_3	O_2	N_2	H_2	H_2	Ar
纯度/%		99	99.981	99.9974	99.999	99.985	99.9996	99.9999	99.999	99.9996
杂质含量/$\times 10^{-6}$	$CO \leqslant$	>5		1	1	1	0.1	0.1	1	
	$CO_2 \leqslant$	>5	10	2		1	0.2	0.1	1	
	$H_2 \leqslant$	9000	100			1	0.1			0.5
	$N_2 \leqslant$	40	50	10	5	30	1	0.4	5	2
	$O_2 \leqslant$	5	5	2	2	Ar 100	0.5	0.2	1	1
	$H_2O \leqslant$	3	2	3	5	2	2	1	3	1
	$HC(C_1 \sim C_3) \leqslant$	40	4	1	1	1	0.1	0.2	1	0.5
	$AsH_3 \leqslant$		10			Kr 10				
	$NO \leqslant$			1						
	$NO_2 \leqslant$			1						
	氯化物$\leqslant$	100	—			—				

注：颗粒、重金属含量协商确定。

目前国内的超大规模集成电路生产工厂已经能够用直径200mm硅抛光

片来生产 IC 工艺特征尺寸线宽为 0.35μm～0.25μm～0.18μm 的集成电路，其对所用高纯气体的纯度、杂质含量等要求十分严格。例如，生产集成电路特征尺寸线宽为 0.35μm 工艺的集成电路对所用高纯气体的品质指标，见表 9-12 所示。

表 9-12　线宽 0.35μm 工艺 IC 所用高纯气体的品质指标

项目		N_2	Ar	H_2	O_2	CL_2	He	SF_6	CF_4
纯度/%		99.9999	99.999	99.999	99.8	99.999	99.99998	99.999	99.999
杂质含量/$\times10^{-6}$	CO≤	10	10	10	10	2×10^{-6}	20	1×10^{-6}	1×10^{-6}
	CO_2≤	10	10	10	10	2×10^{-6}	20	1×10^{-6}	1×10^{-6}
	H_2≤	10	10	—	10		100		SF_6 $<1\times10^{-6}$
	H_2O≤	10	10	100	60	4×10^{-6}	10	5×10^{-6}	1×10^{-6}
	N_2≤			10	10	2×10^{-6}	20	7×10^{-6}	10×10^{-6}
	O_2≤	10	10	10		2×10^{-6}	10	3×10^{-6}	5×10^{-6}
	THC(CH_4)≤	10	3	10	10	2×10^{-6}	20	1×10^{-6}	1×10^{-6}
颗粒/(个/m^3)($>0.1\mu m$)		<0.3	<0.3	<0.3	<0.3	<0.3	<0.3	<0.3	<3.5

在半导体工业生产中，高纯气体的供应方式有现场制气，用管道输送供气、用液态气体槽车输送供气和用气体钢瓶或气体钢瓶组输送供气等形式。具体采用何种供气方式应视该半导体工厂的生产规模、用气量及用气的质量等因素进行综合考虑后决定。

在输送供气过程中，为了安全及避免系统的污染，经常采用中央系统管理、供应方式的气体供给系统。其输送管路系统（管道及各种管配件）均常采用内壁经电解抛光处理的 SUS316L EP（低碳电抛光）之不锈钢材质管作输送管路。

另外，根据工艺的要求，可对相应的气体进行纯化、洁净处理后再供给相关工序、工艺使用。意大利赛斯公司（SAES Getters）及日本大阳东洋酸素（Taiyotoyo Sanso）公司的各种气体的纯化系统已经在半导体工厂中得到大量的使用。

在工业生产中，根据不同要求还大量使用了各种“瓶装”气体。为了对各种“瓶装”气体的安全使用、管理，在这些“瓶装”气体上亦有明显的颜色标识，见表 9-13 所示。

表 9-13 各种常用“瓶装”气体的颜色标识

序号	气瓶的名称	气瓶的颜色	气瓶表面字样的颜色
1	氢气	深绿	红
2	氧气	天蓝	黑
3	氨气	黄	黑
4	氯气	草绿	白
5	压缩空气	黑	白
6	硫化氢	白	红
7	石油气(烷烃)	灰	红
8	石油气(烯烃)	褐	黄
9	氟、氯烷气	铝白	黑
10	氮气	黑	黄
11	二氧化碳	铝白	黑
12	碳酰二氯气	白	黑
13	其他可燃气	灰	红
14	其他不可燃气	灰	黑
15	惰性气体	灰	绿

同时在生产过程中，为了确保人身安全，在气体管路输送系统中，应有各种严格的安全、防护措施及装备；管路输送系统中还应配置相关的泄漏监视系统。

9.4 三废（废水、废气、废物）处理系统及相关安全防务系统

半导体材料或集成电路工厂与一般工业生产工厂环境显著的区别是其要在特定的洁净室内进行生产，故要求从业人员在生产过程中要特别强调有“高纯、洁净、环保”的概念、意识。

由于半导体生产工艺中使用了大量的性质不同的酸、碱、有机溶剂及有机物质等化学试剂和各类含腐蚀性、剧毒、易爆、自燃及产生窒息性的气体，为了确保安全、文明、稳定地进行“绿色环保型”的生产，三废（废水、废气、废物）的处理系统是半导体材料或集成电路工厂的一个重要的且必不可少的环保系统。

在对半导体材料或集成电路工厂的建设、施工或生产运行过程中要严格执

行国家或地区、城市的相关的排放标准，具体可参照以下国家或地区、城市实施的相关的标准。

① 对半导体材料或集成电路工厂的建设项目拟依据以下标准：

a. 中华人民共和国国务院令第253号文《建设项目环境保护管理条例》（2017年7月16日）；

b.《中华人民共和国环境保护法》（2014年4月24日）；

c.《中华人民共和国大气污染防治法》（2015年8月29日）；

d.《环境影响评价技术导则》（HJ/T 2.1～2.3—93）；

e.《环境影响评价技术导则　声环境》（HJ/T 2.4—95）。

② 对大气污染排放、大气环境质量拟依据以下标准：

a.《工业企业设计卫生标准》（TJ 36—79）；

b.《大气污染物综合排放标准》（GB 16297—1996）；

c.《恶臭污染物排放标准》（GB 14554—1993）；

d.《环境空气质量标准》（GB 3095—2012）。

③ 对废水排放拟依据以下标准：

a.《地下水质量标准》（GB/T 14848—2017）；

b.《生活饮用水卫生标准》（GB 5749—2006）；

c.《北京市水污染物排放标准》（DB11/307—2005）。

④ 对固体废弃物的处理拟依据以下标准：

《中华人民共和国固体废物污染环境防治法》（2020年4月29日）。

⑤ 对噪声的控制拟依据以下标准：

a. 在工厂的施工期间按《建筑施工场界环境噪声排放标准》（GB 12523—2011）；

b. 在工厂的运行期间按《声环境质量标准》（GB 3096—2008）。

半导体材料或集成电路工厂的工业安全与环境保护系统主要需要对以下系统：三废（废水、废气、废物）的处理系统、气体监视系统、化学品监视系统、消防监视系统、紧急防护及人员逃生系统等配置相应、有效、可靠的环保设施，并建立严格的环保管理制度，从而确保其安全、文明、稳定地进行“绿色环保型”的生产。

参考文献

[1] Bardeen J, Brattain W H. Pyus Rev, 1948, 74: 230.

[2] Teal G K, Little J B. phys Rev, 1950, 78: 647.

[3] Czochralski J Z. Chem, 1918, 92: 219.

[4] Pfann W G. AIME, 1952, 194: 747.

[5] Leamy H J, Wernick J H. Semiconductor Silicon: The Extraordinary Made Ordinary. MRS Bulletin May, 1997: 47-55.

[6] Theurer H C. J. Metals 8 Trans. AIME, 1956, 206: 1316; U. S. Patent No. 2, 060, 123(October 23, 1962).

[7] Queisser H J. The Conquest of the Microchio. Harvard University Press, Cambridge, MA(1988).

[8] Kilby J S. IEEE Trans. Electron Devices, 1976: 648.

[9] 林明献．硅晶圆半导体材料技术．中国台湾：全华科技图书股份有限公司, 2011: 1-4.

[10] Chapin D M, Fuller C S, pearson G L. J. Appl. phys. , 1954, 8: 676.

[11] Goetzberger A, Hebling C, Schock H W. Materials Scienec and Engineering R, 2003, 40: 1-41.

[12] Shah A, Torres P, Tscharner R, et al. Science, 1999, 285: 692.

[13] 杨金焕, 于化丛, 葛亮.太阳能光伏发电应用技术.北京：电子工业出版社, 2009.

[14] 中华人民共和国国家发展计划委员会基础产业发展司．中国新能源和可再生能源：1999 年白皮书. 北京：中国计划出版社, 2000.

[15] 黄昆, 韩汝琦.半导体物理基础.北京：科学出版社, 1979.

[16] 半导体材料术语：GB/T 14264—2009.

[17] Dash W C. J. Appl. Phys. , 1959, 30: 459.

[18] Kim K M, Smetana P. J Crystal Growth, 1990, 100: 527.

[19] Hoshi K, Suzuki T, Okubo Y, et al. Ext. Abstr, Electrochem. Soc. Meet, 157th, 1980: 811.

[20] Hoshikawa K. Jpn. J. Appl. Phys. , 1982, 21: 545.

[21] Kim K M, Smetana P. J. Appl. Phys. , 1985, 58: 2731.

[22] Barraclough K G, Series R W, Race G J, et al. Semiconductor Silicon, 1986: 129.

[23] Ohwa M, Higuchi T, Toji E, et al. Semiconductor Silicon, 1986: 117.

[24] Hirata H, Hoshikawa K. J Crystal Growth, 1989, 96: 747.

[25] Hirata H, Hoshikawa K. J Crystal Growth, 1989, 98: 777.

[26] Ravishankar P S, Braggins T T, Thomas R N. J Crystal Growth, 1990, 104: 617.

[27] Series R W. J Crystal Growth 1989, 7: 92.

[28] Hirata H, Hoshikawa K. J Crystal Growth, 1989, 6: 747.

[29] Rusler G W. US patent 2, 892, 739. 1954.

[30] Anselmo A, Prasad V, Koziol J, et al. J Crystal Growth, 1993, 131: 247-264.

[31] Keck P H,Golay M J E. Phys Rev,1953,89：1297.

[32] Keller W. US Patent 3,414,388. Dec. 29,1966.

[33] Meese J M. Neutron Transmutation Doping in Semiconductors. Plenum,New York,1979.

[34] 半导体单晶晶向的标准测定方法：ASTM F26-84.

[35] 硅单晶抛光片规格：SEMI M1. 5-89 M1. 6-89 M1. 7-89 M1. 8-069.

[36] 硅单晶抛光片：GB/T 12964—2003.

[37] 直径 200mm 硅单晶抛光片规格：SEMI M1. 9—069.

[38] 硅单晶切片和研磨片：GB/T 12965—1996.

[39] 优质硅单晶抛光片规范：SEMI M24—1101.

[40] 硅片边缘轮廓的标准检查方法：ASTM F928.

[41] 阿部耕三.超 LSI 用シリコンウエハの超精密加工の现状——超大口径化超平坦化への道.机械技术,1998,46（9）.

[42] 江田弘.大口径 Φ300mm Siウエハ用超加工机械の开发.精密工学会志 2001,67,(10)：1693-1697.

[43] Seidel H,Csepregi L,Heuberger A,et al. J Electrochem Soc,1990,137：3612.

[44] Glembocki O J,Palik ED,Guel GR,et al. J Electrochem Soc,1991,138：1055.

[45] 阙端麟,陈修治.硅材料科学与技术.杭州：浙江大学出版社,2000：250-252.

[46] Falster R. Orthogonal Defect Solutions for Silicon Wafers：MDZ and Micro-defect Free Crystal Growth. Monotgometry Research Group Europe,2002.

[47] Falster R. Voronkov V V. The Engineering of Intrinsic Point Defects in Silicon Wafers and Crystals. Mater Sci Eng B,2000,73：87.

[48] Pagani M,Falster R J,Fisher G R,et al. Spatial Variations in Oxygen Precipitation in Silicon after High Temperature Rapid Thermal Annealing. Appl Phys Lett,1997,70：1572.

[49] Meek R L,Huffstuler M C. Jr J Electrochem Soc,1969,116：893.

[50] 硅片字母数字标志规范：SEMI M13—0998.

[51] 晶片正面系列硅片字母数字标志规范：SEMI M12—0998^E.

[52] 刘秀喜.硅片表面的杂质吸附效应．半导体杂志,1987,(4)：51-55.

[53] 半导体基盘技术研究会.ウルトラクリ-ンテクノロジ-1996 VOL. 8 No. 3 特集-新レぃウエシト洗净-RCA 洗净を越ぇて-UCS（Ultra Clean Society）.

[54] 万群．半导体材料浅释．北京：化学工业出版社,1999.

[55] Seivice R F. Science,1998,281：14.

[56] Collinge J P. SOI Technology;Maierials to VLSI. Kjuwer Academic Pub,1991.

[57] 林成鲁,张苗.SOI-二十一世纪的微电子技术．功能材料与器件学报,1999,5(1).

[58] 于凌宇,冯玉萍.新型高可靠硅集成电路 SOI.今日电子,2002(1)：40.

[59] Bruel M. Electronics Letcrs,1995,31：1201.

[60] W. R. 鲁尼安（Runyan）,上海科技大学半导体材料教研室译.半导体测量和仪器,1975.

[61] 染野檀,安盛岩雄.表面分析.北京：科学出版社.

[62] 《国内外半导体材料标准汇编》编委会．国内外半导体材料标准汇编．北京：中国标准出版社,2004.

[63] Ljones F. Physics of Electrical Contacts. London：Oxford University Press,1957.

[64] Von Wolfgang Keller. Measurement of Resistivity of Semiconductors with High equencies. Z. Angen.

phrs, 1959, 11: 346-350.

[65] Wenner F. Bulletin of Bureau of Standard. 1916, 12: 469-478.

[66] Sidyakin V G, Skorik E T. Measuring the Resistance of Semiconductors at High Frequencies. instr Exptl Tech, 1960: 326-329.

[67] Paul J, Olshefski A. Contactless Measuring Resistivity of Silicon. SemicondProd, 1961, 4: 34-36.

[68] Weingarten I R, Rothberg M. Radio Frequency Carrier and Capacitative Coupling Procedures for Resistivity and Lifetime Measurements on Silicon. J Electrochem. Soc, 1961, 108: 167-171.

[69] Kynev S T, Sheinkman M K, et al. Contactless Mcthod for Measuring the Parameters of Certain Semiconductrors. Instr Exptl Tech, 1962: 376-381.

[70] Jun-Ichi N, Yuzo Y, Naotoshi S, et al. Applieation of Siemens Method to Measure the Resistivity and Lifetime of Small of Silicon in Marvin S. Brooks and John K. Kennedy (eds). "Ultrapurification of Semiconductror Materials." The Macmillan Company. New york. 1962.

[71] Bryant C A, Gunn J B. Noncontact Technique for the Local Measurement of Semiconductror Resistivity. Rev Sci instr, 1965, 36: 1614-1617.

[72] Nobuo M, Jun-Ichi N. Contactless Measurements of Resistivity of Slices of Semiconductror Materials. rev Sct instr, 1967, 38: 360-367.

[73] Smith R A. Semiconductors. Londn: Cambridge University Press. 1959.

[74] Putlevy E H. The Hall Effect and Semiconductors Physics. Butterworth & Co. (Publishers).Ltd; Londn. 1960: Dover Publications, Inc; New York. 1968.

[75] Albert C, Beer. Galvanomagnetic Effects in Semiconductors. Academic Press. Inc; New York. 1963.

[76] Johnson E. Measurement of Minority Carrier Lifetimes with the Surface Photovoltage. JAppl phys, 1957, 28: 1349-1353.

[77] Goodman A M. A Method for the Measurement of Short Minority Carrier Diffiusion Lengths in Semiconductors. J Appl phys, 1961, 32: 2550-2552.

[78] Runyan W R, Shaffner T J. Semiconductor Measurements & Instrumention. McGraw-Hill Inc, 1998: 159.

[79] 用稳态表面光电压法测定少数载流子扩散长度的标准方法：ASTM F391.

[80] Zoth G, Bergholz W. J Appl Phys, 1990, 67: 6764.

[81] James W G, James C B. Vacancy Distribution in Silicon Ribbon Material and Resultant Diffusion Anomalies//Rolf R. Haberecht and Edward L. Kern (eds.). Semiconductor Silicon. New York: Electrochmical Society, 1969.

[82] Corbett J W, Electron Radiation Damage in emiconductors and Metals, *Solid state Phys*, Suppl. 1966.

[83] Patel J R, Tramposch R F, Chaudhuri A R. Growth and Properties of Heavily Doped Germanium Single Crystals//Kalph O. Drugel (ed.).Metallurgy of Elemental and Compound Semiconductors. New York: Interscience Publishers.Inc, 1961.

[84] Brock G E, Bischoff B K. Arsenic Precipitation in Germanium//Geoffrey E. Brock (ed.).Metallurgy of Advanced Electronic Materials. New York: Gordon and Breach Science Publishers, Inc, 1963.

[85] Rimini E, Haskell, Mayer J W. Beam Effects in the Analysis of As-doped Silicon by Channeling Measurements. Appl Phys Lett, 1972, 20: 237-239.

[86] Davies J A, Denhartag J, Eriksson L, et al. Ion Implantation of Silicon, Can. J Phys, 1967, 45: 4053-4061.

[87] Goldstein J I, Newbury D E, P Echlin, et al, Scanning Electron Microscope and X-ray Microanalysis, New York: Plenum, 1984.

[88] Reuter W. Electron Probe Microanalysis, Surface Sci, 1971, 25: 80-119.

[89] Pelz J P. Phus Rev B, 1991, 43(8): 6746-6749.

[90] Binning G, Quate C F, Gerber C. Atomic force microscope. Phys Rev Lett, 1986, 56 (9): 930-933.

[91] Albrecht T R, Akamine S, Carver T E, et al. J Vac Sci Technol A, 1990, 8(4) : 3967-3972.

[92] Runyan W R, Shaffner T J. Semiconductor Measurement & Instruments. The McGraw-Hill Companies, Inc; International Editions, 1998: 379-400.

[93] Lang A R. Crystal Growth and Crystal Perfection: X-Ray Topographic Studies. Discussions Faraday soc, 1964, (38): 292-297.

[94] Lang A R. J Appl Phys, 1958 (29): 597-598.

[95] Lang A R. J Appl Phys, 1959 (30): 1748-1755.

[96] Shimura F. Semiconductor Silicon Crystal Technology. Academic Press, Inc; 1989.

[97] Berg W F. Naturwissenschaften, 1931 (19): 391-396.

[98] Barrett C S. Trans. AIME, 1945 (161): 15-64.

[99] Newkirk J B. J Appl Phys, 1958 (29): 995-998.

[100] Tanner B K. X-Ray Diffraction Topography. Pergamon, Oxford, 1976.

[101] Runyan W R, Shaffner T J. Semiconductor Measurement & Instruments: International Editions. The McGraw-Hill Companies Inc, 1998.

[102] Berlin E P. Principles and Practice of X-Ray Spectrometer Analysis, Plenum, 1970.

[103] Muller R O. Spectrochemical Analysis by X-Ray Fluorescence, Plenum, 1972.

[104] Gilfrich J V. X-Ray Fluorescence Analysis in Characterization of Solid Surfaces. (P. F. Hane and G. B. Larrabee, eds.) Plenum, 1974.

[105] Helmut Liebl. Ion Microprobe Mass Analyzer. J Appl Phys, 1967, (38) : 5277-5283.

[106] Socha A J. Analysis of Surfaces Utilizing Sputter Ion Source Instruments. Surface Sci, 1971, (25) : 147-170.

[107] Gyulai J. Analysis of Silicon Nitride Layers on Silicon by Backscattering and Channeling eF-Fecy Measurements. Appl Phys Lett, 1970, (16) : 232-234.

[108] Kamoshida M, Mayer J W. Backscattering Studies of Anodization of Aluminum Oxide and Silicon Nitride on Silicon, *J Electrochem Soc*, 1972, (119) : 1084-1090.

[109] Brodsky M H, Kaplan D, Ziegler J F. Densities of Amorphous Si Films by Nuclear Backscattering. Appl Phys Lett, 1972 (21) : 305-307.

[110] Akio H. Eriabu L, Mayer J W. Formation of silicon Oxide over Gold Layers on Silicon Substrates. J appl Phys. Lett, 1973 (43) : 3643-3649.

[111] Chu W K, Mayer J W, Nicolet M A, et al. Microanalysis of Surface. Thin Films, and Layers

Structures by Nuclear Backscattering and Reactions, in Howard R. Huff and Ronald R. Burgess (eds) , “Semiconductor silicon,” The Electrochemical Society, Princeton. 1973.

[112] Thompson D A, Barber H D, Mackintosh W D. The Determination of Surface Contamination, on Silicon by Large Iom Scattering. Appl Phys Lett, 1969 (14) : 102-103.

[113] Philip F K, Graydon B L. Characterization of Semiconductor Materials. McGraw-Hill Book Company. 1970.

[114] 施敏．半导体器件物理与工艺．北京：科学出版社, 1992.

[115] 张厥宗．硅单晶抛光片的加工技术．北京：化学工业出版社, 2005.

[116] Endroes A L. Solar Energy, Materials and Solar Cells, 2002, 72: 109.

[117] Authier B H. DE 250883. 1975.

[118] Dietl J, Helmreich D, Sirtl E. In: Crystals: Growth, Properties and Applications. Berline: Springer. 1981, 5: 57.

[119] Muller J C, Martinuzzi S. J Mater Res, 1998, 13: 2721.

[120] Narayanan S. Solar Energy Materials and Solar Cells, 2002, 74: 107.

[121] Giszek T F. J Crystal Growth, 1984, 66: 655.

[122] Carlson D E, Wronski C R. Appl phys Lett, 1976, 28: 671.

[123] Hamakawa Y, Okamato H, Nitta Y. Appl phys Lett, 1979, 35: 187.

[124] Kim J M, Kim Y K. Solar Energy Materials and Solar Cells. 2004, 81: 217.

[125] 王晓泉, 杨德仁, 席珍强．材料导报, 2002, 3: 23.

[126] 王晓泉, 汪雷, 席珍强, 等．21 世纪太阳能技术．上海：上海交通大学出版社, 2003.

[127] 周良德, 林安中, 王学建．太阳能学报, 1999, 20: 74.

[128] 周之斌, 崔容强, 徐秀琴, 等．太阳能学报, 2001, 21: 106.

[129] 地面用晶体硅太阳电池组件　质量分等标准：SJ/T 9550. 30—93.

[130] 太阳能光伏照明装置总技术规范：GB 24460—2009.

[131] 太阳电池组件参数测量方法（地面用）：GB/T 14009—92.

[132] 美国联邦标准 FS 209.

[133] 洁净厂房设计规范：GB 50073—2013.

[134] 颜登通．洁净室设计与管理．中国台湾：全华科技图书股份有限公司．

[135] 洁净室施工及验收规范：JGJ 71—90.

[136] 电子学和半导体工业用超纯水的标准指南．ASTMD5127—1999.

[137] 一般用压缩空气．第一部分：杂质和质量等级．ISO 8573—1991.

[138] 一般用压缩空气质量等级：GB/T 13277—91.

[139] 章光护.超大规模集成电路气体净化工艺.洁净与空调技术, 1998 (4) .